Key Point & Seminar ④

Key Point & Seminar
工学基礎 複素関数論

矢嶋 徹・及川正行　共著

サイエンス社

サイエンス社のホームページのご案内
http://www.saiensu.co.jp
ご意見・ご要望は　rikei@saiensu.co.jp　まで.

まえがき

この本は，複素関数論をテーマとしたテキスト・演習書である．複素関数論は，理工系の大学生が初等的な微積分や線形代数の後に学ぶ科目の１つで，その知識は，基礎的な諸科目の内容と専門分野の研究を結ぶ上で鍵となるものである．

複素関数論は，積分計算やベクトル代数への応用など実用的な面と，解析的性質に着目した理論的な面をあわせ持つが，これらはどちらがより重要であるというものではない．3次方程式の解の公式から必然として虚数が発見されて以来，複素関数の理論的な面は現実の計算からの要請として打ち立てられたものであり，複素関数の応用はその理論的な背景があって初めて可能となる．このように，複素関数の持つ両側面は，互いに補完しあうと同時に，他の理工学の分野への応用を考えるならば，両者が一体となってその議論を支える重要なものなのである．

本書は Key Point & Seminar 工学基礎のライブラリの1冊である．執筆に際しては，他の巻の内容との整合性に注意を払った．複素関数は抽象的な話題が多く，基本的な定理や公式も自分で手を動かして導かないとその意義を理解することは難しい．これらについては，できるだけ例題や問題で取り上げ，参照箇所も併記した．要項の部分をご覧になる際は，該当箇所の問題も参照して欲しい．また，これらの内容が実際の計算に利用できるように解答をつけた．問題を見てわからなくても気にせず，解答をなぞるところから始めて頂いてもよいと思う．

最近では，理工系でも複素関数論を学習しない大学がある．また，授業時間数などの制約によって内容を削減せざるを得ないこともある．そのような場合でも，初歩的な内容から自習できるように注意したつもりである．さらに，その上に進んだ知識を重ねられるように，応用分野の諸問題に最後の章を割いた．初めて学ぶときばかりではなく，学習が進んだときにも参考にして頂ければ，筆者としてはこの上ない喜びである．

末筆ながら，原稿を通読して頂き，多くの有意義なコメントを頂いた井ノ口順一氏，宇治野秀晃氏には厚くお礼申し上げる．また，サイエンス社の田島伸彦氏，足立豊氏には，度重なる原稿の遅延を辛抱強くお待ち頂いた上，筆者の無理な要望にもおこたえ頂いて，本書の出版が可能となった．ここにお礼申し上げたい．

平成 19 年 5 月　　　　矢嶋　徹・及川正行

目　　次

記 号 表

記号	意味
$\mathbb{N}$	自然数全体
$\mathbb{Z}$	整数全体
$\mathbb{R}$	実数全体
$\mathbb{C}$	複素数全体
i	虚数単位（$i^2 = -1$）
$\|z\|$	z の絶対値
$\arg z$ ($\operatorname{Arg} z$)	z の偏角（偏角の主値）
$\bar{z}$	z に共役な複素数
$\operatorname{Re} z$	複素数 z の実部
$\operatorname{Im} z$	複素数 z の虚部
$K_r(a)$	a の r 近傍 （a を中心とする半径 r の開円板）
$\mathbb{C} \backslash A$	$\mathbb{C}$ に関する A の補集合 （$\mathbb{C}$ のうち，A に属さないもの全体）
$\operatorname{sign} x$	$x > 0$ ならば 1，$x < 0$ ならば -1 となる関数 （x の符号）

1 複素数と複素平面

1.1 複素数

複素数　2 乗して -1 になるものを 1 つ選び，i と書いて**虚数単位**と呼ぶ[*1]．

$$i^2 = -1 \tag{1.1}$$

以下，実数全体を $\mathbb{R}$ と書く．2 つの実数 x, y と i を用いて

$$z = x + iy \quad (x, y \in \mathbb{R}) \tag{1.2}$$

と表される量を，**複素数**という．複素数全体を $\mathbb{C}$ で表す．すなわち，

$$\mathbb{C} = \left\{ z \mid z = x + iy,\ x, y \in \mathbb{R} \right\} \tag{1.3}$$

式 (1.2) で定義される複素数 z で，x を z の**実部**，y を z の**虚部**といい，それぞれ

$$x = \operatorname{Re} z, \quad y = \operatorname{Im} z \tag{1.4}$$

と書く．また，特別な場合として，虚部が 0 の場合は $x + 0i = x$ のように書く．すなわち，実数は虚部が 0 の複素数と考える．同様に，実部が 0 の場合は $0 + iy = iy$ と書き，これを**純虚数**という[*2]．

さらに，虚部が 1 や -1 の場合，$x + 1i = x + i$, $x + (-1)i = x - i$ のように書く．$x + i(-y)$ も $x - iy$ と書く．

複素数の等号　2 つの複素数 $z_1 = x_1 + iy_1$, $z_2 = x_2 + iy_2 (x_1, x_2, y_1, y_2 \in \mathbb{R})$ があるとき，z_1 と z_2 が等しいことを次のように定義する[*3]．

$$\begin{aligned} z_1 = z_2 \iff& \\ & x_1 = x_2 \text{ かつ } y_1 = y_2 \\ & \text{すなわち，} \operatorname{Re} z_1 = \operatorname{Re} z_2 \text{ かつ } \operatorname{Im} z_1 = \operatorname{Im} z_2 \end{aligned} \tag{1.5}$$

[*1] i を $\sqrt{-1}$ と表記することもある．

[*2] z が純虚数であることを「$z \in i\mathbb{R}$」と書くことがある．

[*3] 等号は式 (1.5) のように定義されるのに対し，複素数の間の不等号は，一般には定義されない（比較する複素数が 2 つとも実数である場合にだけ定義される）．すなわち，複素数には大小関係はない．

複素数の加法・乗法 複素数の加法および乗法は，次のように定義される．

$x_1, x_2, y_1, y_2 \in \mathbb{R}$ として，

1. $(x_1 + iy_1) + (x_2 + iy_2) = (x_1 + x_2) + i(y_1 + y_2)$
2. $(x_1 + iy_1)(x_2 + iy_2) = (x_1x_2 - y_1y_2) + i(x_1y_2 + x_2y_1)$ (1.6)

複素数の加法・乗法について，次の規則が成り立つ．

1. **交換則**：$z_1 + z_2 = z_2 + z_1$, $z_1z_2 = z_2z_1$
2. **結合則**：$(z_1+z_2)+z_3 = z_1+(z_2+z_3)$, $(z_1z_2)z_3 = z_1(z_2z_3)$ (1.7)
3. **分配則**：$z_1(z_2 + z_3) = z_1z_2 + z_1z_3$

べき乗・逆数・指数法則 $z \in \mathbb{C}, m \in \mathbb{N}$ に対し，**べき乗** z^m を次で定める．

$$z^m := \underbrace{z \cdot z \cdots z}_{m} \tag{1.8a}$$

0 でない $z \in \mathbb{C}$ に対し，**逆数** $\dfrac{1}{z}$ または z^{-1} が存在する．$z = x + iy$ の逆数は

$$\frac{1}{z} = \frac{x - iy}{(x + iy)(x - iy)} = \frac{x}{x^2 + y^2} - i\frac{y}{x^2 + y^2} \tag{1.8b}$$

で与えられ，$z \cdot z^{-1} = 1$ が成り立つ．また，$z^{-m} := (z^{-1})^m$ と定める．

m, n が共に整数の場合に限り，次の**指数法則**が成り立つ．

$$z^m z^n = z^{m+n}, \quad (z^m)^n = z^{mn} \tag{1.8c}$$

複素数の減法・除法 複素数の減法および除法は，0 で割ることを除いて定義され，次のようになる．

$z_1, z_2 \in \mathbb{C}$ に対し，

1. $z_1 - z_2 = z_1 + (-1)z_2$
2. $\dfrac{z_1}{z_2} = z_1 \cdot \dfrac{1}{z_2} \quad (z_2 \neq 0)$ (1.9a)

すなわち，$x_1, x_2, y_1, y_2 \in \mathbb{R}$ として，

1. $(x_1 + iy_1) - (x_2 + iy_2) = (x_1 - x_2) + i(y_1 - y_2)$
2. $\dfrac{x_1 + iy_1}{x_2 + iy_2} = \dfrac{x_1x_2 + y_1y_2}{x_2^2 + y_2^2} + i\dfrac{x_2y_1 - x_1y_2}{x_2^2 + y_2^2} \quad (x_2^2 + y_2^2 \neq 0)$ (1.9b)

複素数の四則演算は，加法・乗法 (1.6) と減法・除法 (1.9a, b) によって定義され，実数の加減乗除と同じ規則に加え，$i^2 = -1$ を適用することによって行うことができる．

共役な複素数・複素数の絶対値　$z = x + iy$ に対し，複素数 $x - iy$ を $\bar{z}$ と書き，z に**共役**(きょうやく)な複素数，または z の**複素共役**などという．複素共役について，以下の性質が成り立つ．

1. $\overline{(\bar{z})} = z$
2. $\overline{z_1 \pm z_2} = \bar{z}_1 \pm \bar{z}_2$（複号同順）
3. $\overline{z_1 z_2} = \bar{z}_1 \bar{z}_2,\ \overline{\left(\dfrac{z_1}{z_2}\right)} = \dfrac{\bar{z}_1}{\bar{z}_2}$　(1.10)
4. $\mathrm{Re}\, z = \dfrac{z + \bar{z}}{2},\ \mathrm{Im}\, z = \dfrac{z - \bar{z}}{2i}$
5. z が実数 $\iff z = \bar{z}$, z が純虚数 $\iff z = -\bar{z}$

複素数 $z = x + iy$ の**絶対値**を $|z|$ と書き，

$$|z| = \sqrt{x^2 + y^2} \tag{1.11}$$

で定義する[*4]．複素共役と複素数の絶対値について，以下の性質が成り立つ．

1. $|z| = \sqrt{z\bar{z}}$
2. $|z| \geqq 0$（等号は $z = 0$ でのみ成り立つ）
3. $|z| = |\bar{z}|,\ |z| = |-z|$　(1.12)
4. $|z_1 z_2| = |z_1||z_2|,\ \left|\dfrac{z_1}{z_2}\right| = \dfrac{|z_1|}{|z_2|}$
5. $\big||z_1| - |z_2|\big| \leqq |z_1 + z_2| \leqq |z_1| + |z_2|$（三角不等式）

複素数体　実数の組 (x, y) で，加法と乗法が

$$\begin{aligned} (x_1, y_1) + (x_2, y_2) &= (x_1 + x_2, y_1 + y_2) \\ (x_1, y_1)(x_2, y_2) &= (x_1 x_2 - y_1 y_2, x_1 y_2 + x_2 y_1) \end{aligned} \tag{1.13}$$

のように定義されているものを**複素数体**(たい)という．

[*4] 式 (1.11) から明らかなように，$|z|$ は実数である．すなわち，複素数の絶対値には大小関係が存在する．

例題 1.1　　**複素数の計算**

(a)　複素数に関して，次の計算をせよ．

i.　$(1+2i)-(2-i)$　　ii.　$(1+i)^2+1$

iii.　$\dfrac{1+\sqrt{3}\,i}{1+i}-\dfrac{1-\sqrt{3}i}{2}$

(b)　等式 $(a+i)(a-2i)=3b-bi$ が成り立つように，実数 a, b を定めよ．

【解　答】

(a)　i.　$(1+2i)-(2-i)=(1-2)+[2-(-1)]i=-1+3i.$

ii.　第 1 項を展開し，$(1+i)^2=1+2i+i^2=1+2i+(-1)=(1-1)+2i=2i.$ よって，$(1+i)^2+1=1+2i.$

iii.　第 1 項は $\dfrac{1+\sqrt{3}\,i}{1+i}=\dfrac{(1+\sqrt{3}\,i)(1-i)}{(1+i)(1-i)}=\dfrac{1-i+\sqrt{3}\,i-\sqrt{3}\,i^2}{1^2-i^2}=\dfrac{(\sqrt{3}+1)+(\sqrt{3}-1)i}{2}$ となるので，

$$\frac{1+\sqrt{3}\,i}{1+i}-\frac{1-\sqrt{3}i}{2}=\frac{(\sqrt{3}+1)+(\sqrt{3}-1)i}{2}-\frac{1-\sqrt{3}i}{2}$$
$$=\frac{\sqrt{3}}{2}+\frac{2\sqrt{3}-1}{2}i.$$

(b)　$(a+i)(a-2i)=(a^2+2)-ai$ であるから，式 (1.5) より

$$a^2+2=3b,\quad -a=-b.$$

第 2 式から $a=b$ であるから，$a^2-3a+2=0$ となる．これを解くと，$a=1,2.$ したがって，$(a,b)=(1,1)$ または $(2,2)$.

問　題

1.1　次を計算せよ．

(a)　$(1-i)^2+2i$　　(b)　$(2+i)(1-2i)$

(c)　$(2+3i)+\dfrac{1}{2+3i}$　　(d)　$\left(\dfrac{\sqrt{3}+i}{2}\right)^3$

(e)　$(1+i)^{2n}$（n は整数[*5]）

1.2　$ab+bi=-1+(a-2)i$ となる $a,b\in\mathbb{R}$ を求めよ．

[*5] 整数全体を $\mathbb{Z}$ と表し，n が整数であることを $n\in\mathbb{Z}$ と書く．

例題 1.2 **複素共役と関連事項**

複素共役と絶対値に関して次を示せ.

(a) $\mathrm{Re}\,z = \dfrac{z+\bar{z}}{2}$, $\mathrm{Im}\,z = \dfrac{z-\bar{z}}{2i}$ (b) $z \in \mathbb{R} \iff z = \bar{z}$

(c) $|z| = |\bar{z}|$, $|z| = |-z|$ (d) $|z| = \sqrt{z\bar{z}}$

【解 答】 $z = x + iy$ $(x, y \in \mathbb{R})$ とする.

(a) $\bar{z} = x - iy$ であるから，これと $z = x + iy$ をあわせて x, y に関する連立方程式と考え，これらについて解くと，

$$x = \mathrm{Re}\,z = \frac{z+\bar{z}}{2}, \quad y = \mathrm{Im}\,z = \frac{z-\bar{z}}{2i}.$$

(b) $z \in \mathbb{R} \iff \mathrm{Im}\,z = 0$ だから，$z \in \mathbb{R} \iff \dfrac{z-\bar{z}}{2i} = 0 \iff z = \bar{z}$.

(c) $|\bar{z}| = |x - iy| = \sqrt{x^2 + (-y)^2} = \sqrt{x^2 + y^2} = |z|$.

$|-z| = |-x - iy| = \sqrt{(-x)^2 + (-y)^2} = \sqrt{x^2 + y^2} = |z|$.

(d) $z\bar{z} = (x+iy)(x-iy) = x^2 + y^2 + (xy - yx)i = x^2 + y^2 = |z|^2$. この式の両辺の平方根を取り，$|z| \geqq 0$ に注意して題意を得る.

問 題

2.1 次を計算せよ.

(a) $\mathrm{Re}(1+i)(1-\sqrt{3}i)$ (b) $\mathrm{Im}(1+i)\overline{(2+i)}$

(c) $\overline{(2+\sqrt{5}i)(1+i)}$ (d) $\left|\overline{3+6i}\right|$

2.2 絶対値に関する次の式を示せ.

(a) $|z_1 z_2| = |z_1||z_2|$, $\left|\dfrac{z_1}{z_2}\right| = \dfrac{|z_1|}{|z_2|}$ (b) $\dfrac{1}{z} = \dfrac{\bar{z}}{|z|^2}$

(c) $|z| \geqq |\mathrm{Re}\,z|$, $|z| \geqq |\mathrm{Im}\,z|$ (d) z は純虚数 $\iff z = -\bar{z}$

(e) $z = 0 \iff |z| = 0$

2.3 次のそれぞれに答えよ.

(a) $|z_1 + z_2|^2 = (|z_1| + |z_2|)^2 + 2[\mathrm{Re}(z_1\bar{z}_2) - |z_1 z_2|]$ を示せ.

(b) (a) を利用して，三角不等式を証明せよ.

1.2 複素平面

複素平面　複素数 $z = x + iy$ を，直角座標 x, y が定義された平面上の点 (x, y) に対応させる．この平面を**複素平面**という．また，x 軸を**実軸**，y 軸を**虚軸**という．

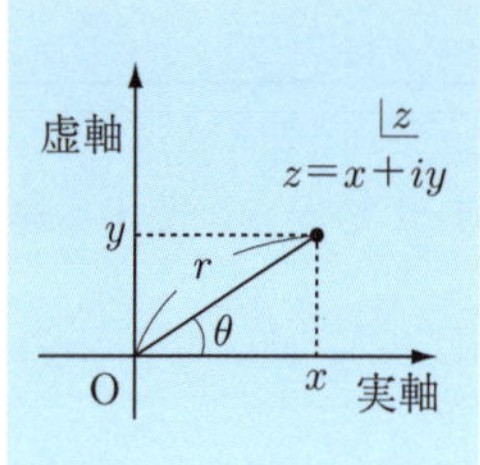

図 1.1　複素平面および，複素平面における絶対値・偏角等の図形的表現

極形式　複素平面上の極座標表示を用いて，複素数 $z = x + iy$ を

$$z = r(\cos\theta + i\sin\theta) \tag{1.14}$$

のように表すことができる（図 1.1）．ここで，r は z の絶対値 $\sqrt{x^2 + y^2}$ に等しい．また，θ を z の**偏角**と呼び，$\arg z$ と書く．$z = 0$ の場合は，絶対値は 0 であるが，偏角は定義されない．

偏角に 2π の整数倍を加えても，同じ複素数を表す．$\arg z$ のうち，$-\pi < \arg z \leqq \pi$ をみたすものを偏角の**主値**と呼び，$\mathrm{Arg}\, z$ と書く．

式 (1.14) のように，絶対値と偏角を用いて複素数を表す方法を，**極形式**または**極表示**という．

オイラーの公式　$t \in \mathbb{R}$ に対して，e^{it} を

$$e^{it} := \cos t + i\sin t \tag{1.15}$$

と定義する．これを**オイラーの公式**という．e^{it} については，次の性質が成り立つ．

$$e^{it_1}e^{it_2} = e^{i(t_1+t_2)}, \quad \frac{e^{it_1}}{e^{it_2}} = e^{i(t_1-t_2)} \quad (t_1, t_2 \in \mathbb{R}) \tag{1.16}$$

オイラーの公式を用いると，式 (1.14) は次のように表すことができる．

$$z = re^{i\theta} \tag{1.17}$$

例題 1.3 **複素平面**

次の複素数を複素平面上に図示せよ．

(a) $2+3i$ (b) $\overline{1+2i}$ (c) $2e^{3\pi i/4}$

【解 答】

(a) 下図 (a) のようになる．

(b) $\overline{1+2i}=1-2i$ であるから，実軸の読みが 1，虚軸の読みが -2 となる点を取って，下図 (b) のようになる．

(c) $2e^{3\pi i/4}=2\left(\cos\dfrac{3\pi}{4}+i\sin\dfrac{3\pi}{4}\right)=2\left(-\dfrac{1}{\sqrt{2}}+\dfrac{i}{\sqrt{2}}\right)=-\sqrt{2}+\sqrt{2}\,i.$

したがって，実軸の読みが $-\sqrt{2}$，虚軸の読みが $\sqrt{2}$ となる点を取って，下図 (c) のようになる．または，実軸の正の向きから $\dfrac{3\pi}{4}$ の角をなす方向に，$z=0$ から距離 2 の点を取ってもよい．

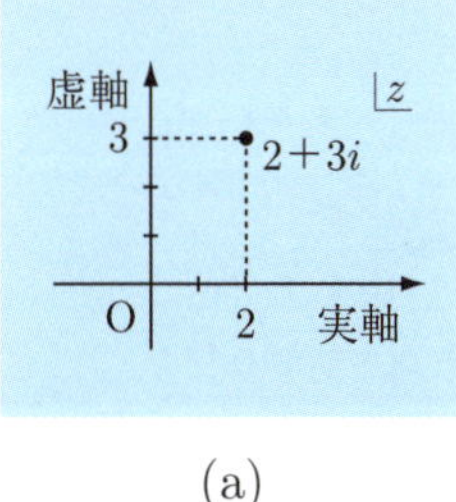

(a)

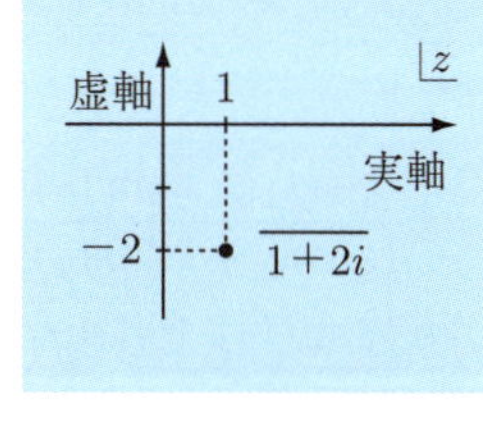

(b)

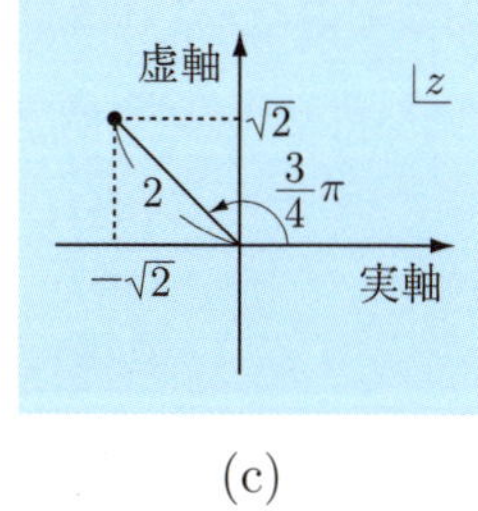

(c)

問 題

3.1 $r_1, r_2, \theta_1, \theta_2 \in \mathbb{R}$ とする．極形式で表された 2 つの複素数 $z_1 = r_1e^{i\theta_1}$，$z_2 = r_2e^{i\theta_2}$ の間に等号が成立するための必要十分条件が次の通りであることを示せ．

$$z_1 = z_2 \iff r_1 = r_2 \text{ かつ } \theta_1 = \theta_2 + 2n\pi \quad (n \in \mathbb{Z})$$

3.2 次の等号が成り立つような条件を求めよ．$x, y, \theta \in \mathbb{R}$, $r > 0$ とする．

(a) $re^{i\theta} = -2+2i$ (b) $x+3i = re^{\pi i/6}$ (c) $e^{x+iy} = 1+i$

3.3 $(1+\sqrt{3}i)^{3n}$ $(n \in \mathbb{N})$ を計算せよ．

3.4 $z^3 = \dfrac{-1+i}{2}$ となるような $z \in \mathbb{C}$ をすべて求めよ．

3.5 $\operatorname{Re} z > 0$，$\operatorname{Im} z > 0$ と仮定して，z と $\bar{z}$，$-z$ の位置関係を複素平面上に図示せよ．また，虚軸に関して z と対称な位置にある複素数を式で表せ．

例題 1.4 オイラーの公式

$t_1, t_2 \in \mathbb{R}$ とする．オイラーの公式と三角関数の加法定理を用いて，

$$e^{it_1}e^{it_2} = e^{i(t_1+t_2)}, \quad \frac{e^{it_1}}{e^{it_2}} = e^{i(t_1-t_2)}$$

を示せ．

【解　答】 オイラーの公式により，

$$e^{it_1} = \cos t_1 + i\sin t_1, \quad e^{it_2} = \cos t_2 + i\sin t_2$$

である．したがって，

$$\begin{aligned} e^{it_1}e^{it_2} &= (\cos t_1 + i\sin t_1)(\cos t_2 + i\sin t_2) \\ &= (\cos t_1 \cos t_2 - \sin t_1 \sin t_2) + i(\sin t_1 \cos t_2 + \cos t_1 \sin t_2) \end{aligned}$$

となる．ここで，三角関数の加法定理を用いると，実部は $\cos(t_1+t_2)$，虚部は $\sin(t_1+t_2)$ となるので，これは $e^{i(t_1+t_2)}$ に等しく，第 1 式が成り立つ．

次に，e^{it_1}/e^{it_2} については，

$$\begin{aligned} \frac{e^{it_1}}{e^{it_2}} &= \frac{\cos t_1 + i\sin t_1}{\cos t_2 + i\sin t_2} = \frac{(\cos t_1 + i\sin t_1)(\cos t_2 - i\sin t_2)}{(\cos t_2 + i\sin t_2)(\cos t_2 - i\sin t_2)} \\ &= \frac{(\cos t_1 \cos t_2 + \sin t_1 \sin t_2) + i(\sin t_1 \cos t_2 - \cos t_1 \sin t_2)}{\cos^2 t_2 + \sin^2 t_2} \\ &= \cos(t_1 - t_2) + i\sin(t_1 - t_2) = e^{i(t_1-t_2)} \end{aligned}$$

となる．よって第 2 式も成り立つ．

問　題

4.1 $t \in \mathbb{R}$ とする．次のそれぞれを示せ．

(a) $|e^{it}| = 1$ (b) $\overline{e^{it}} = e^{-it}$

(c) $\cos t = \dfrac{e^{it} + e^{-it}}{2}$，$\sin t = \dfrac{e^{it} - e^{-it}}{2i}$

4.2 $z_1 = r_1 e^{i\theta_1}$，$z_2 = r_2 e^{i\theta_2}$ $(r_1, r_2, \theta_1, \theta_2 \in \mathbb{R})$ などの極形式と，オイラーの公式を用いて，次の式の成立を確かめよ．

(a) $\overline{(\bar{z})} = z$ (b) $\overline{z_1 z_2} = \bar{z}_1 \bar{z}_2$ (c) $|z| = \sqrt{z\bar{z}}$

(d) $|z_1 z_2| = |z_1||z_2|$ (e) $|z| = |\bar{z}|$ (f) $|z| = |-z|$

例題 1.5 **四則演算の意義**

複素平面上の点 z に対して，次の計算の結果得られる w は，どのような図形的操作を行ったものか．ただし，$a, b \in \mathbb{C}$ とする．

(a) $w = z + a$ (b) $w = bz$

【解 答】

(a) $z = x + iy$, $a = \alpha + i\beta$ $(x, y, \alpha, \beta \in \mathbb{R})$ とすると，

$$w = (x + \alpha) + i(y + \beta)$$

となる．よって座標平面上の点を w に対応させると，$(x, y) + (\alpha, \beta)$ となる．これは，点 z を a で定められる座標分だけ平行移動したものになる（下図左）．

(b) $z = re^{i\theta}$, $b = ke^{i\phi}$ $(k, r \geqq 0,\ \theta, \phi \in \mathbb{R})$ として，$w = kre^{i(\theta+\phi)}$．これは，z と比べて絶対値が k 倍され，偏角が ϕ 増加している．すなわち，$z = 0$ のまわりでの $\arg b$ の回転と，$|b|$ 倍の拡大を合成したものである（下図右）．

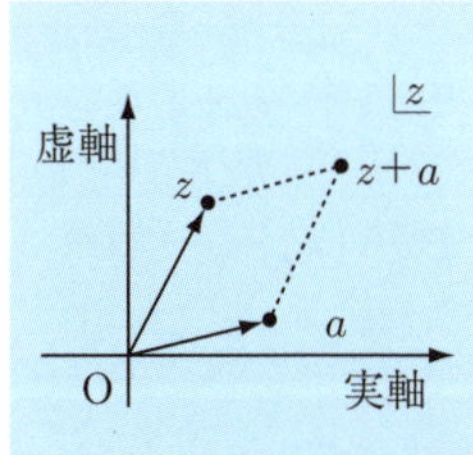

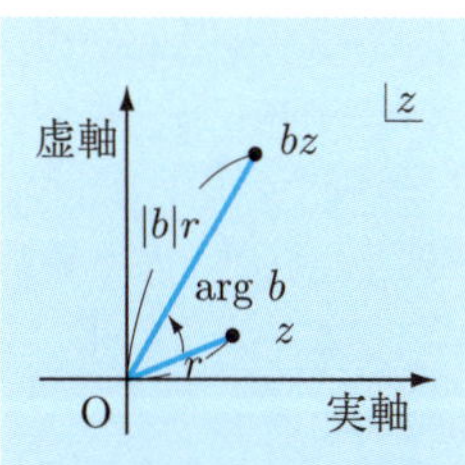

問 題

5.1 複素平面において，次の量の図形的意味を述べよ．$a, b \in \mathbb{C}$ は定数とする．

(a) $|z - a|$ (b) $\arg \dfrac{z - a}{b - a}$ (c) $\arg \dfrac{a - z}{b - z}$

5.2 $z = e^{i\theta}$ $(\theta \in \mathbb{R})$ とする．

(a) z^n $(n \in \mathbb{N})$ によって，z は複素平面上でどのような移動を行うか．

(b) $z^N = z$ となる N $(N \in \mathbb{N},\ N \geqq 2)$ が存在するための条件は何か．

5.3 次の条件をみたす z は，複素平面上どのような図形を表すか．ただし，a, b は複素数の定数 $(a \neq b)$，t は実数全体を動くパラメータとする．

(a) $|z - a| = r$ $(r > 0)$ (b) $z - a = tb$

(c) $\arg(z - i) = \dfrac{\pi}{4}$ (d) $\left|\dfrac{z - a}{z - b}\right| = 2$ (e) $\mathrm{Re}\,\dfrac{z - a}{b - a} = 0$

1.3 複素数列とその極限値

複素数列 0 以上の整数 n に対応させた複素数の列

$$\{z_n\}_{n \geqq 0} := z_0, z_1, \ldots, z_n, \ldots \tag{1.18}$$

を，**複素数列**または単に**数列**という．

複素数列の極限値 n を十分大きくすると，z_n の値がいくらでも z に近くなることを数学的に厳密に表すと，次のようになる：

任意の $\varepsilon > 0$ に対してある N が存在し，$n > N$ なるすべての n で

$$|z_n - z| < \varepsilon$$

が成り立つ

このとき，数列 $\{z_n\}_{n \geqq 0}$ は $n \to \infty$ において**極限値** z に収束するといい，

$$\lim_{n \to \infty} z_n = z \qquad \text{または} \qquad z_n \to z \quad (n \to \infty) \tag{1.19}$$

と書く．数列 $\{z_n\}$ が，ある極限値に収束することを数列 $\{z_n\}$ は「**収束**する」「極限値を持つ」などという．収束しない数列を**発散**するという．

極限値の性質 複素数列の極限値に対して，次の性質が成り立つ．

1. $z_n \to z,\, w_n \to w \Longrightarrow \begin{cases} z_n \pm w_n \to z \pm w \\ z_n w_n \to zw \\ \dfrac{1}{z_n} \to \dfrac{1}{z}\ (z_n, z \neq 0), \quad |z_n| \to |z| \end{cases}$ (1.20)
2. $z_n \to a,\, z_n \to b \Longrightarrow\ a = b$
3. $z_n \to z \iff \operatorname{Re} z_n \to \operatorname{Re} z$ かつ $\operatorname{Im} z_n \to \operatorname{Im} z$
4. $z_n \to z \iff |z_n - z| \to 0$

例題 1.6 **複素数の数列**

次の一般項を持つ数列が収束するか発散するかを調べ，収束する場合はその極限値を求めよ．ただし，$a \in \mathbb{C}$ とする．

(a) $z_n = i^n$ (b) $z_n = (1+i)^n e^{-n}$ (c) $z_n = \dfrac{(1+2i)^n n}{(2-i)^n}$

【解 答】

(a) $z_1 = i,\ z_2 = i^2 = -1,\ z_3 = -i,\ z_4 = 1,\ z_5 = i$. 以下同様に繰り返して，

$$z_{4k+1} = i, \quad z_{4k+2} = -1, \quad z_{4k+3} = -i, \quad z_{4k} = 1$$

となる．これは，n をいくら大きくしても一定の値に近づかない．したがって，与えられた数列は発散する．

(b) $|1+i| = \sqrt{1^2+1^2} = \sqrt{2}$ により，

$$|z_n| = \left|\frac{1+i}{e}\right|^n = \left(\frac{\sqrt{2}}{e}\right)^n \to 0 \quad (n \to \infty)$$

よって，z_n は 0 に収束する．

(c) $z_n = \dfrac{(1+2i)^n(2+i)^n n}{(2-i)^n(2+i)^n} = \dfrac{(5i)^n n}{5^n} = i^n n$. したがって，$|z_n| = n \to \infty$ $(n \to \infty)$ であるから，発散する．

問 題

6.1 次の一般項を持つ複素数列は収束するかどうかを調べよ．

(a) $z_n = e^{in\theta}$ $(\theta \in \mathbb{R})$ (b) $z_n = a^n$ $(a \in \mathbb{C})$

(c) $z_n = \dfrac{(3+4i)^n}{5^n n^2}$ (d) $z_n = \dfrac{(1-i)^n}{n^3}$

6.2 次のそれぞれを，数列の収束の定義に基づいて示せ．ただし，$x_n, y_n, \alpha, \beta \in \mathbb{R}, z_n, a, b \in \mathbb{C}$ とする．

(a) $z_n = x_n + iy_n,\ a = \alpha + i\beta$ のとき，$z_n \to a \iff x_n \to \alpha$ かつ $y_n \to \beta$

(b) $z_n \to a$ かつ $z_n \to b$ ならば，$a = b$

(c) $z_n \to a \iff |z_n - a| \to 0$

1.4　複素平面上の領域

開円板・近傍　　複素平面上で，集合

$$K_r(a) := \{z \,|\, z \in \mathbb{C},\ |z-a| < r\} \quad (r > 0) \tag{1.21}$$

を，点 a を中心とする，半径 r の**開円板**，または，a の r-**近傍**という．

境界点・孤立点・集積点　　D を $\mathbb{C}$ の部分集合とする．

1. z が D の**内点**であるとは，$z \in D$ であり，かつ，D に完全に含まれる z の r-近傍が存在することをいう（図 1.2(a)）
2. z が D の**境界点**であるとは，z の任意の r-近傍が，D の点および D の補集合の点を必ず含むことをいう．ただし，$z \in D$ でなくてもよい（図 1.2(b)）
3. D の境界点全体を D の**境界**と呼び，∂D と書く
4. D と ∂D をあわせて D の**閉包**（へいほう）と呼び，$\bar{D}$ と書く
5. z が D の**孤立点**であるとは，$z \in D$ であり，かつ，z の r-近傍のうちに z 以外の D の点を含まないものがあることをいう
6. z が D の**集積点**であるとは，z の任意の r-近傍が D と $\{z\}$ 以外の交わりを持つことをいう．$z \in D$ でなくてもよい[*6]

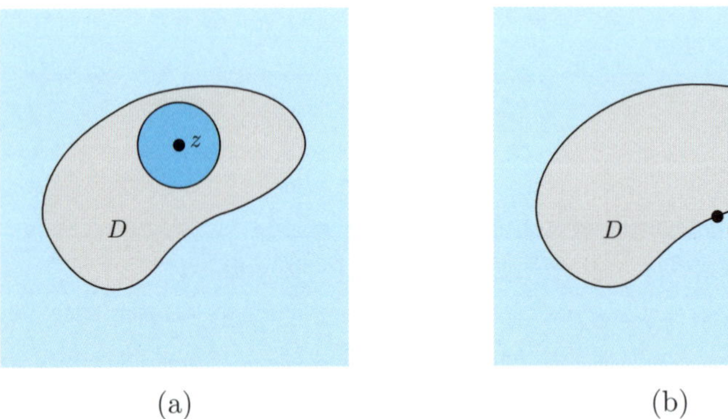

図 1.2　(a) D の内点．青色部は D に含まれる近傍．(b) D の境界点の例．境界点自身は D に含まれていなくてもよい

[*6] z が D の孤立点であるとは，z が同じ D に属す点と「隣接」していないような状況をイメージすればよい．また，z が D の集積点であるとは，z が D の点と「隣接」していることを意味することになる．

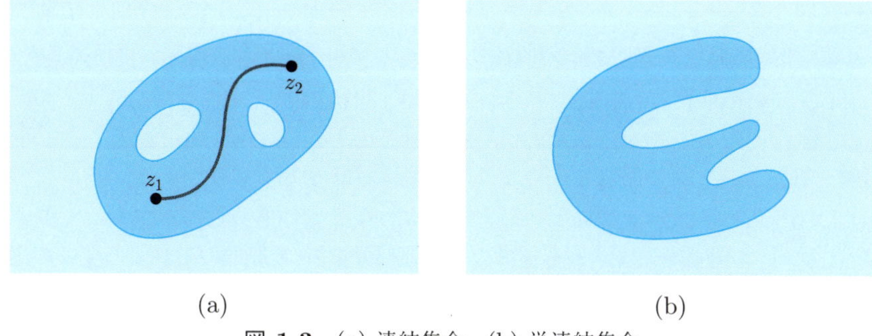

(a)　(b)

図 **1.3**　(a) 連結集合. (b) 単連結集合

複素平面上の開集合と閉集合　$D \subset \mathbb{C}$ が**開集合**であるとは，D が D の内点からのみなることをいう．$D \in \mathbb{C}$ が**閉集合**であるとは，$\partial D \subset D$ であることをいう．一般に，開集合の補集合は閉集合であり，閉集合の補集合は開集合である．

連結と単連結　$\mathbb{C}$ 上の集合 D が**連結**であるとは，任意に取り出した $z_1, z_2 \in D$ が，D に完全に含まれる曲線で結べることをいう．また，D が**単連結**であるとは，D の中だけを通っている任意の閉曲線の内部が D の点だけからなることをいう (図 1.3).

領域　複素平面上の連結な開集合のことを，**領域**という．連結でないものや，開集合でないものは領域ではない．

有界集合とコンパクトな集合　$\mathbb{C}$ の部分集合 D が**有界**であるとは，$D \subset K_r(a)$ であるような $r > 0$ と $a \in \mathbb{C}$ が存在することをいう．また，D が有界な閉集合であるとき，D は**コンパクト**であるという．

開集合と閉集合

開集合は境界を含まない図形，閉集合は境界を含む図形を一般化したものであるが，多少考えにくい点もある．たとえば，一見開集合と閉集合は両立しないように思えるが，そうではない．空集合 $\emptyset$ は開集合かつ閉集合の例である．複素平面上では，$\mathbb{C}$ 全体もそうである．また，同じ $\mathbb{C}$ であっても，より広い範囲で考えれば，閉集合でなくなることもある (演習問題 12.)．もちろん「開でなければ閉」というようなことやその逆もなく，開集合でも閉集合でもない集合が存在する．

開集合や閉集合は，集合を論じる際の基礎となるものである．複素数やその関数の微分・積分を考えるだけならばあまり表面には出てこないが，その応用可能性などの議論に関わっている．

例題 1.7 **閉包と閉集合**

複素平面における次の集合の閉包を求めよ．また，与えられた集合は閉集合か．

(a) 開円板 $V := K_r(a)$ (b) 単位円 $U : \{z \mid |z| = 1\}$

【解 答】 集合 D の閉包を求めるには，境界 ∂D を知る必要がある．

(a) z が円 $|z-a| = r$ の周上にあるとする．A を z のある近傍とすると，A は V とも，V の補集合 $\mathbb{C}\backslash V$ とも空でない共通部分を持つ（下図左）．よってこの円周上にある点は V の境界点である．

次に，$|z-a| = r$ 上にない z を考えると，$0 < \varepsilon < \big|r - |z-a|\big|$ となる ε を選べる．z の ε-近傍 $K_\varepsilon(z)$ は $z \in D$ ならば（下図中）$\mathbb{C}\backslash D$ と，$z \in \mathbb{C}\backslash D$ ならば（下図右）D 自身と共通部分を持たない．よって，$|z-a| = r$ 上にない点は V の境界点ではない．

以上から，$\partial V = \{z \mid |z-a| = r\}$ であり，$\bar{V} = \{z \mid |z-a| \leqq r\}$．また，$\bar{V} \neq V$ だから，V は閉集合ではない．

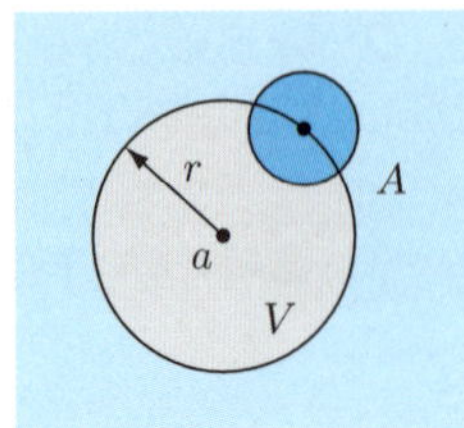

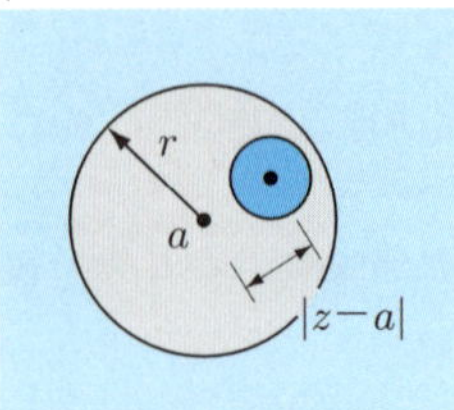

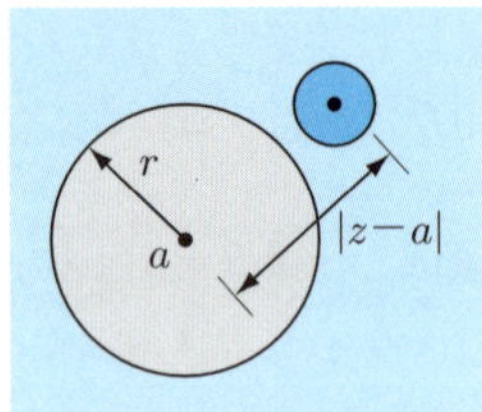

(b) 前問と同様にすると，$z \in U$ ならば，$z \in \partial U$ であり，$z \notin U$ ならば $z \in \partial U$ ではない．よって，$U = \partial U$ であり，$\bar{U} = U$．また，U は閉集合である．

問 題

7.1 複素平面における次の集合は，閉集合，開集合，いずれでもない，いずれでもあるのうちのどれか．

(a) $K_r(a)$ (b) 単位円 U (c) $\mathbb{C}$ (d) 実軸

(e) $\{z \mid \mathrm{Re}\, z > 0\}$ (f) $\{z \mid z = e^{i\theta},\quad 0 < \theta < 2\pi\}$

7.2 z が D の**外点**であるとは，z の近傍のうちで，D の点を含まないものが存在することをいう．

(a) D の外点は，$\mathbb{C}\backslash D$ の内点であることを示せ．

(b) D の内点でも外点でもない点は，D 境界点であることを示せ．

オイラーの「公式」

オイラーの公式

$$e^{it} = \cos t + i \sin t \quad (t \in \mathbb{R}) \tag{1.22}$$

は，複素関数論における最も重要な式の 1 つである．本章では左辺の指数関数を右辺によって定義するという立場を取った．また，多くの書籍でもそのようである．しかしながら，「公式」というからには証明が必要なのではないだろうか．ここではこの点を考えてみよう．ただし，複素数値関数の微分可能性や級数の収束性はあまり気にしない．

複素平面上の 2 点 $z_1 = r_1(\cos t_1 + i \sin t_1)$, $z_2 = r_2(\cos t_2 + i \sin t_2)$ を考え，その積を求めると，

$$\begin{aligned} z_1 z_2 &= r_1 r_2 (\cos t_1 + i \sin t_1)(\cos t_2 + i \sin t_2) \\ &= r_1 r_2 [(\cos t_1 \cos t_2 - \sin t_1 \sin t_2) + i(\sin t_1 \cos t_2 + \cos t_1 \sin t_2)] \\ &= r_1 r_2 [\cos(t_1 + t_2) + i \sin(t_1 + t_2)] \end{aligned}$$

となる．すなわち，$\cos t + i \sin t = F(t)$ とすると，$F(x)F(y) = F(x+y)$ となるわけである．この関係を y で微分して $y \to 0$ とすれば，$F'(x) = F'(0)F(x)$ が得られ，値の条件 $F(0) = 1$, $F'(0) = i$ を用いて $F(t) = e^{it}$ となる．

このようにして求めた e^{it} は，「e の it 乗」のような意味はない．しかし，複素指数関数（第 2 章）の定義の基礎となる関係式であり，実数の指数関数 e^x の変数を，純虚数へ自然に拡張したものとなっている．このような観点から，式 (1.22) は計算上の便宜を超えた重要な意義を持つのである．

おそらく，オイラーは指数関数のテイラー展開 $e^x = \displaystyle\sum_{n=0}^{\infty} \frac{x^n}{n!}$ に，$x = it$ を代入してみたのであろう．これにより，分子の x^n は $i^n t^n$ となるが，$n = 2k$ ならば $i^n = (-1)^k$，$n = 2k+1$ ならば $i^n = i^{2k} \cdot i = (-1)^k i$ となり，

$$\sum_{n=0}^{\infty} \frac{i^n t^n}{n!} = \sum_{k=0}^{\infty} \frac{(-1)^k t^{2k}}{(2k)!} + i \sum_{k=0}^{\infty} \frac{(-1)^k t^{2k+1}}{(2k+1)!}$$

を得る．右辺の第 1 項は $\cos t$（実数の余弦関数）のマクローリン展開，第 2 項は $\sin t$（これも実数の関数）のマクローリン展開に i をかけたものに他ならない．よって右辺全体は $\cos t + i \sin t$ となり，式 (1.22) の右辺に一致する．

このような計算の正当性を主張するには，第 5 章の複素級数の収束・発散の議論が必要であるが，そこでは指数関数のマクローリン展開の（究極には指数関数自身の）持つ性質の良さが役立っている．さらに，微分可能な複素関数が持つ著しい特徴（第 6 章の解析接続）により，指数関数 e^x の純虚数，ひいては複素数への自然な拡張は，式 (1.22) に基づくもの以外にはない．このように，オイラーの公式の背後には，複素関数の微分可能性に基づく性質の良さが潜んでいるのである．

1.5 拡張された複素平面とリーマン球

無限遠点 $\mathbb{C}$ 外に仮想的な点を考え，$|z| \to \infty$ のとき，z がそこに近づいていくとする．この点を**無限遠点**と呼び，「∞」と書く．無限遠点 ∞ の r-近傍は，

$$K_r(\infty) = \{z \mid |z| > r\} \cup \{\infty\} \tag{1.23}$$

で与えられる．$a \in \mathbb{C}$ に対して

$$\frac{a}{0} := \infty \ (a \neq 0), \quad \frac{a}{\infty} := 0 \tag{1.24a}$$

と定める．一方，

$$0 \cdot \infty, \quad \frac{0}{0}, \quad \frac{\infty}{\infty}, \quad \infty + \infty \tag{1.24b}$$

のような演算は定義されない[*7]．

リーマン球 複素平面の実軸を x_1 軸，虚軸を x_2 軸とし，x_3 軸を新たに加えた空間において，原点を中心とし，半径 1 の球面を S とする．S 上の点 N:$(0,0,1)$ と z を結ぶ線分が，S と交わる点 Z に z を対応させると，$\mathbb{C}$ 上の各点と，S から N を除いた部分が 1 対 1 に対応する．また，無限遠点は N と対応する．この写像

$$z = x + iy \mapsto Z = \left(\frac{2x}{x^2 + y^2 + 1}, \frac{2y}{x^2 + y^2 + 1}, \frac{x^2 + y^2 - 1}{x^2 + y^2 + 1} \right) \tag{1.25}$$

を**立体射影**，球面 S を**リーマン球**または**数球面**という．

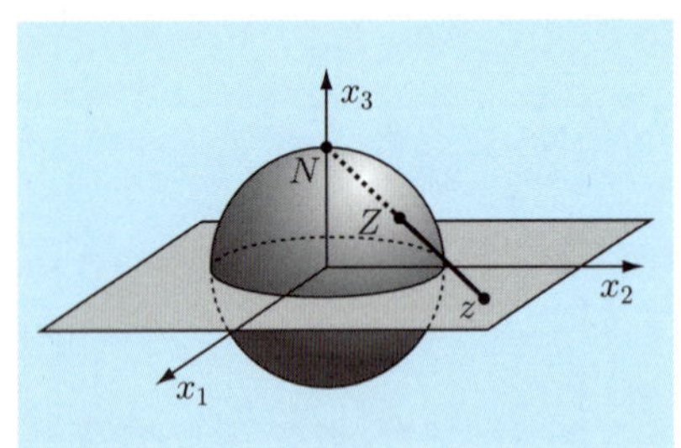

図 1.4 リーマン球と立体射影

拡張された複素平面 $\mathbb{C} \cup \{\infty\}$ を**拡張された複素平面**と呼び，$\bar{\mathbb{C}}$ と書く．$\bar{\mathbb{C}}$ 上の点とリーマン球上の点は，立体射影によって 1 対 1 に対応する．

[*7] これらは，極限値を考える場合は不定形となる．$\infty + \infty$ は実数では ∞ であったが，複素数では $-\infty$ も $+\infty$ も無限遠点となるため，$\infty + \infty$ のような表現も不定形である．

例題 1.8　拡張された複素平面とリーマン球

$z = x + iy \in \bar{\mathbb{C}}$ とリーマン球 S 上の点 Z : (x_1, x_2, x_3) の対応関係を示せ.

$$(x_1, x_2, x_3) = \left(\frac{2x}{x^2+y^2+1}, \frac{2y}{x^2+y^2+1}, \frac{x^2+y^2-1}{x^2+y^2+1} \right)$$

【解　答】 Z は $(0,0,1)$ と $(x,y,0)$ を直線で結んだ線上にあるから, $k > 0$ として, $x_1 = kx$, $x_2 = ky$ が成り立つ. また, 下図のような三角形の相似条件を考え,

$$\frac{1-x_3}{1} = \frac{\sqrt{x_1^2+x_2^2}}{\sqrt{x^2+y^2}} = \frac{\sqrt{(kx)^2+(ky)^2}}{\sqrt{x^2+y^2}} = k$$

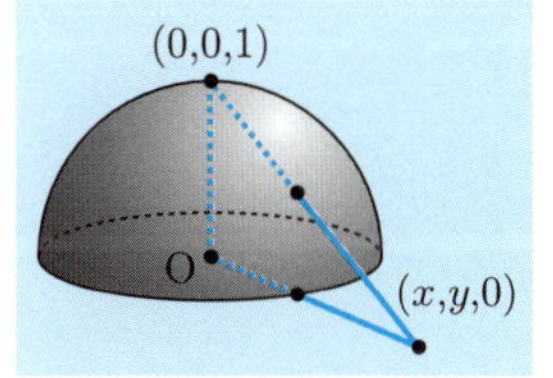

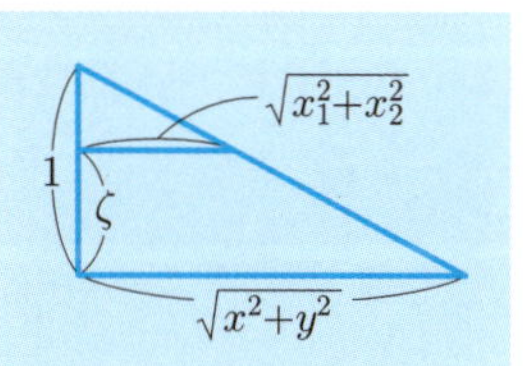

よって, $x_3 = 1 - k$. また, Z は S 上にあるから, $x_1^2 + x_2^2 + x_3^2 = 1$. 以上から,

$$(kx)^2 + (ky)^2 + (1-k)^2 = 1.$$

$k > 0$ に注意してこれを解き, $k = \dfrac{2}{x^2+y^2+1}$. したがって,

$$x_1 = \frac{2x}{x^2+y^2+1}, \quad x_2 = \frac{2y}{x^2+y^2+1}, \quad x_3 = \frac{x^2+y^2-1}{x^2+y^2+1}$$

となり, 題意が示された.

問　題

8.1 立体射影による, 次に挙げる複素平面上の図形の像を求めよ.

(a) 円 $|z| = 1$　(b) $z = x \in \mathbb{R}$ $(x \geqq 0)$　(c) $\{z \mid \mathrm{Im}\, z \geqq 0\}$

8.2 リーマン球の定義には, 本節の方法のほか, 次のようなものがある.

(a) 半径 1 の球を $(0,0,1)$ に中心が来るように置く定義

(b) 半径 1 の球を $(0,0,-1)$ に中心が来るように置く定義

これらの定義のもとでの立体射影を, (a) の場合, z と $(0,0,2)$ を, (b) の場合, z と $(0,0,-2)$ を結ぶ線分とリーマン球の交点とするとき, 立体射影による $z = x + iy$ の像を求めよ.

第1章演習問題

1. 次の計算をし，結果を実部と虚部を明示する形で示せ．

(a) $(1+i)+(2-i)(1+2i)$ (b) $(1+i)^3(i-1)^3$

(c) $\sqrt{3}+\sqrt{2}\,i+\dfrac{1}{\sqrt{3}+\sqrt{2}\,i}$ (d) $\left(\dfrac{1-\sqrt{3}\,i}{\sqrt{2}}\right)^{21}$

(e) $2e^{2\pi i/15}e^{\pi i/30}$

2. 次の計算をせよ．ただし，$r,\theta,\phi\in\mathbb{R}$ とする．

(a) $re^{i\theta}+r\overline{e^{i\theta}}$ (b) $\overline{e^{i\theta}}-e^{i\theta}$ (c) $|e^{i\theta}+e^{i\phi}|$

3. 次のそれぞれについて，等号が成り立つ条件を求めよ．

(a) $x(x+iy)=y+ix$ (b) $x+iy=(2e^{\pi i/4})^3$

(c) $re^{i\theta}=\dfrac{(3+2i)^3}{1-i}$ （θ は逆正接 arctan を用いて表せ）

4. 複素数を用いて，平面上の点の移動について次のそれぞれに答えよ．

(a) 複素数 z に対し，$z=1$ と $z=i$ を結ぶ直線に関して対称な点を求めよ．

(b) 中心が $z=a$, 半径 $r>0$ の円に関する，ある点 z の鏡像 z_* とは，次の 2 つを共にみたす点をいう[*8]（下図右）．

- z_* は a を端点とし，a と z を結ぶ半直線上にある
- z と a の距離と z_* と a の距離の積は r^2 に等しい

$z=0$ を中心とする半径 1 の円に関して，z の鏡像 z_* を求めよ．

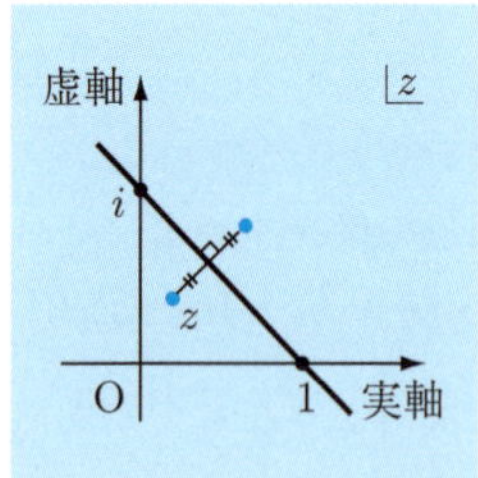

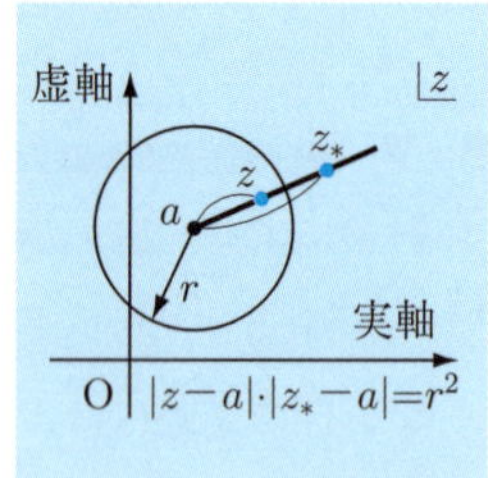

[*8] z の鏡像を表す記号として「z^*」と書く場合があるが，線形代数における共役転置行列と同じで，共役複素数をこのように書くこともあるので，本書では便宜上「z_*」という記号を導入した．他所でこの記号が通用することは保証しない．

5. 複素平面は 2 次元実ベクトル空間の例として知られている．複素数 $z = x + iy$ に $\mathbb{R}^2$ のベクトル $\begin{bmatrix} x \\ y \end{bmatrix}$ を対応させ，このベクトルを $\boldsymbol{Z}$ と書こう．複素数の四則演算とベクトルの演算の対応関係について，次の問いに答えよ．

(a) 複素数全体 $\mathbb{C}$ が，2 次元の実ベクトル空間であることを確かめよ．

(b) $z = x + iy \in \mathbb{C}$ と $a = re^{i\theta}$ の積を考える．積 az が，ベクトル $\boldsymbol{Z}$ に 2×2 行列 A をかけて得られるベクトル $A\boldsymbol{Z}$ に対応するとき，行列 A を求めよ．

(c) 相異なる複素数 a, b, c に対し，$\arg \dfrac{a-c}{b-c}$ は図形的に何を表すか．

(d) 以上をもとにして，次のそれぞれが複素平面上で z をどのように移動したものかを調べよ．

i. kz $(k \in \mathbb{R})$　　ii. $z - a$ $(a \in \mathbb{C})$

iii. $z + ka$ $(a \in \mathbb{C},\ k \in \mathbb{R})$　　iv. $\dfrac{z}{a}$ $(a \in \mathbb{C},\ |a| = 1)$

v. $e^{i\alpha}(z - a) + a$ $(a \in \mathbb{C},\ \alpha \in \mathbb{R})$

6. 次のそれぞれは，複素平面上でどのような図形を表すか．

(a) $z = a + tb$ ($a, b \in \mathbb{C}$ は定数，$t \in \mathbb{R}$ はパラメータで $0 \leqq t \leqq 1$)

(b) $z = a + re^{it}$ ($a, b \in \mathbb{C}$ および $r > 0$ は定数，$0 \leqq t \leqq 2\pi$ はパラメータ)

ヒント 下図左参照

(c) $\operatorname{Im} \dfrac{z}{a} = 0$ ($a \in \mathbb{C}$ は定数で，$a \neq 0$)（$\iff \dfrac{z}{a} \in \mathbb{R}$）

(d) $\arg \dfrac{z}{a} = 0$ ($a \in \mathbb{C}$ は定数で，$a \neq 0$)（$\iff \dfrac{z}{a} > 0$）

(e) $\arg \dfrac{a-z}{b-z} = \alpha$ ($a, b \in \mathbb{C}$ および $\alpha \in \mathbb{R}$ は定数で，$0 < \alpha < \pi$)

ヒント 下図右参照

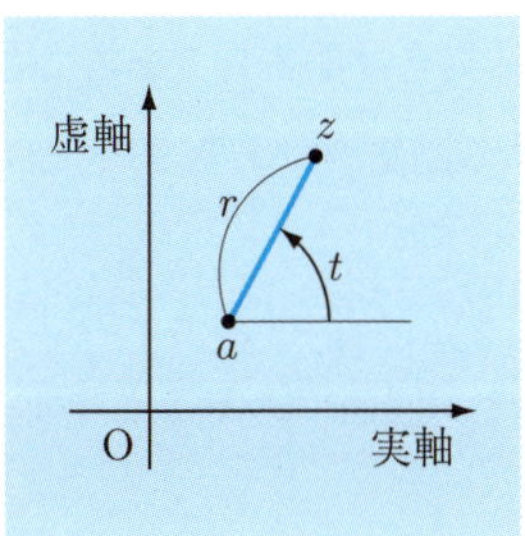

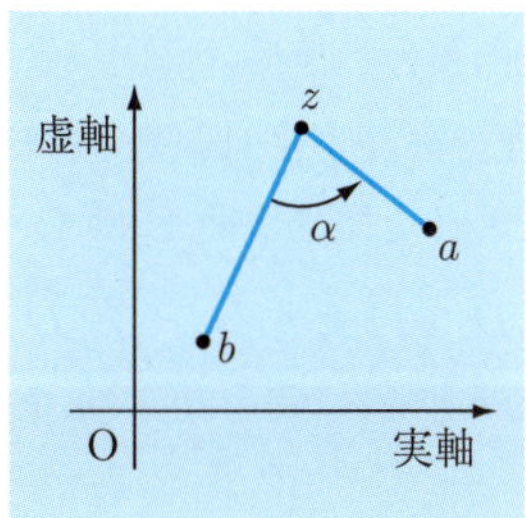

7. $\alpha, \gamma \in \mathbb{R}, \beta \in \mathbb{C}$ とする．式 $\alpha\bar{z}z - \bar{\beta}z - \beta\bar{z} + \gamma = 0$ をみたす z の集合が空でないとき，これは $\mathbb{C}$ 上でどのような図形を表すか．

8. 次のそれぞれについて，z 平面上の図形がリーマン球上のどのような図形に対応するかを調べよ．

(a) 中心が $z = 0$, 半径 $\sqrt{3}$ の円　　(b) 2 点 $a, b \in \mathbb{C}$ を結ぶ直線

(c) $\mathrm{Re}\, z \geqq 0$ かつ $\mathrm{Im}\, z \geqq 0$ の範囲

9. 次のそれぞれをみたす数列 $\{z_n\}$ が収束するかどうか調べよ．収束するならば，極限値を求めよ．

(a) $z_n = \left(\dfrac{12-5i}{13}\right)^n$　　(b) $z_n = \left(\dfrac{5}{8} + \dfrac{3}{4}i\right)^n n^2$

(c) $2z_{n+1} - (1+i)z_n = 1,\ z_1 = 1.$

10. ある数列 $\{z_n\}$ がコーシー列であるとは，十分大きい番号では，任意の 2 つの項がいくらでも近くなること，すなわち，

任意の $\varepsilon > 0$ に対し，ある N が存在し，$n, m > N$ となるすべての n, m で $|a_n - a_m| < \varepsilon$ が成り立つ

となることである．

(a) コーシー列は有界であることを示せ．

(b) 複素数列 $\{z_n\}$ がコーシー列であることと，$\{z_n\}$ が収束することが同値であることを示せ．

11. 次のそれぞれの複素平面上の集合について，内点，外点，境界点および集積点の集合を求めよ．また，閉集合，開集合かどうかを調べよ．

(a) $\{z \mid |z|^2 \leqq 1\}$　　(b) $\{z \mid \mathrm{Im}\, z > 0\}$　　(c) $\{z \mid z = x \in \mathbb{R},\ x > 0\}$

12. 次のそれぞれに答えよ．

(a) 開集合の補集合は閉集合であり，閉集合の補集合は開集合であることを示せ．

(b) $\mathbb{C} \cup \{\infty\}$ において，$\mathbb{C}$ は $\{\infty\}$ を境界とする開集合であること，および，拡張された複素平面 $\bar{\mathbb{C}}$ は $\mathbb{C}$ の閉包であることを示せ．

(c) $D \subset \mathbb{C}$ とする．z が D の集積点であることと，$z_n \in D$ かつ z に収束する数列 $\{z_n\}$（ただし，$z_n \neq z$）が存在することが同値であることを示せ．

2 初等関数

2.1 複素関数

複素数の関数　複素平面上の部分集合 D の各 z に対し，対応関係

$$f:\ z \longmapsto w$$

が定められているとき，**複素関数** $f(z)$ が定義されているという．D を f の**定義域**，w の取り得る値全体を f の**値域**という．以下，原則として定義域は領域であるとする．

実 2 変数関数と複素関数　$z = x + iy$ $(x, y \in \mathbb{R})$ とし，複素関数 $f(z)$ の実部を u，虚部を v と書くと，

$$f(z) = u(x, y) + iv(x, y) \tag{2.1}$$

となる．また，$u(x, y)$ と $v(x, y)$ から式 (2.1) によって複素関数を定義できる．すなわち，複素関数を定めることと，2 つの実 2 変数関数を定めることは同じことである．

複素平面上の写像　複素関数

$$w = f(z), \quad z = x + iy, \quad w = u + iv \tag{2.2}$$

が定義されているとき，f は，点 z と点 w の間の対応関係を与え，複素平面上の**写像**または**変換**となる．値 w を f による z の**像**という．

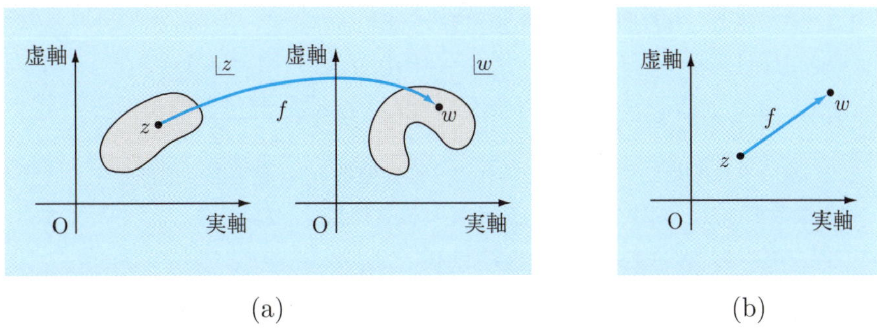

図 2.1　写像 f による対応関係．(a) 2 つの複素平面上の点どうしを対応させる場合．(b) 同一平面上の点の移動と考える場合

例題 2.1 **複素関数**

$z=x+iy$ $(x,y\in\mathbb{R})$ とする．次の複素関数の実部 u および虚部 v を，x, y を用いて表せ．

(a) $f(z)=z^3+z$ (b) $f(z)=\dfrac{z-1}{z+1}$ (c) $f(z)=z+\dfrac{1}{z}$

【解 答】

(a) $(x+iy)^3=x^3+3ix^2y-3xy^2-iy^3=(x^3-3xy^2)+i(3x^2y-y^3)$ により，

$$f(z)=(x^3-3xy^2)+i(3x^2y-y^3)+x+iy=(x^3-3xy^2+x)+i(3x^2y-y^3+y)$$

よって，$u=x^3-3xy^2+x$, $v=3x^2y-y^3+y$.

(b) $f(z)=\dfrac{x-1+iy}{x+1+iy}=\dfrac{(x-1+iy)(x+1-iy)}{(x+1+iy)(x+1-iy)}=\dfrac{(x^2+y^2-1)+2iy}{(x+1)^2+y^2}$.

よって，$u=\dfrac{x^2+y^2-1}{(x+1)^2+y^2}$, $v=\dfrac{2y}{(x+1)^2+y^2}$.

(c) $\dfrac{1}{z}=\dfrac{\bar{z}}{z\bar{z}}=\dfrac{x-iy}{x^2+y^2}$ より，$f(z)=\left(x+\dfrac{x}{x^2+y^2}\right)+i\left(y-\dfrac{y}{x^2+y^2}\right)$.

すなわち，

$$u=\frac{x(x^2+y^2+1)}{x^2+y^2},\quad v=\frac{y(x^2+y^2-1)}{x^2+y^2}.$$

問 題

1.1 次に与えられた関数の実部及び虚部を求めよ．

(a) $f(z)=z^2-z$ (b) $f(z)=z(z^2+1)$

(c) $f(z)=z^2+\dfrac{1}{z^2}$ (d) $f(z)=\dfrac{2z-1}{z-2}$

1.2 次のそれぞれにつき，与えられた 2 変数関数 u, v を実部と虚部にするような複素関数を作り，変数を x, y から z, $\bar{z}$ に置き換えよ．ただし，$x,y\in\mathbb{R}$ とする．

(a) $u(x,y)=2xy$, $v(x,y)=y^2-x^2$

(b) $u(x,y)=x^3+y^3-3x^2y-3xy^2$, $v(x,y)=x^3-y^3+3x^2y-3xy^2$

(c) $u(x,y)=x^2-y^2$, $v(x,y)=x^2+y^2$

(d) $u(x,y)=-e^y\sin x$, $v(x,y)=e^y\cos x$

複素関数を考える意義

第2.1節で複素関数 $f(z)$ を導入したが，これは2つの実2変数関数からなるものであった．ここで，実2変数関数は，虚部が0の複素関数と考えることができるし，1変数関数は2変数関数の特殊な例だから，少なくとも1変数や2変数の実関数は複素関数に含まれていると考えられるだろう．

さて，ここで次の2つの命題（?）を考えてみよう．

1. 複素関数は実2変数関数から構成されているので，これらの実関数を理解できれば，複素関数のことはわかったことになる
2. 複素関数は，2つの実関数からなり，実関数よりも広い範囲のものであるから，その微積分はより複雑なものになる

実は，関数論を学ぶ立場からは，これらは両方とも正しくない．

まず，1. についてであるが，複素関数そのものは確かに2つの実関数から構成されている．この事実と複素数の和の規則から，複素関数を2成分のベクトル関数と考えることができる．また，これを利用して，複素関数をベクトル関数の解析に応用するような例もある．しかしながら，複素関数論は，単に変数や値を複素数にするだけの話ではなく，複素数の世界で極限値の存在や，微分可能性を主要なテーマとするものである．このような視点からは，実数の世界では想像もできなかった複素関数特有の性質が現れ，その性質に基づいて関数論の理論体系が形成されているのである．

複素関数の解析的性質は，次の2. にも関係する．複素関数は実関数よりも自由度が多いので，状況が複雑になるように思える．しかし，実関数の場合でも多変数関数は1変数関数よりも極限値が存在しにくく，極限値の存在自体が強い条件になる．これは複素数の場合でも同様で，自由度の多さが却って極限値の存在に対する制約として働くため，極限値の存在や，それに基づいた微分可能性は非常に強力な条件となる．その結果，微分可能な関数としては，性質のよいものだけが残るのである（第3，4章）．複素平面（またはその上の領域）でこのような厳しい条件を通過したものが正則関数または解析関数と呼ばれる関数で，複素関数論の中核をなすものである．

たとえば，実数の関数では，n 回微分可能であっても $n+1$ 回目に微分できなくなるような関数が存在する．ところが，正則関数は何回でも微分可能で，微分可能性は導関数にも受け継がれることが示される．また，正則関数は，定義域全体でなくても，その中のある領域における値から全体での値が確定する（第5章）．これにより，微分可能な実関数を自然に拡張して得られる正則関数は自動的に決まってしまうことになる．

以上のように，厳しい条件をくぐり抜けて残った正則関数に微分可能な関数の本質的要素が存在している．複素関数論は単に実関数を寄せ集めて議論できるものではないのである．

例題 2.2 **複素関数による写像**

次の複素関数 $f: z = x + iy \mapsto w = u + iv$ に対し，それぞれの問いに答えよ．ただし，$x, y, u, v \in \mathbb{R}$ とする．

(a) $f(z) = z^2$ とするとき，w 平面上の直線 $u =$ 一定，$v =$ 一定 は z 平面上でどのような図形になるか．

(b) $f(z) = e^x \cos y + ie^x \sin y$ のとき，z 平面上の直線 $x =$ 一定，$y =$ 一定に対応する w 平面の図形を求めよ．

【解　答】

(a) $f(z) = (x + iy)^2 = u + iv$ により，$u = x^2 - y^2$, $v = 2xy$ となる．これにより，u, v を一定に保ったときの x, y の関係は，

$$u \text{ 一定}\ (= a) : x^2 - y^2 = a$$
$$v \text{ 一定}\ (= b) : xy = \frac{b}{2} \qquad (*)$$

となり，いずれも xy 平面（すなわち z 平面）上で双曲線を与える．w 平面上の直線 $u = a$ および $v = b$ と，$(*)$ によって決まる z 平面上の曲線を並べて図示すると，下図のようになる．

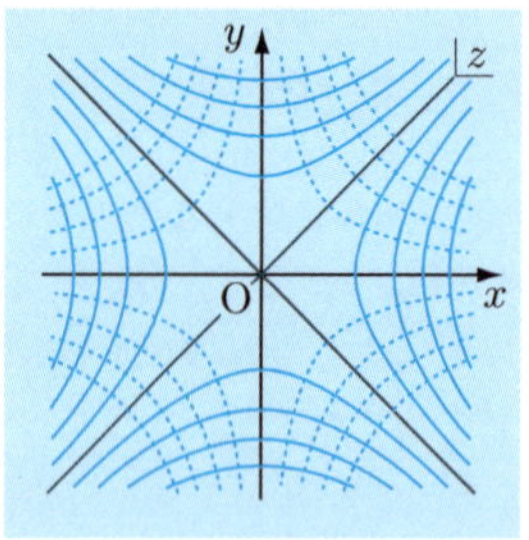

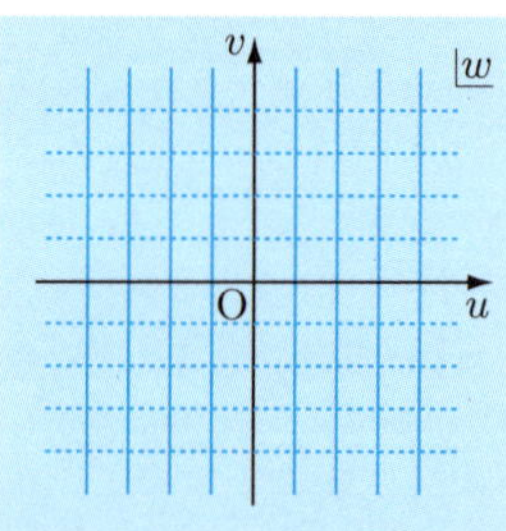

青色の実線は $u = a$, 破線は $v = b$ およびそれぞれの z 平面上の対応物を表す

(b) 与えられた $f(z)$ に対して，$u = e^x \cos y$, $v = e^x \sin y$ となる．したがって，z 平面上の直線 $x = a$ の像は，これら 2 つの式から y を消去して

$$u^2 + v^2 = e^{2a}$$

となる．これは，$w = 0$ を中心とし，半径が e^a の円である．また，$y = b$ に対しては，x を消去して

$$\frac{v}{u} = \tan b$$

を得る．これは $w = 0$ を通る直線である．ここで，$u = e^x \cos b$, $v = e^x \sin b$ に

より，$y=b$ の像は，この直線のうちの $w=0$ を端とする半直線（$w=0$ を含まない）となる．

上記をまとめて図示すると，下図のような対応を得る．

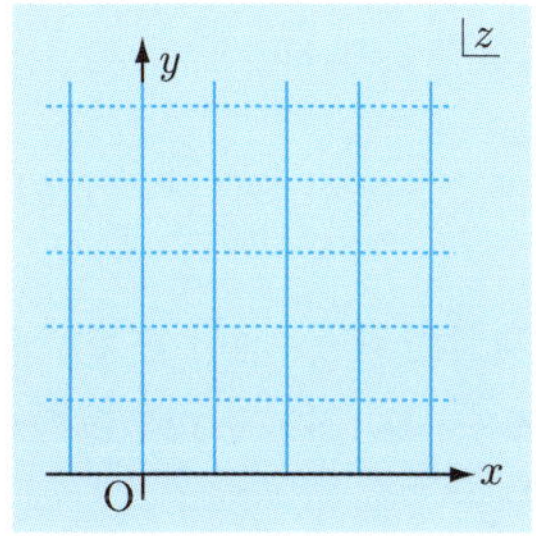

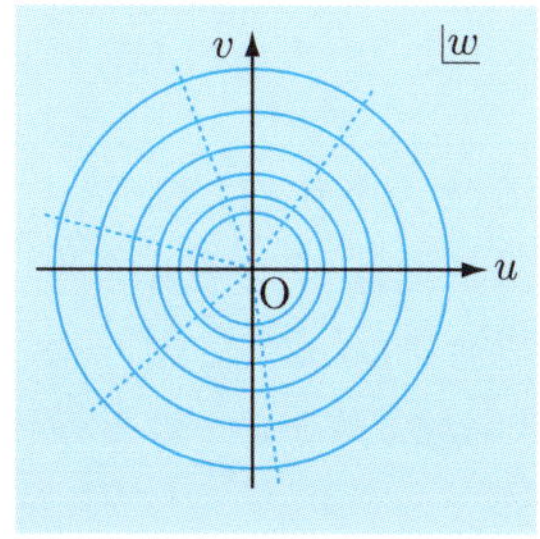

青色の実線は $x=a$ とその像，破線は $y=b$ とその像を表す

コメント　(a) では u や v が一定の直線に対応する z 平面上の図形を求めたのに対し，(b) では逆に x や y が一定の直線が w 平面上ではどうなるかを調べた．どちらがよいのか，それともこれら以外の図形の対応を調べるのが適切かは，取り上げる関数による．同じ関数に対して，様々な場合を検討してみるとよいだろう．

問　題

2.1　例題 2.2について，(a) は x, y が一定の直線，(b) は u, v が一定の直線に対応する図形を調べよ．

2.2　次のそれぞれの関数 $w=f(z)$（$z=x+iy,\ w=u+iv,\ x,y,u,v \in \mathbb{R}$）で定められる写像により，指示された図形がどのような図形に対応するか調べよ．a, b は定数とする．

(a)　$f(z)=z^3$（$u=a,\ v=b$）

(b)　$f(z)=\cos x \sinh y + i \sin x \cosh y$（$x=a,\ y=b$）

(c)　$f(z)=\dfrac{1}{z}$（$|z|=a,\ \arg z=b$）　　(d)　$f(z)=\dfrac{1}{z}$（$x=a,\ y=b$）

2.3　複素関数 $w=z^2-1$ で決まる写像によって，w 平面上の円 $|w|=1$ の周と内部に写される z 平面上の図形はどのようなものか調べ，その概形を描け．

2.4　$f(z)=\dfrac{az+b}{cz+d}$（$a,b,c,d \in \mathbb{C},\ ad-bc \neq 0$）によって決まる写像がある．

(a)　単位円 $|z|=1$ が単位円 $|w|=1$ に写されるように $a,\ b,\ c,\ d$ を決定せよ．

(b)　単位円の内部が単位円の内部に写されるのはどのような場合か．

2.2 複素指数関数

複素数の指数関数　$z = x + iy \in \mathbb{C}$ $(x, y \in \mathbb{R})$ に対し，**指数関数** $\exp z$ は

$$\exp z := e^x(\cos y + i \sin y) \tag{2.3}$$

で定義される[*1]．$\exp z$ は慣例として e^z と書くことが多いが，「e の z 乗」とは異なる．本書では，通常 e^z の表記を用いる．

実関数の場合には，2^x や 3^{-x} なども指数関数であったが，複素関数では a^z (2^z など) は，指数関数ではない (第 2.3節)．上記の「e の z 乗」も指数関数には含まれない．

指数関数の他の定義　べき級数（第 5 章）を用いることにより，e^z は

$$e^z = \sum_{k=0}^{\infty} \frac{z^k}{k!} \tag{2.4}$$

をみたすことが確かめられる．これを複素指数関数の定義とすることもある．

指数関数の主な性質　複素指数関数 e^z は，$z, z_1, z_2 \in \mathbb{C}$ として，次の性質をみたす．

1. $e^{z_1+z_2} = e^{z_1}e^{z_2}$（指数法則）
2. $\dfrac{1}{e^z} = e^{-z}$
3. $|e^z| = e^{\mathrm{Re}\, z}$, $\arg e^z = \mathrm{Im}\, z$
4. $\overline{e^z} = e^{\bar{z}}$
5. 任意の z に対して $e^z \neq 0$
6. 任意の z に対して $e^z = e^{z+2n\pi i}$ $(n \in \mathbb{Z})$

   すなわち，複素指数関数は，$2\pi i$ を周期とする周期関数

(2.5)

*1 指数関数の最も重要な性質である加法定理（指数法則）$f(z_1 + z_2) = f(z_1)f(z_2)$ をみたす関数として e^z を定めると，$z = x + iy$ に対して $e^{x+iy} = e^x e^{iy}$ となる．e^{iy} にオイラーの公式を適用すれば，式 (2.3) を得る．ここで，e^x は実数の指数関数である．

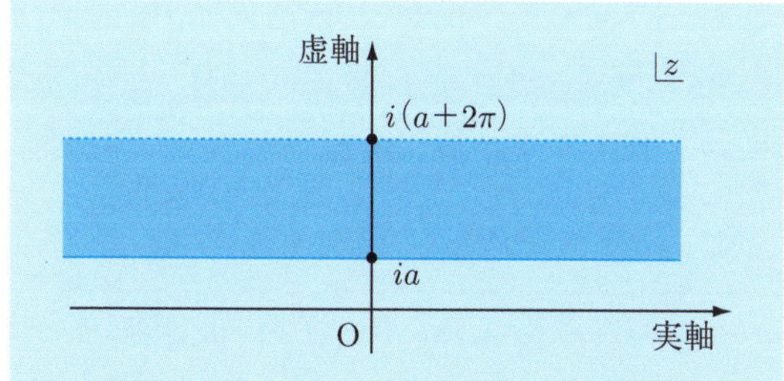

図 2.2 複素平面上の帯状部分集合

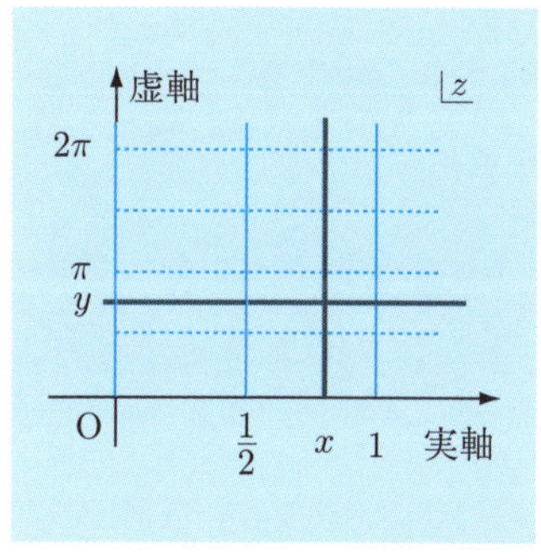

(a)

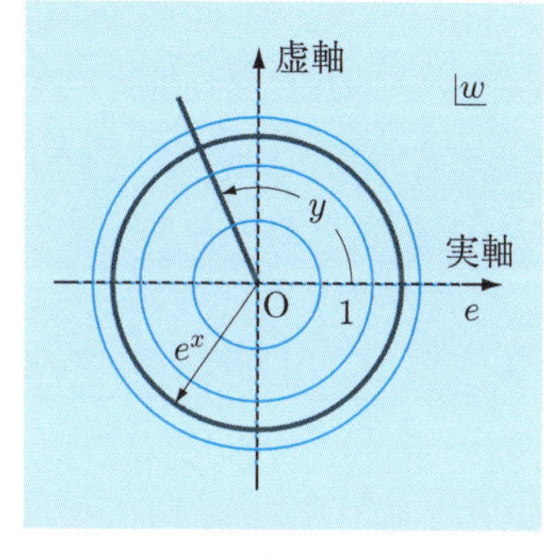

(b)

図 2.3 指数関数による写像

指数関数のその他の性質 前項以外に指数関数が持つ顕著な性質を挙げる．

1. $e^0 = 1$, $e^{\pi i} = -1$
2. $e^z \in \mathbb{R} \iff \operatorname{Im} z = n\pi \ (n \in \mathbb{Z})$
3. $e^{z_1} = e^{z_2} \iff z_1 = z_2 + 2\pi i n \ (n \in \mathbb{Z})$
4. e^z は，複素平面上の帯状の部分集合（図 2.2）

$$\{z | z = x + iy,\ -\infty < x < \infty,\ a \leqq y < a + 2\pi\}$$

に属する z に対して，0 以外の全複素数値を 1 回ずつ取る

指数関数による写像 指数関数 $w = e^z$ による z 平面から w 平面への写像を図 2.3に示す（例題 2.2参照）．

例題 2.3 **指数関数の公式**

指数関数に関する次の公式を示せ.

(a) $e^{z_1}e^{z_2} = e^{z_1+z_2}$ (b) $\dfrac{1}{e^z} = e^{-z}$ (c) $\dfrac{e^{z_1}}{e^{z_2}} = e^{z_1-z_2}$

(d) $|e^z| = e^{\mathrm{Re}\, z}$, $\arg e^z = \mathrm{Im}\, z$

【解 答】 $z = x + iy$, $z_k = x_k + iy_k$ $(x, y, x_k, y_k \in \mathbb{R},\ k = 1, 2)$ とする.

(a) $e^{z_1}e^{z_2} = e^{x_1}e^{iy_1} \cdot e^{x_2}e^{iy_2} = (e^{x_1}e^{x_2})(e^{iy_1}e^{iy_2}) = e^{x_1+x_2}e^{i(y_1+y_2)}$ によって, $e^{z_1}e^{z_2} = e^{z_1+z_2}$ となる. ただし,

$$t_1, t_2 \in \mathbb{R} \text{ のとき } e^{it_1}e^{it_2} = e^{i(t_1+t_2)}$$

となること(第 1.2 節参照)を用いた.

(b) $\dfrac{1}{e^z} = \dfrac{1}{e^x(\cos y + i \sin y)}$ により,

$$\frac{1}{e^z} = \frac{e^{-x}(\cos y - i \sin y)}{(\cos y + i \sin y)(\cos y - i \sin y)} = e^{-x}e^{-iy} = e^{-x}e^{i(-y)} = e^{-z}$$

【別 解】 $\dfrac{1}{e^z} = \dfrac{1}{e^x e^{iy}} = e^{-x} \cdot \dfrac{1}{e^{iy}}$ とし, $\dfrac{1}{e^{iy}} = e^{-iy}$ を用いてもよい.

(c) (a), (b) の結果より, $\dfrac{e^{z_1}}{e^{z_2}} = e^{z_1} \cdot \dfrac{1}{e^{z_2}} = e^{z_1}e^{-z_2} = e^{z_1-z_2}$

(d) $e^z = e^x \cos y + ie^x \sin y$ により,

$$|e^z| = \sqrt{(e^x \cos y)^2 + (e^x \sin y)^2} = \sqrt{e^{2x}(\cos^2 y + \sin^2 y)} = e^x$$

となり, 第 1 式を得る. 第 2 式については, 偏角の定義を用いて $\arg e^z = \arg[e^x(\cos y + i \sin y)] = y$ となることから成り立つ.

問 題

3.1 次の指数関数の値を求めよ.

(a) $e^{-5\pi i}$ (b) $e^{7\pi i/6}$ (c) $e^{-3\pi i/2}$ (d) $e^{9\pi i/4}$

3.2 次の式をみたす $z \in \mathbb{C}$ を求めよ.

(a) $e^z = -2$ (b) $e^z = 1 + i$ (c) $\dfrac{1}{e^z} = i$

3.3 $p > 0$, $\mathrm{Im}\, z > 0$ のもとで, $\displaystyle\lim_{|z|\to\infty} |e^{ipz}|$ を求めよ. (実関数の極限値)

例題 2.4 **指数関数による写像**

複素平面上の長方形の部分集合

$$D:\left\{z \mid z=x+iy,\ 0 \leqq x \leqq 1,\ \frac{\pi}{4} \leqq y \leqq \frac{3\pi}{4}\right\}$$

および指数関数 $w=e^z$ を考える.

(a) D は w 平面上のどのような集合に写されるか.

(b) D を原点に関して対称移動した集合を D' とする. D' は w 平面上のどのような集合に写されるか.

(c) 複素関数 $w=g(z)$ による D' の像が, (a) で求めた集合と一致するような $g(z)$ を求めよ.

【解 答】

(a) $w=u+iv$ とすると, y を消去して $u^2+v^2=e^{2x}$. よって, $0 \leqq x \leqq 1$ から, $1 \leqq u^2+v^2 \leqq e^2$. また, x を消去すれば, $v\cos y = u\sin y$ となり, y に関する条件から, $\dfrac{\pi}{4} \leqq \arg w \leqq \dfrac{3\pi}{4}$. 以上により, D は下図左の範囲に写される.

(b) $D':\left\{z \mid z=x+iy,\ -1 \leqq x \leqq 0,\ -\dfrac{3\pi}{4} \leqq y \leqq -\dfrac{\pi}{4}\right\}$ であるから, 前項と同様にして,

$$e^{-2} \leqq u^2+v^2 \leqq 1, \quad -\frac{3\pi}{4} \leqq \arg w \leqq -\frac{\pi}{4}$$

が D' の像となる. これを図示すると, 下図右のようになる.

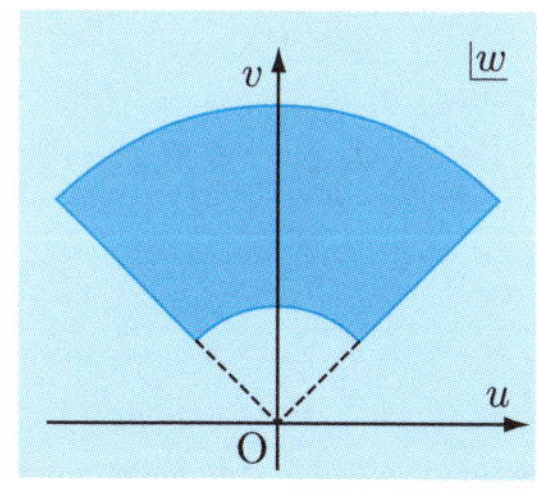

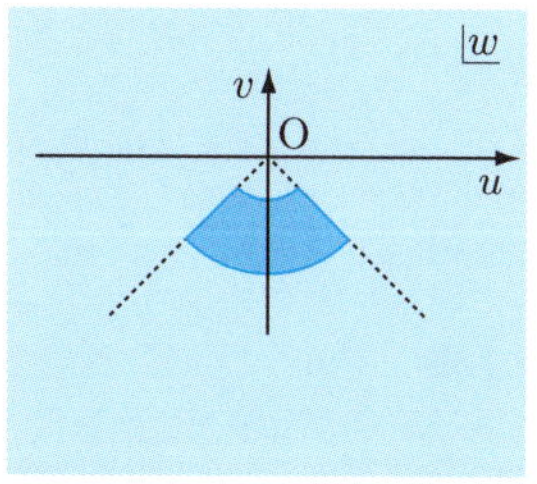

(c) D' を D に写した後, $w=e^z$ を行えばよい. 原点に関する対称移動は, 関数 $-z$ によって行うことができるから, $g(z)=e^{-z}$.

問 題

4.1 $D:\left\{z \mid z=x+iy,\ 0 \leqq y+2\pi x \leqq \dfrac{\pi}{3},\ 0 \leqq y-2\pi x \leqq \dfrac{2\pi}{3}\right\}$ の, 指数関数 $w=e^z$ による像を求めよ.

2.3　複素対数関数とべき乗

対数の定義　対数 $\log z$ は，$e^w = z$ となる複素数 w のことである．すなわち，

$$w = \log z \iff e^w = z \tag{2.6}$$

である．対数の具体的な表示は

$$\log z := \log|z| + i\arg z \tag{2.7}$$

で与えられる．ただし，右辺の「log」は実数の対数関数である．

対数は，$\arg z$ の項のため，z を 1 つ選んでも値が 1 つに定まらない．このような対応関係を**多価関数**という．これに対し，値がただ 1 つ決まる関数を特に区別するとき，**1 価関数**という．取りうる値の個数が n であるときは，n 価関数と呼ぶこともある．

対数の主値と分枝　式 (2.7) において，$\arg z$ として偏角の主値を選んだとき，

$$\mathrm{Log}\, z := \log|z| + i\,\mathrm{Arg}\, z \tag{2.8}$$

と書き，これを z の対数の**主値**という．$x > 0$ に対し，$\mathrm{Log}\, x$ は実数の $\log x$ に一致する．よって，式 (2.7) の右辺の $\log|z|$ は $\mathrm{Log}\,|z|$ と書いてもよい．

φ を 1 つ決め，$\varphi \leqq \arg z < \varphi + 2\pi$ に偏角を制限したとき，$\log z$ の値は 1 つに決まる．これを，φ によって定まる対数の**分枝**（ぶんし）または単に**枝**という．

対数に関する注意　対数は多価であり，通常の意味では

$$\log z_1 z_2 = \log z_1 + \log z_2, \quad \log\frac{z_1}{z_2} = \log z_1 - \log z_2 \tag{2.9}$$

は成り立たない．これらは，両辺が集合として一致する，または一方の辺の 1 つの値は他方の辺の値のいずれかに等しいという意味で成り立つ[*2]．

一般のべき乗　$\alpha, \beta \in \mathbb{C}$ として，α^β は

$$\alpha^\beta := \exp(\beta \log \alpha) \tag{2.10}$$

と定める．一般に，指数関数とは異なり，α^β は $\log\alpha$ に起因する多価性を持つ．

[*2] たとえば，式 (2.9) で $z_1 = z_2 = z$ とすれば $\log z^2 = \log z + \log z$ となるが，これを $2\log z$ のように，対数を「同類項」と見てまとめたりしてはいけない．

例題 2.5　**対数関数**

複素数の対数関数 $\log z = \log|z| + i \arg z$ について，次の問いに答えよ．

(a)　$z = re^{i\theta}$, $w = u + iv$ $(r, \theta, u, v \in \mathbb{R})$ とする．$e^w = z$ を解いて u, v を求め，$\log z$ の表現を示せ．

(b)　$\operatorname{Log} z^2 = 2 \operatorname{Log} z$ は成り立つか．

【解　答】

(a)　$z = e^w$ により，$re^{i\theta} = e^{u+iv}$．したがって，複素数の等号成立の条件から，

$$r = e^u \quad (|z| = |e^w|), \qquad \theta = v \quad (\arg z = \arg e^w)$$

が成り立つ．第 1 式から $u = \log r = \log|z|$，第 2 式から $v = \theta = \arg z$ が得られ，与えられた対数の表現が示された．

(b)　$\operatorname{Arg} z = \theta$ とすると，$\operatorname{Log} z = \log|z| + i \operatorname{Arg} z$ であるから，

$$2 \operatorname{Log} z = 2 \log|z| + 2i\theta \tag{$*$}$$

となる．一方，$z^2 = |z|^2 e^{2i\theta}$ であるから，

$$\operatorname{Arg} z^2 = \begin{cases} 2\theta, & -\dfrac{\pi}{2} < \theta \leqq \dfrac{\pi}{2} \\ 2\theta - 2\pi \operatorname{sgn} \theta, & \text{上記以外} \end{cases}$$

となり，$\operatorname{Log} z^2 = \log|z|^2 + i \operatorname{Arg} z^2$ に代入して $(*)$ と比べると，

$$\begin{cases} -\dfrac{\pi}{2} < \operatorname{Arg} z \leqq \dfrac{\pi}{2} & \operatorname{Log} z^2 = 2 \operatorname{Log} z \text{ は成り立つ} \\ -\pi < \operatorname{Arg} z \leqq -\dfrac{\pi}{2},\ \dfrac{\pi}{2} < \operatorname{Arg} z \leqq \pi & \text{成り立たない} \end{cases}$$

問　題

5.1　次の値を求めよ．複数ある場合はすべて求めよ．

(a)　$\log 3$　　(b)　$\log i$　　(c)　$\log(-x)$　$(x > 0)$

(d)　$\log(1 + i)$　　(e)　$\operatorname{Log}(-1 + i)$　　(f)　$\operatorname{Log}(2e^{9\pi i/4})$

5.2　複素数の対数 $\log e$ の値のうち，$|\log e| \leqq 10$ となるものをすべて求めよ．

5.3　$z \neq 0$ とする．次の式が成り立つかどうか調べよ．

(a)　$\log z^2 = 2 \log z$　　(b)　$\log z^{1/2} = \dfrac{1}{2} \log z$

例題 2.6 ―― **べき乗**

べき乗の関数「e の z 乗」を $f(z)$ と書くことにする．

(a) $z = x + iy$ $(x, y \in \mathbb{R})$ として $f(z)$ の具体的表現を求め，これが多価関数であることを示せ．

(b) $f(z)$ の値のうち，複素指数関数 e^z と等しくなるものが少なくとも 1 つはあることを示せ．

(c) $f(z)$ と e^z が完全に等しくなるのは，z がどのような場合か．

【解　答】

(a) $z = x + iy$ であるから，

$$f(z) = \exp(z \log e) = \exp[z(\log|e| + i \arg e)]$$
$$= \exp[z(1 + 2\pi in)] = e^z e^{2\pi inz} = e^z e^{2\pi inx} e^{-2\pi ny} \quad (n \in \mathbb{Z})$$

となる．これは，指数関数 e^z に因子 $e^{2\pi inz} = e^{2\pi inx} e^{-2\pi ny}$ がかかった多価関数である．

(b) (a) の結果により，$n = 0$ の枝を考えれば $f(z) = e^z$ が成り立つ．

(c) 任意の整数 n に対し，因子 $e^{2\pi inz}$ が 1 になればよい．これは，ある $N \in \mathbb{Z}$ に対して $2\pi nz = 2\pi N$ すなわち $nz = N$ が成り立てばみたされるが，それには $z \in \mathbb{Z}$ でなければならない．

コメント (c) において，$nz = N$ をみたす z は有理数となる．$z = \dfrac{q}{p}$（既約分数）とすれば，$nz = \dfrac{nq}{p}$．$p \neq 1$ とすると，n が p を因数に持たないときは，これは整数でなくなるから，任意の整数 n に対して nz が整数となる条件に適さない．よって $z \in \mathbb{Z}$．

問　題

6.1 複素数のべき乗の意味での次の値をすべて求めよ．

(a) $(-1)^{\pi}$　　(b) $(-2)^{i}$　　(c) $(1+i)^{1/2}$

(d) $(3 - \sqrt{3}i)^{1-i}$　　(e) $3^{(2-i)}$　　(f) $1^{\sqrt{2}}$

6.2 例題 2.6の $f(z)$ について，以下のそれぞれの場合に $f(z)$ と指数関数 e^z の違い，(b)，(c) については特に絶対値や偏角についての違いを考えよ．

(a) $z = \dfrac{q}{p}$（既約分数）の場合　　(b) z が無理数の場合

(c) z が純虚数の場合

6.3 $z, a, b \in \mathbb{C}$ のとき，任意の z に対して指数法則 $z^a z^b = z^{a+b}$ が成り立つのは，a, b がどのような条件をみたす場合かを調べよ．

6.4 $a > 0,\ b \in \mathbb{R}$ とする．複素数の意味での a^b と，実数の意味での a^b の違いを述べよ．

分岐点と分枝

対数のように多価性を持つ関数は扱いが難しい．これを解決するために，「枝」という概念を導入した．ここでは対数を例として，少し掘り下げて考えてみよう．

φ によって決まる枝の上では対数の値が一意的に決まるが，$\arg z = \varphi$ の付近では値が不連続に変化してしまう．微分などの解析的操作の際はこれが問題になるだろう．そのようなときは，たとえば φ とは異なる φ' によって決まる枝を取れば解決しそうだが，計算の都度 φ を意識するのは不便である．もっと機械的にできないだろうか．

いま，左図のように $\varphi \leqq \arg z < \varphi + 2\pi$ と $\varphi - 2\pi \leqq \arg z < \varphi$ の複素数を表す平面をそれぞれ用意して $\arg z = \varphi$ の線に沿って切れ目を入れ，上下に並べる．2 つの面で $\arg z = \varphi$ の線（左図青線の部分）は偏角の値が共通であるから，これを貼り合わせ，中図のようにする．多少複雑な形になったが，新しくできたこの面を使えば，$\arg z = \varphi$ の前後の不連続性は解決する．同様に $\arg z$ の値の範囲に応じて用意した z 平面をつなぎ足していくと，中図が繰り返し現れる 1 つの曲面になる．それはあたかも無限にのびたらせん階段（右図）のような形をしており，$\log z$ の**リーマン面**という（第 6.4 節参照）．対数はリーマン面上で 1 価になり，かつ後で述べるように微分可能である．リーマン面は多価関数を考える際に重要なもので，関数に応じて固有の形をもつ．

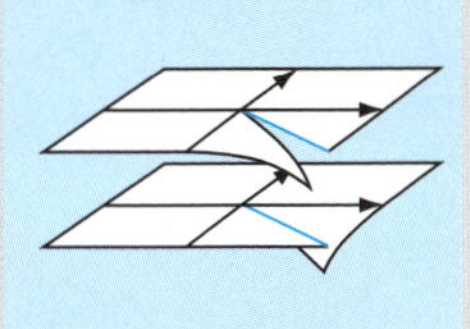
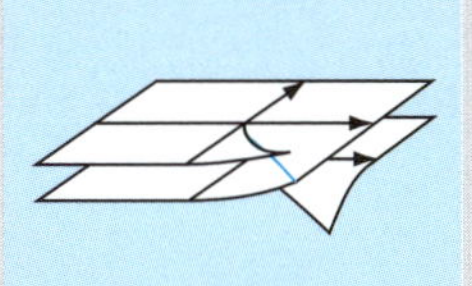

さて，このようにして貼り合わせていくと，$z = 0$ のところではいくつもの継ぎ目が集まってきて，$z = 0$ の近傍をどう選んでもそこで 1 価にすることはできない．先ほどのらせん階段のたとえでは，これは階段の軸にあたる．このような点を**分岐点**（「分枝点」ではない）と呼び，多価関数特有のものである．（$\log z$ の定義式でも，$z = 0$ では値を持たないことに注意しよう．）積分を行うときなど，分岐点の付近での関数の振る舞いを考えるときは注意を要する．

ところで，「枝」と「岐」は字形が似ているためか，多価関数の分枝を「分岐」と間違えて覚えている人もあるようだ．書物でこのミスプリを見つけたこともあるので注意したい．筆者は最近，意識して「枝」という表現を使うようにしている．

2.4 三角関数と双曲線関数

正弦・余弦および正接関数　複素数の sin, cos は，実数におけるオイラーの公式を利用して定義し，

$$\cos z := \frac{e^{iz}+e^{-iz}}{2}, \quad \sin z := \frac{e^{iz}-e^{-iz}}{2i} \tag{2.11a}$$

と定める．$\cos z$, $\sin z$ は複素平面全体で定義される．$\tan z$, $\cot z$ は，それぞれ $\cos z \neq 0$, $\sin z \neq 0$ となる z で定義され，

$$\tan z := \frac{\sin z}{\cos z} = \frac{e^{iz}-e^{-iz}}{i(e^{iz}+e^{-iz})}, \quad \cot z := \frac{\cos z}{\sin z} = \frac{1}{\tan z} \tag{2.11b}$$

となる．

三角関数の性質　複素数の三角関数 $\sin z$, $\cos z$, $\tan z$ の主な性質を以下に挙げる．

$z, z_1, z_2 \in \mathbb{C}$, $n \in \mathbb{N}$ とするとき，次が成り立つ

1. $z = x + iy$ $(x, y \in \mathbb{R})$ として，
   $\sin z = \sin x \cosh y + i \cos x \sinh y$
   $\cos z = \cos x \cosh y - i \sin x \sinh y$
2. $e^{iz} = \cos z + i \sin z, \quad \overline{e^{iz}} = \cos \bar{z} - i \sin \bar{z}$
3. $|\cos z|^2 = \cos^2 x + \sinh^2 y, \quad |\sin z|^2 = \sin^2 x + \sinh^2 y$
4. $\sin^2 z + \cos^2 z = 1$
5. $\sin(z_1 + z_2) = \sin z_1 \cos z_2 + \cos z_1 \sin z_2$
   $\cos(z_1 + z_2) = \cos z_1 \cos z_2 - \sin z_1 \sin z_2$　　(2.12)
6. $\sin z = 0 \iff z = n\pi$
   $\cos z = 0 \iff z = \left(n + \frac{1}{2}\right)\pi$
7. $\sin z$, $\cos z$ は周期 2π の周期関数．すなわち，
   $\sin(z + 2\pi) = \sin z, \quad \cos(z + 2\pi) = \cos z$
8. $\sin(-z) = -\sin z, \quad \cos(-z) = \cos z$

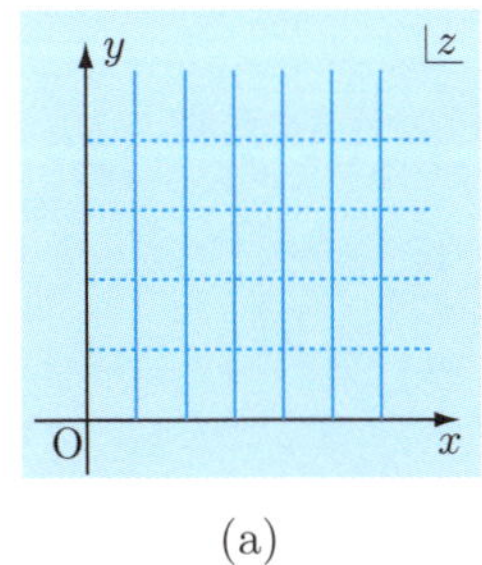

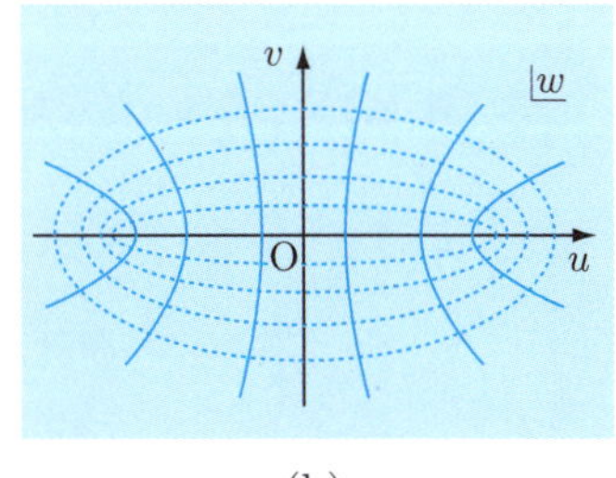

(a)　(b)

図 2.4　$w = \cos z$ による写像．実線は $x = a$，破線は $y = b$ に対応

双曲線関数　複素双曲線関数 $\cosh z$, $\sinh z$ は，実数の場合と同様，

$$\cosh z := \frac{e^z + e^{-z}}{2}, \quad \sinh z := \frac{e^z - e^{-z}}{2} \tag{2.13a}$$

と定める．これらは複素平面全体で定義される．$\tanh z$ は，$\cosh z \neq 0$ となる z で

$$\tanh z := \frac{\sinh z}{\cosh z} = \frac{e^z - e^{-z}}{e^z + e^{-z}} \tag{2.13b}$$

によって定義される．$\cosh z$, $\sinh z$ は，三角関数と次の関係にある．

$$\begin{aligned} \cosh z &= \cos iz, \quad \sinh z = -i \sin iz \\ \cos z &= \cosh iz, \quad \sin z = -i \sinh iz \end{aligned} \tag{2.13c}$$

逆三角関数　$\arccos z$, $\arcsin z$, $\arctan z$ は，それぞれ

$$\cos w = z, \quad \sin w = z, \quad \tan w = z$$

となる w として定義される．具体的に値を求めるには，これらを指数関数を用いて表し，w について解けばよい．双曲線関数の逆関数も同様にして求められる．

三角関数による写像　三角関数 $w = \cos z$ による写像を図 2.4に示す．$w = \sin z$ や，双曲線関数による写像は，三角関数，双曲線関数の相互関係を用いて，図 2.4を移動させて求められる．

三角関数と双曲線関数の性質　三角関数 $\cos z$, $\sin z$ と, 双曲線関数 $\cosh z$, $\sinh z$ はよく似た性質を持つ．関連事項を表 2.1にまとめる．

初等関数　複素数の多項式と分数関数のほか，指数関数，三角関数とこれらの逆関数，および以上の関数を有限回合成してできる関数を，**初等関数**という．

表 2.1 三角関数と双曲線関数の主な性質の比較

事項	三角関数	双曲線関数
定義	$\sin z = \dfrac{e^{iz} - e^{-iz}}{2i}$, $\cos z = \dfrac{e^{iz} + e^{-iz}}{2}$	$\sinh z = \dfrac{e^{z} - e^{-z}}{2}$, $\cosh z = \dfrac{e^{z} + e^{-z}}{2}$
定義 （別の表現）	$\sin z = \sin x \cosh y + i \cos x \sinh y$ $\cos z = \cos x \cosh y - i \sin x \sinh y$	$\sinh z = \sinh x \cos y + i \cosh x \sin y$ $\cosh z = \cosh x \cos y + i \sinh x \sin y$
定義域	複素平面全体	
相互関係	$\cosh iz = \cos z$, $\cos iz = \cosh z$ $\sinh iz = i \sin z$, $\sin iz = i \sinh z$	
恒等式	$\cos^2 z + \sin^2 z = 1$	$\cosh^2 z - \sinh^2 z = 1$
加法定理	$\cos(z_1 + z_2) = \cos z_1 \cos z_2 - \sin z_1 \sin z_2$ $\sin(z_1 + z_2) = \sin z_1 \cos z_2 + \cos z_1 \sin z_2$	$\cosh(z_1 + z_2) = \cosh z_1 \cosh z_2 + \sinh z_1 \sinh z_2$ $\sinh(z_1 + z_2) = \sinh z_1 \cosh z_2 + \cosh z_1 \sinh z_2$
絶対値	$\lvert\cos z\rvert^2 = \cos^2 x + \sinh^2 y$ $\lvert\sin z\rvert^2 = \sin^2 x + \sinh^2 y$	$\lvert\cosh z\rvert^2 = \cosh^2 x - \sin^2 y$ $\lvert\sinh z\rvert^2 = \sinh^2 x + \sin^2 y$
零点	$\cos z = 0 \iff z = \left(n + \frac{1}{2}\right)\pi$ $\sin z = 0 \iff z = n\pi$	$\cosh z = 0 \iff z = \left(n + \frac{1}{2}\right)\pi i$ $\sinh z = 0 \iff z = n\pi i$
導関数 *	$(\cos z)' = -\sin z$, $(\sin z)' = \cos z$	$(\cosh z)' = \sinh z$, $(\sinh z)' = \cosh z$

＊ 微分可能性と導関数については第 3 章 3.2 節参照

例題 2.7　　**三角関数の公式**

$z = x + iy$（$x, y \in \mathbb{R}$）とするとき，

$$\cos z = \cos x \cosh y - i \sin x \sinh y$$
$$\sin z = \sin x \cosh y + i \cos x \sinh y$$

となることを示せ．

【解　答】 $\cos z$ の定義により，

$$\begin{aligned}\cos z &= \frac{e^{iz} + e^{-iz}}{2} = \frac{e^{ix}e^{-y} + e^{-ix}e^{y}}{2} \\ &= \frac{e^{-y}(\cos x + i \sin x) + e^{y}(\cos x - i \sin x)}{2} \\ &= \cos x \cdot \frac{e^{-y} + e^{y}}{2} + i \sin x \cdot \frac{e^{-y} - e^{y}}{2}\end{aligned}$$

となる．これに双曲線関数の定義を用いて，

$$\cos z = \cos x \cosh y - i \sin x \sinh y$$

を得る．$\sin z$ についても同様にして

$$\begin{aligned}\sin z &= \frac{e^{iz} - e^{-iz}}{2i} = \frac{-i(e^{ix}e^{-y} - e^{-ix}e^{y})}{2} \\ &= \frac{e^{-y}(\sin x - i \cos x) + e^{y}(\sin x + i \cos x)}{2} \\ &= \sin x \cdot \frac{e^{y} + e^{-y}}{2} + i \cos x \cdot \frac{e^{y} - e^{-y}}{2} = \sin x \cosh y + i \cos x \sinh y\end{aligned}$$

が成り立つ．

問　題

7.1　次の式を示せ．$z, z_1, z_2 \in \mathbb{C}$, $z = x + iy$（$x, y \in \mathbb{R}$）とする．

(a)　$\cos(z_1 + z_2) = \cos z_1 \cos z_2 - \sin z_1 \sin z_2$

　　$\sin(z_1 + z_2) = \sin z_1 \cos z_2 + \cos z_1 \sin z_2$

(b)　$\cos^2 z + \sin^2 z = 1$　　　(c)　$|\cos z|^2 = \cos^2 x + \sinh^2 y$

7.2　$\tan z$ の加法定理 $\tan(z_1 + z_2) = \dfrac{\tan z_1 + \tan z_2}{1 - \tan z_1 \tan z_2}$ を示せ．

7.3　$|\cos z| \leqq 1$ が成り立つような複素数全体を求め，z 平面上に図示せよ．

例題 2.8　　**双曲線関数**

$w = \cosh z$ $(z = x + iy)$ で決まる写像によって，z 平面上の直線 $x = a$, $y = b$ $(a, b \in \mathbb{R})$ は，w 平面上のどのような集合に写されるか調べよ．

【解　答】 $\cosh z = \cosh x \cos y + i \sinh x \sin y$ であるから，$w = u + iv$ として

$$u = \cosh x \cos y, \quad v = \sinh x \sin y$$

を得る．

1. $x = a$ の場合は，y を消去して

$$\left(\frac{u}{\cosh a}\right)^2 + \left(\frac{v}{\sinh a}\right)^2 = 1$$

となる．これは，u 軸方向に長軸，v 軸方向に短軸を持つ楕円である．

2. 次に，$y = b$ を調べると，x を消去して，

$$\left(\frac{u}{\cos b}\right)^2 - \left(\frac{v}{\sin b}\right)^2 = 1$$

となる．これは，u 軸を $u = \pm \cos b$ で横切り，$\dfrac{u}{\cos b} = \pm \dfrac{v}{\sin b}$ を漸近線とする双曲線である．

以上を図示すると，下図のようになる．ただし，左は z 平面，右は w 平面においてそれぞれ対応関係にある曲線で，青色の実線は $x = a$, 破線は $y = b$ に対応する．

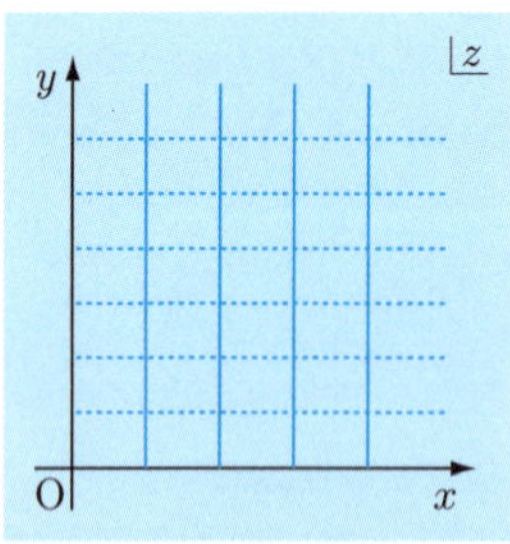

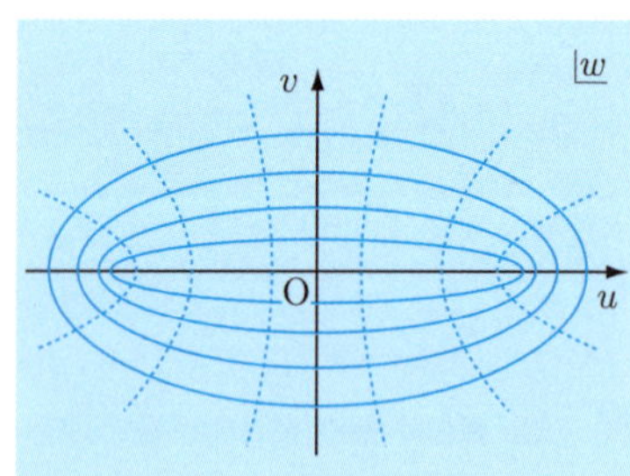

問　題

8.1 双曲線関数と三角関数間に成り立つ，次の関係を示せ．

$$\cosh z = \cos iz, \quad \sinh z = -i \sin iz$$
$$\cos z = \cosh iz, \quad \sin z = -i \sinh iz$$

例題 2.9　　**三角関数・双曲線関数の等式**

次の等式をみたす複素数 z を求めよ．

(a)　$\sin z = \sqrt{2}\,i$　　　　(b)　$\tan z = -3i$

【解　答】

(a)　$z = x + iy$（$x, y \in \mathbb{R}$）として，$\sin z = \sin x \cosh y + i \cos x \sinh y$ から，

$$\sin x \cosh y = 0, \quad \cos x \sinh y = \sqrt{2}$$

を得る．第 1 式と $\cosh y \neq 0$ から，$\sin x = 0$．よって $x = n\pi$（$n \in \mathbb{Z}$）となる．これを第 2 式に代入して，$(-1)^n \sinh y = \sqrt{2}$．すなわち，$e^y - e^{-y} = 2\sqrt{2}\cdot(-1)^n$ であるから，整理して $e^{2y} - 2\sqrt{2}(-1)^n e^y - 1 = 0$．$y \in \mathbb{R}$ により $e^y > 0$ であることに注意して解くと，$e^y = \sqrt{3} + \sqrt{2}(-1)^n$．したがって，

$$\begin{cases} n\text{ が偶数：} & y = \log(\sqrt{3} + \sqrt{2}) \\ n\text{ が奇数：} & y = \log(\sqrt{3} - \sqrt{2}) = \log(\sqrt{3} + \sqrt{2})^{-1} = -\log(\sqrt{3} + \sqrt{2}) \end{cases}$$

これらをまとめて，$z = n\pi + (-1)^n \log(\sqrt{3} + \sqrt{2})\,i$（$n \in \mathbb{Z}$）．

(b)　$\tan z = \dfrac{e^{iz} - e^{-iz}}{i(e^{iz} + e^{-iz})} = -3i$．これを整理すると，$e^{2iz} = -2$ を得る．よって，

$$z = \frac{1}{2i}\log(-2) = -\frac{i}{2}[\mathrm{Log}\,|-2| + i\arg(-2)] = \left(n + \frac{1}{2}\right)\pi - \frac{i}{2}\log 2$$

となる．ただし，$n \in \mathbb{Z}$ である．

問　題

9.1　次の関係をみたす複素数 z が存在するならば，その値を求めよ．

(a)　$\cos z = 3$　　(b)　$\sin z = -\sqrt{2}$　　(c)　$\cosh z = 3i$

(d)　$\sinh z = 2$　　(e)　$|\cos z|^2 = \cos z$　　(f)　$\tan z = \dfrac{\tan z - 1}{\tan z + 1}$

9.2　逆正接関数 $w = \arctan z$ は，$z = \tan w$ をみたす $w \in \mathbb{C}$ と定義する．この関数が対数を用いて次のように表されることを示せ．

$$\arctan z = \frac{1}{2i}\log\frac{1 + iz}{1 - iz}$$

2.5 1次分数関数

1 次分数関数　次の関数を **1 次分数関数**という．

$$f(z) := \frac{az+b}{cz+d} \quad (a,b,c,d \in \mathbb{C},\ ad-bc \neq 0) \tag{2.14}$$

任意の 1 次分数関数は，次の 3 つの特別な 1 次分数関数を合成して得られる．

$$w = z + \alpha \,(\text{平行移動}) \qquad w = \beta z \,(\text{回転拡大}) \qquad w = \frac{1}{z} \,(\text{反転}) \tag{2.15}$$

1 次分数関数による写像　1 次分数関数によって定められる写像を**メビウス変換**という[*3]．メビウス変換の特徴を以下に挙げる．

1. メビウス変換は，拡張された複素平面 $\bar{\mathbb{C}}$ を $\bar{\mathbb{C}}$ 自身に 1 対 1 かつ連続に写す
2. z 平面上の円の像は，w 平面上の円になる（**円円対応**）
   ただし，円の特別な場合として，直線を含む
3. 相異なる 3 点 z_1, z_2, z_3 を相異なる w_1, w_2, w_3 に写す 1 次変換は一意的に決まる
4. z 平面上の任意の点 P において，P を通る 2 曲線のなす角と，それらの像のなす角は向きも含めて同じである（等角写像，第 8 章参照）

(2.16)

非調和比とメビウス変換　4 つの複素数 p, q, r, s に対して，

$$(p,q,r,s) := \frac{p-r}{q-r} \cdot \frac{q-s}{p-s} \tag{2.17}$$

をこれらの**非調和比**または**複比**という．メビウス変換によって相異なる z_1, z_2, z_3, z_4 がそれぞれ w_1, w_2, w_3, w_4 に写るとき，非調和比は不変に保たれる．この事実を用いると，(z_1, z_2, z_3) を (w_1, w_2, w_3) に写す 1 次変換 $w = f(z)$ は，

$$(w, w_1, w_2, w_3) = (z, z_1, z_2, z_3) \tag{2.18}$$

で与えられる．

[*3] 1 次分数関数そのものをメビウス変換ということもある．

例題 2.10 ―― **メビウス変換**

1次分数関数 $f(z) = \dfrac{az+b}{cz+d}$ $(ad-bc \neq 0,\ c \neq 0)$ を考える．

(a)　$p_\alpha(z) := z+\alpha,\ q_\alpha(z) := \alpha z,\ r(z) := \dfrac{1}{z}$ とする．$f(z)$ は p_α, q_α, r を合成して得られることを示せ．

(b)　1次分数変換は，$\mathbb{C}\backslash\left\{-\dfrac{d}{c}\right\}$ を $\mathbb{C}\backslash\left\{\dfrac{a}{c}\right\}$ に1対1に写すことを示せ．

【解　答】

(a)　$f(z)$ を変形して，$f(z) = \dfrac{a}{c} - \dfrac{ad-bc}{c(cz+d)} = \dfrac{a}{c} + \dfrac{bc-ad}{c^2}\dfrac{1}{z+d/c}$ よって，

$$f:\ z \overset{p_{d/c}}{\longmapsto} z_1 \overset{r}{\longmapsto} z_2 \overset{q_{(ad-bc)/c^2}}{\longmapsto} z_3 \overset{p_{a/c}}{\longmapsto} w$$

となり，p, q, r を上記の順で合成して f が得られることが示された．

(b)　$z \neq -\dfrac{d}{c}$ のとき，$w = \dfrac{az+b}{cz+d}$ は四則演算によって定義され，$w \in \mathbb{C}$ である．したがって，f によって $\mathbb{C}\backslash\{-d/c\}$ は，$\mathbb{C}$ の中に写される．

いま，$w = f(z)$ を z について解くと，$z = -\dfrac{dw-b}{cw-a}$ となる．よって，任意の $w \neq \dfrac{a}{c}$ に対して，対応する $z \in \mathbb{C}$ が存在することがわかる．したがって，f によって $\mathbb{C}\backslash\{-d/c\}$ は $\mathbb{C}\backslash\{a/c\}$ 全体に写される．

また，$z_1 \neq z_2$ で，$w_1 = f(z_1),\ w_2 = f(z_2)$ とすると，

$$w_1 - w_2 = \frac{az_1+b}{cz_1+d} - \frac{az_2+b}{cz_2+d} = \frac{(ad-bc)(z_1-z_2)}{(cz_1+d)(cz_2+d)}$$

となるので，$ad-bc \neq 0$ により，$z_1 \neq z_2$ ならば $w_1 \neq w_2$ が成り立つ．すなわち，$f : z \longmapsto w$ は1対1対応である．以上から題意が示された．

問　題

10.1　メビウス変換 $w = \dfrac{pz+q}{rz+s}$ $(ps-qr \neq 0)$ を考える．曲線 $\alpha z\bar{z} - \bar{\beta}z - \beta\bar{z} + \gamma = 0$（$\alpha, \gamma \in \mathbb{R},\ \beta \in \mathbb{C},\ |\beta|^2 - \alpha\gamma > 0$. 円または直線）の，$w$ による像を求めよ．

10.2　メビウス変換によって $\bar{\mathbb{C}}$ 全体が $\bar{\mathbb{C}}$ 全体に1対1に写されることを示せ．

10.3　メビウス変換 $w = \dfrac{az+b}{cz+d}$ によって，z_k が w_k $(k = 1, 2, 3, 4)$ に写されるとする．非調和比 $(p, q, r, s) := \dfrac{p-r}{q-r} \cdot \dfrac{q-s}{p-s}$ がこの変換で保たれること，すなわち $(z_1, z_2, z_3, z_4) = (w_1, w_2, w_3, w_4)$ を示せ．

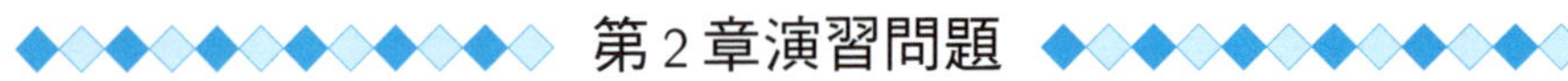

第2章演習問題

1. 次のそれぞれを求めよ．

(a) $\mathrm{Re}(e^{z_1}+e^{z_2})$, $\mathrm{Im}(e^{z_1}+e^{z_2})$, $|e^{z_1}+e^{z_2}|$, $\arg(e^{z_1}+e^{z_2})$
ただし，$z_1=x_1+iy_1$, $z_2=x_2+iy_2$ として，x_1,x_2,y_1,y_2 を用いて表せ．

(b) $\arg\sin z$　(c) $\exp\log z$　(d) $\log\exp z$

(e) $\left|e^{i\Theta(x)}\right|$, $\Theta(x):=\displaystyle\int_{-\infty}^{x}F(t)\,dt$. $F(t)$ は $\mathbb{R}$ 全体で積分可能な実数値関数

2. 次の等式をみたす $z\in\mathbb{C}$ が存在するならば，それをすべて求めよ．

(a) $\cos z=\dfrac{i}{2}$　(b) $\cos z=\sin z$　(c) $\tan^2 z=\cot^2 z$

3. 複素関数 $w=z+\dfrac{1}{z}$ について，次の問いに答えよ．

(a) $z=re^{i\theta}$, $w=u+iv$ として，u,v を r,θ で表せ．

(b) $|z|>1$ の部分は w 平面のどこに写るか調べよ．$|z|<1$ についてはどうか．

(c) $\mathrm{Im}\,w=2c$（$c\in\mathbb{R}$）に写る z 平面上の図形を求め，これを図示せよ．$c=0$ の場合，$c>0$ の場合，$c<0$ の場合を分けて考えよ．

4. 指数関数について，次のそれぞれを示せ．

(a) $\overline{e^z}=e^{\bar{z}}$

(b) 任意の $z\in\mathbb{C}$ に対して $e^z\neq 0$

(c) $e^z=1 \iff z=2\pi in$（$n\in\mathbb{Z}$）

(d) e^z は，$D:\{z\,|\,z=x+iy,\ x\in\mathbb{R},\ a\leqq y<a+2\pi,\ a\in\mathbb{R}\}$ に属する z において，0 以外のすべての複素数値を 1 回ずつ取る．

5. 指数関数・三角関数に関連して，次の不等式を示し，等号が成り立つのはどのような場合か調べよ．

(a) $|e^z|\leqq e^{|z|}$

(b) $x=\mathrm{Re}\,z$ として，$|\sin x|\leqq|\sin z|$, $|\cos x|\leqq|\cos z|$

(c) $y=\mathrm{Im}\,z$ として，$|\sinh y|\leqq|\sin z|\leqq\cosh y$, $|\sinh y|\leqq|\cos z|\leqq\cosh y$

6. z の n 乗根（n 乗して z になる複素数）は，$z=\rho e^{i\theta}$ として

$$z^{\frac{1}{n}}=\sqrt[n]{\rho}\left(\cos\frac{\theta+2k\pi}{n}+\sin\frac{\theta+2k\pi}{n}\right)\quad(k=0,1,\ldots,n-1)\qquad(2.19)$$

で与えられる．

(a) 式 (2.19) を示し，$z^{\frac{1}{n}}$ を図示せよ．

(b) 式 (2.19) と，複素数の累乗としての $z^{\frac{1}{n}}$ が一致することを示せ．

7. a^b（$a, b \in \mathbb{C}$ で，$a \neq 0$）のすべての値が実数になるような条件を求めよ．また，これを用いて，任意の $x < 0$ で x^b が実数となるために b がみたすべき条件を求めよ．

8. メビウス変換 $w = \dfrac{az+b}{cz+d}$ は，相異なる 3 点 z_1, z_2, z_3 の像を指定すれば一意的に定まることを示せ．

9. 非調和比を $\bar{\mathbb{C}}$ 上で考え，z_1, z_2, z_3 を相異なる $\bar{\mathbb{C}}$ 上の点とする．

(a) (z_1, z_2, z_3, z) を z の関数と考え，$\mu(z)$ と表す．このとき，$\mu(z) = \dfrac{az+b}{cz+d}$ の形で表されることを示し，$ad - bc$ を求めよ．

(b) $\lambda \in \bar{\mathbb{C}}$ に対し，$\mu(z) = \lambda$ となる z が唯一決まることを示せ．

(c) z_1, z_2, z_3, z_4 の順序を適当に入れ替えて非調和比 (z_j, z_k, z_l, z_m) を作るとき，その値が 6 個のグループに分類されることを示せ．

(d) $0, 1, \infty, \lambda$（$\lambda \in \mathbb{C}$）による非調和比の値を (c) に基づいて分類せよ．また，入れ替えにより取り得る値の個数が 6 よりも少なくなる λ の値を求めよ．

10. 1 次分数関数の部分集合

$$M := \left\{ w \,\middle|\, w = \frac{az+b}{cz+d},\ a, b, c, d \in \mathbb{C},\ |ad - bc| = k \neq 0 \right\}$$

を考えよう．ただし，k は与えられた定数とする．

(a) $w_1, w_2 \in M$ の合成 $w_2 \circ w_1(z) := w_2(w_1(z))$ もまた M に属すとき，k がみたすべき条件を求めよ．

(b) (a) のとき，恒等変換 $w = z$ が M に属すことを示せ．

(c) (a) のとき，$w \in M$ の逆関数 w^{-1} もまた M に属すことを示せ．

11. 1 次分数関数 $w = \dfrac{az+b}{cz+d}$（$a, b, c, d \in \mathbb{R}$, $ad - bc > 0$）を考える．

(a) w により，z 平面の実軸は w 平面の実軸に，$\operatorname{Im} z > 0$ の部分は $\operatorname{Im} w > 0$ に写されることを示せ．

(b) 直線 $\operatorname{Re} z = \alpha$（$\alpha \in \mathbb{R}$）の像はどのような曲線に写されるか．

(c) 実軸上に中心を持つ円の像を求めよ．

3 複素関数の微分

3.1 極限値と微分係数および正則性

複素関数の極限値　任意の $\varepsilon > 0$ に対してある $\delta > 0$ が存在し，$0 < |z-a| < \delta$ $(a \in \mathbb{C})$ となる任意の $z \in \mathbb{C}$ に対して $|f(z) - A| < \varepsilon$ とできるとき，

$$\lim_{z \to a} f(z) = A \quad \text{または} \quad f(z) \to A \ (z \to a) \tag{3.1}$$

と書き，「$f(z)$ は $z \to a$ において**極限値** A を持つ（極限値が存在する）」という[*1]．$f(z)$ が $z \to a$ で極限値を持たないとき，「$f(z)$ は $z = a$ において発散する」という．

極限値に関する性質　関数の極限値に関して，次が成り立つ．

$f(z)$, $g(z)$ が $z \to z_0$ において極限値を持つとき，

1. $\displaystyle\lim_{z \to z_0} [f(z) \pm g(z)] = \lim_{z \to z_0} f(z) \pm \lim_{z \to z_0} g(z)$
2. $\displaystyle\lim_{z \to z_0} [cf(z)] = c \lim_{z \to z_0} f(z) \quad (c \in \mathbb{C})$
3. $\displaystyle\lim_{z \to z_0} [f(z)g(z)] = \left[\lim_{z \to z_0} f(z)\right]\left[\lim_{z \to z_0} g(z)\right]$　　(3.2a)
4. $\displaystyle\lim_{z \to z_0} \frac{f(z)}{g(z)} = \frac{\lim_{z \to z_0} f(z)}{\lim_{z \to z_0} g(z)} \quad (\lim_{z \to z_0} g(z) \neq 0)$

$f(z) = u(x,y) + iv(x,y)$, $z_0 = x_0 + iy_0$, $A = a + ib$ のとき，

$$\lim_{z \to z_0} f(z) = A \iff \lim_{(x,y) \to (x_0,y_0)} u(x,y) = a \quad \text{かつ} \quad \lim_{(x,y) \to (x_0,y_0)} v(x,y) = b \tag{3.2b}$$

---

*1 z を a に近づけたときに $f(z)$ が A に限りなく近づくことを意味する．$z = a$ において f が定義されているか否かや，値 $f(a)$ には関係しない．すなわち，不等式「$0 < |z-a|$」が本質的で，これを「$0 \leqq |z-a|$」に変更することはできない．

$f(z)$ が $z=a$ において極限値 A を持つとき，

$$\lim_{n\to\infty} a_n = a \text{ となる任意の } \{a_n\}_{n=1,2,\dots} \text{ に対し，} \lim_{n\to\infty} f(a_n) = A$$

が成り立ち，逆もまた真である*2（第 5 章参照）．

関数の連続性　$\lim_{z\to a} f(z) = f(a)$ が成り立つとき，$f(z)$ は $z=a$ で**連続**であると定義する．$f(z)$ が定義域内の全ての点で連続であるとき，**連続関数**または単に**連続**であるという．

複素関数の微分係数と導関数　関数 $f(z)$ に対して極限値

$$\lim_{z\to a} \frac{f(z)-f(a)}{z-a} \quad \text{または} \quad \lim_{\Delta z\to 0} \frac{f(a+\Delta z)-f(a)}{\Delta z} \tag{3.3a}$$

が存在するとき，$f(z)$ は $z=a$ で微分可能であるという．式 (3.3a) の極限値を，$f(z)$ の $z=a$ における**微分係数**といい，

$$\left.\frac{df}{dz}\right|_{z=a}, \quad \frac{df}{dz}(a), \quad f'(a) \tag{3.3b}$$

と書く．z に $f'(z)$ を対応させる複素関数を**導関数**といい，式 (3.3b) に準じて $\dfrac{df}{dz}$, $f'(z)$ などと書く．

微分の演算規則　$f(z), g(z)$ が微分可能な関数のとき，次が成り立つ．

(3.4)

1. $[af(z)+bg(z)]' = af'(z)+bg'(z)$　(a, b は定数)
2. $[f(z)g(z)]' = f'(z)g(z)+f(z)g'(z)$
3. $\left[\dfrac{f(z)}{g(z)}\right]' = \dfrac{f'(z)g(z)-f(z)g'(z)}{g(z)^2}$　$(g(z) \neq 0)$
4. $[f(g(z))]' = f'(g(z))g'(z)$

複素関数の正則性　複素平面上の領域 D 内の任意の点で複素関数 $f(z)$ が微分可能であるとき，$f(z)$ は D で**正則**であるという．点 $z=a$ のある近傍で $f(z)$ が正則であるとき，$f(z)$ は点 $z=a$ で正則であるという*3．

---

*2 どのような経路に沿って $z \to a$ としても，$f(z)$ が同じ値 A に近づくことを意味する．

*3 このように，正則であることは，微分可能であることよりも強い条件である．極端な場合，1 点でのみ微分可能なことはあり得るが，$z=a$ で正則な場合は a を含む一定の広がりを持った範囲で微分可能でなければならず，1 点でのみ正則となることはあり得ない．

例題 3.1　　**複素関数の極限値**

次のそれぞれを示せ．

(a)　$\lim_{z\to 0} e^z = 1$　　(b)　$\mathrm{Arg}\, z$ は，$z \to 0$ で発散

【解　答】　$z = x + iy$（$x, y \in \mathbb{R}$）とする．

(a)　$e^z = e^x \cos y + ie^x \sin y$ である．ここで，$z \to 0 \iff (x, y) \to (0, 0)$ に注意し，e^x, $\cos y$, $\sin y$ の極限値を求めると，

$$\lim_{(x,y)\to(0,0)} e^x = 1, \qquad \lim_{(x,y)\to(0,0)} \cos y = 1, \qquad \lim_{(x,y)\to(0,0)} \sin y = 0$$

よって，極限値の積の公式から $e^x \cos y \to 1 \cdot 1 = 1$, $e^x \sin y \to 1 \cdot 0 = 0$ となり，$e^x \to 1 + 0 \cdot i = 1$（$z \to 0$）が成り立つ．

(b)　$\mathrm{Arg}\, z$ は $|z|$ によらず，値は $\arctan(y/x)$ である．よって，どのような $\delta > 0$ を選んでも，$0 < |z| < \delta$ なる任意の z において，$-\pi < \mathrm{Arg}\, z \leqq \pi$ の値を取り得る．すなわち，任意の $\varepsilon > 0$ に対して，$|\mathrm{Arg}\, z - A| < \varepsilon$ が成り立つような A は存在せず，$z \to 0$ で $\mathrm{Arg}\, z$ は発散する．

問　題

1.1　次の複素関数の極限値の存在を調べ，存在するならばその値を求めよ．

(a)　$\lim_{z\to i} \dfrac{z^2 - 2iz - 1}{z^2 + 1}$　　(b)　$\lim_{z\to 2} \dfrac{z^2 - 3z + 2}{z - 2}$　　(c)　$\lim_{z\to i} \dfrac{\mathrm{Re}\, z + \mathrm{Im}\, z}{z}$

(d)　$\lim_{z\to i} \dfrac{z^2 - 1}{z^2 + 1}$　　(e)　$\lim_{z\to 0} \dfrac{\sin z}{z}$　　(f)　$\lim_{z\to 0} \dfrac{e^z - 1}{z}$

1.2　$z = x + iy$, $z_0 = x_0 + iy_0$, $f(z) = u(x, y) + iv(x, y)$, $A = a + ib$ とする．ただし，$x, y \in \mathbb{R}$ で，他の x_0, y_0 等も同様とする．

$$\lim_{z\to z_0} f(z) = A \iff \lim_{(x,y)\to(x_0,y_0)} u(x, y) = a \quad \text{かつ} \quad \lim_{(x,y)\to(x_0,y_0)} v(x, y) = b$$

を示せ．

1.3　$\lim_{z\to\infty} f(z) = A$ は，「任意の $\varepsilon > 0$ に対してある $R > 0$ が存在し，$|z| > R$ となるすべての $z \in \mathbb{C}$ に対して $|f(z) - A| < \varepsilon$」と定義する．

(a)　$\lim_{z\to\infty} f(z) = A \iff \lim_{\zeta\to 0} f(1/\zeta) = A$ であることを示せ．

(b)　極限値 $\lim_{z\to\infty} e^{-z}$, $\lim_{z\to\infty} e^{-|z|}$ の存在を調べよ．

例題 3.2　　　　　　　　　　　　　　　　　　　　　**微分可能性**

次のそれぞれを示せ．

(a)　$(z)' = 1$　　(b)　$(z^2)' = 2z$

(c)　$f(z) = \bar{z}$ は，いかなる z においても微分できない．

【解　答】

(a)　$(z + \Delta z) - z = \Delta z$. よって，$\dfrac{(z+\Delta z) - z}{\Delta z} = \dfrac{\Delta z}{\Delta z} = 1$. この式で $\Delta z \to 0$ とすることにより，$z' = 1$ が得られる．

(b)　$(z+\Delta z)^2 - z^2 = 2z\Delta z + (\Delta z)^2$ であるから，

$$\frac{(z+\Delta z)^2 - z^2}{\Delta z} = 2z + \Delta z$$

である．これは，$\Delta z \to 0$ で極限値 $2z$ を持つので，$(z^2)' = 2z$ が成り立つ．

(c)　$f(z+\Delta z) - f(z) = \overline{(z+\Delta z)} - \bar{z} = \overline{\Delta z}$ となるから，

$$\frac{\overline{z+\Delta z} - \bar{z}}{\Delta z} = \frac{\overline{\Delta z}}{\Delta z} = e^{-2i\arg\Delta z}$$

$\arg\Delta z$ を値 α に固定した半直線に沿って $\Delta z \to 0$ とすれば，これは α によって異なる値を取る．すなわち，z に近づく経路によって $\dfrac{f(z+\Delta z) - f(z)}{\Delta z}$ は異なる値に近づくため，極限値は存在せず，$f(z)$ は任意の z で微分不可能である．

問　題

2.1　次の関数の導関数があるかどうか定義に基づいて調べ，存在するならばそれを求めよ．

(a)　z^n ($n \in \mathbb{N}$)　　(b)　$\mathrm{Re}\, z$　　(c)　$|z|$　　(d)　e^z

2.2　微分に関する次の演算規則を示せ．ただし，それぞれの関数は必要に応じて微分可能であるとする．

(a)　$[f(z) + g(z)]' = f'(z) + g'(z)$, $[af(z)]' = af'(z)$ ($a \in \mathbb{C}$)

(b)　$[f(z)g(z)]' = f'(z)g(z) + f(z)g'(z)$

(c)　$\left[\dfrac{f(z)}{g(z)}\right]' = \dfrac{f'(z)g(z) - f(z)g'(z)}{g(z)^2}$ ($g(z) \neq 0$)

(d)　$[f(g(z))]' = f'(g(z))g'(z)$

3.2 コーシー–リーマンの方程式

定理 3.1　(コーシー–リーマンの方程式)　与えられた点 $z = x + iy$ $(x, y \in \mathbb{R})$ において $f(z) := u(x, y) + iv(x, y)$ $(u, v \in \mathbb{R})$ が微分可能であるための必要条件は,

$$\frac{\partial u}{\partial x} = \frac{\partial v}{\partial y}, \quad \frac{\partial u}{\partial y} = -\frac{\partial v}{\partial x} \tag{3.5}$$

が成り立つことである．式 (3.5) を**コーシー–リーマンの方程式**という．また，$f(z)$ が複素平面上の領域や点において正則であるための必要条件は，適当な領域でコーシー–リーマンの方程式が成り立つことである．

定理 3.1を示すには，$f(z)$ に対して，実軸に沿った経路，虚軸に沿った経路（図 3.1）のそれぞれについて式 (3.3a) の極限値を計算し，これらが一致するための条件を求めればよい（例題 3.4）．

微分可能であるための十分条件　コーシー–リーマンの方程式が成り立つとき，複素関数の微分可能性は次によって判断できる．

定理 3.2　1 組の 2 変数関数 $u(x, y)$, $v(x, y)$ が与えられ，点 $z = z_0$ において

1. $u(x, y)$, $v(x, y)$ が 2 変数関数として C^1 級
2. コーシー–リーマンの方程式が成り立つ　　(3.6)

が共にみたされるならば[*4]，複素関数 $f(z) = u(x, y) + iv(x, y)$ は $z = z_0$ で微分可能である．正則性についても同様である．

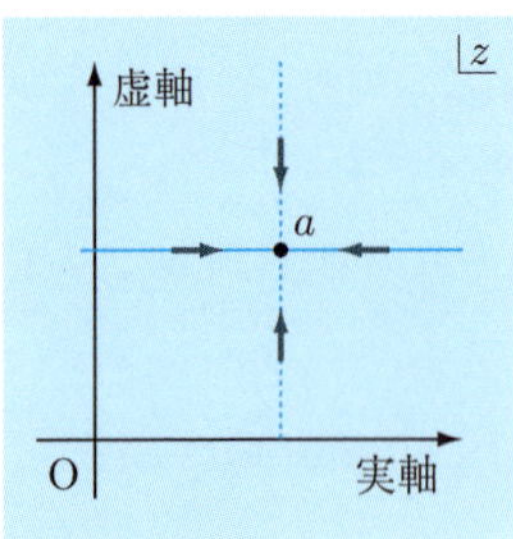

図 3.1　コーシー–リーマンの方程式を導くために用いる複素平面上の経路

[*4] 第 1 の条件から，コーシー–リーマンの方程式の成立に加えて，u, v の 1 次の偏微分係数が存在して連続でなければならない．

導関数の求め方　$f(z)=u(x,y)+iv(x,y)$ が正則関数である場合，

$$\frac{df}{dz}=\frac{\partial u}{\partial x}+i\frac{\partial v}{\partial x}\quad \text{または}\quad \frac{\partial v}{\partial y}-i\frac{\partial u}{\partial y} \tag{3.7}$$

によって導関数を求めることができる．式 (3.7) の右辺をコーシー–リーマンの方程式によって書き換えて得られる他の形を用いることもある．

初等関数の導関数　既に定義された初等関数はいずれも適当な領域で微分可能であり，その導関数をまとめると，表 3.1のようになる．

表 3.1　主な初等関数の導関数とその定義域

$f(z)$	$f'(z)$	定義域	$f(z)$	$f'(z)$	定義域
c（定数）	0	$\mathbb{C}$	$\sinh z$	$\cosh z$	$\mathbb{C}$
z^n $(n\in\mathbb{N})$	nz^{n-1}	$\mathbb{C}$	$\cosh z$	$\sinh z$	$\mathbb{C}$
e^z	e^z	$\mathbb{C}$	$\tan z$	$\sec^2 z$	$\mathbb{C}\backslash\{z \mid \cos z=0\}$
$\sin z$	$\cos z$	$\mathbb{C}$	$\tanh z$	$\mathrm{sech}^2 z$	$\mathbb{C}\backslash\{z \mid \cosh z=0\}$
$\cos z$	$-\sin z$	$\mathbb{C}$	$\mathrm{Log}\, z$	$\dfrac{1}{z}$	$\mathbb{C}\backslash\{z \mid z\leqq 0\}$

調和関数　u, v が 2 回偏微分可能で，コーシー–リーマンの方程式をみたすとき，u, v は，それぞれ

$$\frac{\partial^2 u}{\partial x^2}+\frac{\partial^2 u}{\partial y^2}=0,\qquad \frac{\partial^2 v}{\partial x^2}+\frac{\partial^2 v}{\partial y^2}=0 \tag{3.8}$$

をみたす．式 (3.8) のタイプの方程式を**ラプラスの方程式**といい，これをみたす関数を**調和関数**という．すなわち，正則関数の実部と虚部はそれぞれ調和関数である．

共役調和関数　2 つの調和関数を任意に選んで実部と虚部にする複素関数を作った場合，それが正則になるようなことは，一般には期待できない．調和関数 u に対して，コーシー–リーマンの方程式 (3.5) をみたす v を，u に対する**調和共役**または u に**共役な調和関数**という．すなわち，u を実部とする正則関数 $f(z)=u(x,y)+iv(x,y)$ の虚部 v のことである．

調和関数 u に共役な調和関数を求めるには，コーシー–リーマンの方程式を逐次積分すればよい（例題 3.5，問題 5.1, 5.2）．

例題 3.3 ——— **コーシー–リーマンの方程式と正則性**

(a)　次の複素関数がコーシー–リーマンの方程式をみたすかどうか調べよ．

i.　$f(z) = e^z$　　ii.　$f(z) = \cos \bar{z}$　　iii.　$f(z) = \dfrac{1}{z}$

(b)　(a) のそれぞれの関数の正則性を調べよ．

【解　答】

(a)　$z = x + iy$, $f(z) = u(x, y) + iv(x, y)$ $(x, y, u, v \in \mathbb{R})$ とする．

i.　$f(z) = e^x \cos y + ie^x \sin y$ から，$u = e^x \cos y$, $v = e^x \sin y$ である．よって，

$$u_x = e^x \cos y, \quad u_y = -e^x \sin y, \quad v_x = e^x \sin y, \quad v_y = e^x \cos y \qquad (*)$$

となる．e^x, $\cos y$, $\sin y$ は，それぞれ任意の $x, y \in \mathbb{R}$ で定義されるので，与えられた関数について，$\mathbb{C}$ 全体でコーシー–リーマンの方程式が成り立つ．

ii.　$f(z) = \cos(x - iy) = \cos x \cosh y + i \sin x \sinh y$ であるから，$u = \cos x \cosh y$, $v = \sin x \sinh y$. したがって，

$$\begin{aligned} u_x &= -\sin x \cosh y, \quad u_y = \cos x \sinh y, \\ v_x &= \cos x \sinh y, \quad v_y = \sin x \cosh y \end{aligned} \qquad (**)$$

となる．ここで，$u_x - v_y = -2 \sin x \cosh y$, $u_y + v_x = 2 \cos x \sinh y$ であるから，コーシー–リーマンの方程式が成り立つのは

$$\sin x \cosh y = 0, \quad \text{かつ} \quad \cos x \sinh y = 0$$

となる場合に限る．第 1 式より，$\sin x = 0$, すなわち $x = n\pi$ $(n \in \mathbb{Z})$．これを第 2 式に代入して $(-1)^n \sinh y = 0$ となり，$y = 0$. すなわち，コーシー–リーマンの方程式は，$z = n\pi$ に限って成り立つ．

iii.　$f(z) = \dfrac{x - iy}{x^2 + y^2}$ であるから，$u = \dfrac{x}{x^2 + y^2}$, $v = \dfrac{-y}{x^2 + y^2}$ となる．これらの 1 次の偏導関数を計算すると，

$$\begin{aligned} u_x &= \frac{y^2 - x^2}{(x^2 + y^2)^2}, \quad u_y = \frac{-2xy}{(x^2 + y^2)^2}, \\ v_x &= \frac{2xy}{(x^2 + y^2)^2}, \quad v_y = \frac{y^2 - x^2}{(x^2 + y^2)^2} \end{aligned} \qquad (***)$$

となる．したがって，u, v の分母が 0 でない限り，すなわち，$x = y = 0$ 以外

で $u_x = v_y$, $u_y = -v_x$ となるので，$(x, y) \neq (0, 0)$ でコーシー–リーマンの方程式が成り立つ．以上から，与えられた $f(z)$ に対し，$z \neq 0$ を除く $\mathbb{C}$ 全体でコーシー–リーマンの方程式が成り立つ．

(b) i. コーシー–リーマンの方程式が $\mathbb{C}$ 全体で成り立ち，かつ，u, v の第 1 次の偏導関数 $(*)$ は，明らかに任意の $x, y \in \mathbb{C}$ で連続である．よって，e^z は $\mathbb{C}$ 全体で正則である．

ii. コーシー–リーマンの方程式が成り立つのは，$z = n\pi$ $(n \in \mathbb{Z})$ に限るので，これらの点以外では正則ではない．また，$z = n\pi$ は孤立した点であり，これを内部に含む適当な領域全体で微分可能になることはあり得ず，$z = n\pi$ でも正則ではない．よって，$f(z) = \cos \bar{z}$ は，$\mathbb{C}$ 全体で正則でない．

iii. u, v の分母が 0 にならない x, y に対しては，これらの第 1 次の偏導関数 $(***)$ は連続である．分母が 0 になるのは $x = y = 0$, すなわち $z = 0$ であるから，$f(z) = \dfrac{1}{z}$ は $z = 0$ を除く $\mathbb{C}$ 全体で正則である．

コメント ii. において，$z = n\pi$ では，コーシー–リーマンの方程式が成り立ち，u, v の第 1 次の偏導関数がすべて連続である．このことから，$f(z)$ は $z = n\pi$ で微分可能となる．実際，定義に基づいて微分係数の値を計算してみると 0 となる．しかし，$z = n\pi$ 以外では微分可能ではなく，これらを内部に含む適当な領域全体で微分可能という状況は実現されないので，$z = n\pi$ において正則にはならない．微分可能性と正則性が必ずしも同一ではないという 1 つの例である．

iii. コーシー–リーマンの方程式の成立がわかったら，分母が 0 になるなど，関数が定義されない点を除外して正則性を判断すればよい．

問　題

3.1 次の関数の正則性を，コーシー–リーマンの方程式を用いて調べよ．

(a) $\cos z$　(b) $\dfrac{1}{z-1}$　(c) $|z|$　(d) $\mathrm{Re}\, z + \mathrm{Im}\, z$

3.2 $z = x + iy$ とし，偏微分の連鎖規則が複素係数についても成り立つとすると，

$$\frac{\partial f}{\partial z} = \frac{1}{2}\frac{\partial f}{\partial x} - \frac{i}{2}\frac{\partial f}{\partial y}, \quad \frac{\partial f}{\partial \bar{z}} = \frac{1}{2}\frac{\partial f}{\partial x} + \frac{i}{2}\frac{\partial f}{\partial y}$$

が得られる．

(a) コーシー–リーマンの方程式と，$\dfrac{\partial f}{\partial \bar{z}} = 0$ が同値であることを示せ．

(b) $f(z)$ が微分可能ならば，$\dfrac{df}{dz} = \dfrac{\partial f}{\partial z}$ であることを示せ．

例題 3.4 **コーシー–リーマンの方程式**

$f(x, y) = u(x, y) + iv(x, y)$ で，u, v は 1 階微分可能であるとする．図に示した 2 つの経路について極限値 $\displaystyle\lim_{\Delta z \to 0} \frac{\Delta f}{\Delta z}$ をそれぞれ求め，両者が一致する条件からコーシー–リーマンの方程式

$$\frac{\partial u}{\partial x} = \frac{\partial v}{\partial y}, \quad \frac{\partial v}{\partial x} = -\frac{\partial u}{\partial y}$$

が要請されることを導け．

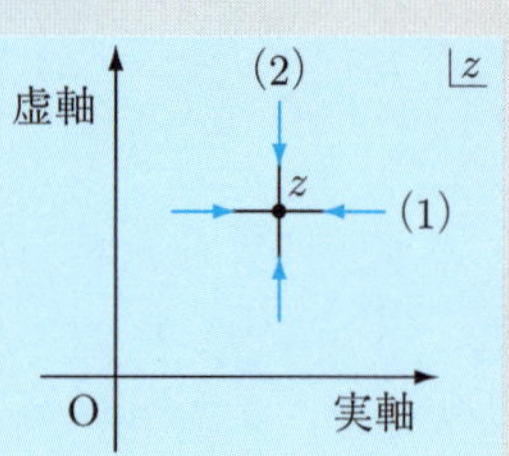

【解　答】

1.　経路 (1) に沿って，$\Delta z = h$ ($h \in \mathbb{R}$) と書ける．したがって，

$$\begin{aligned}\frac{\Delta f}{\Delta z} &= \frac{[u(x+h, y) + iv(x+h, y)] - [u(x, y) + iv(x, y)]}{h} \\ &= \frac{u(x+h, y) - u(x, y)}{h} + i\frac{v(x+h, y) - v(x, y)}{h}\end{aligned}$$

となり，これは $h \to 0$ で $\dfrac{\partial u}{\partial x} + i\dfrac{\partial v}{\partial x}$ となる．

2.　また，経路 (2) に沿って同様に計算すると，$\Delta z = ik$ ($k \in \mathbb{R}$) となるので，

$$\begin{aligned}\frac{\Delta f}{\Delta z} &= \frac{[u(x, y+k) + iv(x, y+k)] - [u(x, y) + iv(x, y)]}{ik} \\ &= \frac{v(x, y+k) - v(x, y)}{k} - i\frac{u(x, y+k) - u(x, y)}{k} \longrightarrow \frac{\partial v}{\partial y} - i\frac{\partial u}{\partial y}\end{aligned}$$

以上 1., 2. を比較して，$\dfrac{\partial u}{\partial x} = \dfrac{\partial v}{\partial y}, \dfrac{\partial u}{\partial y} = -\dfrac{\partial v}{\partial x}$ を得る．

問　題

4.1　$f(z) = u(x, y) + iv(x, y)$ が微分可能でコーシー–リーマンの方程式をみたすとき，f の導関数が次で与えられることを示せ．

$$\frac{df}{dz} = \frac{\partial u}{\partial x} + i\frac{\partial v}{\partial x} = \frac{\partial v}{\partial y} - i\frac{\partial u}{\partial y}$$

4.2　次の関数が任意の $z = x + iy \in \mathbb{C}$ ($x, y \in \mathbb{R}$) でコーシー–リーマンの方程式をみたすように実数 $a, b, c, \ldots$ を決めよ．

(a)　$u = x^2 + ay^2 + bxy,\ v = cxy$　(b)　$u = ax^3 + 3xy^2,\ v = bx^2y + cy^3$

(c)　$u = e^{ax}\sin 2y,\ v = be^{cx}\cos dy$　(d)　$u = e^{ay},\ v = \sin by$

例題 3.5　**調和関数**

実 2 変数関数 $u(x,y)=e^y\cos x$ がある．

(a)　u が調和関数であることを示せ．
(b)　u に共役な調和関数 v を求めよ．

【解　答】

(a)　$u_{xx}=e^y(\cos x)_{xx}=-e^y\cos x$．また $u_{yy}=(e^y)_{yy}\cos x=e^y\cos x$．よって，

$$u_{xx}+u_{yy}=-e^y\cos x+e^y\cos x=0$$

となり，u はラプラスの方程式をみたす．

(b)　コーシー–リーマンの方程式から，

$$v_y=u_x=-e^y\sin x,\quad v_x=-u_y=-e^y\cos x$$

を得る．第 1 式を y で積分して，

$$v=-\int e^y\sin x\,dy=-\sin x\int e^y\,dy=-e^y\sin x+\phi(x)\sin x$$

となる．ただし，$\phi(x)$ は y によらない任意関数である．よって $\phi(x)\sin x$ もまた，y を含まないのでこれを $g(x)$ とし，$v=-e^y\sin x+g(x)$．この v を第 2 式に代入すると，

$$[-e^y\sin x+g(x)]_x=-e^y\cos x+g'(x)=-e^y\cos x.$$

整理して $g'(x)=0$ を得て，$g(x)=C$（定数）．以上から，$v=-e^y\sin x+C$.

問　題

5.1　$x,y\in\mathbb{R}$ を変数とする次の関数が調和関数かどうかを調べ，調和関数ならば，それに共役な調和関数を求めよ．

(a)　x^2-y^2　　(b)　x^3-y^3　　(c)　$e^x\sin y$

(d)　x^2+y^2　　(e)　$\dfrac{1}{x^2+y^2}$　　(f)　$\log(x^2+y^2)$

5.2　$v(x,y)$ は，$u(x,y)$ に共役な調和関数であるとする．$v(x,y)$ に共役な調和関数を求めよ．また，その結果を複素関数の正則性の観点から説明せよ．

3.3 導関数の幾何学的意味

正則関数による回転拡大　$f(z)$ が $z=a$ で微分可能，すなわち

$$\lim_{h\to 0}\frac{f(a+h)-f(a)}{h}=f'(a) \tag{3.9}$$

の場合，$\dfrac{f(a+h)-f(a)}{h}=f'(a)+\Delta$（$\Delta$ は，$h\to 0$ と共に 0 になる複素数）となる．よって，

$$f(a+h)-f(a)=hf'(a)+o(|h|) \tag{3.10}$$

が成り立つ．f による写像

$$f:\ z\longmapsto w=f(z)$$

において，$f'(a)\neq 0$ ならば，$z=a$ のごく近くにおける変位 Δz と，その結果生じる w の変位 Δw の間には，近似的に

$$\Delta w=f'(a)\Delta z \tag{3.11}$$

の関係がある．すなわち，写像 f によって，Δz は $|f'(a)|$ 倍に拡大され，$\arg f'(a)$ だけ回転することになる（図 3.2）．

正則関数の等角性　$f(z)$ が領域 D で正則，かつ $f'(z)\neq 0$ のとき，$z\in D$ を通る 2 曲線のなす角と，これらの像が $f(z)$ においてなす角は，角をはかる向きも含めて等しい．このような写像を**等角**である，または**共形**であるという．

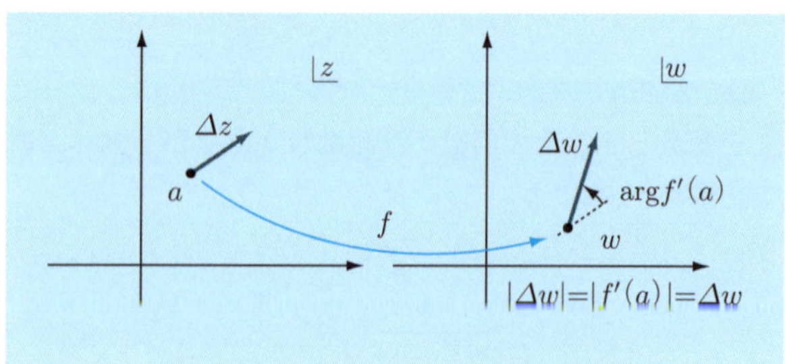

図 3.2　正則関数による写像の模式図

例題 3.6　　**正則関数による写像**

複素指数関数 $w = e^z$ によって定められる写像を考える．

(a)　この写像は各 z の付近でどのような写像を表すかを述べよ．

(b)　$z = 1 + \alpha i$ の付近の z とその像の間の関係を図示せよ．

(c)　この写像が等角でない z は存在するか．

【解　答】

(a)　$z = x + iy$ とすれば，$e^z = e^x \cdot e^{iy}$ であるから，倍率 $e^{\mathrm{Re}\, z}$，回転角 $\mathrm{Im}\, z$ の回転拡大を表す．

(b)　$z = 1 + \alpha i$ における拡大率は $e^1 = e$．また，回転角は α である．したがって，この写像による回転拡大を図示すると，下のようになる．

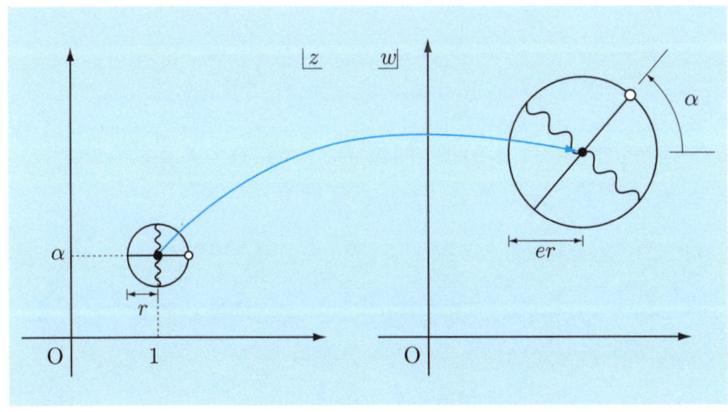

(c)　正則関数による写像は，その導関数が 0 でない点で等角になる．いま，$(e^z)' = e^z$ であり，任意の z で $e^z \neq 0$ であるから，指数関数によって定められる写像が等角でないような z は存在しない．

問　題

6.1　$w = \sin z$ による写像は，$z = \dfrac{\pi}{2} + i\pi$ 付近の z をどのように写すか述べよ．

6.2　次の正則関数による写像が等角でないような $z \in \mathbb{C}$ を求めよ．

(a)　$f(z) = \cosh z$　　(b)　$f(z) = z^2 + z$　　(c)　$f(z) = z + \dfrac{1}{z}$

6.3　1 次分数関数 $f(z) = \dfrac{az + b}{cz + d}$ $(ad - bc \neq 0,\ c \neq 0)$ によって定められる写像は，$\mathbb{C} \backslash \left\{ -\dfrac{d}{c} \right\}$ において等角であることを示せ．

第3章演習問題

1. 次の関数が適当な領域で正則関数であることを示し，それぞれの導関数を求めよ．(f) では $\log z$ の分枝を限定して考えよ．

(a) c（定数）　(b) z　(c) e^z

(d) $\sin z$　(e) $\cos z$　(f) $\log z$

2. 基本的な初等関数の微分公式

$$c' = 0 \quad (c \text{ は定数}), \quad z' = 1,$$
$$(e^z)' = e^z, \quad (\cos z)' = -\sin z, \quad (\sin z)' = \cos z$$

と，関数の四則演算の微分公式や合成関数の微分公式などを用いて，次のそれぞれの関数が正則である複素数 z の範囲を調べ，導関数を求めよ．

(a) z^n（$n \in \mathbb{Z}$）　(b) $\tan z$　(c) $\sinh z$

(d) e^{z^2}　(e) z^a（a は定数）

3. 次の関数を実部とする正則な関数 $f(z)$ が存在するかどうか調べ，存在するならば $f(z)$ を求めよ．ただし，$x, y \in \mathbb{R}$ とする．

(a) $\cos(x+y)\cosh(x-y)$　(b) $\arctan\dfrac{ax}{y}$（$a \in \mathbb{R},\ a \neq 0$）

4. $f(z) = u(x,y) + iv(x,y)$（$x, y \in \mathbb{R}$）が正則関数であるとする．

(a) $u(x,-y)$ が調和関数であることを示せ．

(b) $u(x,-y)$ に共役な調和関数を求めよ．

(c) $\overline{f(\bar{z})}$ が正則であることを示し，$f'(z)$ を用いて $\left[\overline{f(\bar{z})}\right]'$ を表せ．

5. (a) 複素関数 f は $\dfrac{\partial f}{\partial \bar{z}} = 0$ をみたすものとする．次のいずれかが定数であるとき，f は定数に限ることを示せ．

i. $\operatorname{Re} f(z)$　ii. $\operatorname{Im} f(z)$　iii. $|f(z)|$　iv. $\arg f(z)$

(b) 正則関数 $f(z)$ の実部が $u = F(x)$（$x = \operatorname{Re} z$）であるとき，$f(z)$ を求めよ．

(c) 正則関数 $f(z)$ の実部が $u = F(x) + G(y)$（$x = \operatorname{Re} z,\ y = \operatorname{Im} z$）の形であるとき，$f(z)$ を求めよ．

6. x, y に関する同次 n 次式 $\displaystyle\sum_{k=0}^{n} a_k x^{n-k} y^k$（$x, y, a_k \in \mathbb{R}$）全体は線形空間をなす．このような同次 n 次式について，以下の問いに答えよ．

(a) n 次の同次式の中で，調和関数になるもの全体を H_n と書くことにする．H_n は部分空間をなす事を示せ．

(b) 最初に $n = 2m$（偶数次．ただし $m \geqq 1$）の場合を考える．H_{2m} の次元を求め，基底を 1 組挙げよ．

(c) 基底をなす各関数に共役な調和関数は，定数倍および定数の差を除いて基底の要素の 1 つに一致することを示せ．

(d) 奇数次の同次式で調和関数となるもの全体 H_{2m+1}（$m \geqq 0$）についても (b), (c) と同様の事実が成り立つことを確かめよ．

(e) 複素関数の正則性から，以上の (a)～(d) を解釈せよ．

7. 複素関数 $f(z)$ において，変数 z を極形式 $z = re^{i\theta}$（$r, \theta \in \mathbb{R}$）で表し，$f(z) = u(r, \theta) + iv(r, \theta)$ とする．

(a) コーシー–リーマンの方程式が次と同値であることを示せ．

$$\frac{\partial u}{\partial r} - \frac{1}{r}\frac{\partial v}{\partial \theta} = 0, \quad \frac{\partial v}{\partial r} + \frac{1}{r}\frac{\partial u}{\partial \theta} = 0 \tag{3.12}$$

(b) 式 (3.12) の両立条件がラプラスの方程式と同値であることを示せ．

(c) u は r のみの関数，すなわち $\dfrac{\partial u}{\partial \theta} = 0$ とする．u を実部とする正則関数は，定数倍および付加定数を除いて $u = \operatorname{Log} r$ の場合に限って存在することを示せ．

(d) $u = \operatorname{Log} r$ に共役な調和関数 v を求めよ．

8. 複素関数 $f(z)$ を極形式で $f(z) = Re^{i\Phi}$（$R, \Phi \in \mathbb{R}$）と表すとき，次の問いに答えよ．

(a) コーシー–リーマンの方程式は次の形になることを示せ．

$$\frac{\partial R}{\partial x} = R\frac{\partial \Phi}{\partial y}, \quad \frac{\partial R}{\partial y} = -R\frac{\partial \Phi}{\partial x} \tag{3.13a}$$

(b) 正則関数の絶対値 R は，$R = e^{\phi(x,y)}$（ϕ は調和関数）となることを示せ．また，正則関数の偏角 Φ は，調和関数であることを示せ．

(c) 変数を $z = re^{i\theta}$（$r, \theta \in \mathbb{R}$）として極形式で表す．コーシー–リーマンの方程式が次のようになることを示せ．

$$r\frac{\partial R}{\partial r} = R\frac{\partial \Phi}{\partial \theta}, \quad \frac{\partial R}{\partial \theta} = -rR\frac{\partial \Phi}{\partial r} \tag{3.13b}$$

4 複素積分とコーシーの定理

4.1 複素平面上の曲線

曲線　複素平面上の曲線 C は，実パラメータ t を用いて

$$C: \ z(t) = x(t) + iy(t) \quad (t \in \mathbb{R}, t: \ a \to b) \tag{4.1}$$

と表すことができる．点 $z(a)$ を C の**始点**，$z(b)$ を**終点**という．始点と終点をあわせて**端点**という（図 4.1(a)）．関数論では，曲線は向きも考えて定義する．C の終点を出て C を逆にたどり，始点に到る曲線を $-C$ と書き，C と区別する（図 4.1(b)）．

曲線の分割と接続　複素平面上に曲線 C_1, C_2 があり，C_1 の終点と C_2 の始点が一致しているとする．このとき，C_1 と C_2 をつないで出来る曲線を，$C_1 + C_2$ と書く（図 4.1(c)）．3 つ以上の曲線をつなぐ場合も同様にする．また，1 つの曲線 C を複数の部分に分けて，$C = C_1 + C_2 + \cdots + C_n$ のように表すこともできる．

滑らかな曲線　曲線のパラメータ表示 (4.1) において $x(t)$, $y(t)$ が連続関数の場合，曲線 C は**連続**であるという．また，$x(t)$, $y(t)$ の導関数 $x'(t)$, $y'(t)$ が連続関数で，かつ同時には 0 にならない[*1] とき，C は**滑らか**であるという．また，有限個の滑らかな曲線をつないでできる曲線を，**区分的に滑らか**であるという．

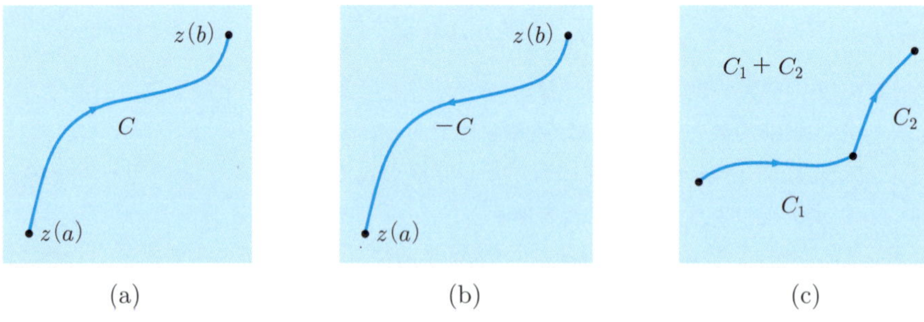

(a)　(b)　(c)

図 4.1　(a) 曲線の始点と終点．(b) 逆向きの曲線．(c) 曲線の分割

[*1] $x'(t), y'(t)$ が同時に 0 になり，滑らかでなくなる例として，$x(t) = t^3$, $y(t) = t^2$ の $(x, y) = (0, 0)$ がある．この場合，x, y の導関数は連続であるが，t を消去すると $y = x^{2/3}$ となり，原点付近では曲線に尖点が現れる．

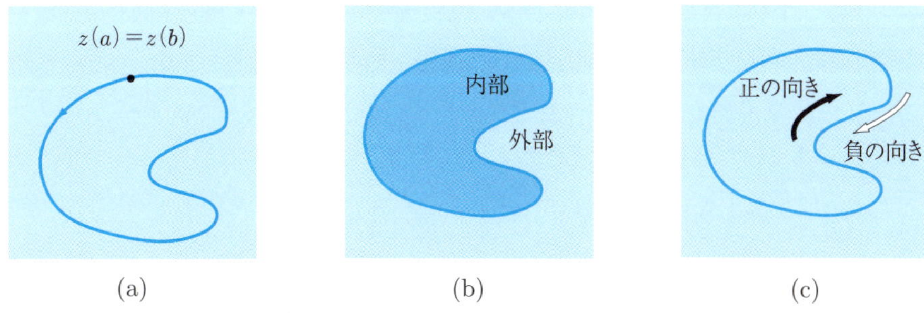

(a)　(b)　(c)

図 4.2　(a) 閉曲線．(b) 閉曲線の内部と外部．(c) 閉曲線の正の向き（黒矢印）と負の向き（白矢印）

閉曲線・単一曲線など　連続曲線 C の始点と終点が一致する場合，すなわち

$$C:\ z(t)=x(t)+iy(t),\quad (t\in\mathbb{R},\ t:\ a\to b.\ x,\ y\text{ は連続関数}) \tag{4.2}$$

において，$z(a)=z(b)$ となる場合，C を**閉曲線**という（図 4.2(a)）．

連続曲線 C が端点を除いて C 自身と共有点を持たないとき，すなわち，式 (4.2) において，

$$t_1\neq t_2\ (t_1,t_2\neq a,b)\Longrightarrow\ z(t_1)\neq z(t_2) \tag{4.3}$$

となる場合，C を**単一曲線**または**ジョルダン弧**という．単一な閉曲線を**単一閉曲線**または**ジョルダン曲線**という．

ジョルダンの定理　複素平面上の単一閉曲線 C によって，$\mathbb{C}\backslash C$ は，有界な領域と有界でない領域に分かれ，共に C を境界として持つ．この事実を**ジョルダンの定理**という．有界な領域を C の**内部**，有界でない方を**外部**という（図 4.2(b)）．

閉曲線の向き　閉曲線の内部を左手に見ながら回る向きを**正の向き**，右手に見ながら回る向きを**負の向き**という（図 4.2(c)）．以下本書では，特に断らない限り，閉曲線は正の向きに 1 周するものとする．

曲線の長さ　曲線 C 上に点 $\Delta:=\{z_0,\dots,z_n\}$（$z_0$ は始点，z_n は終点）を取り，これらの点を順次線分で結んで出来る折れ線の長さを $L(\Delta)$ とする．分点の個数や位置をさまざまに変えても $L(\Delta)$ が有界である場合，その上限 $L:=\sup\limits_{\Delta}L(\Delta)$ を C の**長さ**という．滑らかな曲線 $C:\ z(t)=x(t)+iy(t)$（$a\leqq t\leqq b$）の長さは次のようになる：

$$L=\int_a^b\sqrt{x'(t)^2+y'(t)^2}dt \tag{4.4}$$

例題 4.1　　**複素平面上の曲線**

指示されたパラメータを用いて，次の曲線を表す式を求めよ．

(a)　$z = 0$ を始点，$z = 2 + 2i$ を終点とする線分．パラメータは $x := \mathrm{Re}\, z$

(b)　(a) と同じ曲線．パラメータは $s := |z|$

(c)　(a) と同じ曲線．パラメータは $t := \dfrac{|z|}{|2+2i|}$

(d)　中心 $z = a$, 半径 $r > 0$ の円周を正の向きに 1 周する閉曲線．パラメータは，$z - a$ の偏角 θ

【解　答】 (a) から (c) までは，線分上の点 $z = x + iy$ は $x = y$ をみたす．z が 0 と $2 + 2i$ の間にあるので $z = (1+i)p$（$p \geqq 0$）が成り立つ．

(a)　パラメータとして x を選ぶと $z = (1+i)x$. 始点が 0, 終点が $2 + 2i$ であることに注意して

$$z = (1+i)x, \quad x : 0 \to 2$$

(b)　$z = (1+i)p$ および $p \geqq 0$ から，$s = \sqrt{p^2 + p^2} = \sqrt{2}\,p$. 始点では $s = 0$, 終点では $s = \sqrt{2^2 + 2^2} = 2\sqrt{2}$ であるから，

$$z = \frac{1+i}{\sqrt{2}} s, \quad s : 0 \to 2\sqrt{2}$$

(c)　t と (b) の s との関係は $s = 2\sqrt{2}t$. したがって，

$$z = (2+2i)t, \quad t : 0 \to 1$$

(d)　$|z - a| = r$ であるから，$z - a = re^{i\theta}$（$\theta \in \mathbb{R}$）. 円周を正の向きに 1 周するので，θ は 0 から 2π まで変わる．よって

$$z = a + re^{i\theta}, \quad \theta : 0 \to 2\pi$$

問　題

1.1　適当なパラメータを用いて，次の曲線を表せ．

(a)　$z = a$ を始点，$z = b$ を終点とする線分．パラメータは $t := \left|\dfrac{z-a}{b-a}\right|$

(b)　$z = a$ を中心とし，半径 $r > 0$ の円周を，負の向きに 1 周する閉曲線

4.2　複素数値関数の積分および有用な関係式

実変数複素数値関数の積分　区間 $[\alpha, \beta]$ で定義された関数 $f(t)$

$$f(t) := u(t) + iv(t), \quad \alpha \leqq t \leqq \beta, \quad u(t), v(t) \in \mathbb{R} \tag{4.5}$$

について，u, v が区間 $[\alpha, \beta]$ で連続であるとき，f の積分を次のように定義する．

$$\int_\alpha^\beta f(t)\,dt := \int_\alpha^\beta u(t)\,dt + i\int_\alpha^\beta v(t)\,dt. \tag{4.6}$$

すなわち，i を実数の定数と同様に扱い，関数の実部と虚部を独立に積分する．

複素数値関数の積分の性質　積分 (4.6) については，実関数の積分と同様の公式が成り立つ．次に主要なものを挙げる．

$\alpha, \beta, \gamma \in \mathbb{R}$, $\operatorname{Re} f(t) := u(t)$, $\operatorname{Im} f(t) := v(t)$ のとき，

1. $\displaystyle\int_\alpha^\beta f(t)\,dt = -\int_\beta^\alpha f(t)\,dt$
2. $\displaystyle\int_\alpha^\beta f(t)\,dt = \int_\alpha^\gamma f(t)\,dt + \int_\gamma^\beta f(t)\,dt$
3. $\displaystyle\operatorname{Re}\int_\alpha^\beta f(t)\,dt = \int_\alpha^\beta u(t)\,dt$, $\displaystyle\operatorname{Im}\int_\alpha^\beta f(t)\,dt = \int_\alpha^\beta v(t)\,dt$　(4.7)
4. $\alpha \leqq \beta$ ならば，$\displaystyle\left|\int_\alpha^\beta f(t)\,dt\right| \leqq \int_\alpha^\beta |f(t)|\,dt$

有用な関係式　複素積分を行う際によく用いられる事実を 2 つ挙げる．

1. $0 \leqq \theta \leqq \dfrac{\pi}{2}$ のとき，

$$\sin\theta \geqq \frac{2}{\pi}\theta \quad \left(\text{等号は } \theta = 0,\ \frac{\pi}{2} \text{ のときに成り立つ}\right) \tag{4.8}$$

が成り立つ．これを**ジョルダンの不等式**という．

2. 積分 $\displaystyle\int_{-\infty}^{\infty} e^{-x^2}\,dx$ を**ガウス積分**といい，その値は $\sqrt{\pi}$ である．

上記の証明・計算は，微分積分に関する適当な書籍を参照して欲しい．

例題 4.2 ―――― **複素数値関数の積分を利用した計算**

複素数値関数の積分について，次に答えよ．

(a)　$\alpha, \beta \in \mathbb{R}$, $a \in \mathbb{C}$, $a \neq 0$ とする．$\displaystyle\int_\alpha^\beta e^{ax}\,dx = \left[\frac{e^{ax}}{a}\right]_\alpha^\beta$ を示せ．

(b)　$\displaystyle\int_0^\pi e^{-x}\sin x\,dx$ を計算せよ．

【解　答】

(a)　$a = b + ic$ $(b, c \in \mathbb{R})$ とする．$e^{ax} = e^{bx}e^{icx} = e^{bx}\cos cx + ie^{bx}\sin cx$ より，

$$\int_\alpha^\beta e^{ax}\,dx = \int_\alpha^\beta e^{bx}\cos cx\,dx + i\int_\alpha^\beta e^{bx}\sin cx\,dx \qquad (*)$$

となる．ここで，実関数の積分の部分積分を行うと，

$$\int e^{bx}\cos cx\,dx = \frac{e^{bx}(b\cos cx + c\sin cx)}{b^2 + c^2}$$

である．ただし，積分定数は省略した．よって，$(*)$ の第 1 項の積分は

$$\int_\alpha^\beta e^{bx}\cos cx\,dx = \left[\frac{e^{bx}(b\cos cx + c\sin cx)}{b^2+c^2}\right]_\alpha^\beta = \left[\frac{e^{bx}\,\mathrm{Re}(\bar{a}e^{icx})}{|a|^2}\right]_\alpha^\beta$$

$$= \left[\mathrm{Re}\,\frac{\bar{a}e^{bx}e^{icx}}{|a|^2}\right]_\alpha^\beta = \left[\mathrm{Re}\,\frac{\bar{a}e^{(b+ic)x}}{a\bar{a}}\right]_\alpha^\beta = \left[\mathrm{Re}\,\frac{e^{ax}}{a}\right]_\alpha^\beta$$

となる．第 2 項に対しても同様にして $\displaystyle\int_\alpha^\beta e^{bx}\sin cx\,dx = \left[\mathrm{Im}\,\frac{e^{ax}}{a}\right]_\alpha^\beta$．したがって，

$$\int_\alpha^\beta e^{ax}\,dx = \left[\mathrm{Re}\,\frac{e^{ax}}{a}\right]_\alpha^\beta + i\left[\mathrm{Im}\,\frac{e^{ax}}{a}\right]_\alpha^\beta = \left[\mathrm{Re}\,\frac{e^{ax}}{a} + i\,\mathrm{Im}\,\frac{e^{ax}}{a}\right]_\alpha^\beta = \left[\frac{e^{ax}}{a}\right]_\alpha^\beta$$

となり，与えられた式が示された．

(b)　$\sin x = \mathrm{Im}\,e^{ix}$ より $e^{-x}\sin x = \mathrm{Im}\,e^{(i-1)x}$ であるから，$\displaystyle\int_0^\pi e^{-x}\sin x\,dx = \mathrm{Im}\int_0^\pi e^{(i-1)x}\,dx$．ここで，

$$\int_0^\pi e^{(i-1)x}\,dx = \left[\frac{e^{(i-1)x}}{i-1}\right]_0^\pi = \frac{1}{i-1}[e^{(i-1)\pi} - 1]$$

$$= \frac{-(1+i)}{(i-1)(-i-1)}[-e^{-\pi} - 1] = \frac{(1+i)(e^{-\pi}+1)}{2}$$

となる．よって，

$$\int_0^{\pi} e^{-x}\sin x\,dx = \operatorname{Im}\frac{(1+i)(e^{-\pi}+1)}{2} = \frac{e^{-\pi}+1}{2}$$

問　題

2.1　複素数値関数の積分を用いて，次の積分を計算せよ．

(a) $\displaystyle\int_0^{\pi} e^{x}\cos x\,dx$　　(b) $\displaystyle\int_0^{\frac{\pi}{2}} e^{x}\sin x\,dx$　　(c) $\displaystyle\int_{-\infty}^{\infty} e^{-|x|}\cos x\,dx$

例題 4.3　　**複素数値関数の積分の評価**

$f(t)$ は複素数値を取る関数で，$\alpha \leqq \beta$ とする．次の積分の関係式を示せ．

$$\left|\int_\alpha^\beta f(t)\,dt\right| \leqq \int_\alpha^\beta |f(t)|\,dt$$

【解　答】　$I := \displaystyle\int_\alpha^\beta f(t)\,dt$ とする．$I=0$ の場合は，与えられた式は明らかに成り立つ．よって，$I \neq 0$ と仮定し，$I = Re^{i\theta}$（$R,\theta \in \mathbb{R},\ R \neq 0$）とする．

$$\left|\int_\alpha^\beta f(t)\,dt\right| = R = Re^{i\theta}e^{-i\theta} = e^{-i\theta}\int_\alpha^\beta f(t)\,dt = \int_\alpha^\beta e^{-i\theta}f(t)\,dt$$

が成り立つ．ただし，$e^{-i\theta}$ は定数であることを用いた．したがって，

$$\begin{aligned} R = \operatorname{Re}R = \operatorname{Re}\int_\alpha^\beta e^{-i\theta}f(t)\,dt &= \int_\alpha^\beta \operatorname{Re}[e^{-i\theta}f(t)]\,dt \\ \leqq \int_\alpha^\beta |e^{-i\theta}f(t)|\,dt &= \int_\alpha^\beta |f(t)|\,dt \end{aligned}$$

となり，与えられた式が示された．

問　題

3.1　$R>1,\ \beta \geqq 0$ とする．積分の評価式

$$\left|\int_0^\beta \frac{Re^{i\theta}}{R^2e^{2i\theta}+1}\,d\theta\right| \leqq \frac{\beta R}{R^2-1}$$

を示し，$R\to\infty$ で $\displaystyle\int_0^\beta \frac{Re^{i\theta}}{R^2e^{2i\theta}+1}\,d\theta \to 0$ となることを導け．

4.3　複素積分とその性質

複素積分の定義　複素平面上にある区分的に滑らかな曲線 C

$$C : z = z(t), \quad t : a \to b \tag{4.9a}$$

および，C 上で定義された連続な複素関数 $f(z)$

$$f(z) = u(x, y) + iv(x, y) \quad (z = x + iy,\ x, y \in \mathbb{R}) \tag{4.9b}$$

があるとする．f の C に沿った**複素積分**を $\displaystyle\int_C f(z)\,dz$ と書き，

$$\int_C f(z)\,dz := \int_a^b f(z(t))z'(t)\,dt \tag{4.10}$$

と定義する．C を**積分路**(せきぶんろ)という．$f(z)$ が明らかなとき，式 (4.10) は $\displaystyle\int_C$ のように略記することがある．

複素積分の具体的な表現　積分 (4.10) の $f(z)$ と z を，式 (4.9) に基づいて，u, v, x および y を用いて書くと，

$$\begin{aligned}\int_C f(z)\,dz &= \int_a^b (ux' - vy')\,dt + i\int_a^b (vx' + uy')\,dt \\ &= \int_C (udx - vdy) + i\int_C (vdx + udy)\end{aligned} \tag{4.11}$$

となる．これは，前節の複素数値関数の積分によって計算することができる．

複素積分の性質　複素積分に関して，次の性質が成り立つ．

1. $\displaystyle\int_C [af(z) + bg(z)]\,dz = a\int_C f(z)\,dz + b\int_C g(z)\,dz$
2. $\displaystyle C = C_1 + C_2 \implies \int_C f(z)\,dz = \int_{C_1} f(z)\,dz + \int_{C_2} f(z)\,dz$
3. $\displaystyle\int_{-C} f(z)\,dz = -\int_C f(z)\,dz$
4. $\displaystyle\left|\int_C f(z)\,dz\right| \leqq ML,\ M := \sup_{z\in C}|f(z)|,\ L := C$ の長さ

(4.12)

複素積分の計算手順　C を区分的に滑らかな曲線とするとき，$\displaystyle\int_C f(z)\,dz$ の計算手順は次の通りである．

① C を滑らかな区分 $C_1, \dots, C_n$ に分け，パラメータ表示する

$$C_k :\ z = z_k(t) = u_k(t) + iv_k(t),\ t :\ a_k \to b_k \quad (k = 1, \dots, n)$$

② $\displaystyle\int_{C_k} f(z)\,dz$ で，$z = z_k(t)$, $dz = z_k'(t)\,dt$ を代入し，

$$\begin{aligned}\int_{C_k} f(z)\,dz &= \int_{a_k}^{b_k} f(z_k(t))z_k'(t)\,dt \\ &= \int_{a_k}^{b_k} (u_k x_k' - v_k y_k')\,dt + i\int_{a_k}^{b_k} (v_k x_k' + u_k y_k')\,dt\end{aligned} \tag{4.13}$$

を計算する．($z_k(t) = x_k(t) + iy_k(t)$)

③ $\displaystyle\int_C f(z)\,dz = \sum_{k=1}^{n} \int_{C_k} f(z)\,dz$ により，積分を求める

特別な複素積分　$z = a$ を中心とする円を正の向きに 1 周する積分路を C とする（図 4.3）．このとき，

$$\oint_C (z-a)^n\,dz = 2\pi i\delta_{n,-1} \quad (n \in \mathbb{Z}) \tag{4.14}$$

が成り立つ．式 (4.14) において，$\oint$ は，閉曲線に沿って 1 周して行う積分を意味する．この結果は，C の半径によらず一定の値となる．

参考　$\delta_{n,m}$ とは，$n = m$ で 1，$n \neq m$ で 0 となる記号で，**クロネッカーのデルタ**という．

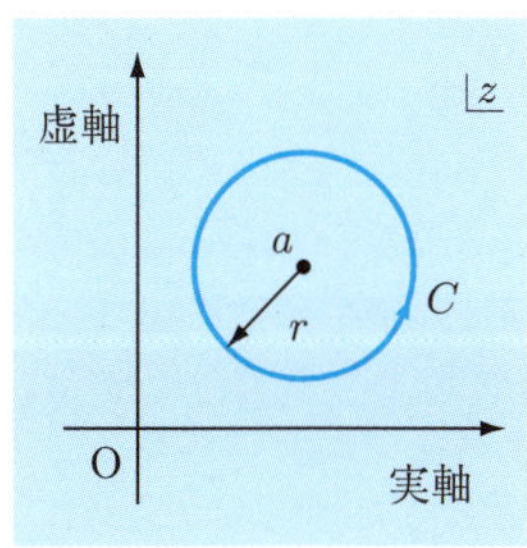

図 4.3　式 (4.14) を導く積分路

例題 4.4 **複素積分の計算 (1)**

積分路 C は,

(a) 0 を始点, 1 を終点とする線分 C_1

(b) 1 を始点, $1+i$ を終点とする線分 C_2

の 2 つの線分をつないだ折れ線 $C_1 + C_2$ とする.

複素積分 $\displaystyle\int_C |z|^2\, dz$ を求めよ.

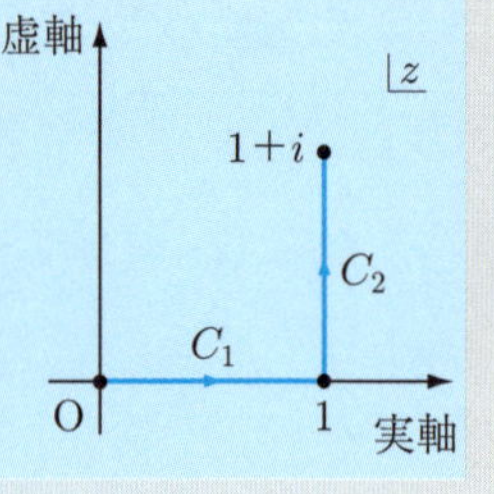

【解 答】 C_1, C_2 を積分路とする積分を別々に求め, それらの和を計算すればよい.

(a) 積分路 C_1 上において $z = x \in \mathbb{R}$ が成り立ち, $x : 0 \to 1$ であるから, $z'(x) = 1$. よって

$$|z|^2 \to x^2, \quad dz \to z'(x)\, dx = dx, \quad \int_{C_1} \to \int_0^1$$

として計算すると,

$$\int_{C_1} |z|^2\, dz = \int_0^1 x^2\, dx = \left[\frac{x^3}{3}\right]_0^1 = \frac{1}{3}$$

(b) 次に, C_2 上では $z = 1 + iy$ ($y \in \mathbb{R}$) で, $y : 0 \to 1$ より

$$|z|^2 \to 1^2 + y^2 = 1 + y^2, \quad dz \to z'(y)\, dy = i\, dy, \quad \int_{C_2} \to \int_0^1$$

とすれば,

$$\int_{C_2} |z|^2\, dz = \int_0^1 (1 + y^2) \cdot i\, dy = i\left[y + \frac{y^3}{3}\right]_0^1 = \frac{4i}{3}$$

以上より, $\displaystyle\int_C |z|^2\, dz = \int_{C_1} + \int_{C_2} = \frac{1+4i}{3}$.

問 題

4.1 積分路 C は $z = 0$ を始点, $z = 1 + i$ を終点とする線分とする. 複素積分 $\displaystyle\int_C |z|^2\, dz$ を求め, 例題の結果と比較せよ.

例題 4.5 **複素積分の計算 (2)**

積分路 C は $z=a$ を中心とし，半径 $r>0$ の円を正の向きに 1 周する閉曲線である．複素積分を計算することにより，次の式を示せ．

$$I := \oint_C (z-a)^n\,dz = 2\pi i\delta_{n,-1} \quad (n \in \mathbb{Z})$$

【解　答】 積分路 C は，

$$z = a + re^{i\theta}, \quad \theta : 0 \to 2\pi$$

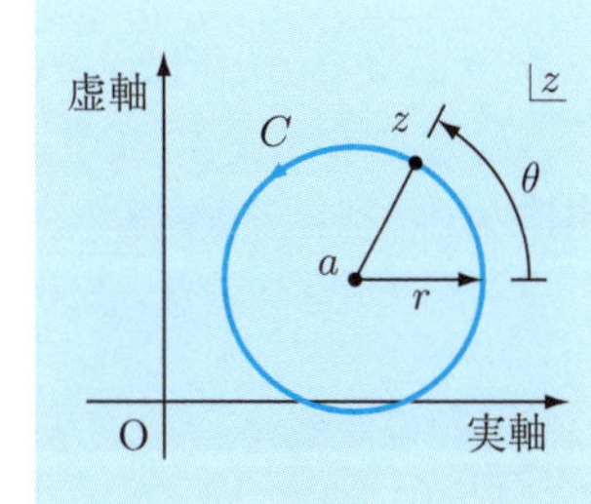

と表される．$z'(\theta) = ire^{i\theta}$ であるから，

$$(z-a)^n \to (re^{i\theta})^n = r^n e^{in\theta}$$

$$dz \to z'(\theta)d\theta = ire^{i\theta}\,d\theta$$

$$\oint_C \to \int_0^{2\pi}$$

の置き換えを行うと，

$$I = \oint_C (z-a)^n\,dz = \int_0^{2\pi} r^n e^{in\theta} \cdot ire^{i\theta}\,d\theta = ir^{n+1}\int_0^{2\pi} e^{i(n+1)\theta}\,d\theta$$

となる．

1. $n+1 \neq 0$ の場合，$\displaystyle\int_0^{2\pi} e^{i(n+1)\theta}\,d\theta = \left[\frac{e^{i(n+1)\theta}}{n+1}\right]_0^{2\pi} = \frac{e^{2(n+1)\pi i}-1}{n+1} = 0.$
   したがって，$I=0$.

2. $n+1=0$ の場合，$\displaystyle I = i\int_0^{2\pi} e^{i(n+1)\theta}\,d\theta = i\int_0^{2\pi} d\theta = 2\pi i.$

上記 1., 2. をまとめて題意の式が示された．

問　題

5.1 積分路 C は，$z=0$ を中心とする半径 R $(R>1)$ の円周の一部で，$z=R$ を始点，$z=-R$ を終点とする $\operatorname{Im} z \geqq 0$ の部分である（右図）．次の評価式を示せ．

$$\left|\int_C \frac{dz}{z^2+1}\right| \leqq \frac{\pi R}{R^2-1}$$

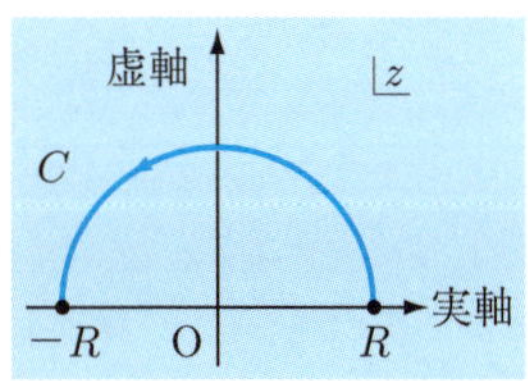

4.4 コーシーの積分定理

定理 4.1 (コーシーの積分定理) G を複素平面上の単連結領域，$f(z)$ を G で正則な関数とする．G 内の任意の単一閉曲線 C に対して，次の式が成り立つ．

$$\oint_C f(z)\,dz = 0 \tag{4.15}$$

C が単一でない閉曲線の場合も，単一閉曲線に分解すれば式 (4.15) は成り立つ．また，G が単連結でなくても，C で囲まれた領域で f が正則であればやはり式 (4.15) は成り立つ．この事実を，**コーシーの積分定理**という[*2]．

以下，コーシーの積分定理から導かれる有用な性質を挙げる．

積分路の変更 C_1, C_2 は，複素平面上の区分的に滑らかな曲線で，始点と終点を共有する曲線（図 4.4左），または共に同じ向きに回る閉曲線（図 4.4右）で，$f(z)$ が C_1 と C_2 上，およびこれらではさまれた部分で正則ならば，

$$\int_{C_1} f(z)\,dz = \int_{C_2} f(z)dz \tag{4.16}$$

すなわち，積分路は，閉曲線でない場合は端点を変えない限り，$f(z)$ が正則な範囲を通って自由に変形してもよい[*3]．

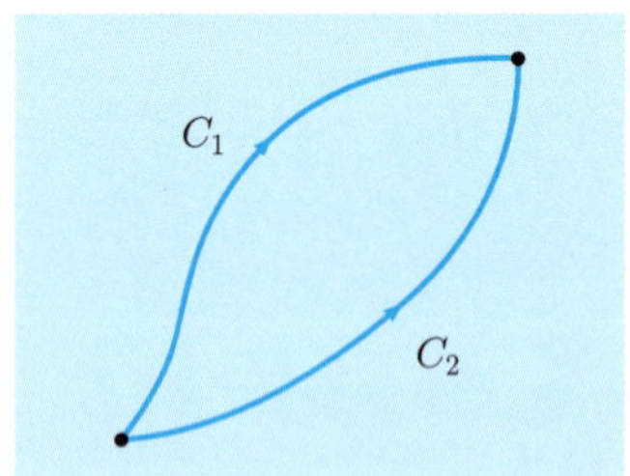

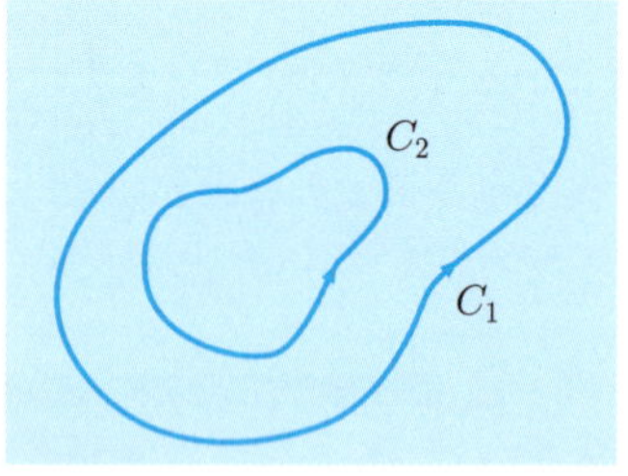

図 4.4

[*2] コーシーの積分定理の条件は，「C の周上と内部からなる閉領域で連続，C で囲まれた領域で正則」までゆるめられることが知られている．

[*3] 閉曲線の場合は，「端点を変えない限り」という条件はなくてもよい．式 (4.16) のそれぞれの積分は 0 になるとは限らない．

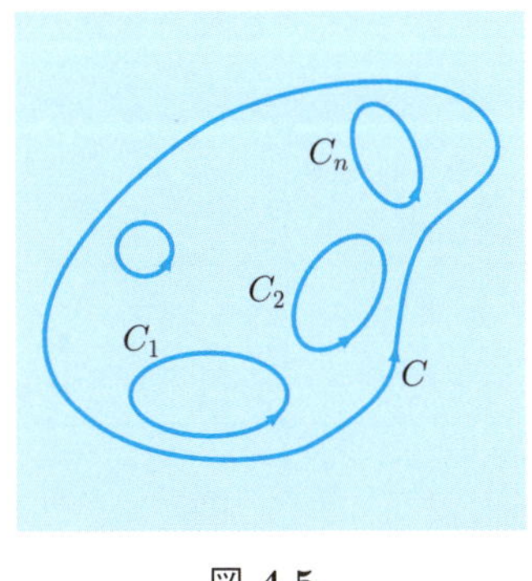

図 **4.5**

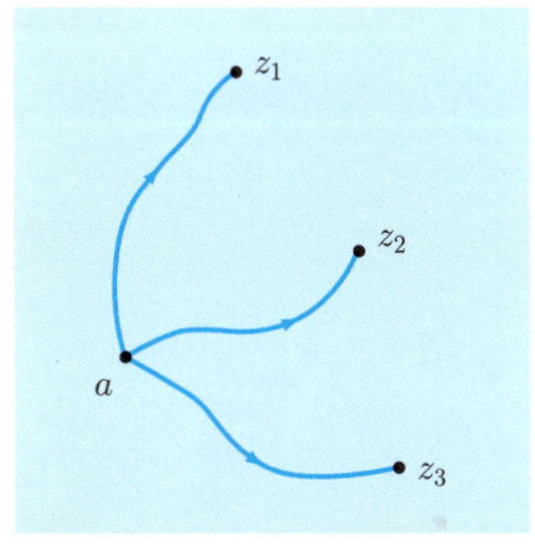

図 **4.6**

積分路の分割　$f(z)$ は領域 G で正則，$C, C_1, C_2, \ldots, C_n$ は G 内の単一閉曲線で，正の向きに 1 周するものとし，

1. $C_1, \ldots, C_n$ は C の内部にある
2. C_k, C_l（$1 \leqq k \leqq n,\ 1 \leqq l \leqq n,\ k \neq l$）の内部は共有点を持たない
3. C と $C_1, \ldots, C_n$ ではさまれる部分で $f(z)$ は正則

が満たされるならば（図 4.5），次のように積分を分割することができる．

$$\oint_C f(z)\,dz = \sum_{k=1}^{n} \oint_{C_k} f(z)\,dz \qquad (4.17)$$

不定積分と原始関数　$f(z)$ が単連結領域 G 内で正則ならば，G 内の 2 点 a, z を結ぶ曲線 C に沿った複素積分は，a と z だけで決まる．a を固定すれば，これは z のみの関数 $F(z)$ となり，$f(z)$ の**不定積分**という（図 4.6）．

また，$f(z)$ が単連結領域 G 内で正則なとき，その不定積分 $F(z)$ は G において正則で，その導関数は $f(z)$ に等しい．すなわち，正則関数の不定積分はまた正則関数で，$f(z)$ の**原始関数**となる．以上をまとめて，次のようになる．

$$\int_C f(z)\,dz = \int_a^z f(z)\,dz = F(z) \qquad (f(z)\text{ が正則の場合}) \qquad (4.18\text{a})$$

$$\frac{d}{dz}\int_a^z f(z)\,dz = f(z) \qquad (F'(z) = f(z)) \qquad (4.18\text{b})$$

例題 4.6 **コーシーの積分定理の応用**

図のような積分路 $C = C_1 + C_2 + C_3$ に対し，
$\displaystyle\oint_C e^{iz^2}\,dz$ を求め，$R \to \infty$ とすることにより，

$$I := \int_0^\infty \cos x^2\,dx, \quad J := \int_0^\infty \sin x^2\,dx$$

を求めよ．$\displaystyle\int_0^\infty e^{-x^2}\,dx = \frac{\sqrt{\pi}}{2}$ を用いてよい．

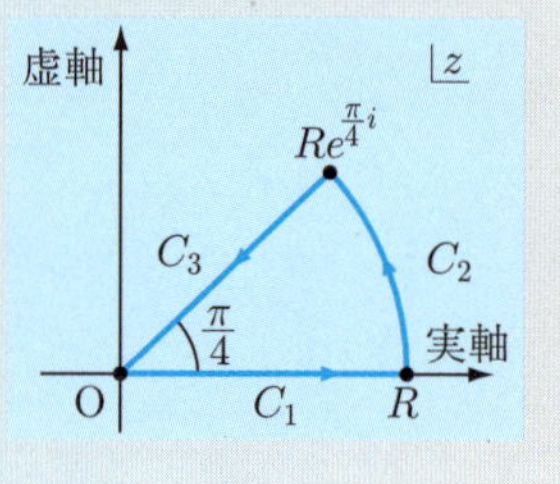

【解　答】 e^{iz^2} は $\mathbb{C}$ 全体で正則であるから，$\displaystyle\oint_C e^{iz^2}\,dz = 0$.

次に，$\displaystyle\oint_C = \int_{C_1} + \int_{C_2} + \int_{C_3}$ であるから，右辺のそれぞれの積分を求めると，

1. C_1 上では，$z = x$, $x : 0 \to R$ であるから，
$$\int_{C_1} = \int_0^R e^{ix^2}\,dx = \int_0^R \cos x^2\,dx + i\int_0^R \sin x^2\,dx \xrightarrow{R\to\infty} I + iJ$$

2. C_2 上では $z = Re^{i\theta}$ で，$dz = iRe^{i\theta}\,d\theta$. また，$\theta : 0 \to \dfrac{\pi}{4}$ であるから，
$$\left|\int_{C_2}\right| = \left|\int_0^{\frac{\pi}{4}} e^{iR^2(\cos 2\theta + i\sin 2\theta)} iRe^{i\theta}\,d\theta\right| \leqq R\int_0^{\frac{\pi}{4}} e^{-R^2\sin 2\theta}\,d\theta$$
$0 \leqq \theta \leqq \dfrac{\pi}{4}$ より，$\sin 2\theta$ にジョルダンの不等式を用いて $\sin 2\theta \geqq \dfrac{4\theta}{\pi}$. よって，
$$R\int_0^{\frac{\pi}{4}} e^{-R^2\sin 2\theta}\,d\theta \leqq R\int_0^{\frac{\pi}{4}} e^{-4R^2\theta/\pi}\,d\theta = \frac{\pi}{4R}(1 - e^{-R^2})$$
を得る．右辺は $R \to \infty$ で 0 に収束するので，同じ極限で $\displaystyle\int_{C_2} \to 0$ となる．

3. C_3 上では，$z = re^{\pi i/4}$ で，$r : R \to 0$. ここで，$z^2 = ir^2$ となるので，
$$\int_{C_3} = \int_R^0 e^{-r^2} e^{\pi i/4} dr = -e^{\pi i/4}\int_0^R e^{-r^2}\,dr \xrightarrow{R\to\infty} -\frac{\sqrt{\pi}}{2}e^{\pi i/4}$$

以上により，$\displaystyle\oint_C \xrightarrow{R\to\infty} I + iJ - \frac{(1+i)\sqrt{\pi}}{2\sqrt{2}}$ となるが，これは 0 に等しい．この式の実部と虚部を比べて，求めるべき積分は $I = J = \dfrac{\sqrt{\pi}}{2\sqrt{2}}$ となることがわかった．

問　題

6.1　図に与えられた積分路 $C := C_1 + C_2 + C_3 + C_4$ について，$\oint_C e^{-az^2+ipz}\,dz$ $(a, p > 0)$ を計算し，極限 $R \to \infty$ を取ることにより，次を示せ．

$$K := \int_{-\infty}^{\infty} e^{-ax^2} e^{ipx}\,dx = \sqrt{\frac{\pi}{a}}e^{-p^2/4a}$$

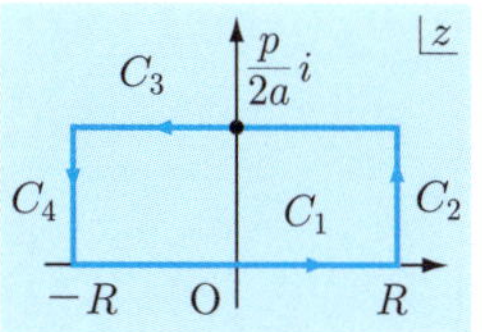

例題 4.7　　　　　　　　　　　　　　　　　　　　**積分路の変形**

積分路 C として，$z = 0$ を始点，$z = 1 + i$ を終点とする，滑らかな曲線を選ぶとき，複素積分

$$\int_C z^2\,dz$$

を求めよ．

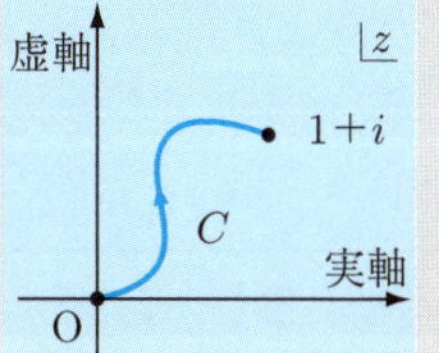

【解　答】　積分する関数 $f(z) = z^2$ は $\mathbb{C}$ 全体で定義され，かつ，z のみにより，$\bar{z}$ によらないので正則関数である．したがって，コーシーの積分定理から，端点を動かさない限り，積分路を任意に変形できる．

いま，C' として $z = 0$ を始点，$z = 1 + i$ を終点とする線分を選ぶと，

$$C' : z = (1 + i)x, \quad x : 0 \to 1$$

となる．C' 上で $z^2 = (1 + i)^2 x^2 = 2ix^2$, $dz = (1 + i)dx$ であるから，

$$\int_C = \int_{C'} = \int_0^1 2ix^2 \cdot (1 + i)dx = 2(i - 1)\left[\frac{x^3}{3}\right]_0^1 = \frac{2}{3}(i - 1)$$

問　題

7.1　次のそれぞれの場合につき，複素積分 $\int_C f(z)\,dz$ を計算せよ．

(a)　$f(z) = e^z$, C は $z = 0$ から $z = i$ に到る滑らかな曲線

(b)　$f(z) = \dfrac{1}{z}$, C は $z = 0$ を内部に含む滑らかな閉曲線（正の向きに 1 周）

7.2　$z_n = e^{(2n-N)\pi i/N}$ $(n = 1, 2, \ldots, N,\ N \in \mathbb{N})$ とし，C は中心 $z = 0$, 半径 2 の円周を正の向きに 1 周する閉曲線であるとする．$f(z) = \displaystyle\sum_{k=1}^{N}(z - z_k)^{2k-N}$ と定義するとき，積分 $\oint_C f(z)\,dz$ を求めよ．

例題 4.8 ―――― **コーシーの積分定理の導出**

$p(x,y),\ q(x,y)$ は xy 平面上の単連結領域 G で C^1 級，$\mathit{\Gamma}$ は G に含まれる区分的に滑らかな閉曲線（正の向きに 1 周），S は $\mathit{\Gamma}$ で囲まれる領域とすると，平面上のグリーンの公式

$$\oint_{\mathit{\Gamma}} (p\,dx + q\,dy) = \iint_S \left(\frac{\partial q}{\partial x} - \frac{\partial p}{\partial y}\right) dxdy$$

が成り立つ．複素関数 $f(z)$ は $\mathbb{C}$ 上の単連結領域 D で正則な関数で，$f(z) = u(x,y) + iv(x,y)$ としたときに，u, v が D で C^1 級であるとする．閉曲線 C とその内部が D に含まれるとき，次の式が成り立つことを示せ．

$$\oint_C f(z)\,dz = 0$$

【解　答】 複素積分の定義から，

$$I := \oint_C f(z)\,dz = \oint_C (u\,dx - v\,dy) + i\oint_C (v\,dx + u\,dy)$$

が成り立つ．これにグリーンの公式を適用すると，C で囲まれる領域を S として，

$$I = -\iint_S \left(\frac{\partial u}{\partial y} + \frac{\partial v}{\partial x}\right) dxdy + i\iint_S \left(\frac{\partial u}{\partial x} - \frac{\partial v}{\partial y}\right) dxdy \qquad (*)$$

となる．いま，$f(z)$ は正則関数であるから，コーシー–リーマンの方程式

$$u_x = v_y, \quad u_y = -v_x \qquad (**)$$

が成り立つ．式 $(**)$ を用いれば，$u_y + v_x = 0$，$u_x - v_y = 0$ となる．よって式 $(*)$ の右辺各項の積分内は 0 となり，$I = 0$ を得る．

問　題

8.1 平面上のグリーンの公式 $\displaystyle\oint_{\mathit{\Gamma}} (p\,dx + q\,dy) = \iint_S \left(\frac{\partial q}{\partial x} - \frac{\partial p}{\partial y}\right) dxdy$ を導出し，この式の成立には $p,\ q$ の偏導関数の存在だけではなく，その連続性が不可欠であることを示せ．また，この事実がコーシーの積分定理の証明にどのような影響を与えるか考えよ．

8.2 積分路変形の公式 (4.16) を示せ．

例題 4.9 ―――― **コーシーの積分公式の準備**

$f(z)$ は領域 D で正則で，C は D 内の単一閉曲線，かつ C の内部は D の点のみからなるとする．また，a を C の内部の点とし，$\varGamma$ は a を中心として C の内部にある円とする．

(a) $\displaystyle\oint_C \frac{f(z)}{z-a}dz = \oint_\varGamma \frac{f(z)}{z-a}dz$ であることを示せ．

(b) $\displaystyle I := \oint_\varGamma \frac{f(z)-f(a)}{z-a}$ とする．$\displaystyle\oint_\varGamma \frac{f(z)}{z-a}dz - 2\pi i f(a) = I$ を示せ．

(c) $\varGamma$ 上の点 z に対し，$|f(z)-f(a)|$ の値の上限を M とする．不等式 $|I| \leqq 2\pi M$ が成り立つことを示せ．

【解　答】

(a) $\displaystyle\frac{f(z)}{z-a}$ は D において a を除いて正則であるから，その複素積分は，a を横切らない限り，積分路の変形を行っても値を変えない．よって題意が成り立つ．

(b) $\displaystyle\oint_\varGamma \frac{f(z)}{z-a}dz = \oint_\varGamma \frac{f(z)-f(a)}{z-a}dz + \oint_\varGamma \frac{f(a)}{z-a}dz$ となる．ここで，右辺第 2 項の積分は，

$$\oint_\varGamma \frac{f(a)}{z-a}dz = f(a)\oint_\varGamma \frac{dz}{z-a} = 2\pi i f(a)$$

これを左辺に移項すれば，右辺に残るのは I であるから，示すべき式を得る．

(c) $\varGamma$ の半径を r とすると，$\varGamma$ 上，$z = a + re^{i\theta}$（θ：$0 \to 2\pi$）となる．よって，$dz = ire^{i\theta}d\theta$ であることと，$|f(a+re^{i\theta}) - f(a)| \leqq M$ であることを用いると，

$$\begin{aligned}|I| &= \left|\int_0^{2\pi} \frac{f(a+re^{i\theta})-f(a)}{re^{i\theta}} ire^{i\theta}d\theta\right| \\ &\leqq \int_0^{2\pi} |f(a+re^{i\theta})-f(a)|d\theta \leqq \int_0^{2\pi} M\,d\theta = 2\pi M\end{aligned}$$

が成り立つ．よって題意の不等式が示された．

問　題

9.1　例題 4.9において，$f(z)$ が $z=a$ において正則ならば，連続でもある．$f(z)$ の連続性を用いて，$\varGamma$ の半径が 0 となる極限で $I \to 0$ となることを示せ．

4.5　コーシーの積分公式と関連事項

定理 4.2　(**コーシーの積分公式**)　C を複素平面上の区分的に滑らかな単一閉曲線，a を C で囲まれた領域内の点，$f(z)$ を C とその内部で正則な関数とするとき，

$$\frac{1}{2\pi i}\oint_C \frac{f(z)}{z-a}\,dz = f(a) \qquad (4.19\text{a})$$

が成り立つ．これを**コーシーの積分公式**という[*4]．

定理 4.3　(**コーシーの積分公式 (2)**)　積分路 C, 点 a, 複素関数 $f(z)$ を，前項と同様に定めると，式 (4.19a) をもとにして

$$\frac{n!}{2\pi i}\oint_C \frac{f(z)}{(z-a)^{n+1}}\,dz = f^{(n)}(a) \quad (n \in \mathbb{Z},\ n \geqq 0) \qquad (4.19\text{b})$$

が得られる．式 (4.19b) もコーシーの積分公式という[*5]．

形式上，式 (4.19b) の左辺は，式 (4.19a) の積分において，中の関数 $\dfrac{f(z)}{z-a}$ を文字 a で n 回微分したものになっている．積分と偏微分の交換可能性については証明の必要があるので，これをもって式 (4.19b) を示したことにはならないが，結果を覚えるのには都合がよい．

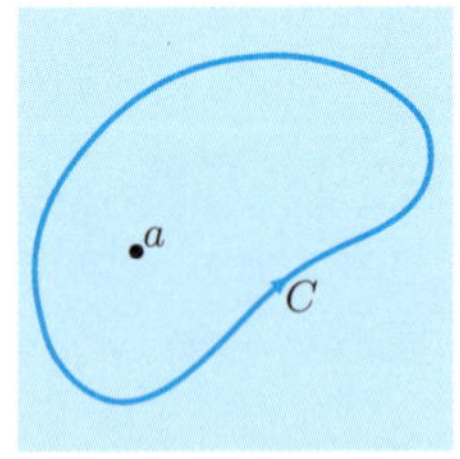

図 4.7　コーシーの積分公式における C, a の関係

[*4] コーシーの積分公式の証明は，例題 4.9 を利用すればよい．

[*5] グルサの定理ということもある．$n = 1$ の場合の証明を演習問題 6. で取り上げた．

コーシーの積分公式の意義 コーシーの積分公式によって，正則関数および関連事項に関して次のような結論を導くことができる．

1. 正則関数は何度でも微分できる[*6]
2. 正則関数の $z=a$ における値は，a を囲む閉曲線の周上での値で完全に決まる

定理 4.4 （モレラの定理） $f(z)$ が単連結領域 D で連続で，D に含まれる任意の閉曲線 C に対して $\oint_C f(z)\,dz=0$ が成り立つならば，$f(z)$ は正則関数である[*7]．（演習問題 4.(b)）

コーシーの積分定理・積分公式と関連すること コーシーの積分定理等に関連して，正則関数に対し，次のような性質が成り立つことが知られている．

1. コーシーの評価式 $f(z)$ が D で正則で，閉円板 $|z-a| \leqq r$ が D に含まれ，円周上の各点で $|f(z)| \leqq M$（M は定数）ならば，

$$|f^{(n)}(a)| \leqq \frac{n!M}{r^n} \quad (n \in \mathbb{Z},\ n \geqq 0) \tag{4.20}$$

が成り立つ．（例題 4.11）

2. リウヴィルの定理 $f(z)$ は $\mathbb{C}$ 全体で正則，かつ，$|f(z)|<M$（M は定数）ならば，$f(z)$ は定数関数である．（問題 11.1）

3. 代数学の基本定理 複素数を係数とする n 次方程式

$$a_n z^n + a_{n-1} z^{n-1} + \cdots + a_1 z + a_0 = 0$$

は，複素数の範囲で n 個（重複がある場合は，重複度を含めて個数とする）の解を持つ

4. 最大値の原理 定数関数ではない $f(z)$ が領域 D で正則であるとき，$|f(z)|$ は D の内部で最大値を取ることはない（領域とその境界において，$|f(z)|$ の最大値は必ず境界上で取る）

[*6] 前節（第 4.4節）の結果によると，正則関数の不定積分もまた正則である．この事実とあわせると，正則関数は微分しても積分しても正則関数になることがわかる．

[*7] すなわち，これはコーシーの定理の逆である．単連結領域で連続な関数では，任意の閉曲線 C に対して $\oint_C f(z)\,dz=0$ となることが，正則関数であるための必要十分条件である．

例題 4.10 **コーシーの積分公式の応用**

コーシーの積分公式を利用して，次の積分を求めよ．

(a) $\displaystyle\int_{|z|=1}\frac{dz}{(2z-1)(z-3)}$ (b) $\displaystyle\int_{|z|=2}\frac{z+1}{z(z-1)^3}dz$

【解　答】

(a) 分母が 0 になる z を調べると，$z=\dfrac{1}{2}$ および $z=3$. これらのうち，積分路の内部にあるものは，$\dfrac{1}{2}$. よって，$f(z)=\dfrac{1}{2(z-3)}$ とすれば，これは積分路の内部で正則．以上より，コーシーの積分公式を用いて，

$$\int_{|z|=1}\frac{dz}{(2z-1)(z-3)}=\int_{|z|=1}\frac{f(z)}{z-\frac{1}{2}}dz=2\pi if(\tfrac{1}{2})=-\frac{2\pi i}{5}$$

(b) 分母が 0 になる $z=0,1$ は，共に積分路の内部にある．これらのうち $z=0$ のみを内部に含む積分路 C_1 と $z=1$ のみを内部に含む積分路 C_2 を取ると，

$$\int_{|z|=2}\frac{z+1}{z(z-1)^3}dz=\int_{C_1}\frac{z+1}{z(z-1)^3}dz+\int_{C_2}\frac{z+1}{z(z-1)^3}dz$$

ここで，$f(z)=\dfrac{z+1}{(z-1)^3}$, $g(z)=\dfrac{z+1}{z}$ とすれば，$f(z)$ は C_1 の内部，$g(z)$ は C_2 の内部で正則である．よってコーシーの積分公式を用いて

$$\int_{C_1}\frac{z+1}{z(z-1)^3}dz=2\pi if(0)=-2\pi i$$

また，$g'(z)=-\dfrac{1}{z^2}$, $g''(z)=\dfrac{2}{z^3}$ であるから，(4.19b) により

$$\int_{C_2}\frac{z+1}{z(z-1)^3}dz=\frac{2\pi ig''(1)}{2!}=2\pi i$$

以上より，$\displaystyle\int_{|z|=2}\frac{z+1}{z(z-1)^3}dz=-2\pi i+2\pi i=0$ となる．

問　題

10.1 コーシーの積分公式を利用して，次の積分を求めよ．

(a) $\displaystyle\int_{|z|=2}\frac{z^3+z^2+z+1}{(z-1)^3}dz$ (b) $\displaystyle\int_{|z|=2}\frac{\cos\pi z}{z(z^2+1)}dz$

(c) $\displaystyle\int_{|z|=\frac{2}{3}} \frac{z+1}{z(2z+1)(z-1)}\,dz$　　(d) $\displaystyle\int_{|z+i|=2} \frac{\sin z}{z(z-1)}\,dz$

(e) $\displaystyle\int_{|z-i|=1} \frac{e^{2ipz}}{z^2+z+1}\,dz$　　(f) $\displaystyle\int_{|z|=1} \frac{dz}{(az-1)(z-a)}$　$(|a|<1)$

例題 4.11　　**コーシーの評価式**

閉円板 $|z-a| \leqq r$ の内部と周上で $f(z)$ は正則で，$|z-a|=r$ 上の各点で $|f(z)| \leqq M$（M は定数）をみたすとする．コーシーの積分公式を用いることにより，$n \in \mathbb{Z}$，$n \geqq 0$ のとき，コーシーの評価式 $|f^{(n)}(a)| \leqq \dfrac{n!M}{r^n}$ を示せ．

【解　答】 積分路 C として，円周 $|z-a|=r$ を取る．コーシーの積分公式から，

$$f^{(n)}(a) = \frac{n!}{2\pi i}\oint_C \frac{f(z)}{(z-a)^{n+1}}\,dz$$

となる．両辺の絶対値を取り，

$$|f^{(n)}(a)| = \left|\frac{n!}{2\pi i}\oint_C \frac{f(z)}{(z-a)^{n+1}}\,dz\right| = \frac{n!}{2\pi}\left|\oint_C \frac{f(z)}{(z-a)^{n+1}}\,dz\right|$$

となるが，右辺の積分の絶対値について

$$\left|\oint_C \frac{f(z)}{(z-a)^{n+1}}\,dz\right| \leqq KL, \quad K := \sup_{z\in C}\left|\frac{f(z)}{(z-a)^{n+1}}\right|, \quad L := C \text{ の長さ}$$

が成り立つ．ここで，C 上で $|f(z)| \leqq M$ であるから，$K \leqq \dfrac{M}{r^{n+1}}$ となる．以上から，

$$|f^{(n)}(a)| \leqq \frac{n!}{2\pi}\cdot\frac{M}{r^{n+1}}\cdot 2\pi r = \frac{n!M}{r^n}$$

となり，題意が示された．

問　題

11.1 $f(z)$ が $\mathbb{C}$ 全体で正則かつ有界ならば，$f(z)$ は定数である．コーシーの評価式で $n=1$ の場合を考えることにより，これを示せ．

11.2 $f(z)$ は領域 D で正則な関数とし，C は中心 a, 半径 r の円で，D の内部にあるとき，$f(a)$ の値は C 上の値の平均であること，すなわち

$$f(a) = \frac{1}{2\pi}\int_0^{2\pi} f(a+re^{i\theta})\,d\theta$$

であることを示せ．

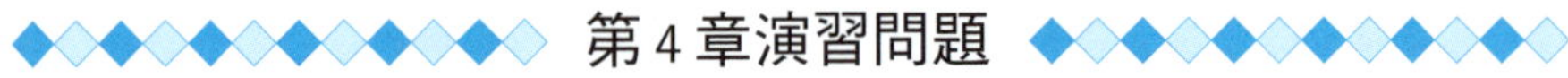

第4章演習問題

1. コーシーの積分公式を利用して，次の積分の値を求めよ[*8]．

(a) $\displaystyle\oint_{|z+i|=1}\frac{dz}{z^2+1}$　　(b) $\displaystyle\oint_{|z|=\frac{1}{2}}\frac{dz}{z^p(1-z)^q}$ $(p,q\in\mathbb{N})$

(c) $\displaystyle\oint_{C}\frac{dz}{z^4+1}$（$C$ は下図左）　　(d) $\displaystyle\oint_{C}\frac{dz}{z^4+1}$（$C$ は下図右）

(e) $\displaystyle\oint_{|z|=1}\frac{dz}{az^2-(ab+1)z+b}$ $(|a|,|b|\neq 1,\ a\neq 0)$

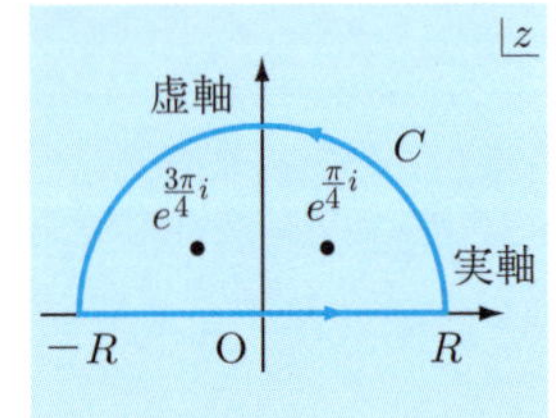

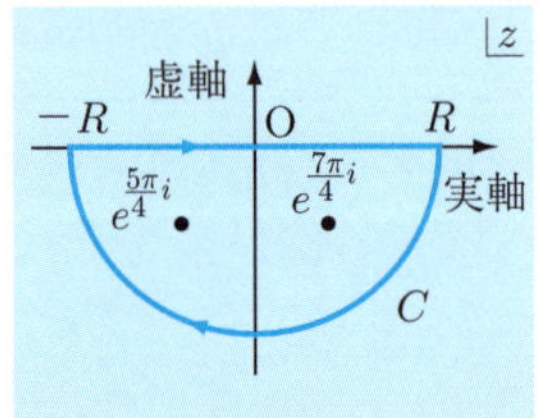

2. (a) $p\in\mathbb{R},\ n\in\mathbb{Z}$ $(n\geqq 0)$ とする．積分 $\displaystyle\oint_{|z|=1}\frac{e^{pz}}{z^{n+1}}\,dz$ を求めよ．

(b) (a) の結果を用いて，

$$I:=\int_0^{2\pi}e^{p\cos\theta}\cos(n\theta-p\sin\theta)\,d\theta,\ J:=\int_0^{2\pi}e^{p\cos\theta}\sin(n\theta-p\sin\theta)\,d\theta$$

の値を求めよ．

3. 正則関数 $f(z)$ が，$\displaystyle\lim_{|z|\to\infty}|f(z)|=0$ をみたすとする．$\displaystyle\lim_{|z|\to\infty}|f^{(n)}(z)|=0$ となることを示せ．

4. (a) $f(z)$ が単連結領域 D で正則なとき，$f(z)$ の不定積分 $F(z)$ は D において正則で，$F'(z)=f(z)$ をみたすことを示せ．

(b) $f(z)$ は単連結領域 D で連続で，D の内部にある任意の閉曲線 C に対して $\displaystyle\oint_C f(z)\,dz=0$ が成り立つとする．モレラの定理を示せ．

5. $u(x,y)$ は，xy 平面上の領域 D で定義された調和関数とする．

(a) C を中心 (a,b)，半径 r の円とする．$u(a,b)$ の値は，C 上の各点における u の平均値であること，すなわち

[*8] (c), (d) に関連する問題として，第 7 章の演習問題 5. を参照．

$$u(a,b)=\frac{1}{2\pi}\int_0^{2\pi}u(a+r\cos\theta,b+r\sin\theta)\,d\theta$$

であることを示せ.

(b) 調和関数は D の内部では最大値も最小値もとらないことを示せ.

6. $f(z)$ は単連結領域 D で正則な関数，C は D 内の閉曲線でその内部は D の点のみからなり，a は C の内部にあるとする.

$$f'(a)=\frac{1}{2\pi i}\oint_C\frac{f(z)}{(z-a)^2}\,dz$$

が成り立つことを示そう.

(a) C の内部の点 a を中心とし，C に完全に含まれる円を Γ とする．また，z を Γ の内部にある点とする.

$$F(z):=\frac{f(z)-f(a)}{z-a}=\frac{1}{2\pi i}\oint_\Gamma\frac{f(\zeta)}{(\zeta-z)(\zeta-a)}\,d\zeta$$

となることを示せ.

(b) Γ の半径を δ, Γ 上の $f(z)$ の値の上限を M, $d=|z-a|$ とするとき,

$$\left|F(z)-\frac{1}{2\pi i}\oint_\Gamma\frac{f(\zeta)}{(\zeta-a)^2}\,d\zeta\right|\leqq\frac{Md}{\delta(\delta-d)}$$

となることを示せ.

(c) $f'(a)=\dfrac{1}{2\pi i}\displaystyle\oint_C\frac{f(z)}{(z-a)^2}\,dz$ を示せ.

7. $\mathbb{C}$ 上，a を通らない区分的に滑らかな閉曲線 C に対し,

$$N:=\frac{1}{2\pi i}\int_C\frac{dz}{z-a}$$

を，a に関する C の**回転数**という.

(a) N の値が整数となることを示せ.

(b) 曲線 C： $z=re^{i\theta}$ $(0\leqq\theta\leqq 2n\pi,\ n\in\mathbb{N})$ に対し，0 に関する C の回転数を求めよ.

(c) 曲線 C： $z=e^{i\theta}+e^{2i\theta}$ $(0\leqq\theta\leqq 2\pi)$ に対し，$-\dfrac{1}{2}$ に関する C の回転数を求めよ.

5 複素数の級数

5.1 無限級数

複素級数・部分和　一般項を複素数とする級数

$$s := \sum_{n=1}^{\infty} z_n = z_1 + \cdots + z_n + \cdots \quad (z_n \in \mathbb{C}) \tag{5.1a}$$

を，**無限級数**，**複素級数**または単に**級数**という．添字 n は必ずしも 1 で始める必要はない．和を行う添字の範囲を問題にしない場合は，$\sum z_n$ のように書くこともある．

式 (5.1a) の和を有限項で打ち切った

$$s_n := \sum_{k=1}^{n} z_k = z_1 + \cdots + z_n \tag{5.1b}$$

を，**第 n 部分和**または単に**部分和**という．

級数の収束・発散　部分和 $s_n := \sum_{k=1}^{n} z_k$ が値 s に収束するとき，s を級数 $\sum_{n=1}^{\infty} z_n$ の**和**といい，級数 $\sum_{n=1}^{\infty} z_n$ は s に**収束**する，または単に収束する，和を持つなどという．収束しない級数を**発散**するという．

級数に関する性質　級数の和について，次が成り立つ．

1. $\sum a_n, \sum b_n$ が収束
   $\Longrightarrow$ $\sum(a_n + b_n)$ も収束し，和は $\sum a_n + \sum b_n$
2. $\sum a_n$ が収束
   $\Longrightarrow$ $\sum(\alpha a_n)$（α は定数）も収束し，和は $\alpha \sum a_n$　　(5.2)
3. $z_n = x_n + iy_n$ で，$\sum z_n$ が $X + iY$ に収束
   $\Longleftrightarrow$ $\sum x_n = X, \sum y_n = Y$ $(x_n, y_n, X, Y \in \mathbb{R})$
4. $\sum z_n$ が収束 $\Longrightarrow$ $z_n \to 0$ $(n \to \infty)$

絶対収束と条件収束　級数 $\displaystyle\sum_{n=1}^{\infty}|z_n|$ が収束するとき，級数 $\displaystyle\sum_{n=1}^{\infty}z_n$ は**絶対収束**するという．絶対収束する級数は必ず収束する．収束するが，絶対収束しない級数を**条件収束**するという．

級数の収束判定法　級数 $\sum z_n$ の収束・発散の判定には，実数の場合と同様の方法を用いることが出来る．特に，絶対収束の判定には次の判定法が役立つ[*1]．

1. $|z_n| \leqq a_n$ で，$\sum a_n$ が収束 $\Longrightarrow$ $\sum |z_n|$ は収束
2. $|z_n| \geqq a_n \geqq 0$ で，$\sum a_n$ が発散 $\Longrightarrow$ $\sum |z_n|$ は発散
3. ある番号以上で常に次のいずれかが成り立てば，$\sum |z_n|$ は収束

$$\left|\frac{z_{n+1}}{z_n}\right| \leqq r \quad \text{または} \quad \sqrt[n]{|z_n|} \leqq r \quad (0 < r < 1) \tag{5.3}$$

4. ある番号以上で常に次のいずれかが成り立てば，$\sum |z_n|$ は発散

$$\left|\frac{z_{n+1}}{z_n}\right| \geqq s \quad \text{または} \quad \sqrt[n]{|z_n|} \geqq s \quad (s > 1)$$

定理 5.1　(**コーシーの乗積級数**)　2 つの級数 $u = \displaystyle\sum_{n=0}^{\infty}u_n$, $v = \displaystyle\sum_{n=0}^{\infty}v_n$ が共に絶対収束するとき，級数

$$\sum_{n=0}^{\infty} z_n, \quad z_n := \sum_{j=0}^{n} u_j v_{n-j} \tag{5.4a}$$

もまた絶対収束し，和の値は uv に等しい[*2]．すなわち，

$$\left(\sum_{n=0}^{\infty} u_n\right)\left(\sum_{n=0}^{\infty} v_n\right) = \sum_{n=0}^{\infty}\sum_{j=0}^{n} u_j v_{n-j} \tag{5.4b}$$

が成り立つ．式 (5.4a) や (5.4b) を**コーシーの積の公式**，式 (5.4b) の右辺の級数を**コーシーの乗積級数**という．

[*1] (5.3) の 3., 4. では，極限値 $\displaystyle\lim_{n\to\infty}|z_{n+1}/z_n|$ や $\displaystyle\lim_{n\to\infty}\sqrt[n]{|z_n|}$ が存在するならば，不等式の左辺をこれらの極限値で置き換えて適用すればよい．

[*2] 級数 u, v のいずれかが条件収束である場合は，このような変形はできない．

例題 5.1 **複素級数の収束判定**

次の級数の収束・発散を判定せよ．収束する場合は，絶対収束，条件収束のどちらかも調べよ．

(a) $\displaystyle\sum_{n=1}^{\infty}\frac{1}{(n+i)^2}$ (b) $\displaystyle\sum_{n=1}^{\infty}\frac{e^{i\frac{4n+3}{4}\pi}}{n}$

【解 答】

(a) $\displaystyle\left|\frac{1}{(n+i)^2}\right|=\frac{1}{|n+i|^2}=\frac{1}{n^2+1}<\frac{1}{n^2}$．ここで，$\displaystyle\sum_{n=1}^{\infty}\frac{1}{n^2}$ は収束する．したがって，$\displaystyle\sum_{n=1}^{\infty}\left|\frac{1}{(n+i)^2}\right|$ は収束し，与えられた級数は絶対収束である．

(b) $\displaystyle\left|\frac{e^{i\frac{4n+3}{4}\pi}}{n}\right|=\frac{1}{n}$．ここで，級数 $\displaystyle\sum_{n=1}^{\infty}\frac{1}{n}$ は発散するから，与えられた級数は絶対収束ではない．一方，

$$e^{i\frac{4n+3}{4}\pi}=\cos\left(\frac{3\pi}{4}+n\pi\right)+i\sin\left(\frac{3\pi}{4}+n\pi\right)=\frac{(-1)^{n+1}}{\sqrt{2}}+\frac{(-1)^n}{\sqrt{2}}i$$

であり，$\displaystyle\sum_{n=1}^{\infty}\frac{(-1)^n}{n}$ は収束するから，与えられた級数の一般項の実部，虚部を一般項とする級数は収束する．よって，与えられた級数もまた収束する．以上より，収束するが絶対収束でないため，条件収束である．

問 題

1.1 次の級数の収束・発散を調べよ．収束の場合は絶対収束か否かも調べよ．

(a) $\displaystyle\sum_{n=1}^{\infty}az^n \ (a, z\in\mathbb{C})$ (b) $\displaystyle\sum_{n=1}^{\infty}\frac{ae^{in\theta}}{n^2} \ (a\in\mathbb{C},\ \theta\in\mathbb{R})$

1.2 級数 $\displaystyle\sum_{n=1}^{\infty}t^ne^{in\theta}\ (\theta\in\mathbb{R},\ |t|<1)$ の和の値を求め，それを用いて $\displaystyle\sum_{n=1}^{\infty}\frac{\sin n\theta}{2^n}$ を計算せよ．

1.3 $z_n=x_n+iy_n$, $Z=X+iY$ $(x_n, y_n, X, Y\in\mathbb{R})$ とするとき，次を示せ．

$$\sum z_n=Z \iff \sum x_n=X \text{ かつ } \sum y_n=Y$$

例題 5.2 **絶対収束級数**

$\displaystyle\sum_{n=1}^{\infty}|z_n|$ が収束するとき，次のそれぞれを示せ．

(a) $\displaystyle\sum_{n=1}^{\infty}z_n$ は収束　　(b) $\displaystyle\left|\sum_{n=1}^{\infty}z_n\right| \leqq \sum_{n=1}^{\infty}|z_n|$

【解　答】

(a) $z_n := x_n + iy_n$ $(x_n, y_n \in \mathbb{R})$ と表すと，$|z_n| = \sqrt{x_n^2 + y_n^2}$ であるから，

$$|x_n| \leqq |z_n|, \quad |y_n| \leqq |z_n|$$

が成り立つ．ここで，$\displaystyle\sum_{n=1}^{\infty}|z_n|$ が収束するから，$\displaystyle\sum_{n=1}^{\infty}x_n$, $\displaystyle\sum_{n=1}^{\infty}y_n$ は実数の級数として絶対収束する．したがって，$\displaystyle\sum_{n=1}^{\infty}z_n$ も収束する．

コメント　ここでは，絶対収束する実数の級数が収束することを用いている．

(b) 三角不等式を繰り返し用いて，$|z_1 + \cdots + z_n| \leqq |z_1| + \cdots + |z_n|$ となる．この式で $n \to \infty$ とすれば題意を得る．

問　題

2.1 r は $0 < r < 1$ をみたす数とする．$\sum z_n$ の収束に関して次を示せ．

(a) ある N が存在し，$n \geqq N$ のすべての n で $\left|\dfrac{z_{n+1}}{z_n}\right| \leqq r$ ならば絶対収束する．

(b) $\displaystyle\lim_{n\to\infty}\left|\frac{z_{n+1}}{z_n}\right|$ が存在するとき，$\displaystyle\lim_{n\to\infty}\left|\frac{z_{n+1}}{z_n}\right| \leqq r$ ならば絶対収束する．

2.2 (a) $\displaystyle\sum_{n=0}^{\infty}\frac{(1+i)^n}{n!}$ が絶対収束することを示せ．

(b) 積 $\displaystyle\left[\sum_{n=0}^{\infty}\frac{(1+i)^n}{n!}\right]\left[\sum_{n=0}^{\infty}\frac{(2-i)^n}{n!}\right]$ の値を級数で表せ．

5.2 べき級数

べき級数の定義　次の形の級数

$$\sum_{k=0}^{\infty} a_k(z-z_0)^k \quad (a_n, z_0, z \in \mathbb{C}) \tag{5.5}$$

を，**中心** z_0, **係数** a_n $(n=0,1,2,\ldots)$ の**べき級数**または**整級数**という．

べき級数の収束性　べき級数 $s := \sum_{k=0}^{\infty} a_k(z-z_0)^k$ の収束・発散について，次の性質が成り立つ（問題 3.1）．

1. $z=z_1$ で s が収束 $\Longrightarrow$ $|z-z_0|<|z_1-z_0|$ で s は絶対収束
2. $z=z_2$ で s が発散 $\Longrightarrow$ $|z-z_0|>|z_2-z_0|$ で s は発散

(5.6)

収束半径　(5.6) に挙げた性質によって，べき級数 (5.5) の収束については，次の 3 つの可能性があることになる．

1. 任意の $z \in \mathbb{C}$ で絶対収束
2. $z=z_0$ でのみ絶対収束
3. ある正数 ρ が存在し，
   $|z-z_0|<\rho$ で絶対収束，$|z-z_0|>\rho$ で発散

(5.7)

項目 3. の ρ を**収束半径**という．また，(5.7) の 1. および 2. については，それぞれ $\rho=\infty$, $\rho=0$ と規約し，(5.7) の各項をまとめて扱う．

収束半径が 0 でも ∞ でもない場合，

$$\{z \mid z \in \mathbb{C},\ |z-z_0|=\rho\} \tag{5.8}$$

となる z の集合は，複素平面上で円周となる．これを，**収束円**という[*3]．べき級数が収束円上の z で収束するかどうかについては一定の結論はない．べき級数を関数と考えると収束円上で特異点（第 6 章）を持ち，その特異性の程度により，収束性については様々な可能性がある[*4]．

[*3] 円 (5.8) を境界とする開円板 $K_\rho(z_0)$ を収束円と称している本もある．

[*4] たとえば，$\displaystyle\sum_{n=1}^{\infty} \frac{z^n}{n(n+1)}$ の収束半径は 1 であるが $z=e^{i\theta}$ に対してこれは絶対収束す

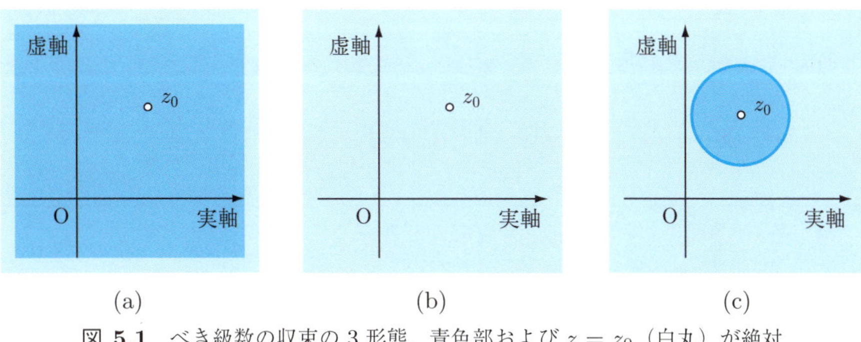

図 5.1 べき級数の収束の 3 形態．青色部および $z = z_0$（白丸）が絶対収束の範囲を表す．(a) 収束半径 ρ が ∞ の場合．(b) $\rho = 0$ の場合．(c) $0 < \rho < \infty$ の場合．図中の円周が収束円

定理 5.2 **（収束半径の計算方法）** べき級数 $\displaystyle\sum_{k=0}^{\infty} a_k(z-z_0)^k$ の収束半径 ρ は次のいずれかによって求めることができる[*5]．

1. 極限値 $L := \displaystyle\lim_{n\to\infty}\left|\frac{a_{n+1}}{a_n}\right|$ が存在すれば，$\rho = \dfrac{1}{L}$
2. $\rho^{-1} = \displaystyle\varlimsup_{n\to\infty}\sqrt[n]{|a_n|}$ （コーシー–アダマールの公式）
   特に，極限値 $L := \displaystyle\lim_{n\to\infty}\sqrt[n]{|a_n|}$ が存在すれば，$\rho = \dfrac{1}{L}$ (5.9)
3. $B := \{\, r \mid r \geqq 0,$ 列 $|a_k|r^k$ $(k = 0, 1, 2, \ldots)$ は有界 $\}$ として，

$$\rho = \begin{cases} \sup B & (B \text{ が有界の場合}) \\ \infty & (B \text{ が有界でないとき}) \end{cases}$$

ただし，(5.9) の 1., 2. で，$L = \infty$ のときは $\rho = 0$, $L = 0$ のときは $\rho = \infty$ に，それぞれ対応する．

る．なお，この級数は $\dfrac{1-z}{z}[\mathrm{Log}(1-z)+z]$ のテイラー展開となっている．

[*5] 証明は，実数の場合と全く同様であるので省略する．2. の $\varlimsup$ は，上極限と呼ばれ，$\displaystyle\varlimsup_{n\to\infty} a_n = \limsup_{n\to\infty} a_n$ によって定義される．$\displaystyle\lim_{n\to\infty} a_n$ が存在すれば $\displaystyle\varlimsup_{n\to\infty} a_n = \lim_{n\to\infty} a_n$ であり，$\displaystyle\lim_{n\to\infty} a_n$ が存在しなければ，$\displaystyle\varlimsup_{n\to\infty} a_n$ は収束する部分列の極限値の中の最大値となる．

例題 5.3　　**収束半径**

次のべき級数の収束半径を求めよ．$\alpha \in \mathbb{C}, \theta \in \mathbb{R}$ とする．

(a) $\displaystyle\sum_{n=0}^{\infty} \frac{\alpha^n z^n}{n!}$　　(b) $\displaystyle\sum_{n=1}^{\infty} \alpha^n n^n z^n$　　(c) $\displaystyle\sum_{n=0}^{\infty} \frac{(e^{i\theta})^n}{2^n n^2} z^{2n}$

【解　答】 各問において，収束半径を ρ と書く．

(a) $a_n := \dfrac{1}{n!}$ とする．

$$\frac{1}{\rho} = \lim_{n\to\infty} \left| \frac{a_{n+1}}{a_n} \right| = \lim_{n\to\infty} \frac{n!}{(n+1)!} = \lim_{n\to\infty} \frac{1}{n+1} = 0$$

これから，$\rho = \infty$ となる．

(b) $a_n := \alpha^n n^n = (\alpha n)^n$ とする．

$$\lim_{n\to\infty} \sqrt[n]{|a_n|} = \lim_{n\to\infty} \sqrt[n]{|\alpha n|^n} = \lim_{n\to\infty} |\alpha| n = \infty$$

すなわち，$\rho = 0$ である．

(c) 与えられたべき級数では，$z, z^3, z^5, \ldots, z^{2n+1}, \ldots$ の項が欠落しているため，このままでは容易には公式を適用できない．ここで，$a_n := \dfrac{(e^{i\theta})^n}{2^n n^2}$, $Z := z^2$ とすれば，$\displaystyle\sum_{n=0}^{\infty} a_n Z^n$ となり，項の欠落がなくなる．このとき，

$$\lim_{n\to\infty} \left| \frac{a_{n+1}}{a_n} \right| = \lim_{n\to\infty} \frac{1}{2^{n+1}(n+1)^2} \frac{2^n n^2}{1} = \frac{1}{2} \lim_{n\to\infty} \left(\frac{n}{n+1} \right)^2 = \frac{1}{2}$$

よって，Z を用いた場合の収束半径は 2 である．$Z = z^2$ に注意して，$\rho = \sqrt{2}$ を得る．

問　題

3.1 べき級数 $\displaystyle\sum_{n=0}^{\infty} a_n z^n$ について，$z = z_1$ で収束するならば，$|z| < |z_1|$ をみたす任意の z で絶対収束することを示せ．また，$z = z_2$ で発散するならば，$|z| > |z_2|$ をみたす任意の z で発散することを示せ．

3.2 次のべき級数の収束半径を求めよ．

(a) $\displaystyle\sum_{n=0}^{\infty} z^n$　　(b) $\displaystyle\sum_{n=0}^{\infty} \frac{(1+n)^{n^2}}{n^{n^2}} z^n$　　(c) $\displaystyle\sum_{n=0}^{\infty} \frac{(n!)^2}{(2n)!} z^{3n}$

例題 5.4 **べき級数の計算**

2つのべき級数 $\sum_{n=0}^{\infty} z^n$, $\sum_{n=0}^{\infty} nz^n$ の積を行って得られるべき級数を求めよ．また，このべき級数の収束域も求めよ．

【解　答】 与えられた級数の収束半径を求める．

$$\lim_{n\to\infty}\left|\frac{1}{1}\right| = 1, \quad \lim_{n\to\infty}\left|\frac{n+1}{n}\right| = 1$$

であるから，2つの級数は共に収束半径が1であり，$|z|<1$ で絶対収束する．ここで，コーシーの積の公式を用いると，

$$\left(\sum_{n=0}^{\infty} z^n\right)\left(\sum_{n=0}^{\infty} nz^n\right) = \sum_{n=0}^{\infty} z^n \sum_{m=0}^{\infty} mz^m = \sum_{n=0}^{\infty}\sum_{m=0}^{\infty} mz^{m+n}$$

$$= \sum_{k=0}^{\infty}\sum_{m=0}^{k} mz^k = \sum_{k=0}^{\infty} z^k \sum_{m=0}^{k} m = \sum_{k=0}^{\infty} \frac{k(k+1)}{2} z^k$$

となる．この級数は，与えられた2つの級数の収束円内部の共通部分で絶対収束する．すなわち，$|z|<1$ で絶対収束．

参考 級数 $\sum_{k=0}^{\infty} \frac{k(k+1)}{2} z^k$ の収束半径 ρ を直接計算すると，

$$\frac{1}{\rho} = \lim_{k\to\infty}\left|\frac{(k+1)(k+2)}{2}\cdot\frac{2}{k(k+1)}\right| = \lim_{k\to\infty}\frac{k+2}{k} = 1$$

により，$\rho = 1$ となる．これから，求めた級数は $|z|<1$ で絶対収束することがわかる．

問　題

4.1 次に挙げるべき級数の積に関する式を示し，あわせてこれらの等式が成り立つ $a, b \in \mathbb{C}$ の範囲を調べよ．

(a) $\displaystyle\sum_{n=0}^{\infty}\frac{a^n}{n!}\cdot\sum_{n=0}^{\infty}\frac{b^n}{n!} = \sum_{n=0}^{\infty}\frac{(a+b)^n}{n!}$　　(b) $\displaystyle\left(\sum_{n=0}^{\infty} a^n\right)^2 = \sum_{n=0}^{\infty}(n+1)a^n$

(c) $\displaystyle\sum_{n=0}^{\infty}\frac{a^{2n}}{(2n)!}\cdot\sum_{n=0}^{\infty}\frac{b^{2n}}{(2n)!} - \sum_{n=0}^{\infty}\frac{a^{2n+1}}{(2n+1)!}\cdot\sum_{n=0}^{\infty}\frac{b^{2n+1}}{(2n+1)!} = \sum_{n=0}^{\infty}\frac{(a-b)^{2n}}{(2n)!}$

5.3 一様収束

関数列・関数項級数　複素関数を番号順に並べた列

$$\{f_n(z)\}_{n \geqq 0} := f_0(z), f_0(z), \ldots, f_n(z), \ldots \tag{5.10}$$

を**関数列**という．また，関数を一般項とする次のような級数を**関数項級数**という．

$$\sum_{k=0}^{\infty} f_k(z) \tag{5.11}$$

一様収束と各点収束　複素平面上の領域 D で定義された関数列 (5.10) が，それぞれの $z \in D$ で極限値 $f(z)$ に収束する場合，すなわち，

$$\text{任意の } z \in D \text{ で} \quad \lim_{n \to \infty} f_n(z) = f(z) \tag{5.12a}$$

となる場合，関数列 $\{f_n(z)\}$ は $f(z)$ に**各点収束**するという．各点収束の場合，それぞれの z における収束の速さは問題にしない．

これに対し，領域 D における関数列 (5.10) の収束が

任意の $\varepsilon > 0$ に対してある N が存在し，すべての $z \in D$ に対して

$$n \geqq N \text{ のとき} \quad |f_n(z) - f(z)| < \varepsilon \tag{5.12b}$$

をみたすとき[*6]，関数列は D で**一様収束**するという．また，関数列 (5.10) が，領域 D 内の任意の閉円板（境界を含んだ円板）で $f(z)$ に一様収束するとき，関数列は D において $f(z)$ に**広義一様収束**するという．

関数項級数に対する各点収束・一様収束・広義一様収束は，その部分和に対して上記の定義を適用する．

関数列の解析的性質と広義一様収束　関数列 (5.10) が極限関数 $f(z)$ に収束する場合，一般項 $f_n(z)$ の連続性などの解析的性質が極限関数に受け継がれるとは限らない．関数列の連続性について，次の性質が成り立つ（問題 5.2）．

[*6] この場合，N は ε のみによって決まり，z には無関係である．すなわち，関数列はどの z においても同様の速さで極限に近づくことを意味している．

> 複素平面上の領域 D で連続な関数列 $\{f_n(z)\}$ が，D で極限関数 $f(z)$ に広義一様収束するならば，$f(z)$ も D で連続である

定理 5.3 **(広義一様収束と微分)** 関数列 $\{f_n(z)\}$ が複素平面上の領域 D で正則であるとき，次の性質が成り立つ（例題 5.6, 問題 6.1）[*7]．

> 1. この関数列が D で $f(z)$ に広義一様収束するとき，$f(z)$ も D で正則で，
>
> $$\lim_{n\to\infty}\frac{df_n}{dz}=\frac{df}{dz} \tag{5.13a}$$
>
> 2. 関数項級数 $\displaystyle\sum_{k=0}^{\infty} f_k(z)$ が D で $S(z)$ に広義一様収束するとき，
>
> $S(z)$ も D で正則で，
>
> $$\frac{dS}{dz}=\sum_{k=0}^{\infty}\frac{df_k(z)}{dz} \tag{5.13b}$$

式 (5.13b) が成り立つことを，広義一様収束級数は**項別微分**可能である，という．

定理 5.4 **(一様収束と積分)** 関数列 $\{f_n(z)\}$ は，長さ有限の曲線 C 上で連続であるとき，次が成り立つ（問題 6.2）．

> 1. この関数列が C 上で $f(z)$ に一様収束するとき，
>
> $$\lim_{n\to\infty}\int_C f_n(z)\,dz=\int_C f(z)\,dz \tag{5.14a}$$
>
> 2. 級数 $\displaystyle\sum_{n=0}^{\infty} f_n(z)$ が C 上で $S(z)$ に一様収束するとき，
>
> $$\int_C S(z)\,dz=\int_C\sum_{n=0}^{\infty} f_n(z)\,dz=\sum_{n=0}^{\infty}\int_C f_n(z)\,dz \tag{5.14b}$$

特に第 2 の事実を，一様収束級数 $\displaystyle\sum_{n=0}^{\infty} f_n(z)$ は**項別積分**可能であるという．

[*7] コーシーの積分公式のところで既に述べたように（75 ページ），正則関数は何度でも微分可能であり，(5.13a) や (5.13b) は一般の階数の微分に対しても成り立つ．

一様収束級数の判定法　領域 D で定義された関数 $f_0(z), f_1(z), \ldots$ を一般項とする級数 $\displaystyle\sum_{k=0}^{\infty} f_k(z)$ に対し，収束する正項級数 $\displaystyle\sum_{k=0}^{\infty} M_k$ が存在し，

$$\text{各 } k \text{ について，任意の } z \in D \text{ に対して} \quad |f_k(z)| \leqq M_k$$

が成り立てば，$\displaystyle\sum_{k=0}^{\infty} f_k(z)$ は D で一様かつ絶対収束する（演習問題 4.）．

級数 $\displaystyle\sum_{k=0}^{\infty} M_k$ を，$\displaystyle\sum_{k=0}^{\infty} f_k(z)$ に対する**優級数**[*8] という．

べき級数の広義一様収束と連続性　0 でない収束半径 ρ を持つべき級数

$$P(z) := \sum_{k=0}^{\infty} a_k (z-a)^k \quad (\rho > 0) \tag{5.15a}$$

は，その収束円 $|z| = \rho$ の内部で広義一様収束し，連続関数となる（問題 5.1）．

べき級数の項別微分可能性　式 (5.15a) で与えられるべき級数 $P(z)$ は，収束円内で正則で，項別微分可能である．すなわち，

$$\frac{dP(z)}{dz} = \sum_{k=1}^{\infty} k a_k (z-a)^{k-1} = \sum_{k=0}^{\infty} (k+1) a_{k+1} (z-a)^k \tag{5.15b}$$

となる．また，項別微分の結果生じた式 (5.15b) の収束半径は，もとのべき級数 $P(z)$ の収束半径 ρ に等しい．

べき級数の項別積分可能性　式 (5.15a) のべき級数 $P(z)$ は，その収束円内で項別積分可能である．すなわち，この級数の収束円内に積分路 C を取り，その始点を z_1，終点を z_2 とすると（図 5.2），

$$\int_C P(z)\,dz = \sum_{k=0}^{\infty} \frac{a_k}{k+1} [(z_2 - a)^{k+1} - (z_1 - a)^{k+1}] \tag{5.15c}$$

が成り立つ[*9]．

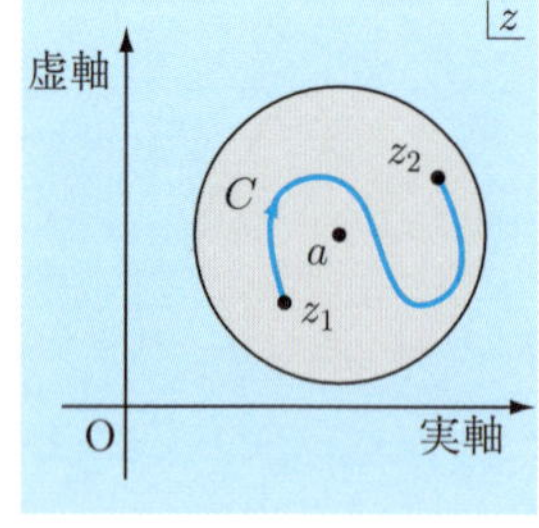

図 5.2

*8 ここで，M_k は z によらない定数であることに注意したい．

*9 べき級数は収束円内で広義一様収束であって，一様収束ではないが，項別に積分できる．

例題 5.5 **べき級数と広義一様収束**

次のべき級数 $f(z)$ の導関数 $f'(z)$ および，$f'(z)$ の収束半径を求めよ．

(a) $\displaystyle\sum_{n=0}^{\infty} z^n$ (b) $\displaystyle\sum_{n=0}^{\infty} \frac{z^n}{n!}$ (c) $\displaystyle\sum_{n=0}^{\infty} nz^n$

【解 答】 与えられたべき級数を項別微分する．

(a) 与えられた級数を微分すると，

$$\left(\sum_{n=0}^{\infty} z^n\right)' = \sum_{n=0}^{\infty} (z^n)' = \sum_{n=0}^{\infty} nz^{n-1} = \sum_{n=1}^{\infty} nz^{n-1} = \sum_{n=0}^{\infty} (n+1)z^n$$

ただし，最後の等式では番号を 1 ずらした．この導関数の収束半径を ρ とすると，

$$\frac{1}{\rho} = \lim_{n\to\infty} \left|\frac{n+2}{n+1}\right| = 1$$

となり，収束半径は 1 となる．

(b) 前問と同様に項別微分して，

$$\left(\sum_{n=0}^{\infty} \frac{z^n}{n!}\right)' = \sum_{n=0}^{\infty} \frac{nz^{n-1}}{n!} = \sum_{n=1}^{\infty} \frac{z^{n-1}}{(n-1)!} = \sum_{n=0}^{\infty} \frac{z^n}{n!}$$

収束半径は，$\displaystyle\frac{1}{\rho} = \lim_{n\to\infty} \left|\frac{n!}{(n+1)!}\right| = 0$ により，∞ である．

(c) 与えられた級数を項別微分して，$\displaystyle\left(\sum_{n=0}^{\infty} nz^n\right)' = \sum_{n=0}^{\infty} n^2 z^{n-1} = \sum_{n=1}^{\infty} n^2 z^{n-1} = \sum_{n=0}^{\infty} (n+1)^2 z^n$．また，収束半径は，$\displaystyle\lim_{n\to\infty} \left|\frac{(n+2)^2}{(n+1)^2}\right| = 1$ により，1．

問 題

5.1 べき級数 $\displaystyle\sum_{n=0}^{\infty} a_n z^n$ が 0 より大きい収束半径を持つとする．べき級数が収束円の内部で絶対収束することを用いて，この級数は収束円の内側で広義一様収束することを示せ．

5.2 領域 D において連続な関数列 $\{f_n(z)\}$ が，$f(z)$ に一様収束するとき，$f(z)$ も D で連続であることを示せ．また，広義一様収束の場合はどうか．

例題 5.6　　　**一様収束列の微分**

領域 D で正則な関数列 $\{f_n(z)\}$ が $f(z)$ に広義一様収束するとき，

(a)　モレラの定理を用いて，$f(z)$ が D で正則であることを示せ．

(b)　D に含まれる閉円板 S と，S を含む D 内の円 C を取る．C を積分路とし，コーシーの積分公式を用いて $f'_n(z) - f'(z)$（$z \in S$）を評価することにより，$f'_n(z)$ が D において $f'(z)$ に広義一様収束することを示せ．

【解　答】

(a)　D 内の閉曲線を Γ，Γ の長さを L とする．$|f(z) - f_n(z)| \leqq \varepsilon$ ならば，

$$\left|\oint_\Gamma f(z)\,dz - \oint_\Gamma f_n(z)\,dz\right| \leqq \oint_\Gamma |f(z) - f_n(z)|\,|dz| \leqq L\varepsilon.$$

$\oint_\Gamma f_n(z)\,dz = 0$ であるから，$\oint_\Gamma f(z)\,dz = \lim_{n\to\infty}\oint_\Gamma f_n(z)\,dz = 0$．$\Gamma$ は任意に取れるので，モレラの定理から $f(z)$ は正則となる．

(b)　$z \in S$ に対し，コーシーの積分公式から

$$|f'_n(z) - f'(z)| = \left|\frac{1}{2\pi i}\oint_C \frac{f_n(\zeta) - f(\zeta)}{(\zeta - z)^2}\,d\zeta\right| \leqq \frac{1}{2\pi}\oint_C \left|\frac{f_n(\zeta) - f(\zeta)}{(\zeta - z)^2}\right|\,|d\zeta|$$

を得る．C の取り方から，S の境界と C の最短距離 d は $d > 0$ をみたす（下図）ので，積分において $|\zeta - z|^2 \geqq d^2$ が成り立つ．C の半径を R, $|f_n(\zeta) - f(\zeta)| \leqq \varepsilon$ とすれば，

$$|f'_n(z) - f'(z)| \leqq \frac{1}{2\pi}\frac{\varepsilon}{d^2}\oint_C |d\zeta| = \frac{\varepsilon R}{d^2}$$

この式の右辺は z によらないので，S において $f'_n(z)$ は $f'(z)$ に一様収束する．S は任意に取れるので，$f'_n(z)$ は $f'(z)$ に広義一様収束することがわかった．

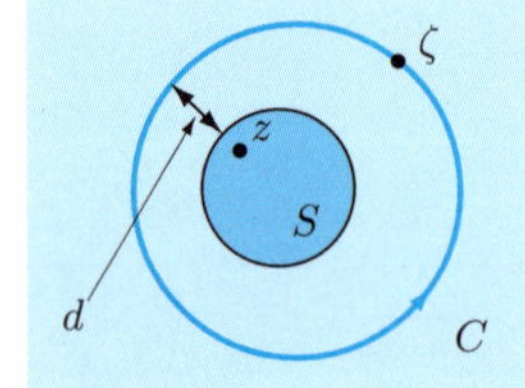

問　題

6.1　領域 D で正則な関数を一般項とする関数項級数 $\sum_{n=0}^{\infty} f_n(z)$ が $S(z)$ に一様収束するとき，$S(z)$ は D で正則で，次の関係が成り立つことを示せ．

$$\frac{dS}{dz} = \frac{d}{dz}\sum_{n=0}^{\infty} f_n(z) = \sum_{n=0}^{\infty}\frac{df_n(z)}{dz}$$

6.2 積分路 C の長さは有限とする．C 上で連続な関数列 $\{f_n(z)\}$ が C 上で $f(z)$ に一様収束するとき，$\displaystyle\int_C f_n(z)\,dz \to \int_C f(z)\,dz$ となることを示せ．

例題 5.7 ――― 優級数と一様収束

領域 D において，関数項級数 $S := \displaystyle\sum_{n=0}^{\infty} f_n(z)$ に対し，優級数が存在するならば，すなわち，2 つの条件

$$\left.\begin{array}{l} \text{任意の } z \in D \text{ で } |f_k(z)| \leqq M_k \ (k = 0, 1, 2, \ldots) \\ \displaystyle\sum_{n=0}^{\infty} M_n \text{ が収束} \end{array}\right\} \quad (*)$$

を共にみたす級数が存在するならば，S は D において一様に絶対収束する．これを示せ．

【解　答】 $\displaystyle\sum_{n=0}^{\infty} M_n$ が収束するので，$\displaystyle\sum_{n=0}^{\infty} |f_n(z)|$ も収束する．よって与えられた級数 S は絶対収束する．

次に，S の部分和を $S_n := \displaystyle\sum_{k=0}^{n} f_k(z)$ として，これが一様収束することを示そう．仮定により，部分和 $\displaystyle\sum_{k=0}^{n} M_k$ は収束するのでコーシー列となる．したがって，任意の $\varepsilon > 0$ に対してある N が存在し，$n, m > N$（$n > m$）となる任意の n, m で，$M_{m+1} + \cdots + M_n < \varepsilon$ とできる．このような n, m に対して，

$$|S_n(z) - S_m(z)| < |f_{m+1}(z)| + \cdots + |f_n(z)| \leqq M_{m+1} + \cdots + M_n < \varepsilon$$

が成り立つ．この式で $n \to \infty$ とすれば，$S_n \to S$ であるから，$|S_m(z) - S(z)| \leqq \varepsilon$ となる．ε は z によらないから，これは $S_n(z)$ が $S(z)$ に一様収束することを意味する．

以上により，$(*)$ が成り立てば，S が一様に絶対収束することが示された．

問　題

7.1 次の関数項級数が，与えられた範囲で一様に絶対収束することを示せ．

(a) $\displaystyle\sum_{n=1}^{\infty} \frac{e^{inz}}{n^2}$ $(\mathrm{Im}\, z \geqq 0)$ (b) $\displaystyle\sum_{n=0}^{\infty} \frac{\mathrm{Log}[n(1+z)]}{n^3}$ $(|z| < 1,\ \mathrm{Im}\, z > 0)$

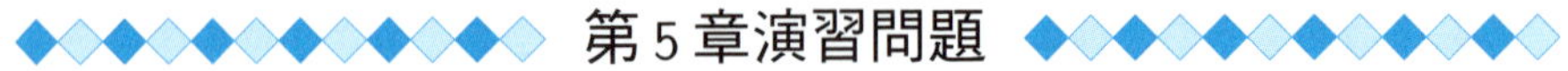

第5章演習問題

1. 次の級数が収束するかどうかを調べよ．収束する場合は絶対収束，条件収束のいずれかも調べよ．ただし，(c), (d) では，分母が0になる z を除いて考える．

(a) $\displaystyle\sum_{n=0}^{\infty}\left(1-\cos\frac{z}{n}\right)$　　(b) $\displaystyle\sum_{n=0}^{\infty}\frac{(n!)^2 z^n}{(2n)!}$ $(|z| \neq 4)$

(c) $\displaystyle\sum_{n=1}^{\infty}\frac{1}{n(z+n)}$　　(d) $\displaystyle\sum_{n=1}^{\infty}\left(\frac{1}{z-n}+\frac{1}{z+n}\right)$

2. $f(z)$ は領域 D で定義された複素関数で，数列 $\{z_n\}$ は $z_n \in D$ であり，$z_n \to a$ $(a \in D,\ n \to \infty)$ とする．

(a) $f(z)$ は $z=a$ で連続であるとする．このとき，$f(z_n) \to f(a)$ $(n \to \infty)$ となることを示せ．

(b) $f(z_n) \to f(a)$ が成り立たないような例を挙げよ．

3. べき級数について，次のそれぞれの計算を行え．

(a) $\displaystyle\frac{d}{dz}\sum_{n=0}^{\infty}\frac{(-1)^n z^{2n+1}}{(2n+1)!}$　　(b) $\displaystyle\frac{d}{dz}\sum_{n=0}^{\infty}\frac{z^{n+1}}{n!}$

(c) $\displaystyle\int_C\left(\sum_{n=1}^{\infty}\frac{z^n}{n}\right)dz$　　$(|z|<1)$

積分路 C は，円板 $|z|<1$ の内部にあり，始点は $z=0$，終点は $z=\zeta$

4. 関数項級数 $\displaystyle S(z) := \sum_{n=1}^{\infty}\frac{2\sin nz}{n^p}$ $(p \in \mathbb{N})$ について考えよう．

(a) $\mathrm{Im}\,z \neq 0$ ならば $S(z)$ は発散する．これを示せ．

(b) $z=x\in\mathbb{R}$ のとき，$p \geqq 2$ ならば $S(z)$ は絶対一様収束することを示せ．

(c) $z=x\in\mathbb{R}$ で $p=1$ の場合，$S(z)$ は $-\pi \leqq x \leqq \pi$ において，

$$S(x)=\begin{cases}-x+\pi & (0<x\leqq\pi)\\ 0 & (x=0)\\ -x-\pi & (-\pi\leqq x<0)\end{cases}$$

に収束する．$x=0$ を含む区間で，$S(x)$ は一様収束しないことを示せ．

ヒント　S の部分和は連続関数であることを用いればよい．

5. $\theta \in \mathbb{C}$, $\theta \neq 2m\pi$ ($m \in \mathbb{Z}$) のとき, $\displaystyle\sum_{k=0}^{n} \cos k\theta = \frac{1}{2} + \frac{\cos n\theta - \cos(n+1)\theta}{2(1-\cos\theta)}$ を示せ．また，$n \to \infty$ でこの和が収束するかどうかを調べよ．

6. 級数の収束・発散の判定法として，本文中に挙げた以外にも次のような例がある．

(A) 次の 3 条件がすべて成り立てば，級数 $\displaystyle\sum_{n=1}^{\infty} p_n a_n$ は収束する．

- 数列 $\{p_n\}$ は $p_n \geqq 0$ かつ単調減少列
- $p_n \to 0$ ($n \to \infty$)
- 部分和 $S_n := \displaystyle\sum_{k=1}^{n} a_k$ ($a_k \in \mathbb{C}$, $k \in \mathbb{N}$) は有界

(B) $a_n > 0$, $\displaystyle\frac{a_n}{a_{n+1}} = 1 + \frac{p}{n} + O\left(\frac{1}{n^{1+\delta}}\right)$ (δ は適当な正数) となる場合，正項級数 $\displaystyle\sum_{n=1}^{\infty} a_n$ は，$p \leqq 1$ ならば発散し，$p > 1$ ならば収束する．

(A) をディリクレの判定法，(B) をガウスの判定法という．これらについて，以下に答えよ．

(a) 上記の (A) を証明せよ．

(b) 上記の (A) または (B) を用いて，次の級数の収束・発散を判定せよ．

i. $\displaystyle\sum_{n=0}^{\infty} \frac{2^{2n}(n!)^2}{(2n)!}$　　ii. $\displaystyle\sum_{n=0}^{\infty} \frac{2^{2n}(n!)^2}{(2n)!} e^{in\theta}$ ($0 < \theta < 2\pi$)

7. $a_n \neq -1$ ($n \in \mathbb{Z}$, $n \geqq 0$) とする．2 つの級数 $\displaystyle\sum_{n=0}^{\infty} |\operatorname{Log}(1+a_n)|$ と $\displaystyle\sum_{n=0}^{\infty} |a_n|$ は，収束・発散を共にすることを示せ．

ヒント　$\displaystyle\lim_{z\to 0} \frac{\operatorname{Log}(1+z)}{z} = 1$ を用いて級数を比べる．

8. (a) 2 つのべき級数 $\displaystyle\sum_{k=0}^{\infty} a_k z^k$, $\displaystyle\sum_{k=0}^{\infty} b_k z^k$ が，$|z| < \rho$ ($\rho > 0$) において同じ極限関数に収束するならば，$a_k = b_k$ ($k = 0, 1, 2, \ldots$) が成り立つ．これを示せ．

(b) $a \in \mathbb{C}$ を定数とする．$f(z) = \displaystyle\sum_{k=0}^{\infty} a_k z^k$ と置いて，関係式 $f'(z) = af(z)$ をみたすべき級数 $f(z)$ を求めよ．また，$f(z)$ の収束半径はいくらか．

6 ローラン展開と特異点

6.1 正則関数とテイラー展開

定理 6.1 (テイラー展開) $f(z)$ が開円板 $|z-a|<r$ ($a \in \mathbb{C}$, $r>0$) で正則であるとき，その値は

$$f(z)=\sum_{n=0}^{\infty}\frac{f^{(n)}(a)}{n!}(z-a)^n \quad (|z-a| \leqq r_0 < r,\ r_0 > 0) \tag{6.1}$$

のようにべき級数で一意的に表される（演習問題 6.）.

式 (6.1) を，$z=a$ を中心とする**テイラー級数**という．$f(z)$ をテイラー級数で表すことを，**テイラー展開**という．特に，0 を中心とする級数を**マクローリン級数**といい，マクローリン級数による展開を**マクローリン展開**という．

初等関数のマクローリン展開　次に，良く用いられるマクローリン展開と，その展開が有効な z の範囲を挙げる．

$$\begin{aligned}
&1.\quad e^z=\sum_{n=0}^{\infty}\frac{z^n}{n!}\quad (z\in\mathbb{C})\\
&2.\quad \sin z=\sum_{n=0}^{\infty}\frac{(-1)^n z^{2n+1}}{(2n+1)!}\quad (z\in\mathbb{C})\\
&3.\quad \cos z=\sum_{n=0}^{\infty}\frac{(-1)^n z^{2n}}{(2n)!}\quad (z\in\mathbb{C})\\
&4.\quad \frac{1}{1-z}=\sum_{n=0}^{\infty}z^n\quad (|z|<1)\\
&5.\quad \mathrm{Log}(1+z)=\sum_{n=1}^{\infty}\frac{(-1)^{n+1}z^n}{n}\quad (|z|<1)
\end{aligned} \tag{6.2}$$

初等関数を組み合わせて得られる関数のテイラー展開は，直接計算するよりも (6.2) を利用できるように変形して求める方がよい．

例題 6.1 **正則関数のマクローリン展開**

次の関数をマクローリン展開し，その展開が有効な z の範囲を求めよ．

(a) $f(z)=\dfrac{1}{(z-1)(z-2)}$ (b) $f(z)=\sin(z+a)$ $(a\in\mathbb{C})$

【解 答】

(a) $f(z)$ を部分分数に展開すると，$f(z)=\dfrac{1}{1-z}+\dfrac{1}{z-2}$. ここで，第 1 項は

$$\frac{1}{1-z}=\sum_{n=0}^{\infty}z^n \quad (|z|<1) \tag{$*$}$$

である．また，$\dfrac{1}{z-2}=-\dfrac{1}{2}\dfrac{1}{1-\frac{z}{2}}$ と変形し，$\dfrac{z}{2}$ をひとまとめにして $\dfrac{1}{1-z}$ のマクローリン展開 $(*)$ を用いると，

$$\frac{1}{z-2}=-\frac{1}{2}\frac{1}{1-\frac{z}{2}}=-\frac{1}{2}\sum_{n=0}^{\infty}\left(\frac{z}{2}\right)^n \quad (|z/2|<1 \text{ すなわち } |z|<2) \tag{$**$}$$

となる．以上から，$f(z)=\displaystyle\sum_{n=0}^{\infty}\left(1-\frac{1}{2^{n+1}}\right)z^n$ となる．この和が可能な範囲は，$(*)$, $(**)$ の共通部分，すなわち $|z|<1$ である．

(b) $\sin(z+a)=\sin a\cos z+\cos a\sin z$ である．よって，

$$\sin(z+a)=\sin a\sum_{n=0}^{\infty}\frac{(-1)^n z^{2n}}{(2n)!}+\cos a\sum_{n=0}^{\infty}\frac{(-1)^n z^{2n+1}}{(2n+1)!}=\sum_{n=0}^{\infty}\frac{C_n z^n}{n!}$$

ただし，C_n は $n=2k$ のとき $(-1)^k\sin a$, $n=2k+1$ のとき $(-1)^k\cos a$ となる係数で，まとめると $C_n=\sin\left(a+\dfrac{n\pi}{2}\right)$ である．また，$\sin z$, $\cos z$ の展開は $\mathbb{C}$ 全体で有効であるから，上記の展開も $\mathbb{C}$ 全体で有効である．

問　題

1.1 次の関数を，与えられた点 a のまわりでテイラー展開し，その展開が有効な z の範囲を求めよ．

(a) $f(z)=\dfrac{1}{1+z^2}$ $(a=0)$ (b) $f(z)=\dfrac{1}{z(z+1)}$ $(a=1)$

(c) $f(z)=e^{-z}$ $(a=1)$ (d) $f(z)=\cos z$ $\left(a=-\dfrac{\pi}{2}\right)$

6.2 ローラン展開とその方法

定理 6.2 (ローラン展開) 関数 $f(z)$ が，2 つの同心円ではさまれた領域 (図 6.1)

$$D:\ \{z \mid r_1 < |z-a| < r_2,\ 0 \leqq r_1 < r_2 \leqq +\infty\} \tag{6.3a}$$

で正則ならば，$f(z)$ はこの領域で

$$f(z) = \sum_{n=-\infty}^{\infty} c_n (z-a)^n = \sum_{n=0}^{\infty} c_n (z-a)^n + \sum_{n=1}^{\infty} \frac{c_{-n}}{(z-a)^n} \tag{6.3b}$$

$$c_n = \frac{1}{2\pi i} \oint_C \frac{f(\zeta)}{(\zeta - a)^{n+1}} d\zeta \quad (n \in \mathbb{Z}) \tag{6.3c}$$

のように級数展開される．ただし，C は円 $|z-a| = r_1$ を内部に含む D 内の閉曲線である（演習問題 6.）．

式 (6.3b) の級数を，$z = a$ を中心とする**ローラン級数**といい，$f(z)$ をローラン級数で表すことを**ローラン展開**するという．ローラン級数は，中心のほか，z の範囲を指定しないと決まらない[*1]．

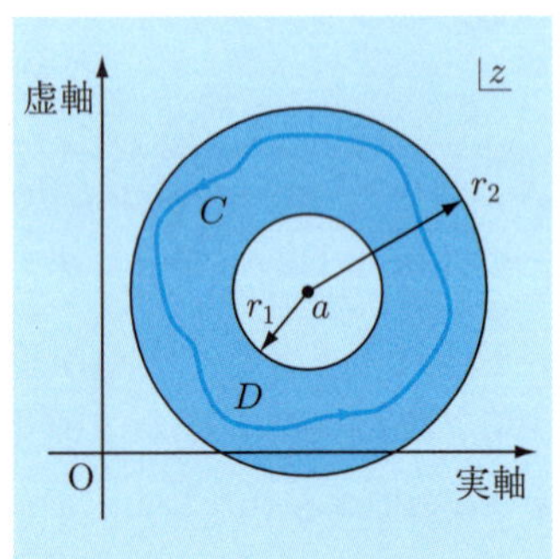

図 6.1 ローラン展開を行う領域 D と積分路 C

[*1] テイラー展開の場合と同様，与えられた関数のローラン展開を実際に計算するには，式 (6.3c) によって係数を計算するのではなく，関数を z の値に応じて変形し，既知のマクローリン展開の公式を適用することで計算することが通常である．具体的な計算方法は，例題 6.2 などを参照．

点 $\boldsymbol{a}$ のまわりのローラン展開　$\rho > 0$ として，$f(z)$ が $0 < |z-a| < \rho$ の領域でローラン展開できるとき，

$$f(z) = \sum_{n=-\infty}^{\infty} c_n (z-a)^n \quad (0 < |z-a| < \rho) \tag{6.4}$$

を，$f(z)$ の $\boldsymbol{z = a}$ **のまわりの**または $\boldsymbol{z = a}$ **におけるローラン展開**という[*2]．

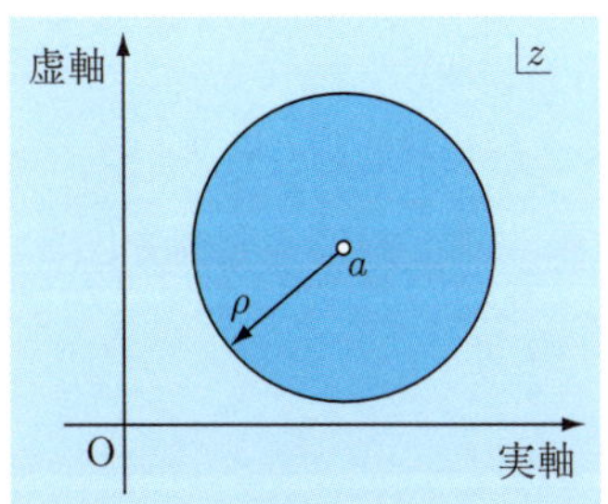

図 6.2　$z = a$ におけるローラン展開を行う領域．$z = a$ を含まないことがテイラー展開の場合と異なる

無限遠点 $\boldsymbol{\infty}$ のまわりのローラン展開　関数 $f(z)$ が $R < |z|$ のすべての $z \in \mathbb{C}$ で正則であるとする．この領域で

$$f(z) = \sum_{n=-\infty}^{\infty} c_n z^n \quad (R < |z| < +\infty) \tag{6.5a}$$

と展開されるとき，これを無限遠点のまわりのローラン展開という．この展開のうち，

$$\sum_{n=1}^{\infty} c_n z^n \tag{6.5b}$$

の部分を (6.5a) の主要部という．

$f(z)$ の，無限遠点のまわりのローラン展開は，$z = 0$ における $f(1/z)$ のローラン展開によって求められる（問題 4.2）．

[*2] $z = a$ **における**（または $z = a$ **のまわりでの**）ローラン展開は，$z = a$ を**中心とする**ローラン展開とは意味するところが異なり，展開を行う領域はあらかじめ決まっている．

例題 6.2 **ローラン展開 (1)**

関数 $f(z) = \dfrac{1}{z(z+1)}$ の，$z = 0$ を中心とするローラン展開をすべて求めよ．

【解　答】 分母が 0 となる z は，$z = 0, -1$ である．よって，$z = 0$ を中心として，

- $0 < |z| < 1$ （右図灰色領域）
- $|z| > 1$ （右図青色領域）

と分ければ，それぞれの領域で $f(z)$ は正則となり，ローラン展開できる．ここで，$f(z) = \dfrac{1}{z} - \dfrac{1}{z+1}$ に注意し，各領域でのローラン展開を求める．

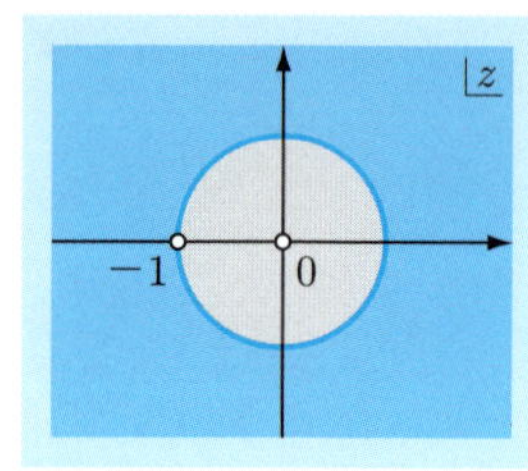

1. $0 < |z| < 1$ のとき

   $\dfrac{1}{1+z} = \displaystyle\sum_{n=0}^{\infty}(-z)^n$ である．よって，

$$f(z) = \frac{1}{z} - \sum_{n=0}^{\infty}(-1)^n z^n = \sum_{n=-1}^{\infty}(-1)^{n+1} z^n$$

2. $|z| > 1$ のとき

   $\dfrac{1}{1+z} = \dfrac{1}{z} \cdot \dfrac{1}{1+1/z}$ と変形する．この領域では $|1/z| < 1$ であるから，$1/z$ をひとまとめにして $\dfrac{1}{1+z}$ のマクローリン展開の公式を利用すると

$$\frac{1}{1+z} = \frac{1}{z} \cdot \sum_{n=0}^{\infty}(-1)^n \left(\frac{1}{z}\right)^n = \frac{1}{z} + \sum_{n=1}^{\infty}\frac{(-1)^n}{z^{n+1}} = \frac{1}{z} - \sum_{n=2}^{\infty}\frac{(-1)^n}{z^n}$$

   よって，$f(z) = \displaystyle\sum_{n=2}^{\infty}\frac{(-1)^n}{z^n}$ となる．

以上をまとめると，与えられた関数 $f(z)$ のローラン展開は次のようになる．

$$f(z) = \begin{cases} \displaystyle\sum_{n=-1}^{\infty}(-1)^{n+1} z^n & (0 < |z| < 1) \\ \displaystyle\sum_{n=2}^{\infty}\frac{(-1)^n}{z^n} & (|z| > 1) \end{cases}$$

問　題

2.1　与えられた関数の，$z=0$ を中心とするローラン展開をすべて求めよ．

(a)　$f(z)=\dfrac{1}{(z-1)(z-2)}$　　(b)　$f(z)=\dfrac{6}{z(z+1)(z-2)}$

(c)　$f(z)=e^{1/z}$　　(d)　$f(z)=\dfrac{\sin z}{z}$

例題 6.3　　**ローラン展開 (2)**

関数 $f(z)=\dfrac{e^z}{z(z+1)}$ の，$z=0$ におけるローラン展開の最初の 4 項（次数の低い順に 4 番目までの項）を求めよ．

【解　答】　$e^z=\displaystyle\sum_{n=0}^{\infty}\frac{z^n}{n!}$, $\dfrac{1}{1+z}=\displaystyle\sum_{n=0}^{\infty}(-z)^n$ を用いると，

$$
\begin{aligned}
f(z)&=\frac{1}{z}\cdot\sum_{n=0}^{\infty}\frac{z^n}{n!}\cdot\sum_{n=0}^{\infty}(-1)^n z^n\\
&=\frac{1}{z}\left(1+z+\frac{z^2}{2!}+\frac{z^3}{3!}+\frac{z^4}{4!}+\cdots\right)\left(1-z+z^2-z^3+z^4-\cdots\right)\\
&=\frac{1}{z}\left[1+(1-1)z+\left(\frac{1}{2}-1+1\right)z^2+\left(\frac{1}{6}-\frac{1}{2}+1-1\right)z^3\right.\\
&\qquad\left.+\left(\frac{1}{24}-\frac{1}{6}+\frac{1}{2}-1+1\right)z^4+\cdots\right]\\
&=\frac{1}{z}+\frac{z}{2}-\frac{z^2}{3}+\frac{3}{8}z^3+\cdots
\end{aligned}
$$

となる．これは，e^z の収束域と $\dfrac{1}{z+1}$ の収束域，および $f(z)$ の定義域の共通部分，すなわち，$0<|z|<1$ で成り立つので，$z=0$ のまわりでのローラン展開である．

問　題

3.1　次の関数の，指定された点 a におけるローラン展開の最初の 4 項を求めよ．

(a)　$f(z)=\dfrac{z+1}{z^2(z^2+1)}$　$(a=0)$　　(b)　$f(z)=\dfrac{e^z-1}{z}$　$(a=0)$

(c)　$f(z)=\dfrac{z}{\cos z}$　$\left(a=\dfrac{\pi}{2}\right)$　　(d)　$f(z)=\dfrac{z+1}{z(z-1)}$　$(a=1)$

例題 6.4　　　　**無限遠点のまわりでのローラン展開**

次の関数の無限遠点のまわりでのローラン展開を求めよ．

(a)　$f(z) = \dfrac{3}{(z+1)(z-2)}$　　　(b)　$f(z) = e^{1/z}$

【解　答】

(a)　分母の零点は $z = -1, 2$ である．よって，$f(z)$ は $|z| > 2$ において正則であるから，この範囲でのローラン展開を求める．部分分数展開により，

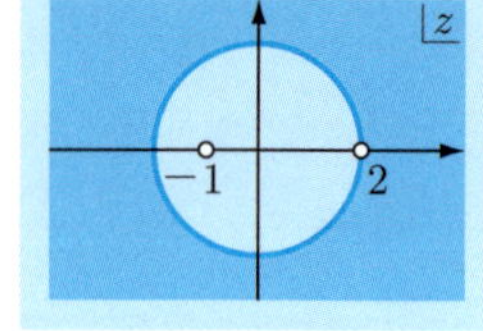

$$f(z) = \frac{1}{z-2} - \frac{1}{z+1}$$

となるので，それぞれの分数関数のローラン展開を $|z| > 2$ の範囲で求め，

$$\begin{aligned} f(z) &= \frac{1}{z} \cdot \frac{1}{1-2/z} - \frac{1}{z} \cdot \frac{1}{1+1/z} \\ &= \frac{1}{z} \sum_{n=0}^{\infty} \frac{2^n}{z^n} - \frac{1}{z} \sum_{n=0}^{\infty} \frac{(-1)^n}{z^n} = \sum_{n=0}^{\infty} \frac{2^n + (-1)^{n+1}}{z^{n+1}} \end{aligned}$$

となる．

(b)　$e^{1/z}$ は，$z = 0$ 以外で正則．よって，$|z| > 0$ の領域でローラン展開を求めればよい．e^z のマクローリン展開 $e^z = \displaystyle\sum_{n=0}^{\infty} \frac{z^n}{n!}$ において，$z \to 1/z$ とすることにより，求めるべき展開は次のようになる．

$$f(z) = \sum_{n=0}^{\infty} \frac{1}{n! z^n}$$

問　題

4.1　次の関数の，無限遠点のまわりでのローラン展開を求めよ．

(a)　$f(z) = \dfrac{5}{(z^2+1)(z-2)}$　　　(b)　$f(z) = \dfrac{z}{z+1}$

(c)　$f(z) = \sin\dfrac{1}{z}$

4.2　(a)　複素関数 $f(z)$ の無限遠点のまわりでのローラン展開は，$f(1/z)$ の $z = 0$ のまわりでのローラン展開に一致する．これを示せ．

(b)　例題 6.4および問題 4.1の関数の無限遠点におけるローラン展開を，(a) の方法で求めよ．

関数と級数

数列や級数を初めて学ぶ頃，よく感じる不満や疑問は「収束や発散の判定が煩わしい」「収束にいろいろな種類があって混乱する」というあたりであろう．これは筆者が学生だった時もそうであったし，今も変わらないように思う．数列・級数についてのこのような疑問は，その応用的な意義を見いだせないことが理由の1つのように思える．ここでは，級数に関係する話題をいくつか紹介してその意義について考えてみたい．

べき級数

$$P(z;a)=\sum_{n=0}^{\infty}a_n(z-a)^n \tag{6.6}$$

があって収束半径 ρ が0でないとき，これを a を中心とする関数要素という．第5章の議論により，$P(z;a)$ は開円板 $K_\rho(a)$ において正則な関数となる．関数要素は正則関数の一般論を展開するために重要なもので，その1つの例が解析接続（第6.4節）における議論である．関数要素は，関数論以外にも微分方程式の解法などに利用される．微分方程式は既知の関数で表現できることは少ないため，どうしても式(6.6)のような級数による表現の助けを必要とするのである．また，式(6.6)のようなべき級数タイプの級数ではなく，一般の関数項級数のタイプの級数も重要である．このような例としては，基本的な周期関数である三角関数を用いて周期的なデータを表現するフーリエ級数のようなものがある．もちろん，何らかの変化を示すデータを扱う場合を考えると，一般の関数項級数の微分が応用上重要な役割を果たすことは言うまでもない．関数論や微分方程式などにおけるように，関数の解析的性質を調べるならば，当然微分可能性が議論される．さらに，微分可能であるならば，微分の線形性が保たれるか否かの延長線上に項別微分可能性が問題になるであろう．一様収束という概念を導入する必要性は，このような背景を考慮すれば理解できるように思う．

また，関数要素は中心 a で正則となるため，a で必ずしも正則とは限らない関数にそのまま応用することはできない．そこで，ローラン級数のような，中心で特異性を持つ級数が必要になる．ローラン級数による展開は，z の範囲によって同じ関数でも異なるが，そのうちでも a のまわりでのローラン展開が実用上最もよく現れる．そのわけは，中心 a が関数にとってどのような特異性を持つのかという観点から見ると明らかである．また，積分を求めるという意味でも，コーシーの定理と組み合わせて考えることによって，a のまわりでのローラン展開の重要性がわかるだろう．

以上のように，級数は基礎的な話題から応用上の問題にいたるまで，いろいろな場面において，他の内容と関わり合いながら広く利用されるものである．その収束の分類は必要があって導入されたのであり，理工学の学問を修めるためにはいつかは身につけなければならない．普段の学習の際には目の前にある話題の必要性がどこにあるのか，それは他のどこにつながっていくのかを意識することが，結局は内容の修得の近道になるのではないだろうか．

6.3 孤立特異点

特異点 複素関数 $f(z)$ が $z=a$ で次の 2 つの条件：

1. $z=a$ で $f(z)$ は正則ではない
2. $f(z)$ が正則であるような点が $z=a$ の任意の近傍に存在する (6.7)

を共にみたすとき，$z=a$ は関数 $f(z)$ の**特異点**であるという[*3]．

孤立特異点 $z=a$ が次の条件をみたすとき，

1. $z=a$ は $f(z)$ の特異点
2. $f(z)$ が正則であるような $z=a$ の近傍が存在する (6.8)

$z=a$ を，複素関数 $f(z)$ の**孤立特異点**という[*4]．

ローラン展開による孤立特異点の分類 $z=a$ が $f(z)$ の孤立特異点であるとき，$f(z)$ は $z=a$ のまわりでのローラン級数に展開できる：

$$f(z)=\sum_{n=0}^{\infty}c_n(z-a)^n+\sum_{n=1}^{\infty}\frac{c_{-n}}{(z-a)^n} \tag{6.9}$$

式 (6.9) において，右辺第 1 項を**正則部**，右辺第 2 項を**主要部**という．a のまわりでのローラン展開の主要部の形により，孤立特異点は次のように分類される．

1. 主要部がない場合：**除去可能な特異点**または**除き得る特異点**という．
2. 主要部が有限項の場合：

$$\text{ある } m>0 \text{ に対し，} c_{-m}\neq 0,\ c_{-n}=0\ (n>m) \tag{6.10}$$

   のとき，**位数 m の極**または **m 位の極**という．
3. 主要部が無限に続く場合：**真性特異点**という．

特異点としての無限遠点 関数 $f(z)$ に対し，無限遠点が特異点であるかどうかは，$f(1/z)$ が 0 を特異点とするかどうかで判断する．また，特異点の種類も $f(1/z)$ が 0 をどの特異点とするか（除去可能な特異点，m 位の極，真性特異点）で判断する．

[*3] 「正則でなく，正則な点に“隣接”する点」のような状況を想像すればよい．

[*4] 他の特異点に“隣接”していない，ということである．

無限遠点のローラン展開と特異点の分類　$f(z)$ が $|z| > R$ で正則である場合，既に述べたように，$f(z)$ はこの領域で無限遠点のまわりのローラン展開

$$f(z) = \sum_{n=-\infty}^{\infty} c_n z^n = \sum_{n=0}^{\infty} \frac{c_{-n}}{z^n} + \sum_{n=1}^{\infty} c_n z^n \tag{6.11}$$

で表される．無限遠点が特異点であるとき，その分類は (6.11) の主要部（右辺第 2 項．第 6.2節参照）に (6.10) を適用した結果に一致する．

除去可能な特異点の特徴　$z = a$ が $f(z)$ の除去可能な特異点であるとき，次の性質が成り立つ．

1. a の近傍のうちで，$|f(z)|$ が有界であるものが存在する
2. 逆に，$z = a$ が $f(z)$ の特異点のとき，a の 1 つの近傍で $|f(z)|$ が有界になるならば，除去可能な特異点である
3. $\lim_{z \to a}(z-a)f(z) = 0$ の場合に限って除去可能となる
4. $f(a) = c_0$（c_0 はローラン展開の $z-a$ の 0 乗の係数）と再定義すると，$f(z)$ は a において正則な関数になる

例　$f(z) = \dfrac{\sin z}{z}$ の $z = 0$.

極の特徴　$f(z)$ の孤立特異点 $z = a$ が極であるとき，次が成り立つ．

1. 位数を m とすると，$(z-a)^m f(z)$ は $z = a$ を除去可能な特異点とする
2. $g(z) := \dfrac{1}{f(z)}$ とすると，$z \to a$ で $g(z) \to 0$. 一般に極の位数が m の場合，$g(z)$ は次をみたす（問題 6.2）.

$$z \to a \text{ で} \quad g(z),\ g'(z), \ldots,\ g^{(m-1)}(z) = 0, \quad g^{(m)}(z) \neq 0$$

3. $\lim_{z \to a}|f(z)| = \infty$ が成り立つ．また，この性質をみたす孤立特異点は，極に限る．

例　$f(z) = \dfrac{1}{z^2(z-1)}$ の $z = 0, 1$.

真性特異点の特徴　$z = a$ が $f(z)$ の真性特異点であるとき，どのような複素数 w に対しても，a の任意の近傍で，f は w にいくらでも近い値を取る．すなわち，

> 任意の $\varepsilon > 0, \delta > 0, w \in \mathbb{C}$ に対し，$f(z) \in K_\delta(w)$ となるような $z \in K_\varepsilon(a)$ が存在する．

例　$f(z) = e^{1/z}$ の $z = 0$.

例題 6.5　　**特異点**

次のそれぞれの関数について，複素平面 $\mathbb{C}$ における特異点をすべて求め，それが孤立特異点かどうか調べよ．

(a)　$f(z) = \dfrac{z}{(z+1)(z^2+1)}$　　(b)　$f(z) = \mathrm{Re}\, z + i|\mathrm{Im}\, z|$

【解　答】

(a)　$f(z)$ は z の分数式であるから，分母が 0 となる点 $z = -1, \pm i$ を除き正則である．ここで，$z = -1$ に対しては，$g(z) := \dfrac{z}{z^2+1}$ とすると，これは $z = -1$ で正則，かつ $g(-1) \neq 0$ であるから，$f(z)$ は $z = -1$ で正則ではない．よって，$z = -1$ は特異点である．

また，$z = \pm i$ についても，$f(z) = \dfrac{1}{z \mp i} \cdot \dfrac{z}{(z+1)(z \pm i)}$ として考えることにより，特異点であることがわかる．

以上から，$f(z)$ の特異点は $z = -1, \pm i$ である．これらの点の十分近くに限定すると，それぞれの特異点以外には正則な点しかないので，これらは孤立特異点である．

(b)　$\mathrm{Im}\, z \geqq 0$ のときは $f(z) = z$, それ以外では $f(z) = \bar{z}$ である．したがって，$f(z)$ は，$\mathrm{Im}\, z > 0$ で正則，$\mathrm{Im}\, z \leqq 0$ では正則ではない．いま，$\mathrm{Im}\, z < 0$ にある点 a については，$r < |\mathrm{Im}\, a|$ なる r に対して，近傍 $|z - a| < r$ には $f(z)$ が正則な点はない．よって，$\mathrm{Im}\, z < 0$ なる点は，正則ではないが特異点にはならない．

次に，$\mathrm{Im}\, z = 0$, すなわち $z = a \in \mathbb{R}$ の場合，任意の開円板 $|z - a| < \varepsilon$ $(\varepsilon > 0)$ において，$f(z)$ が正則であるような z が存在するので，$z = a$ は特異点である．この特異点は実軸上に連続して分布しているので，孤立特異点ではない．

コメント　(a) のように，分数式ならばまず分母が 0 になる点を探せばよい．(b) における実軸のように，正則な範囲と正則でない範囲の境界では，各点の任意の近傍は正則点，非正則点を共に含むので，この境界では正則にはならない．

問　題

5.1　次の複素関数の，拡張された複素平面 $\overline{\mathbb{C}}$ 上の特異点をすべて求め，孤立特異点かどうか調べよ．

(a)　$f(z) = \dfrac{(z^2+1)}{z(z^2-1)}$　　(b)　$f(z) = z + \dfrac{1}{z}$　　(c)　$f(z) = \tan \dfrac{1}{z}$

例題 6.6 — **孤立特異点の分類**

次の関数について，与えられた点は孤立特異点である．これらを分類せよ．

(a) $f(z) = z + \dfrac{1}{z}$ $(z = 0, \infty)$　　(b) $f(z) = \dfrac{e^z - 1}{z}$ $(z = 0)$

【解　答】

(a) $f(z)$ の非正則点は，$z = 0, \infty$ のみであるから，$f(z)$ は $0 < |z| < \infty$ でローラン展開される．ここで，

1. $z = 0$ の場合，$f(z)$ のうち z はローラン展開の正則部，$\dfrac{1}{z}$ は主要部である．よって主要部が z^{-1} までの項からなるので，1 位の極である．
2. $z = \infty$ の場合，$z = 0$ の場合とは逆に，z はローラン展開の主要部，$\dfrac{1}{z}$ は正則部であり，やはり 1 位の極である．

以上より，$z = 0, \infty$ 共に 1 位の極である．

(b) $z = 0$ のまわりでは，$e^z = \displaystyle\sum_{n=0}^{\infty} \frac{z^n}{n!} = 1 + \sum_{n=1}^{\infty} \frac{z^n}{n!}$ である．よって，$f(z)$ は

$$e^z - 1 = \sum_{n=1}^{\infty} \frac{z^n}{n!} = \sum_{n=0}^{\infty} \frac{z^{n+1}}{(n+1)!} = z \sum_{n=0}^{\infty} \frac{z^n}{(n+1)!}$$

$$\frac{e^z - 1}{z} = \sum_{n=0}^{\infty} \frac{z^n}{(n+1)!}$$

のように $z = 0$ のまわりでローラン展開される．これは主要部を持たないので，$z = 0$ は除去可能な特異点である．

問　題

6.1 拡張された複素平面上で次の関数の孤立特異点を求め，それを分類せよ．

(a) $f(z) = \dfrac{1}{z^2 + z + 1}$　　(b) $f(z) = \dfrac{e^z}{z^2 + 1}$　　(c) $f(z) = e^{1/z}$

(d) $f(z) = \dfrac{\sin z}{z^2}$　　(e) $f(z) = \dfrac{z}{(z+1)^2}$　　(f) $f(z) = (z^2 + 1)^2$

6.2 $z = a$ が $f(z)$ の m 位の極であるとする．$g(z) := \dfrac{1}{f(z)}$ とするとき，$z = a$ は $g(z)$ の m 位の零点（第 8.1 節参照）であること，すなわち

$$g(a) = 0, \quad g'(a) = 0, \ \ldots, \ g^{(m-1)}(a) = 0, \quad g^{(m)}(a) = 0$$

となることを示せ．

6.4 解析接続

定理 6.3 (一致の定理)　$f(z)$ は領域 D で正則な関数で，$\{z_n\}_{n=1,2,\ldots}$ は $a \in D$ に収束する1つの数列とする．このとき，$f(z_n) = 0$ $(n \in \mathbb{N})$ となるならば，$f(z)$ は D で恒等的に0に一致する．この事実を**一致の定理**という．

また，$f(z)$ が領域 D で正則で，

$$f(a) = 0, \quad f^{(n)}(a) = 0 \ (n = 1, 2, \ldots)$$

なる $a \in D$ が存在するならば，$f(z)$ は D で恒等的に0になる．この事実を一致の定理ということもある．

解析接続　2つの領域 D_1, D_2 が，領域 D を共有しているとし，$f_1(z)$, $f_2(z)$ はそれぞれ D_1, D_2 で正則で，D 内で $f_1(z) = f_2(z)$ になっているとする（図6.3(a)）．$f_2(z)$ を，$f_1(z)$ の D_2 への**解析接続**という．

直接接続と間接接続　収束半径 $\rho_1 > 0$ のべき級数 $f_1(z) = \sum_{n=0}^{\infty} a_n(z - \alpha)^n$ を考え，その収束域を D_1 : $|z - \alpha| < \rho_1$ とする．$f_1(z)$ を，$\beta \in D_1$ を中心とするべき級数 $f_2(z) = \sum_{n=0}^{\infty} b_n(z - \beta)^n$（収束半径 $\rho_2 > 0$）に展開し，その収束域を D_2 とすると，$D_1 \cap D_2$ で $f_1(z) = f_2(z)$ となり，$f_2(z)$ は $f_1(z)$ の D_2 への解析接続である．このとき，$f_2(z)$ は $f_1(z)$ の**直接接続**であるという（図6.3(b)）．$f_1(z)$ に有限回の直接接続を繰り返し行って得られるべき級数を，$f_1(z)$ の**間接接続**という．

解析関数　領域 D で正則な関数 $f(z)$ にあらゆる解析接続を行って得られる関数を**解析関数**という．$f(z)$ から出発して，直接接続を次々に行うとき，収束円の内部をつなぎ合わせると連続した面ができる．これを**リーマン面**という．

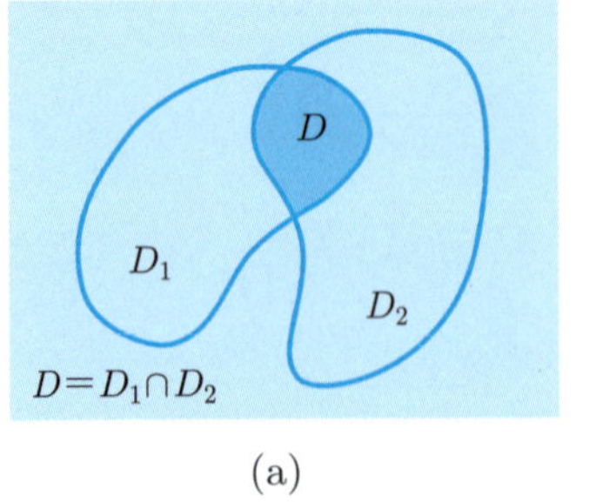

(a)

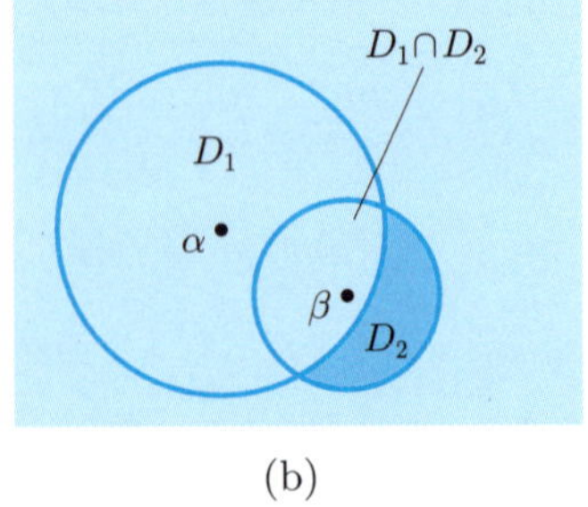

(b)

図 6.3　(a) 解析接続を行う領域．(b) 直接接続を行う円板の関係

例題 6.7 **解析接続**

$f(z) := -\sum_{n=0}^{\infty} i^{n+1} z^n$, $g(z) := \sum_{n=0}^{\infty} \dfrac{(1-z)^n}{(1+i)^{n+1}}$ とする．これらが互いに解析接続の関係にあることを示せ．

【解　答】 $f(z)$, $g(z)$ の収束半径は，それぞれ 1, $\sqrt{2}$ であるから，

- $f(z)$ の収束域 D_1 は $|z| < 1$
- $g(z)$ の収束域 D_2 は $|z-1| < \sqrt{2}$

で，共通部分 $D := D_1 \cap D_2$ は右図の青色領域である．よって D で $f(z) = g(z)$ であることをいえばよい．

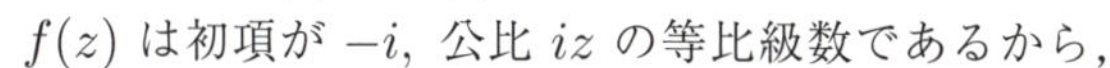

$f(z)$ は初項が $-i$, 公比 iz の等比級数であるから，

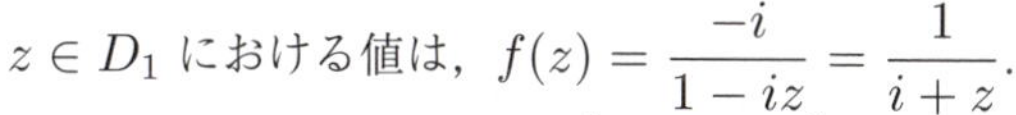

$z \in D_1$ における値は，$f(z) = \dfrac{-i}{1-iz} = \dfrac{1}{i+z}$.

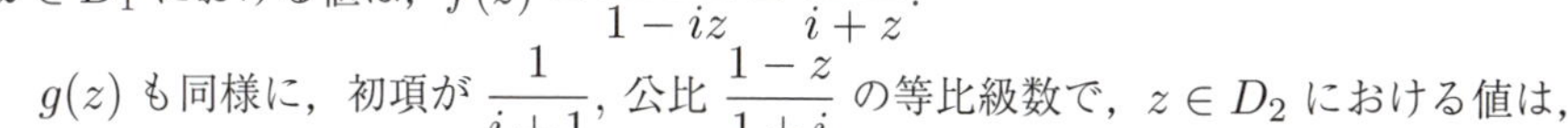

$g(z)$ も同様に，初項が $\dfrac{1}{i+1}$, 公比 $\dfrac{1-z}{1+i}$ の等比級数で，$z \in D_2$ における値は，

$$g(z) = \frac{\dfrac{1}{1+i}}{1 - \dfrac{1-z}{1+i}} = \frac{1}{(1+i)-(1-z)} = \frac{1}{i+z}$$

となる．よって，D において $f(z) = g(z)$ となり，題意が示された．

問　題

7.1 $\dfrac{1}{1+z^2}$ は $f(z) := \sum_{n=0}^{\infty} (-1)^n z^{2n}$ の解析接続であることを示せ．

7.2 領域 D において，$a \in D$ に収束する数列 $\{z_n\}$ があり，D で正則な関数 $f(z)$ が $f(z_n) = 0$ をみたすとする．

(a) $z = a$ を中心とする $f(z)$ のテイラー展開の収束円内で，$f(z) = 0$ となることを示せ．

(b) 任意の $z \in D$ で $f(z) = 0$ となることを示せ．

(c) D で正則な 2 つの関数 $f_1(z)$, $f_2(z)$ が $f_1(z_n) = f_2(z_n)$ をみたすとき，D において $f_1(z) = f_2(z)$ となることを示せ．

7.3 領域 D で正則な関数が，ある点 $a \in D$ において $f(a) = 0$, $f^{(n)}(a) = 0$ $(n \in \mathbb{N})$ をみたすとき，D において $f(z) = 0$ であることを示せ．

第6章演習問題

1. 次のそれぞれの関数を，与えられた点のまわりでテイラー展開せよ．(d) は最初の 4 項を求めよ．

(a) $f(z) = \dfrac{1}{z(z-2)}$ $(z=1)$　　(b) $f(z) = ze^z$ $(z=1)$

(c) $e^z \sin z$ $(z=0)$　　(d) $\tan z$ $(z=0)$

2. 次のそれぞれの関数を，与えられた点のまわりでローラン展開せよ．

(a) $f(z) = \dfrac{1}{z^4+1}$ $(z = e^{\pi i/4})$　　(b) $f(z) = \dfrac{e^{iz}}{z^2+1}$ $(z=i)$

(c) $f(z) = e^z$ $(z=\infty)$　　(d) $f(z) = \dfrac{1}{z^3-3z^2+2z}$ $(z=0)$

(e) $f(z) = \dfrac{1}{z^3-3z^2+2z}$ $(z=1)$

3. 次のそれぞれの関数について，拡張された複素平面上で特異点をすべて求め，孤立特異点ならばそれを分類せよ．

(a) $f(z) = \sin\dfrac{1}{z}$　　(b) $f(z) = \dfrac{1}{e^z-1}$

(c) $f(z) = e^z$　　(d) $f(z) = \dfrac{\sinh \pi z}{z(z^2+1)^2}$

4. 次の $f(z), g(z)$ が互いに解析接続の関係にあることを示せ．

(a) $f(z) = \displaystyle\sum_{n=0}^{\infty} z^{2n}$, $g(z) = \dfrac{1}{1-z^2}$

(b) $f(z) = \mathrm{Log}\, z$, $g(z) = \mathrm{Log}\,|z| + i\varphi(z;a)$

ただし，$\varphi(z;a)$ は，$\arg z$ のうちで $a \leqq \varphi(z;a) < a+2\pi$ にあるもの

(c) $f(z) = e^{\frac{1}{2}\mathrm{Log}\, z}$, $g(z) = -e^{\frac{1}{2}\mathrm{Log}\, z}$

5. $f(z) := \displaystyle\sum_{n=0}^{\infty} a_n(z-a)^n$ の収束半径を ρ $(0<\rho<\infty)$ とするとき，収束円 $|z-a| = \rho$ 上に必ず特異点があることを示せ．

6. z, w, a は相異なる複素数とするとき，分数の恒等式

$$\frac{1}{w-z} = -\sum_{k=1}^{n} \frac{(w-a)^{k-1}}{(z-a)^k} + \frac{(w-a)^n}{(w-z)(z-a)^n} \quad (n \in \mathbb{N}) \tag{6.12}$$

が成り立つ．式 (6.12) を用いて，関数の級数展開を考えよう．

(a) $f(z)$ は，$z=a$ を中心とする半径 ρ（$\rho>0$）の開円板 D で正則と仮定する．$z\in D$ として，中心 a, 半径 r（$|z-a|<r<\rho$）の円 C を取り，コーシーの積分公式 $f(z)=\dfrac{1}{2\pi i}\displaystyle\oint_C \frac{f(\zeta)}{\zeta-z}\,d\zeta$ を利用して，

$$f(z)=\sum_{k=0}^{n-1}\frac{f^{(k)}(a)}{k!}(z-a)^k+R_n$$

となることを示せ．また，R_n の具体形を求めよ．

(b) (a) において，$n\to\infty$ で $R_n\to 0$ となること，および $f(z)$ が D でテイラー展開できることを示せ．

(c) $f(z)$ が，領域 $\rho_1<|z-a|<\rho_2$（$0<\rho_1<\rho_2$）で正則であるとする．この領域内の点 z を取り，$\rho_1<r_1<|z-a|<r_2<\rho_2$ となる r_1, r_2 を選んで，a を中心とする半径 r_1, r_2 の円をそれぞれ C_1, C_2 とするとき，$f(z)=\dfrac{1}{2\pi i}\displaystyle\oint_{C_2}\frac{f(\zeta)}{\zeta-z}\,d\zeta-\frac{1}{2\pi i}\oint_{C_1}\frac{f(\zeta)}{\zeta-z}\,d\zeta$ となることを示せ．また，(a), (b) にならって，ローラン展開の公式を示せ．

7. $f(z)$ は分数関数で，分子の次数は分母の次数よりも 1 以上小さく，相異なる $z_1,\ldots,z_N$ を極とするとしよう：

$$f(z)=\frac{a_0+a_1z+\cdots+a_nz^n}{b_0+b_1z+\cdots+b_mz^m}\quad(a_n, b_m\neq 0,\ n\leqq m-1)$$

$z_1,\ldots,z_N$ のいずれにも一致しない $z\in\mathbb{C}$ を取り，$z, z_1,\ldots,z_N$ のうちで z のみを含み，z を中心とする円を C, 以下同様に，z_k のみを含み，z_k を中心とする円を C_k（$k=1,\ldots,N$）とする．

(a) $\mathit{\Gamma}$ を，$z=0$ を中心とし，$z, z_1,\ldots,z_N$ をすべて内部に含む半径 R を持つ円とする．$\displaystyle\oint_{\mathit{\Gamma}}\frac{f(\zeta)}{\zeta-z}\,d\zeta$ を，$C_1,\ldots,C_N$ に沿った積分と，$f(z)$ を用いて表せ．

(b) $\displaystyle\oint_{\mathit{\Gamma}}\frac{f(\zeta)}{\zeta-z}\,d\zeta$ の値を求めよ．

(c) z_k におけるローラン展開の主要部を $p_k(z)$ と書く．前問 6. の分数の恒等式 (6.12) を用いて，$\displaystyle\oint_{C_k}\frac{f(\zeta)}{\zeta-z}\,d\zeta=-2\pi i p_k(z)$ となることを示せ．

(d) 以上を用いて，$f(z)=\displaystyle\sum_{k=1}^{N}p_k(z)$ となることを示せ．

7 留数定理とその応用

7.1 留数定理

複素数 a における留数　$f(z)$ が $0 < |z-a| < \rho$（$\rho > 0$）で正則であるとき，

$$\frac{1}{2\pi i}\oint_{|z-a|=r} f(z)\,dz \quad (0 < r < \rho) \tag{7.1a}$$

を，$f(z)$ の $z = a$ における**留数**といい，

$$\mathrm{Res}(a; f), \quad \mathrm{Res}_f(a) \tag{7.1b}$$

のように書く．f が明らかな場合は，$\mathrm{Res}(a)$ と書くこともある．留数 $\mathrm{Res}(a; f)$ は，f と a のみにより，r にはよらない．

無限遠点における留数　$f(z)$ が $|z| > R$ で正則のとき，

$$\mathrm{Res}(\infty; f) := -\frac{1}{2\pi i}\oint_{|z|=r} f(z)\,dz \quad (r > R) \tag{7.1c}$$

を，$f(z)$ の ∞ における留数という．

定理 7.1　(留数定理)　複素平面上に領域 D があって，

- C は領域 D の内部にある閉曲線，
- $a_1, \ldots, a_N$ は，C の内部にある点，
- 複素関数 $f(z)$ は，領域 D において，$a_1, \ldots, a_N$ を除いて正則[*1]

であるとき，

$$\oint_C f(z)\,dz = 2\pi i \sum_{k=1}^{N} \mathrm{Res}(a_k; f) \tag{7.2}$$

が成り立つ（例題 7.1）．これを**留数定理**という．

[*1] $a_1, \ldots, a_N$ では，f は正則でもよい．無限遠点でない $z = a_k$ において f が正則ならば，$\mathrm{Res}(a_k; f) = 0$ であり，コーシーの積分定理に一致する．

例題 7.1 **留数定理**

複素関数 $f(z)$ は，複素平面 $\mathbb{C}$ において孤立特異点 $a_1, \ldots, a_n$ 以外では正則であり，積分路 C は，これらのうち $a_1, \ldots, a_m$ $(1 \leqq m \leqq n)$ を内部に含む閉曲線（正の向きに 1 周）とする．複素積分 $I := \dfrac{1}{2\pi i}\oint_C f(z)\,dz$ について以下に答えよ．

(a) $I = \displaystyle\sum_{k=1}^{m} \mathrm{Res}(a_k; f)$ を示せ．

(b) C の外部にある特異点 $(a_{m+1}, \ldots, a_n)$ は，I に寄与しないことを示せ．

【解　答】

(a) $a_1, \ldots, a_m$ は f の孤立特異点であるから，円 $|z - a_k| = r_k$ $(1 \leqq k \leqq m)$ を取り，半径 r_k として，この円の内部に a_k 以外の特異点がないように選ぶことができる．ここで，コーシーの積分定理を用いて I に対して積分路の分割を行い（第 4.4 節 (4.16) 式），

$$I = \sum_{k=1}^{m} \frac{1}{2\pi i} \oint_{|z-a_k|=r_k} f(z)\,dz$$

となる．右辺の和記号の中は，$\mathrm{Res}(a_k; f)$ に他ならない．

(b) 積分路の分割を行う際，$a_{m+1}, \ldots, a_n$ を内部に含む閉曲線は生じないので，これらの寄与はない．

コメント　留数定理を用いて積分の計算を行う際，誤って閉曲線外部の点における留数を入れてしまうことがあるので注意したい．

問　題

1.1 C は複素平面上の単一閉曲線を正の向きに 1 周する積分路で，有限個の点 $b_1, \ldots, b_m \in \mathbb{C}$ は C の外部にあるものとする．また，複素関数 $f(z)$ は，C の周上および外部において，$b_1, \ldots, b_m$ および ∞ を除いて正則とする．このとき，

$$\oint_C f(z)\,dz = -2\pi i \left[\sum_{k=1}^{m} \mathrm{Res}(b_k; f) + \mathrm{Res}(\infty; f) \right]$$

となることを示せ（これを，外部領域における留数定理ということがある）．

7.2 留数の計算方法

以下，$\mathbb{C}$ 上の点における留数の計算方法を述べる[*2]．

ローラン展開を用いた計算方法 $f(z)$ の，$z = a \in \mathbb{C}$ におけるローラン展開が $f(z) = \displaystyle\sum_{k=-\infty}^{\infty} c_k (z-a)^k$ であるとき，

$$\mathrm{Res}(a; f) = c_{-1} \quad \text{（ローラン展開の } (z-a)^{-1} \text{ の係数）} \tag{7.3}$$

1 位の極における留数 $f(z) = \dfrac{h(z)}{g(z)}$ と表され，$z = a$ において g, h は正則で，

$$h(a) \neq 0, \quad g(a) = 0, \quad g'(a) \neq 0$$

であるとき（すなわち，$z = a$ が 1 位の極であるとき．問題 2.1），

$$\mathrm{Res}(a; f) = \frac{h(a)}{g'(a)} \tag{7.4}$$

m 位の極における留数 $z = a$ が $f(z)$ の m 位の極であるとき，

$$\mathrm{Res}(a; f) = \frac{1}{(m-1)!} \lim_{z \to a} \frac{d^{m-1}}{dz^{m-1}} [(z-a)^m f(z)] \tag{7.5a}$$

特に，$z = a$ が 1 位の極の場合，

$$\mathrm{Res}(a; f) = \lim_{z \to a} (z-a) f(z) \tag{7.5b}$$

となる（例題 7.2）．また，

$$f(z) = \frac{g(z)}{(z-a)^m} \quad \text{（}g(z) \text{ は } z = a \text{ において正則．} g(a) \neq 0 \text{ [*3]）}$$

の場合，次式によって計算することができる[*4]．

$$\mathrm{Res}(a; f) = \frac{g^{(m-1)}(a)}{(m-1)!} \tag{7.5c}$$

[*2] 無限遠点における留数は，正則であっても 0 とは限らないなど，注意を必要とする．

[*3] しかし，この条件 $g(a) \neq 0$ は必須ではない．その理由を各自で考えてみよう．

[*4] 式 (7.5c) を (7.2) に代入すれば，コーシーの積分公式を再現する．

例題 7.2　　**留数の計算公式**

点 $z = a \in \mathbb{C}$ は，複素関数 $f(z)$ の 1 位の極とする．

(a)　$f(z) = \dfrac{F(z)}{z-a}$（$F(z)$ は $z = a$ で正則で，$F(a) \neq 0$）と表せるとき，$\mathrm{Res}(a; f) = F(a)$ となることを示せ．

(b)　$\mathrm{Res}(a; f) = \lim_{z \to a}(z-a)f(z)$ となることを示せ．ローラン展開の項別積分可能性を仮定してもよい．

【解　答】　$z = a$ を中心とする半径 r（$r > 0$）の円 C を取る．ただし，r は $0 < |z-a| < r_0$（$r_0 > r$）で $f(z)$ が正則になるように選ぶ．

(a)　コーシーの積分公式を用いて

$$\frac{1}{2\pi i}\oint_C f(z)dz = \frac{1}{2\pi i}\oint_C \frac{F(z)}{z-a}dz = F(a)$$

となる．左辺は $\mathrm{Res}(a; f)$ に他ならないので，題意の式が示された．

(b)　$z = a$ は $f(z)$ の 1 位の極だから，$(z-a)f(z)$ の $z = a$ におけるローラン展開は主要部を持たない．よって，$(z-a)f(z) = \sum_{k=0}^{\infty} c_k(z-a)^k$ とすると，

$$\mathrm{Res}(a; f) = \frac{1}{2\pi i}\oint_C \sum_{k=0}^{\infty} c_k(z-a)^{k-1}\,dz = \sum_{k=0}^{\infty}\frac{c_k}{2\pi i}\oint_C (z-a)^{k-1}\,dz$$
$$= c_0$$

これは，$(z-a)f(z)$ のローラン展開で $z \to a$ とした極限値に一致する．

問　題

2.1　$f(z) = \dfrac{h(z)}{g(z)}$（$g(a) = 0,\ g'(a) \neq 0,\ h(a) \neq 0$）とする．$\mathrm{Res}(a; f) = \dfrac{h(a)}{g'(a)}$ を示せ．

2.2　留数 $\mathrm{Res}\left(e^{\pi i/8}; \dfrac{1}{z^8+1}\right)$ について，ローラン展開による方法，微分による方法など，少なくとも 3 通りの方法で計算し，手間を比較せよ．

2.3　(a)　$f(z)$ の無限遠点におけるローラン展開が，$f(z) = \sum_{k=-\infty}^{\infty} b_k z^k$ で与えられるとする．$\mathrm{Res}(\infty; f)$ を，ローラン展開の係数で表せ．

(b)　無限遠点で正則な関数 $f(z)$ が，0 でない $\mathrm{Res}(\infty; f)$ を持つ例を作れ．

例題 7.3 　　**留数の計算 (1)**

次のそれぞれの場合について，留数 $\mathrm{Res}(a; f)$ を計算せよ．

(a)　$f(z) = \dfrac{1}{z+1}$, $a = 0$　　(b)　$f(z) = \dfrac{e^{iz}}{z^2+1}$, $a = i$

(c)　$f(z) = \cot z$, $a = 0$

【解　答】

(a)　$z = 0$ において，関数 $f(z)$ は正則である．よって $\mathrm{Res}(0; f) = 0$.

(b)　関数 $f(z)$ の分母を因数分解し，$f(z) = \dfrac{e^{iz}}{(z+i)(z-i)}$ となるから，$z = i$ は $f(z)$ の 1 位の極．よって，式 (7.5b) により

$$\mathrm{Res}(i; f) = \lim_{z \to i}(z-i)f(z) = \lim_{z \to i}\frac{e^{iz}}{z+i} = \frac{e^{i^2}}{i+i} = \frac{1}{2ie}$$

【別　解】 $g(z) := z^2 + 1$, $h(z) := e^{iz}$ とすると，$f(z) = \dfrac{h(z)}{g(z)}$ である．ここで，$h(i) = e^{-1} \neq 0$, $g(i) = 0$ であり，また $g'(z) = 2z$ から，$g'(i) = 2i$. したがって，$\mathrm{Res}(i; f) = \dfrac{h(i)}{g'(i)} = \dfrac{1}{2ie}$.

(c)　$\cot z = \dfrac{\cos z}{\sin z}$ と，$\dfrac{\sin z}{z} \to 1$ $(z \to 0)$ により，$z = 0$ は $f(z)$ の極で，位数は 1 である．よって，$\mathrm{Res}(0) = \left.\dfrac{\cos z}{(\sin z)'}\right|_{z=0} = 1$.

【別　解】 $z \cot z = \cos z \cdot \left(\dfrac{\sin z}{z}\right)^{-1} \to 1 \cdot 1 = 1$ $(z \to 0)$ のように計算してもよい．

問　題

3.1 次のそれぞれの場合について，留数 $\mathrm{Res}(a; f)$ を計算せよ．

(a)　$f(z) = \dfrac{1}{z^4+1}$, $a = e^{i\pi/4}$　　(b)　$f(z) = \dfrac{e^z}{z^2+z+1}$, $a = e^{2\pi i/3}$

(c)　$f(z) = \dfrac{z^3+2z}{z^2-1}$, $a = 1$　　(d)　$f(z) = \dfrac{1}{\cosh z}$, $a = \dfrac{\pi i}{2}$

(e)　$f(z) = \dfrac{1}{\sin(e^z-1)}$, $a = 0$　　(f)　$f(z) = \dfrac{\sin z}{z}$, $a = 0$

例題 7.4 　　**留数の計算 (2)**

次のそれぞれの場合について，留数 $\mathrm{Res}(0; f)$ を計算せよ．

(a)　$f(z) = \dfrac{z-1}{z^2(z-2)}$　(b)　$f(z) = \dfrac{1}{1-\cos 2z}$　(c)　$f(z) = e^{1/z}$

【解　答】

(a)　$g(z) := \dfrac{z-1}{z-2}$ とすると，$f(z) = \dfrac{g(z)}{z^2}$ となり，$g(z)$ は $z=0$ で正則で，$g(0) \neq 0$. よって，$z=0$ は関数 $f(z)$ の 2 位の極で，$\mathrm{Res}(0; f) = g'(0)$ となる．ここで，$g'(z) = -\dfrac{1}{(z-2)^2}$ であるから $\mathrm{Res}(0; f) = -\dfrac{1}{4}$.

(b)　$F(z) := \dfrac{1}{f(z)} = 1 - \cos 2z$ とすると，$F(0) = 0$, $F'(0) = 0$, $F''(0) = 4 \neq 0$ となるので，$z=0$ は 2 位の極である．ここで，$g(z) := \dfrac{z^2}{1-\cos 2z} = \dfrac{z^2}{2\sin^2 z}$ とすれば，$\mathrm{Res}(0; f) = g'(0)$ となる．

$$
\begin{aligned}
g'(z) &= \frac{z(\sin z - z\cos z)}{\sin^3 z} = \frac{z}{\sin z}\frac{(z - z^3/3! + \cdots) - z(1 - z^2/2 + \cdots)}{(z - z^3/3! + \cdots)^2} \\
&= \frac{z}{\sin z}\frac{z^3/3 + \cdots}{z^2(1 - z^2/3! + \cdots)^2} \to 0 \quad (z \to 0)
\end{aligned}
$$

であるから，$\mathrm{Res}(0; f) = 0$ となる．

(c)　$z=0$ において $f(z)$ をローラン展開すると，

$$
f(z) = \sum_{k=0}^{\infty} \frac{(1/z)^k}{k!} = 1 + \sum_{k=1}^{\infty} \frac{1/k!}{z^k}
$$

となるので，z^{-1} の係数は 1 である．よって $\mathrm{Res}(0, f) = 1$ となる．

コメント　$z=0$ は関数 $f(z)$ の真性特異点である．

問　題

4.1　次のそれぞれの場合について，留数 $\mathrm{Res}(a; f)$ を計算せよ．

(a)　$f(z) = \dfrac{z^2+1}{z^2(z+1)}$, $a = 0$　　(b)　$f(z) = \dfrac{1}{(z^2+1)^2}$, $a = -i$

(c)　$f(z) = \cot(z - z_0)\cot(z + z_0)$, $a = z_0$　($z_0 \in \mathbb{C}$, $z_0 \neq \pm\pi, \pm 2\pi, \ldots$)

(d)　$f(z) = \sin z$, $a = \infty$

7.3　留数定理を利用した積分の計算 (1)

留数定理を利用すると，容易には計算できない実積分を求めることができる．本節では，典型的な例をいくつか取り上げる．

$\displaystyle\int_0^{2\pi} F(\cos\theta, \sin\theta)\,d\theta$ 型の積分　　$F(x,y)$ は x と y の有理関数とすると，

$$\int_0^{2\pi} F(\cos\theta, \sin\theta)\,d\theta = \oint_{|z|=1} F\left(\frac{1}{2}\left(z+\frac{1}{z}\right), \frac{1}{2i}\left(z-\frac{1}{z}\right)\right)\frac{dz}{iz} \tag{7.6}$$

となる．この式は，$z = e^{i\theta}$ とおいて $ie^{i\theta}d\theta = dz$ を用いて積分を変形することで得られる．左辺の積分は，右辺に留数定理を適用し，円 $|z| = 1$ の内部の特異点における留数を計算することで求められる（図 7.1）．

$\displaystyle\int_{-\infty}^{\infty} f(x)\,dx$ 型の積分　　$f(z)$ は $\mathrm{Im}\,z > 0$ の領域（これを**上半平面**という）と実軸を含む領域において，$a_1, \ldots, a_N$ 以外で正則で，$\displaystyle\lim_{z\to\infty} zf(z) = 0$ ならば，

$$\int_{-\infty}^{\infty} f(x)\,dx = 2\pi i \sum_{k=1}^{N} \mathrm{Res}(a_k; f) \tag{7.7}$$

が成り立つ[*5]．$a_1, \ldots, a_N$ をすべて含むように取った図 7.2の閉曲線 C に対して $\displaystyle\int_C f(z)\,dz$ を求め，$R \to \infty$ とすればよい．

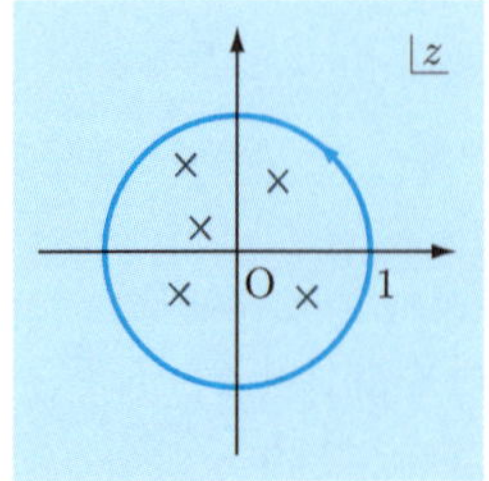

図 7.1　式 (7.6) の計算のための積分路

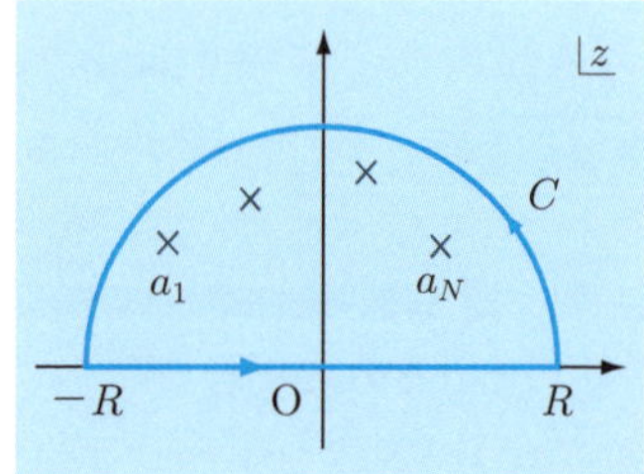

図 7.2　式 (7.7) の計算のための積分路

---

*5 式 (7.7) において，$\mathrm{Im}\,z < 0$（下半平面）にある特異点は寄与しない．

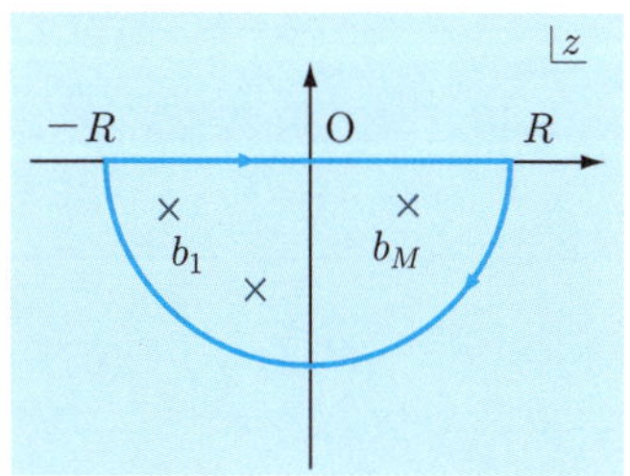

図 **7.3** 式 (7.8d) を導くための積分路

$\displaystyle\int_{-\infty}^{\infty} e^{ipx} f(x)\,dx$ **型の積分** 複素関数 $f(z)$ は，上半平面および実軸を含む領域で，$a_1, \ldots, a_N$ を除いて正則，かつ $zf(z)$ が有界であるとする．$p > 0$ ならば

$$\int_{-\infty}^{\infty} f(x) e^{ipx}\,dx = 2\pi i \sum_{k=1}^{N} \mathrm{Res}(a_k; f(z)e^{ipz}) \tag{7.8a}$$

となる (図 7.2と同様の C を用いて $\oint_C f(z)e^{ipz}\,dz$ を求め，$R \to \infty$ とする)．$f(z)$ が実数値のみを取る場合，この積分の実部・虚部を取ることにより，次の式が得られる．

$$\int_{-\infty}^{\infty} f(x) \cos px\,dx = \mathrm{Re}\left[2\pi i \sum_{k=1}^{N} \mathrm{Res}(a_k; f(z)e^{ipz})\right] \tag{7.8b}$$

$$\int_{-\infty}^{\infty} f(x) \sin px\,dx = \mathrm{Im}\left[2\pi i \sum_{k=1}^{N} \mathrm{Res}(a_k; f(z)e^{ipz})\right] \tag{7.8c}$$

$p < 0$ の場合は，次のような方法がある．

1. **下半平面** $\{z \,|\, \mathrm{Im}\, z < 0\}$ と実軸を含む領域で $f(z)$ が $b_1, \ldots, b_M$ を除いて正則，かつ $zf(z)$ が有界ならば，図 7.3の経路で $f(z)e^{ipz}$ の積分を考え，

$$\int_{-\infty}^{\infty} f(x) e^{ipx}\,dx = -2\pi i \sum_{k=1}^{M} \mathrm{Res}(b_k; f(z)e^{ipz}) \tag{7.8d}$$

2. $f(x)$ が実数値のみを取るならば，$\displaystyle\int_{-\infty}^{\infty} f(x)e^{ipx}\,dx = \overline{\int_{-\infty}^{\infty} f(x)e^{i(-p)x}\,dx}$ に注意し，式 (7.8a) で p を $-p$ とした計算を行ってその複素共役を取る
3. 式 (7.8b,c) のタイプの積分も，上記 1., 2. のいずれかを適用して求める

例題 7.5 **留数定理を用いた積分計算 (1)**

$z = e^{i\theta}$ とし，留数定理を利用して，積分 $I := \displaystyle\int_0^{\pi} \frac{d\theta}{4 - 3\cos\theta}$ を求めよ．

【解　答】 $\cos\theta$ は偶関数であるから，$I = \dfrac{1}{2}\displaystyle\int_{-\pi}^{\pi} \frac{d\theta}{4 - 3\cos\theta}$ である．また，与えられたように $z = e^{i\theta}$ とすれば，

$$\frac{1}{4 - 3\cos\theta} = \frac{1}{4 - 3\dfrac{z + z^{-1}}{2}} = \frac{2z}{-3z^2 + 8z - 3}, \quad dz = ie^{i\theta}\,d\theta = iz\,d\theta$$

となる．したがって，

$$I = \frac{1}{2}\oint_{|z|=1} \frac{2z}{-3z^2 + 8z - 3}\frac{dz}{iz} = \frac{1}{i}\oint_{|z|=1} \frac{dz}{-3z^2 + 8z - 3}$$

積分中の関数 $f(z) := \dfrac{1}{-3z^2 + 8z - 3}$ の特異点は分母の零点によって与えられるから，$-3z^2 + 8z - 3 = 0$ を解いて $z = \dfrac{4 \pm \sqrt{7}}{3}$ となる．またこれらは 1 位の極である．このうち，$|z| = 1$ の内部にあるものは $z = \dfrac{4 - \sqrt{7}}{3}$ であるから，

$$I = \frac{1}{i} \cdot 2\pi i \operatorname{Res}\left(\frac{4 - \sqrt{7}}{3}; f\right) = 2\pi \frac{1}{(-3z^2 + 8z - 3)'}\bigg|_{z=\frac{4-\sqrt{7}}{3}}$$

$$= \frac{2\pi}{8 - 6z}\bigg|_{z=\frac{4-\sqrt{7}}{3}} = \frac{\pi}{\sqrt{7}}$$

問　題

5.1 留数定理を利用して，次のそれぞれの積分を求めよ．

(a) $\displaystyle\int_0^{2\pi} \frac{d\theta}{5 - 4\sin\theta}$　(b) $\displaystyle\int_0^{2\pi} \frac{d\theta}{8 - 7\cos\theta}$　(c) $\displaystyle\int_{-\frac{\pi}{2}}^{\frac{\pi}{2}} \frac{d\theta}{2 - \sin\theta}$

(d) $\displaystyle\int_0^{2\pi} \cos e^{i\theta}\,d\theta$　(e) $\displaystyle\int_0^{2\pi} \frac{d\theta}{a^2 - 2a\cos\theta + 1}$ $(|a| < 1)$

例題 7.6　　**留数定理を用いた積分計算 (2)**

留数定理を利用して，積分 $J := \displaystyle\int_{-\infty}^{\infty} \frac{dx}{x^4+1}$ を求めよ．

【解　答】 式 (7.7) を用いればすぐに計算できるが，ここでは途中の計算も行う．

$f(z) := \dfrac{1}{z^4+1}$ とすると，$f(z)$ は $\mathbb{C}$ 上では分母が 0 になる点を除いて正則である．孤立特異点は 4 個の 1 位の極

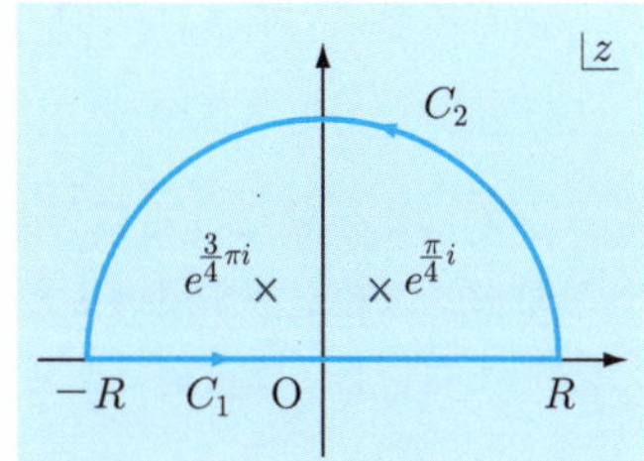

$$z = e^{\pi i/4}, e^{3\pi i/4}, e^{5\pi i/4}, e^{7\pi i/4}$$

である．いま，右図に示す曲線 C_1，C_2 で囲まれる部分に，$\mathrm{Im}\, z > 0$ にある 2 つの極 $z = e^{\pi i/4}, e^{3\pi i/4}$ が入るように $R>1$ と選び，$J_R := \displaystyle\oint_{C_1+C_2} f(z)\,dz$ とすると，留数定理から

$$J_R = 2\pi i\left[\mathrm{Res}(e^{\pi i/4}) + \mathrm{Res}(e^{3\pi i/4})\right] = 2\pi i\left[\frac{1}{4(e^{\pi i/4})^3} + \frac{1}{4(e^{3\pi i/4})^3}\right]$$
$$= \frac{\pi i}{2}\left(e^{-3\pi i/4} + e^{-9\pi i/4}\right) = \frac{\pi}{\sqrt{2}} \qquad (*)$$

となる．ここで，$J_R = \displaystyle\int_{C_1} + \int_{C_2}$ であるが，$\displaystyle\int_{C_1} = \int_{-R}^{R} \frac{dx}{x^4+1} \to J \quad (R\to\infty)$ である．また，

$$\left|\int_{C_2}\right| = \left|\int_0^{\pi} \frac{iRe^{i\theta}\,d\theta}{R^4e^{4i\theta}+1}\right| \leqq \int_0^{\pi}\left|\frac{R}{R^4e^{4i\theta}+1}\right| d\theta \leqq \frac{\pi R}{R^4-1} \to 0 \quad (R\to\infty)$$

となる．ただし，三角不等式より $|R^4e^{4i\theta}+1| \geqq \big||R^4e^{4i\theta}|-1\big| = R^4-1$ を用いた．以上から $J_R \to J$ $(R\to\infty)$ が得られ，$(*)$ とあわせて $J = \dfrac{\pi}{\sqrt{2}}$.

問　題

6.1　留数定理を利用して，次のそれぞれの積分を求めよ．

(a) $\displaystyle\int_{-\infty}^{\infty} \frac{dx}{x^8+1}$　(b) $\displaystyle\int_{-\infty}^{\infty} \frac{dx}{x^2-x+1}$　(c) $\displaystyle\int_{-\infty}^{\infty} \frac{dx}{(x^4+1)^2}$

(d) $\displaystyle\int_0^{\infty} \frac{x^2}{x^4+1}\,dx$　(e) $\displaystyle\int_{-\infty}^{\infty} \frac{x^2-1}{(x^2+1)^2(x^2-2x+2)}\,dx$

例題 7.7　　　　**留数定理を用いた積分計算 (3)**

留数定理を利用して，積分 $K := \displaystyle\int_{-\infty}^{\infty} \frac{e^{ipx}}{x^2+1}\,dx$ （$p \in \mathbb{R}$）を求めよ．

【解　答】 $f(z) := \dfrac{e^{ipz}}{z^2+1}$ とすると，これは $\mathbb{C}$ 上で 1 位の極 $z = \pm i$ を持つ．以下，p の正負に応じて，次のように場合分けする．

1. $p > 0$ のとき

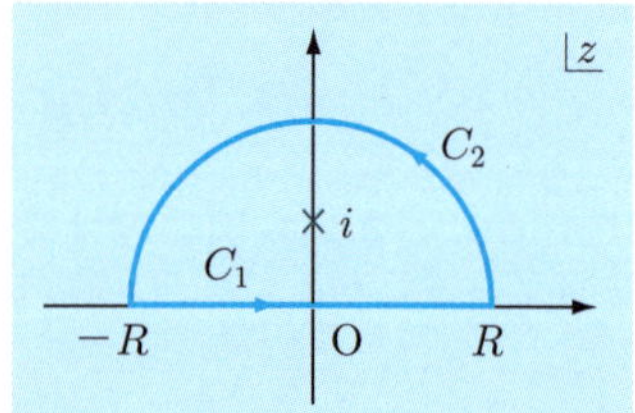

右図に示すような積分路 $C = C_1 + C_2$ を取り，留数定理を用いると，1 位の極 $z = i$ 以外では $f(z)$ は正則であるから，

$$\oint_C f(z)\,dz = 2\pi i \,\mathrm{Res}(i) = \pi e^{-p}$$

ここで，$\displaystyle\oint_C = \int_{C_1} + \int_{C_2}$ であり，$\displaystyle\int_{C_1} = \int_{-R}^{R} \frac{e^{ipx}}{x^2+1}\,dx \longrightarrow K\ (R \to \infty)$．また，

$$\left|\int_{C_2}\right| = \int_0^{\pi} \frac{|iRe^{i\theta}e^{ipR(\cos\theta + i\sin\theta)}|\,d\theta}{|R^2e^{2i\theta}+1|} \leqq \int_0^{\pi} \frac{Re^{-pR\sin\theta}\,d\theta}{|R^2e^{2i\theta}+1|}$$

$$\leqq \frac{R}{R^2-1}\int_0^{\pi} e^{-pR\sin\theta}\,d\theta = \frac{2R}{R^2-1}\int_0^{\frac{\pi}{2}} e^{-pR\sin\theta}\,d\theta$$

が得られる．ただし，R が十分大きいとして三角不等式 $|R^2e^{2i\theta}+1| \geqq R^2 - 1$ を用いた．ここで，ジョルダンの不等式より $e^{-pR\sin\theta} \leqq e^{-2pR\theta/\pi}$ となるから，

$$\left|\int_{C_2}\right| \leqq \frac{2R}{R^2-1}\int_0^{\frac{\pi}{2}} e^{-2pR\theta/\pi}\,d\theta = \frac{\pi(1-e^{-pR})}{p(R^2-1)} \longrightarrow 0 \quad (R \to \infty)$$

以上より，$R \to \infty$ で $\displaystyle\oint_C \to K$ となるので，$K = \pi e^{-p}$ が得られる．

2. $p < 0$ のとき

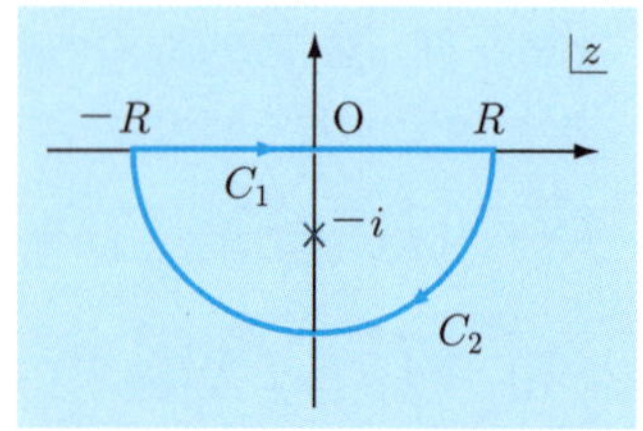

図のような積分路 $C = C_1 + C_2$ を取り，$p > 0$ の場合と同様に考える．C は負の向きに 1 周しているので，留数定理から

$$\oint_C f(z)\,dz = -2\pi i \,\mathrm{Res}(-i) = \pi e^{p}$$

が得られる．$R \to \infty$ の極限で $\int_{C_1} \to K$, $\int_{C_2} \to 0$ であるから，$p < 0$ の場合は $K = \pi e^p$ となる．

3. $p = 0$ の場合，$K = \int_{-\infty}^{\infty} \frac{dx}{x^2+1} = \Big[\arctan x\Big]_{-\infty}^{\infty} = \pi.$

以上，1. から 3. をまとめ，$K = \pi e^{-|p|}$ となる．

【別　解】 $p < 0$ の場合，

$$\int_{-\infty}^{\infty} \frac{e^{ipx}}{x^2+1}\,dx = \int_{-\infty}^{\infty} \frac{\overline{e^{-ipx}}}{x^2+1}\,dx = \overline{\int_{-\infty}^{\infty} \frac{e^{-ipx}}{x^2+1}\,dx}$$

となる．$-p > 0$ であるから，$\int_{-\infty}^{\infty} \frac{e^{i(-p)x}}{x^2+1}\,dx$ に $p > 0$ の場合の結果を適用でき，

$$\int_{-\infty}^{\infty} \frac{e^{-ipx}}{x^2+1}\,dx = \int_{-\infty}^{\infty} \frac{e^{i(-p)x}}{x^2+1}\,dx = \pi e^{-(-p)} = \pi e^p$$

が得られる．この結果の複素共役を取り，$\int_{-\infty}^{\infty} \frac{e^{ipx}}{x^2+1}\,dx = \overline{\pi e^p} = \pi e^p$ を得る．

コメント　$\int_{-\infty}^{\infty} f(x)\cos px\,dx$, $\int_{-\infty}^{\infty} f(x)\sin px\,dx$ のタイプの積分は，対称性

$$\int_{-\infty}^{\infty} f(x)\cos px\,dx = \int_{-\infty}^{\infty} f(x)\cos(-px)\,dx \quad \text{および}$$

$$\int_{-\infty}^{\infty} f(x)\sin px\,dx = -\int_{-\infty}^{\infty} f(x)\sin(-px)\,dx$$

を用いれば，$p > 0$ の場合の計算だけ行えばよい．

問　題

7.1 留数定理を利用して，次のそれぞれの積分を求めよ．ただし $p \in \mathbb{R}$ とする．

(a) $\int_{-\infty}^{\infty} \frac{e^{ipx}}{x^2+x+1}\,dx$　　(b) $\int_{-\infty}^{\infty} \frac{e^{-ipx}}{x^4+1}\,dx$

(c) $\int_{-\infty}^{\infty} \frac{\sin px}{x^2-2x+2}\,dx$　　(d) $\int_{-\infty}^{\infty} \frac{e^{ipx}}{(x^2+1)^2}\,dx$

(e) $\int_{-\infty}^{\infty} \frac{\cos px}{x^2+a^2}\,dx$ $(a > 0)$

7.2 関数 $f(x)$ を $f(x) := \int_{-\infty}^{\infty} \frac{t\sin xt}{t^4+1}\,dt$ と定義する．この関数のグラフを描け．

7.4 留数定理を利用した積分の計算 (2)

ここでは，前節の分類には入らないが，比較的良く現れる型の積分およびその関連事項についてまとめる．

$\int_0^\infty x^{-p} f(x)\,dx$ 型の積分　$f(z)$ は有理関数で，実軸上の正の部分で正則で，$z \to \infty$ で $|zf(z)|$ が有界であるとする．$f(z)$ の極を $a_1, \ldots, a_N$ とすると，

$$\int_0^\infty x^{-p} f(x)\,dx = \frac{2\pi i}{1 - e^{2\pi p i}} \sum_{k=1}^{N} \mathrm{Res}(a_k, z^{-p} f(z)) \quad (0 < p < 1) \tag{7.9}$$

ここで，和は $f(z)$ のすべての極について取る．これは，図 7.4 の積分路 C のもとで，$\int_C z^{-p} f(z)\,dz$ に留数定理を適用し，$R \to \infty, \varepsilon \to +0$ として示される[*6]．

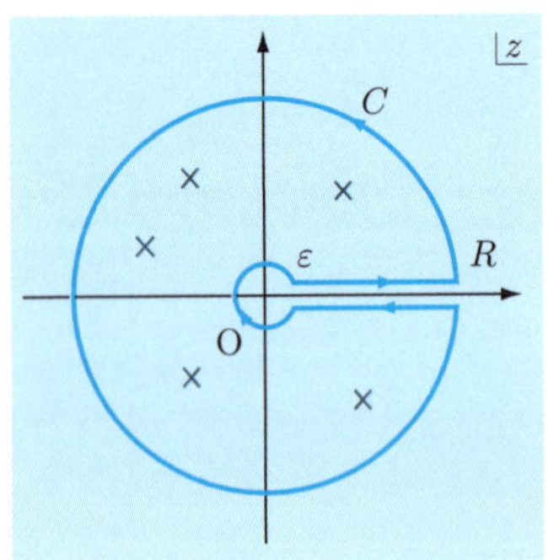

図 7.4　式 (7.9) を導出する複素積分を行うための積分路 C．×印は $f(z)$ の極

コーシーの主値　関数 $f(z)$ が，実軸上，孤立特異点 x_0（$x_0 \in \mathbb{R}$）以外で正則であるとき，$a, b \in \mathbb{R}$, $a < x_0 < b$ として

$$\mathrm{P}\int_a^b f(x)\,dx := \lim_{\delta \to +0} \left[\int_a^{x_0 - \delta} f(x)\,dx + \int_{x_0 + \delta}^b f(x)\,dx \right] \tag{7.10a}$$

$$\mathrm{P}\int_{-\infty}^\infty f(x)\,dx := \lim_{\delta \to +0,\ R \to \infty} \left[\int_{-R}^{x_0 - \delta} f(x)\,dx + \int_{x_0 + \delta}^R f(x)\,dx \right] \tag{7.10b}$$

[*6] 式 (7.9) の右辺の留数計算の際，z^p（$0 < p < 1$）が多価関数であることに注意する．

を，積分 $\displaystyle\int_a^b f(x)\,dx$ や $\displaystyle\int_{-\infty}^{\infty} f(x)\,dx$ の**コーシーの主値**という[*7]．特に (7.10b) の積分は，$\displaystyle\int_C f(z)\,dz$（図 7.5）を計算することで求められることが多い[*8]．

定理 7.2　**（ジョルダンの補題）**　$f(z)$ は，$|z-a|>\rho$（$\rho \geqq 0$）で連続な関数で，

$$C:\ \{z \mid z = a + re^{i\theta},\ \theta_1 \leqq \theta \leqq \theta_2\} \quad (0 \leqq \theta_1 \leqq \theta_2 \leqq \pi)$$

とし，$r \to +\infty$ において C 上の $|zf(z)|$ が有界であるとき，次の式が成り立つ．

$$\lim_{r\to+\infty} \int_C f(z)e^{ipz}\,dz = 0 \quad (p>0) \tag{7.11}$$

閉曲線でない場合　$f(z)$ は $z=a$ を 1 位の極として持ち，C を

$$C:\ \{z \mid z = a + \varepsilon e^{i\theta},\ \alpha \leqq \theta \leqq \beta\} \quad (\alpha \leqq \beta,\ \beta-\alpha \leqq 2\pi)$$

とする．ただし，C の向きは θ が増加する向きであるとする．このとき，

$$\lim_{\varepsilon\to+0} \int_C f(z)\,dz = i(\beta-\alpha)\,\mathrm{Res}(a) \tag{7.12}$$

が成り立つ．これは，$f(z)$ をローラン展開し，図 7.6の積分路を取って左辺の複素積分を計算して $\varepsilon \to 0$ とすることで示される．

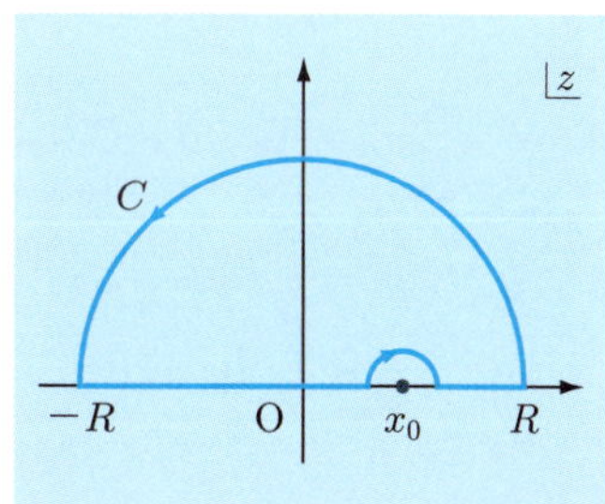

図 7.5　コーシーの主値を計算する積分路

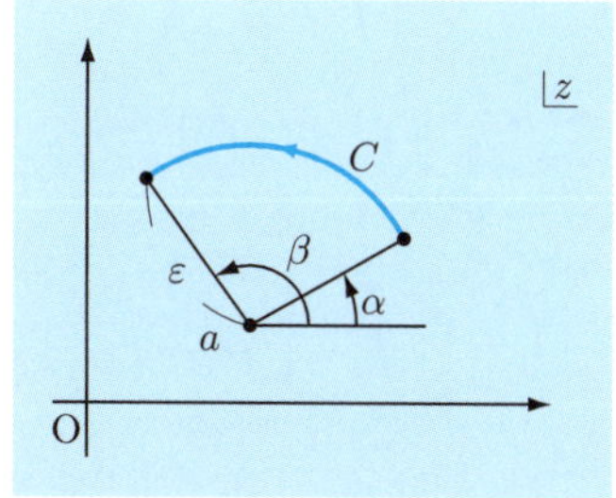

図 7.6　式 (7.12) を計算する積分路

[*7] $\mathrm{P}\displaystyle\int_a^b f(x)\,dx$ のかわりに p.v. $\displaystyle\int_a^b f(x)\,dx$ などのように書くこともある．

[*8] 場合により異なる C を使う必要もある．また，式 (7.10a) のような有限区間の場合の積分路の選択は一般に工夫を要するので，本書では扱わない．

例題 7.8　　　　**留数定理を用いた積分計算 (4)**

$0 < a < 1$ とし，$0 \leqq \arg z < 2\pi$ の範囲で $f(z) := \dfrac{z^a}{z^2+1}$ を考えて，C を右図のように取る．

(a)　$A := \mathrm{Res}(i) + \mathrm{Res}(-i)$ を計算せよ．

(b)　複素積分 $I := \displaystyle\oint_C \frac{z^a}{z^2+1}\,dz$ を計算し，極限 $\varepsilon \to 0$, $R \to \infty$ を取ることにより，実積分 $J := \displaystyle\int_0^\infty \frac{x^a}{x^2+1}\,dx$ を求めよ．

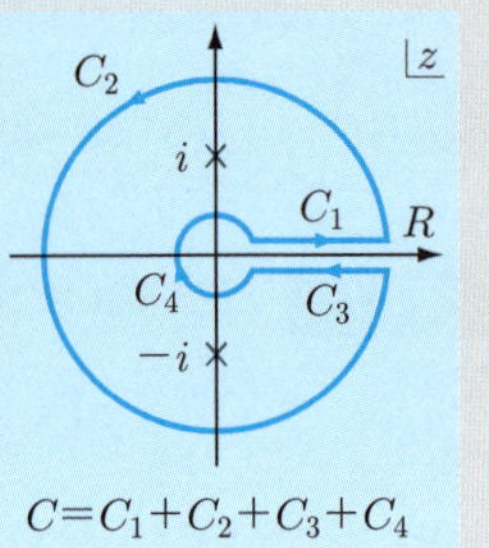

【解　答】

(a)　$z = \pm i$ は f の 1 位の極で，$\mathrm{Res}(i) = \dfrac{i^a}{2i}$, $\mathrm{Res}(-i) = -\dfrac{(-i)^a}{2i}$ である．偏角に関する条件から，$\arg i = \dfrac{\pi}{2}$, $\arg(-i) = \dfrac{3\pi}{2}$ に注意すると，

$$i^a = \exp[a\,(\log|i| + i\arg i)] = e^{\pi ia/2}, \quad \text{同様に } (-i)^a = e^{3\pi ia/2}$$

となる．よって，$A = \dfrac{e^{\pi ia/2} - e^{3\pi ia/2}}{2i} = -e^{\pi ia}\sin\dfrac{\pi a}{2}$.

(b)　$f(z)$ は，C の内部では $z = \pm i$ 以外では正則だから，$I = 2\pi iA$ である．

ここで，C_1 上で $\arg z = 0$ より $z^a = x^a$, C_3 上では $\arg z = 2\pi$ より $z^a = \exp[a(\log|x| + 2\pi i)] = e^{2\pi ia}x^a$ となるので，

$$\int_{C_1} = \int_\varepsilon^R \frac{x^a}{x^2+1}\,dx \to J, \quad \int_{C_3} = \int_R^\varepsilon \frac{e^{2\pi ia}x^a}{x^2+1}\,dx \to -e^{2\pi ia}J.$$

また，C_2, C_4 に沿った積分は，$\arg z = \theta$ ($0 \leqq \theta < 2\pi$) として θ に関する積分で表し，$0 < a < 1$ に注意して $R \to \infty$, $\varepsilon \to 0$ とすれば

$$\left|\int_{C_2}\right| \leqq \int_0^{2\pi} \left|\frac{R^a e^{ia\theta} iRe^{i\theta}}{R^2e^{2i\theta}+1}\right| d\theta = \int_0^{2\pi} \frac{R^{a+1}d\theta}{|R^2e^{2i\theta}+1|} \leqq \int_0^{2\pi} \frac{R^{a+1}\,d\theta}{R^2-1}$$
$$= \frac{2\pi R^{a+1}}{R^2-1} \longrightarrow 0 \quad (R \to \infty)$$

となる．ただし，R は十分大きいとして三角不等式から $|R^2e^{2i\theta}+1| \geqq R^2-1$ となることを用いた．同様の計算を行い，

$$\left|\int_{C_4}\right| \leqq \int_0^{2\pi} \frac{\varepsilon^{a+1}d\theta}{|\varepsilon^2e^{2i\theta}+1|} \leqq \int_0^{2\pi} \frac{\varepsilon^{a+1}d\theta}{1-\varepsilon^2} = \frac{2\pi\varepsilon^{a+1}}{1-\varepsilon^2} \longrightarrow 0 \quad (\varepsilon \to 0)$$

ただし，$|\varepsilon^2 e^{2i\theta}+1|$ に三角不等式を適用する際，ε が十分 0 に近いとした．したがって，$R\to\infty,\ \varepsilon\to 0$ において，$I\to(1-e^{2\pi ia})J=-2ie^{\pi ia}\sin\pi aJ$. よって $-2\pi ie^{\pi ia}\sin\dfrac{\pi a}{2}=-2ie^{\pi ia}\sin\pi aJ$ となり，$J=\dfrac{\pi\sin(\pi a/2)}{\sin\pi a}$ を得る．

コメント　z^a（$0<a<1$）は多価関数になるので，偏角を指定する必要がある．解答とは異なる範囲の偏角を用いて積分を計算しても同じ結果になる．

問　題

8.1 例題 7.8の計算を $-2\pi<\arg z\leqq 0$ の範囲で行うとどうなるか調べよ．

8.2 次の複素積分を計算せよ．ただし，$0<a<1$ とする．

(a) $\displaystyle\int_0^\infty \frac{x^a}{x(x+2)}\,dx$　(b) $\displaystyle\int_0^\infty \frac{x^a}{x^3+1}\,dx$　(c) $\displaystyle\int_0^\infty \frac{x^a}{x^2+x+1}\,dx$

例題 7.9 ―――― **コーシーの主値**

$p>0$ とする．右図の積分路 $C=C_1+C_2+C_3+C_4$ に対して $\displaystyle\oint_C \frac{e^{ipz}}{z}\,dz=0$ となることを用いて，$I:=\mathrm{P}\displaystyle\int_{-\infty}^{\infty}\frac{e^{ipx}}{x}\,dx=i\pi$ を計算せよ．

【解　答】 経路 C_1, C_3 からの寄与をまとめて計算すると，

$$\int_{C_1+C_3}\frac{e^{ipz}}{z}\,dz=\int_{-R}^{-\varepsilon}\frac{e^{ipx}}{x}\,dx+\int_{\varepsilon}^{R}\frac{e^{ipx}}{x}\,dx\longrightarrow I\quad(R\to\infty,\ \varepsilon\to 0)$$

また，$\displaystyle\int_{C_2}$ にジョルダンの補題を適用すると，$R\to\infty$ で $\displaystyle\int_{C_2}\to 0$ となる．

次に，式 (7.12) によって，$\varepsilon\to 0$ において $\displaystyle\int_{C_3}\to -\pi i\,\mathrm{Res}(0)=-\pi i$ となる．

以上から $I-\pi i=0$ となり，$I=\pi i$ が得られた．

コメント　ジョルダンの補題等を用いない場合は，例題 7.8のようにして C_2 や C_4 に沿った積分を評価することになる．

問　題

9.1 コーシーの主値 $\mathrm{P}\displaystyle\int_{-\infty}^{\infty}\frac{e^{ipx}}{x}\,dx=\mathrm{sign}(p)\pi i(1-\delta_{p,0})$ を示せ．

第7章演習問題

1. 次のそれぞれの関数について，与えられた点における留数を計算せよ．

(a) $\dfrac{\cos z}{z^{2n-1}}$ $(n \in \mathbb{N})$, $z=0$　　(b) $\dfrac{e^z}{z^{n+1}}$ $(n \in \mathbb{N})$, $z=0$

(c) $\dfrac{1}{\sinh^2 z}$, $z=0$　　(d) $\sin z$, $z=\infty$　　(e) $\dfrac{1}{z(z+1)^2}$, $z=\infty$

2. $f(z)$ は $z=a$ を極とし，$g(z)$ は $z=a$ で正則であるとする．

(a) a が 1 位の極であるとき，$\mathrm{Res}(a;fg)=g(a)\,\mathrm{Res}(a;f)$ となることを示せ．

(b) a が m 位の極で，a のまわりで

$$f(z)=\sum_{k=-m}^{\infty} c_k(z-a)^k, \quad g(z)=\sum_{k=0}^{\infty} a_k(z-a)^k$$

となるとき，$\mathrm{Res}(a;fg)$ を求めよ．

3. 留数定理を利用して，次の積分を計算せよ．ただし，$a \in \mathbb{R}$ とする．

(a) $\displaystyle\int_0^{2\pi} e^{2\cos\theta}\,d\theta$　　(b) $\displaystyle\int_0^{2\pi} \frac{\sin n\theta\,d\theta}{13-12\sin\theta}$ $(n \in \mathbb{N})$

(c) $\displaystyle\int_0^{\pi} \frac{d\theta}{5-4\cos 2\theta}$　　(d) $\displaystyle\int_0^{2\pi} \frac{d\theta}{(1-a\sin\theta)^2}$ $(|a|<1)$

(e) $\displaystyle\int_0^{2\pi} \frac{\cos n\theta\,d\theta}{a^2-2a\cos\theta+1}$ $(|a|>1,\ n \in \mathbb{N})$

4. 留数定理を利用して，次の積分を計算せよ．ただし，$p,q \in \mathbb{R}$, $0<a<1$ とする．

(a) $\displaystyle\int_{-\infty}^{\infty} \frac{x^2+x}{(x^2+1)^2}\,dx$　　(b) $\displaystyle\int_0^{\infty} \frac{x\sin px}{x^2+1}\,dx$

(c) $\displaystyle\int_{-\infty}^{\infty} \frac{\cos(px+q)}{x^2+x+1}\,dx$　　(d) $\displaystyle\int_0^{\infty} \frac{x^{a-1}}{x+2}\,dx$

(e) $\displaystyle\int_0^{\infty} \frac{x^{a-1}}{x^2+x+1}\,dx$　　(f) $\displaystyle\int_0^{\infty} \frac{x^a}{x^2+3x+2}\,dx$

5. 積分 $I:=\displaystyle\int_{-\infty}^{\infty} \frac{dx}{x^4+1}$ の計算は，例題 7.6で行ったが，ここでは別の方法を考えよう．$f(z):=\dfrac{1}{z^4+1}$ と定義し，次の 3 つの図を参考にして問いに答えよ．

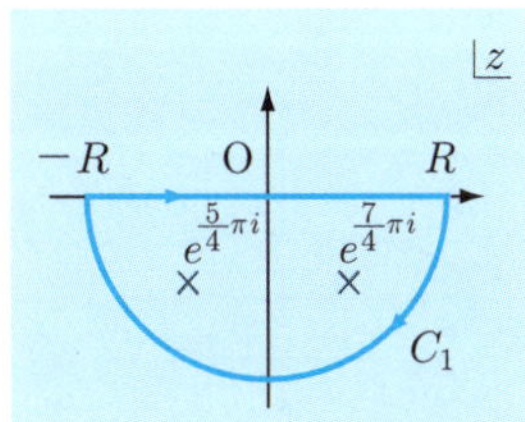

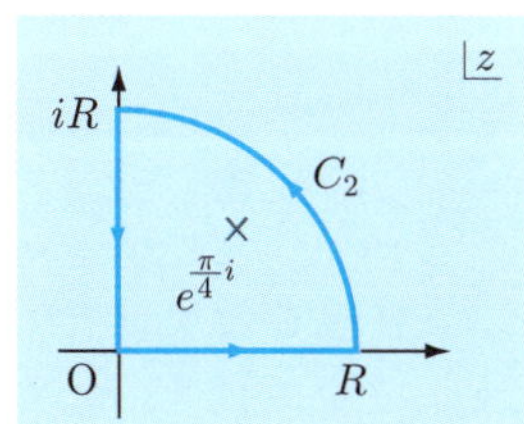

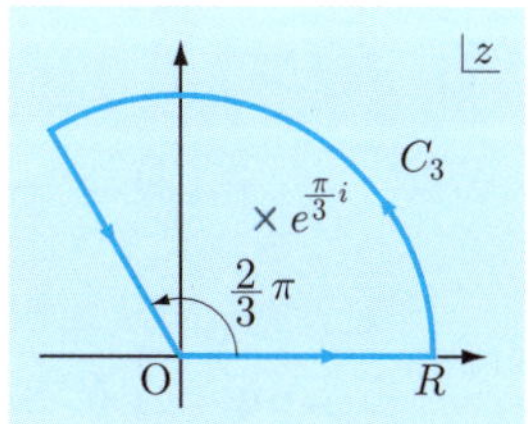

(a) 上図左で与えられる積分路 C_1 について $\oint_{C_1} f(z)\,dz$ を計算することにより，$I = -2\pi i[\mathrm{Res}(e^{5\pi i/4}; f) + \mathrm{Res}(e^{7\pi i/4}; f)]$ となることを示せ.

(b) 上図中で与えられる積分路 C_2 について $\oint_{C_2} f(z)\,dz$ を計算し, I と $\mathrm{Res}(e^{\pi i/4})$ の関係を求めよ[*9].

(c) (b) を参考にして，上図右で与えられる経路 C_3 について $\oint_{C_3} \dfrac{dz}{z^3+1}$ を計算することにより，$\displaystyle\int_0^\infty \frac{dx}{x^3+1}$ を求めよ.

6. 積分路 C_1 は図 7.5（125ページ），C_2 は図 7.6（125ページ）で与えられるものとする．次のそれぞれが成り立つことを示せ.

(a) $f(z)$ は $|z-a| > \rho$ $(\rho \geqq 0)$ で連続な関数，また C_1 は

$$C_1: \ \{z \mid z = a + re^{i\theta},\ \theta : \theta_1 \to \theta_2\} \quad (0 \leqq \theta_1 \leqq \theta_2 \leqq \pi,\ r > \rho)$$

として，$r \to \infty$ において C_1 上 $|zf(z)|$ が有界であるとする．$p > 0$ ならば

$$\lim_{r\to\infty} \int_{C_1} f(z)e^{ipz}\,dz = 0$$

(b) (a) の θ_1, θ_2 を $-\pi \leqq \theta_1 \leqq \theta_2 \leqq 0$ とした場合，$p < 0$ ならば $r \to \infty$ において $\displaystyle\int_{C_1} f(z)e^{ipz}\,dz \to 0$

(c) $f(z)$ は $z = a$ を 1 位の極とし，C_2 を

$$C_2: \ \{z \mid z = a + \varepsilon e^{i\theta},\ \theta : \alpha \to \beta\} \quad (\alpha \leqq \beta,\ \beta - \alpha \leqq 2\pi)$$

と定めるとき，

$$\lim_{\varepsilon\to+0} \int_{C_2} f(z)\,dz = i(\beta-\alpha)\,\mathrm{Res}(a; f)$$

---

*9 関連問題として，第 4 章の演習問題 1. (c), (d) を参照.

7. 複素関数 $f(z)$ は実軸上で正則で,

$$g_\varepsilon(x) := \frac{\varepsilon}{\pi(x^2+\varepsilon^2)} \quad (\varepsilon > 0)$$

と定義する．$R>0$ として，閉曲線 C は実軸上の $-R \leqq \mathrm{Re}\, z \leqq R$ の部分と $z = \pm i\varepsilon$ を内部に含み（右図），また内部と周上で $f(z)$ が正則となるように選ぶ．

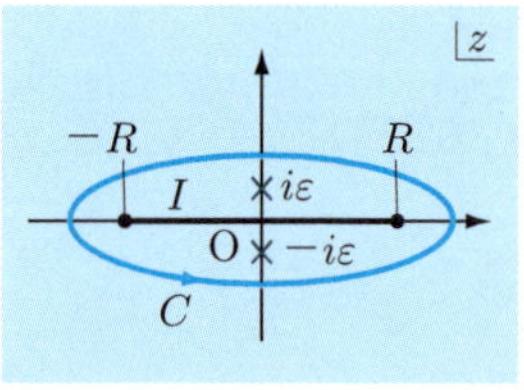

(a) $I := \displaystyle\int_{-R}^{R} f(x) g_\varepsilon(x)\, dx$ とする．コーシーの積分公式を用いて,

$$I = \frac{1}{2\pi i}\oint_C f(z) g_\varepsilon(z) \left[\int_{-R}^{R}\left(\frac{x+z}{x^2+\varepsilon^2} + \frac{1}{z-x}\right) dx\right] dz$$

となることを示せ．

(b) (a) をもとにして I を求め，$R\to\infty$, $\varepsilon \to 0$ で $I \to f(0)$ となることを示せ．

8. $f(z)$ は実軸上 $\mathrm{Re}\, z \geqq 0$ の部分に特異点を持たず，極 $a_1, \ldots, a_N$ を持つ有理関数で，$|z| \to \infty$ で $|z^2 f(z)| \to 0$ とする．$\log z$ を $0 \leqq \arg z < 2\pi$ の枝で考えることとして，$I := \displaystyle\int_0^\infty f(x)\, dx$ を次の手順に従って計算せよ．

(a) 図の積分路 C について $\displaystyle\oint_C f(z) \log z\, dz$ を $\mathrm{Res}(a_k; f(z)\log z)$ （$k = 1, \ldots, N$）で表せ．

(b) $\displaystyle\oint_C f(z)\log z\, dz$ において $R \to \infty$, $\varepsilon \to 0$ の極限を調べることによって，次を示せ．

$$I = -\sum_{k=1}^{N} \mathrm{Res}(a_k; f \log z)$$

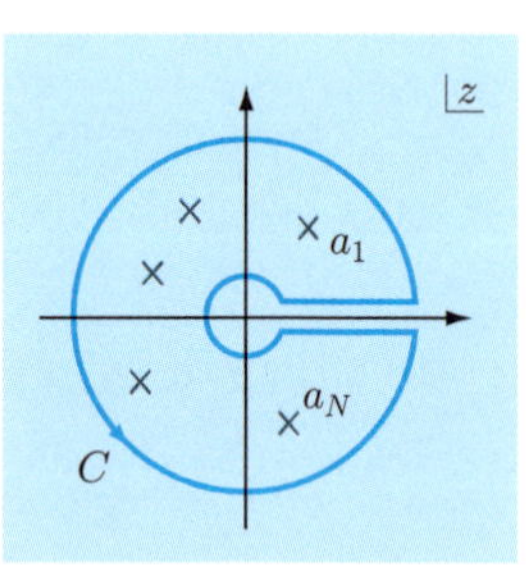

(c) 以上の結果を利用し，次の積分を求めよ[*10]．

i. $\displaystyle\int_0^\infty \frac{dx}{x^3+1}$　　ii. $\displaystyle\int_0^\infty \frac{dx}{(x+1)(x^3+1)}$

[*10] i. については，演習問題 5. (c) で計算したものと同じである．結果を比較してみよう．

9. 次のそれぞれのコーシーの主値積分を計算せよ．

(a) $\mathrm{P}\displaystyle\int_{-\infty}^{\infty} \frac{1}{x^3+1}\,dx$ (b) $\mathrm{P}\displaystyle\int_{-\infty}^{\infty} \frac{1}{x^2-1}\,dx$

10. コーシーの主値を含む，以下のそれぞれの積分を計算せよ．

(a) $\mathrm{P}\displaystyle\int_{-\infty}^{\infty} \frac{e^{ipx}}{x}\,dx$ $(p \in \mathbb{R})$ の値をもとにして，$\mathrm{P}\displaystyle\int_{-\infty}^{\infty} \frac{\sin x}{x}\,dx$ を求めよ．

(b) $\mathrm{P}\displaystyle\int_{-\infty}^{\infty} \frac{\sin \omega t}{t-T}\,dt$ $(\omega > 0,\ T \in \mathbb{R})$ を求めよ．

(c) 適当な C を選び，$\displaystyle\int_C \frac{e^{2iz}-1}{z^2}\,dz$ を計算することにより，$\mathrm{P}\displaystyle\int_{-\infty}^{\infty} \frac{\sin^2 x}{x^2}\,dx$ を求めよ．

11. 積分 $I := \displaystyle\int_0^{\frac{\pi}{2}} \mathrm{Log}\cos x\,dx$, $J := \displaystyle\int_0^{\frac{\pi}{2}} \mathrm{Log}\sin x\,dx$ は，共に値 $-\dfrac{\pi}{2}\mathrm{Log}\,2$ を持つ．オイラーは変数変換を巧妙に用いてこの事実を示したが，複素積分を用いても値を求めることができる．その方法を 2 つ考えよう．

(a) 下図左の積分路 C_1 を取り，$\displaystyle\oint_{C_1} \mathrm{Log}\cos z\,dz$ を計算し，$R \to \infty$, $\varepsilon \to 0$ とすることにより I, J を求めよ．

ヒント 実軸に平行な上辺の計算において，$\mathrm{Log}\cos z$ の虚部は奇関数となって，積分すると 0 になる．

(b) 下図右の積分路 C_2 に対して $\displaystyle\oint_{C_2} \frac{\mathrm{Log}(z+i)}{z^2+1}\,dz$ を計算し，$R \to \infty$ とすることにより $K := \displaystyle\int_0^{\infty} \frac{\mathrm{Log}(x^2+1)}{x^2+1}\,dx$ を求めよ．

(c) (b) の結果で $x = \tan\theta$ と置き，I, J を求めよ．

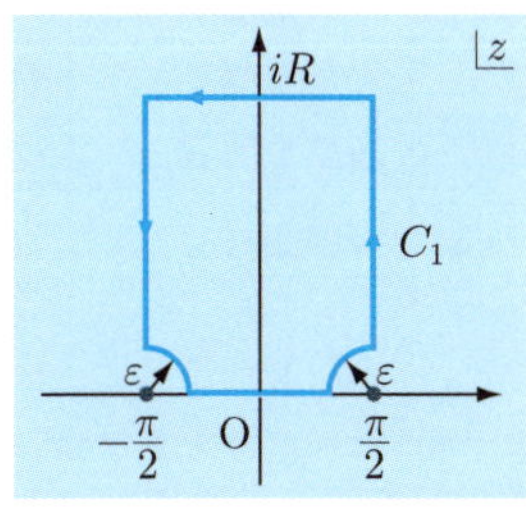

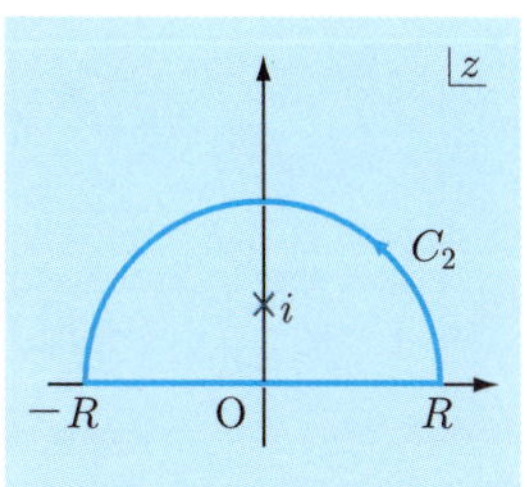

8 応用問題

8.1 有理型関数

有理型関数および整関数　領域 D において，複素関数 $f(z)$ が孤立特異点を除いて正則であるとする．$f(z)$ の特異点が極または除去可能である（すなわち $f(z)$ は D で真性特異点を持たない）とき，$f(z)$ は D において**有理型**であるという．$f(z)$ が $\mathbb{C}$ 全体で有理型であるとき，$f(z)$ は**有理型関数**であるという．また，$f(z)$ が $\mathbb{C}$ 全体で正則なとき，$f(z)$ は**整関数**であるという．

有理型関数・整関数の種類　拡張された複素平面 $\bar{\mathbb{C}}$ 上で有理型である関数は，多項式の分数

$$f(z) = \frac{a_0 + a_1 z + \cdots + a_n z^n}{b_0 + b_1 z + \cdots + b_m z^m} \tag{8.1}$$

に限る．このタイプの関数を**有理関数**という．また，無限遠点を極とする整関数は，多項式に限る．これを**有理整関数**という．有理関数以外の有理型関数（無限遠点を真性特異点とする有理型関数）を**超越有理型関数**といい，有理整関数以外の整関数（無限遠点を真性特異点とする整関数）を**超越整関数**という（表 8.1）．

表 8.1　整関数および有理型関数の特徴と分類

	$\mathbb{C}$ での正則性	無限遠点	分類	例
整関数	正則	正則	定数関数	
		極	有理整関数	$z, z^2, z^3, \ldots$ 等
		真性特異点	超越整関数	e^z 等
有理型関数	除去可能な特異点および極を除いて正則	正則または極	有理関数	$\dfrac{1}{z},\ z + \dfrac{1}{z}$ 等
		真性特異点	超越有理型関数	$\tan z,\ \dfrac{1}{\sin z}$ 等

複素関数の零点と位数　複素関数 $f(z)$ が $f(a) = 0$ となるとき，a は $f(z)$ の零点であるという．$f(z)$ の零点 a が

$$f(a) = 0,\ f'(a) = 0, \ldots, f^{(m-1)}(a) = 0,\ f^{(m)}(a) \neq 0 \tag{8.2}$$

をみたすとき，a を $f(z)$ の m 位（または m 重）の零点という．

零点または極における対数微分　$f(z)$ が $z = a$ を零点または極として持つならば，$\dfrac{f'(z)}{f(z)}$ は $z = a$ を 1 位の極とする．

例題 8.1　**対数微分の極**

$f(z)$ は整関数または孤立特異点以外では正則な関数とする．次のそれぞれの場合に，$z = a$ は $F(z) := \dfrac{f'(z)}{f(z)}$ の 1 位の極であることを示せ．

(a)　$z = a$ が $f(z)$ の零点　　(b)　$z = a$ が $f(z)$ の極

【解　答】

(a)　$z = a$ が $f(z)$ の m 位の零点（$m \geqq 1$）であるとき，$f(z) = (z-a)^m g(z)$（$g(z)$ は $z = a$ で正則で，$g(a) \neq 0$）となる．ここで，$f'(z) = m(z-a)^{m-1}g(z) + (z-a)^m g'(z)$ であるから，

$$F(z) = \frac{m}{z-a} + \frac{g'(z)}{g(z)}$$

となる．$g(a) \neq 0$ より $\dfrac{g'(z)}{g(z)}$ は $z = a$ で正則であるから，$F(z)$ の，$z = a$ におけるローラン展開の主要部は $\dfrac{m}{z-a}$ となり，$z = a$ は $F(z)$ の 1 位の極である．

(b)　$z = a$ が $f(z)$ の m 位の極とすると，$z = a$ のまわりでの $f(z)$ のローラン展開は $f(z) = \displaystyle\sum_{n=1}^{m} \frac{c_{-n}}{(z-a)^n} + \sum_{n=0}^{\infty} c_n (z-a)^n = \frac{1}{(z-a)^m} \sum_{n=0}^{\infty} c_{n-m}(z-a)^n$．ただし，$c_{-m} \neq 0$ である．したがって $f(z) = \dfrac{h(z)}{(z-a)^m}$（$h(z)$ は $z = a$ で正則で，$h(a) \neq 0$）となり，$F(z) = \dfrac{-m}{z-a} + \dfrac{h'(z)}{h(z)}$．よって (a) と同様，$z = a$ は $F(z)$ の 1 位の極である．

問　題

1.1　無限遠点を極とする整関数は，有理整関数に限ることを示せ．

1.2　無限遠点を極または正則点とする有理型関数は，有理関数に限ることを示せ．

8.2 積分変換

積分変換 $K(x,y)$ を与えられた関数として，関数 $f(x)$ を新しい関数

$$g(y) = \int_a^b K(x,y) f(x)\, dx \tag{8.3}$$

に変換することを核 $K(x,y)$ のもとでの $f(x)$ の**積分変換**という．$g(y)$ 自身を積分変換ということもある．積分範囲 $[a,b]$ は，変換に応じて個別に定められている．$g(y)$ から $f(x)$ を求める式を，積分変換 (8.3) の**反転公式**または**逆変換**という．積分変換やその反転公式の計算は，多くの場合，複素関数を利用して計算する必要がある．

フーリエ変換 $f(x)$ の**フーリエ変換** $F(p)$ とその逆変換は，次で定義される[*1]．

$$F(p) := \int_{-\infty}^{\infty} e^{-ipx} f(x)\, dx \tag{8.4a}$$

$$f(x) := \frac{1}{2\pi} \int_{-\infty}^{\infty} e^{ixp} F(p)\, dp \tag{8.4b}$$

ラプラス変換 関数 $f(t)$ の**ラプラス変換** $L(s)$ を

$$L(s) := \int_0^{\infty} e^{-st} f(t)\, dt \tag{8.5a}$$

によって定義する．ラプラス変換 (8.5a) が $s = s_0 \in \mathbb{C}$ で収束すれば，$\mathrm{Re}\, s > \mathrm{Re}\, s_0$ となる $s \in \mathbb{C}$ でも収束する．一般に，(8.5a) の積分は，

1. ある $\sigma_c \in \mathbb{R}$ が存在し，$\mathrm{Re}\, s < \sigma_c$ で発散，$\mathrm{Re}\, s > \sigma_c$ で収束する
2. すべての $s \in \mathbb{C}$ で収束する（$\sigma_c = -\infty$ と定義）
3. すべての $s \in \mathbb{C}$ で発散する（$\sigma_c = \infty$ と定義）

の3通りの可能性がある．この σ_c を**収束座標**という．ラプラス変換 $L(s)$ の逆変換は，

$$f(t) := \frac{1}{2\pi i} \lim_{S\to\infty} \int_{\sigma-iS}^{\sigma+iS} e^{ts} L(s)\, ds \quad (\sigma > \sigma_c) \tag{8.5b}$$

---

*1 最近は式 (8.4) の積分の前の係数を共に $1/\sqrt{2\pi}$ に揃えることも多い．

で与えられる．式 (8.5b) の右辺は，通常簡単に $\dfrac{1}{2\pi i}\displaystyle\int_{\sigma-i\infty}^{\sigma+i\infty} e^{ts}L(s)\,ds$ と書く．ラプラス変換 (8.5a) では，$t<0$ での情報が失われており，逆変換は $t<0$ においては意味を持たない．このため，$t<0$ では $f(t)\equiv 0$ を前提とすることが多い．この場合，$t<0$ では $f(t)$ と逆変換の結果は一致する（例題 8.2）．

ヒルベルト変換　関数 $f(x)$ の**ヒルベルト変換** $H(y)$ およびその逆変換を

$$H(y) := \frac{1}{\pi}\,\mathrm{P}\int_{-\infty}^{\infty}\frac{f(x)}{x-y}\,dx \tag{8.6a}$$

$$f(x) := \frac{-1}{\pi}\,\mathrm{P}\int_{-\infty}^{\infty}\frac{H(y)}{y-x}\,dy \tag{8.6b}$$

によって定義する．ヒルベルト変換は，正則関数の実部と虚部を結ぶ関係を与えるほか，回路の解析などにも応用されている．

主な積分変換の公式　表 8.2に，応用上よく見られる積分変換の例を挙げる．

表 8.2　主な積分変換と反転公式

名称	積分変換	反転公式
フーリエ変換	$g(p)=\displaystyle\int_{-\infty}^{\infty} f(x)e^{-ipx}\,dx$	$f(x)=\dfrac{1}{2\pi}\displaystyle\int_{-\infty}^{\infty} g(p)e^{ixp}\,dp$
フーリエ正弦変換	$g(p)=\displaystyle\int_{0}^{\infty} f(x)\sin px\,dx$	$f(x)=\dfrac{2}{\pi}\displaystyle\int_{0}^{\infty} g(p)\sin xp\,dp$
フーリエ余弦変換	$g(p)=\displaystyle\int_{0}^{\infty} f(x)\cos px\,dx$	$f(x)=\dfrac{2}{\pi}\displaystyle\int_{0}^{\infty} g(p)\cos xp\,dp$
ラプラス変換	$g(s)=\displaystyle\int_{0}^{\infty} f(t)e^{-st}\,dt$	$f(t)=\dfrac{1}{2\pi i}\displaystyle\int_{\sigma-i\infty}^{\sigma+i\infty} g(s)e^{sx}\,ds$
メリーン変換	$g(s)=\displaystyle\int_{0}^{\infty} f(x)x^{s-1}\,dx$	$f(x)=\dfrac{1}{2\pi i}\displaystyle\int_{\sigma-i\infty}^{\sigma+i\infty} g(s)x^{-s}\,ds$
ヒルベルト変換	$g(y)=\dfrac{1}{\pi}\,\mathrm{P}\displaystyle\int_{-\infty}^{\infty}\frac{f(x)}{x-y}\,dx$	$f(x)=\dfrac{-1}{\pi}\,\mathrm{P}\displaystyle\int_{-\infty}^{\infty}\frac{g(y)}{y-x}\,dy$

σ は，$\mathrm{Re}\,s>\sigma$ で $g(s)$ が発散しないように取る

例題 8.2 **ラプラス変換と反転公式**

$f(t) := e^{\alpha t}\sin\beta t$（$\alpha, \beta$ は正定数，$t > 0$）とする．

(a) $f(t)$ のラプラス変換 $F(s) = \displaystyle\int_0^\infty e^{-st} f(t)\,dt$（$s > \alpha$）を求めよ．

(b) $F(s)$ の逆変換 $g(t)$ を求め，$t > 0$ で $f(t)$ に一致することを確かめよ．

【解　答】

(a) オイラーの公式から $\sin\beta t = \mathrm{Im}\, e^{i\beta t}$．よって $f(t) = \mathrm{Im}\, e^{(\alpha+i\beta)t}$ である．いま，$s > \alpha$ に注意すると，

$$\int_0^\infty e^{-st} e^{(\alpha+i\beta)t}\,dt = \left[\frac{e^{(\alpha-s)t+i\beta t}}{(\alpha-s)+i\beta}\right]_0^\infty = -\frac{1}{(\alpha-s)+i\beta} = \frac{s-\alpha+i\beta}{(s-\alpha)^2+\beta^2}$$

であるから，この式の虚部を取り，$F(s) = \dfrac{\beta}{(s-\alpha)^2+\beta^2}$ を得る．

(b) s を複素数に拡張すると，$F(s)$ の特異点は $s = \alpha \pm i\beta$ で，共に 1 位の極である．よって，$\sigma > \alpha$ として，図のような積分路を取れば，

$$\begin{aligned}\frac{1}{2\pi i}\oint_C \frac{\beta e^{ts}}{(s-\alpha)^2+\beta^2}\,ds &= \mathrm{Res}(\alpha+i\beta) + \mathrm{Res}(\alpha-i\beta) \\ &= \beta\left[\frac{e^{(\alpha+i\beta)t}}{2i\beta} + \frac{e^{(\alpha-i\beta)t}}{-2i\beta}\right] = e^{\alpha t}\sin\beta t\end{aligned}$$

となる．ここで，C_1 に沿った積分を計算し，$R \to \infty$ の極限を取ると，

$$\int_{C_1} \frac{\beta e^{ts}}{(s-\alpha)^2+\beta^2}\,ds \to \int_{\sigma-iR}^{\sigma+iR} \frac{\beta e^{ts}}{(s-\alpha)^2+\beta^2}\,ds \to 2\pi i\, g(t)$$

となる．また，C_2 上で $s = \sigma + iRe^{i\theta}$　($\theta : 0 \to \pi$) であるから，$I := \displaystyle\int_{C_2} = \int_0^\pi \frac{\beta e^{t(\sigma - R\sin\theta + iR\cos\theta)}}{(iRe^{i\theta}+\sigma-\alpha)^2+\beta^2}\, i^2 Re^{i\theta}\,d\theta$ が成り立つ．したがって，

$$\begin{aligned}|I| &\leqq \int_0^\pi \frac{\beta Re^{t(\sigma-R\sin\theta)}}{|(iRe^{i\theta}+\sigma-\alpha)^2+\beta^2|}\,d\theta \\ &\leqq \frac{2\beta Re^{t\sigma}}{R^2-2(\sigma-\alpha)R-\beta^2}\int_0^{\frac{\pi}{2}} e^{-2tR\theta/\pi}\,d\theta = \frac{\pi\beta e^{t\sigma}(1-e^{-tR})}{t[R^2-2(\sigma-\alpha)R-\beta^2]}\end{aligned}$$

ただし，R が十分大きいと仮定し，三角不等式を 2 回用いて

$$|(iRe^{i\theta}+\sigma-\alpha)^2+\beta^2| \geqq |(iRe^{i\theta}+\sigma-\alpha)^2|-\beta^2$$
$$|(iRe^{i\theta}+\sigma-\alpha)^2| \geqq (|R|-|\sigma-\alpha|)^2 \geqq R^2-2(\sigma-\alpha)R$$

であることと，ジョルダンの不等式を用いた．$R\to\infty$ とすると右辺は 0 に収束するので，$\int_{C_2}\to 0$ となる．したがって，$\frac{1}{2\pi i}\oint_C = \frac{1}{2\pi i}\left(\int_{C_1}+\int_{C_2}\right)\to g(t)$. 以上から，$t>0$ では $g(t)=e^{\alpha t}\sin\beta t$ となり，これは $f(t)$ に一致することが確かめられた．

コメント 本文でも述べた通り，ラプラス変換では $f(t)$ の $t<0$ の情報を捨てているので，$t<0$ の形によらず，$t\geqq 0$ で同じ形なら同じラプラス変換になる．ラプラス変換が使われるのは，主に $t=0$ での初期値を与える問題に対してであるから，特に問題は生じない．

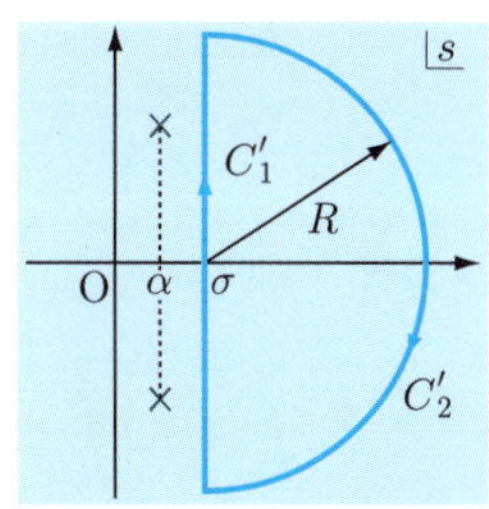

コメント 試みとして，$t<0$ の場合のラプラス逆変換を求めてみよう．右図のような積分路 $C'=C'_1+C'_2$ に対して，C' の内部に $F(s)$ は特異点を持たないから，$\oint_{C'} e^{ts}F(s)\,ds=0$ である．また，$t>0$ の場合と同様，$\frac{1}{2\pi i}\int_{C'_1} e^{ts}F(s)\,ds$ はラプラス逆変換 $g(t)$ を与える．さらに，C'_2 上では $s=\sigma-iRe^{i\theta}$（$\theta:\pi\to 0$）であるから，$\left|\int_{C'_2}\right| \leqq \int_0^{\pi}\frac{Re^{t(\alpha+R\sin\theta)}}{|(-iRe^{i\theta}+\sigma-\alpha)^2+\beta^2|}\,d\theta$ が成り立つ．解答と同様にして右辺の積分を評価すると，$R\to\infty$ で $\int_{C'_2}\to 0$ となる．以上から，$t<0$ では $g(t)=0$ となる．

問題

2.1 次の関数 $f(t)$ のラプラス変換 $F(s)$ を求めよ．$\alpha,\beta>0$, $n\in\mathbb{N}$ とし，(a) では $\mathrm{Re}\,s>0$, (b) および (c) では $\mathrm{Re}\,s>\alpha$ とする．

(a) $f(t)=t^n$　　(b) $f(t)=\cosh\alpha t$　　(c) $f(t)=e^{\alpha t}\cos\beta t$

2.2 次の $F(s)$ を，ラプラス逆変換の式に従って $f(t)$（$t>0$）に変換せよ．

(a) $F(s)=\dfrac{1}{s-\alpha}$　　(b) $F(s)=\dfrac{s}{(s-\alpha)^2-\beta^2}$

(c) $F(s)=\dfrac{1}{(s^2-\alpha^2)^2}$

例題 8.3 ———————————————— **フーリエ変換**

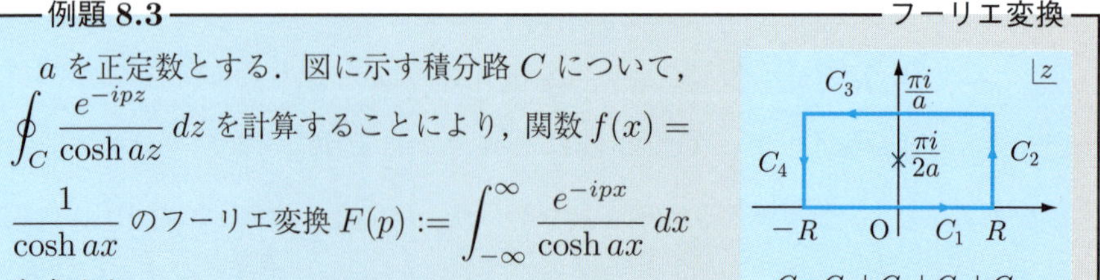

a を正定数とする．図に示す積分路 C について，$\displaystyle\oint_C \frac{e^{-ipz}}{\cosh az}\,dz$ を計算することにより，関数 $f(x) = \dfrac{1}{\cosh ax}$ のフーリエ変換 $F(p) := \displaystyle\int_{-\infty}^{\infty} \frac{e^{-ipx}}{\cosh ax}\,dx$ を求めよ．

【解　答】　図の積分路をなす 4 つの線分を，実軸上にあるものから C の向きに従って順に C_1, C_2, C_3, C_4 とすると，

$$\int_{C_1} = \int_{-R}^{R} \frac{e^{-ipx}}{\cosh ax}\,dx \overset{R\to\infty}{\longrightarrow} F(p)$$

$$\int_{C_3} = \int_{R}^{-R} \frac{e^{-ip(x+i\pi/a)}}{\cosh[a(x+i\pi/a)]}\,dx = -\int_{-R}^{R} \frac{e^{-ipx}e^{p\pi/a}}{\cosh(ax+\pi i)}\,dx$$

$$= e^{p\pi/a}\int_{-R}^{R} \frac{e^{-ipx}}{\cosh ax}\,dx \overset{R\to\infty}{\longrightarrow} e^{p\pi/a}F(p)$$

となる．ただし，$\cosh(ax+\pi i) = -\cosh ax$ を用いた．また，

$$\left|\int_{C_2}\right| = \left|\int_0^{\pi/a} \frac{e^{-ip(R+iy)}}{\cosh(aR+iay)} i dy\right| \leqq \int_0^{\pi/a} \left|\frac{e^{-ipR}e^{py}}{\cosh(R+aiy)}\right| dy$$

$$= \int_0^{\pi/a} \frac{e^{py}}{|\cosh(R+aiy)|}\,dy \overset{R\to\infty}{\longrightarrow} 0.\quad \text{よって}\ \int_{C_2} \to 0$$

同様に，$\displaystyle\int_{C_4} \to 0$. 以上から，$\displaystyle\oint_C \overset{R\to\infty}{\longrightarrow} (1+e^{\frac{\pi p}{a}})F(p) = 2e^{\frac{\pi p}{2a}}\cosh\frac{\pi p}{2a}\cdot F(p).$

一方，C の内部の特異点は $z = \dfrac{\pi i}{2a}$ であるから，留数定理より

$$\oint_C = 2\pi i\,\mathrm{Res}\left(\frac{\pi i}{2a}\right) = 2\pi i\cdot\frac{e^{-ip\frac{\pi i}{2a}}}{a\sinh\frac{\pi i}{2}} = \frac{2\pi}{a}e^{\frac{\pi p}{2a}}$$

以上をまとめ，$F(p) = \dfrac{\pi}{a\cosh(\pi p/2a)}$ となる．

問　題

3.1　次の関数のフーリエ変換 $F(p)$ を求めよ．$a>0$ とする．

(a)　$f(x) = \dfrac{a}{x^2+a^2}$　　　　(b)　$f(x) = \dfrac{1}{x^2+ax+a^2}$

3.2 次の関数のフーリエ余弦変換 $C(p)$ を求めよ．(a) についてはフーリエ正弦変換 $S(p)$ も求めよ．ただし，$a > 0$ とする．

(a) $f(x) = e^{-x}$　　(b) $f(x) = \dfrac{1}{x^2 + a^2}$　　(c) $f(x) = \dfrac{1}{\cosh ax}$

例題 8.4 ―――― **ヒルベルト変換**

関数 $\phi(z) := u(x,y) + iv(x,y)$ は，$\mathrm{Im}\, z > 0$ で正則で，$|z| \to \infty$ において $\phi \to 0$ とする．図のような積分路に沿って $I := \dfrac{1}{2\pi i}\displaystyle\oint_C \dfrac{\phi(\zeta)}{\zeta - z}\, d\zeta$ を計算し，$\mathrm{Im}\, z \to 0$ とすることにより，$u(x,0), v(x,0)$ が互いにヒルベルト変換で関係づけられることを示せ．

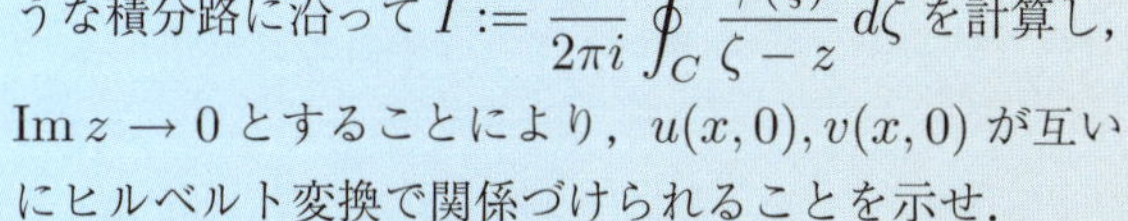

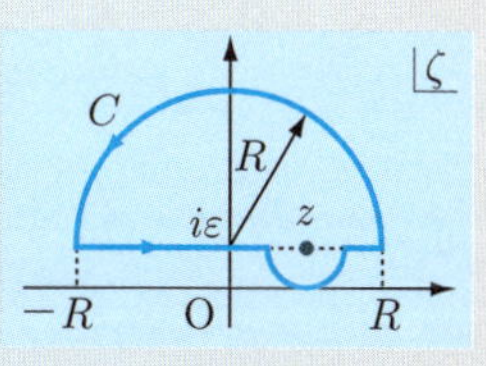

【解　答】 $z = x + i\varepsilon$ $(\varepsilon > 0)$ とすると，コーシーの積分公式から $I = \phi(z) = \phi(x + i\varepsilon)$ で，$\varepsilon \to 0$ では $\phi(x) = u(x,0) + iv(x,0)$ となる．一方，

$$2\pi i I = \int_{-R}^{x-\varepsilon} \frac{\phi(\xi + i\varepsilon)}{\xi - x}\, d\xi + \int_{\pi}^{2\pi} \frac{\phi(x + i\varepsilon + \varepsilon e^{i\theta})}{(x + i\varepsilon + \varepsilon e^{i\theta}) - (x + i\varepsilon)} i\varepsilon e^{i\theta}\, d\theta$$
$$+ \int_{x+\varepsilon}^{R} \frac{\phi(\xi + i\varepsilon)}{\xi - x}\, d\xi + \int_0^{\pi} \frac{\phi(i\varepsilon + Re^{i\theta})}{(Re^{i\theta} + i\varepsilon) - (x + i\varepsilon)} iRe^{i\theta}\, d\theta$$

ここで，右辺第 2 項は，$\varepsilon \to 0$ で $\pi i \phi(x)$, 第 4 項は $R \to \infty$ で 0 に収束する．また，第 1 項と第 3 項をあわせると，$\varepsilon \to 0,\ R \to \infty$ で $\mathrm{P}\displaystyle\int_{-\infty}^{\infty} \frac{\phi(\xi)}{\xi - x}\, d\xi$ となる．よって，

$$2i\phi(x) = i\phi(x) + \frac{1}{\pi}\mathrm{P}\int_{-\infty}^{\infty} \frac{\phi(\xi)}{\xi - x}\, d\xi$$

すなわち $\phi(x) = \dfrac{-i}{\pi}\mathrm{P}\displaystyle\int_{-\infty}^{\infty} \frac{\phi(\xi)}{\xi - x}\, d\xi$ が得られ，

$$u(x,0) = \frac{1}{\pi}\mathrm{P}\int_{-\infty}^{\infty} \frac{v(\xi,0)}{\xi - x}\, d\xi, \quad v(x,0) = \frac{-1}{\pi}\mathrm{P}\int_{-\infty}^{\infty} \frac{u(\xi,0)}{\xi - x}\, d\xi$$

を得る．これらの右辺はそれぞれ $v(x,0)$, $u(x,0)$ のヒルベルト変換を用いて表されるので，題意が示された．

問　題

4.1 $f(x) := e^{i\omega x}$ のヒルベルト変換 $H(y) = \dfrac{1}{\pi}\mathrm{P}\displaystyle\int_{-\infty}^{\infty} \frac{f(x)}{x - y}\, dx$ を求めよ．

8.3 等角写像

正則関数による写像の連続性　関数 $w = f(z) = u + iv$ が $z = z_0$ で正則であるならば，コーシー–リーマンの方程式を用いると，z_0 の十分近くで $\dfrac{\partial(u,v)}{\partial(x,y)} = u_x v_y - u_y v_x = u_x^2 + v_x^2 = |f'(z)|^2$ となる．$f'(z_0) \neq 0$ ならば，$z = z_0$ の十分近くで $f'(z) \neq 0$ とすることができるので，z_0 の近傍で，w 平面における $f(z_0)$ の近傍に 1 対 1 かつ連続に写されるものが存在する．

正則関数の等角性　関数 $f(z)$ が $z = z_0$ で正則で，$f'(z_0) \neq 0$ ならば，$w = f(z)$ による z 平面から w 平面への写像は，z_0 において，向きも含めて等角である*2．$f'(z_0) = 0$ の場合は，$f(z)$ が正則であっても等角にはならない．以下，「等角」とは角の大きさだけではなく，向きも含めて等しくなることと約束する．

定理 8.1　(リーマンの写像定理)　複素平面上の，$\mathbb{C}$ 全体ではない単連結領域 D があるとき*3，D 全体を単位円の内部 $|w| < 1$ 全体に写す 1 対 1 の写像（全単射）を与えるような，D 全体で正則な関数 $w = f(z)$ が存在する．

この事実を**リーマンの写像定理**という．これにより，複素平面上の $\mathbb{C}$ 全体ではない任意の 2 つの領域 D_1, D_2 の間を結ぶ等角写像が，単位円を介して存在することになる（図 8.1）．

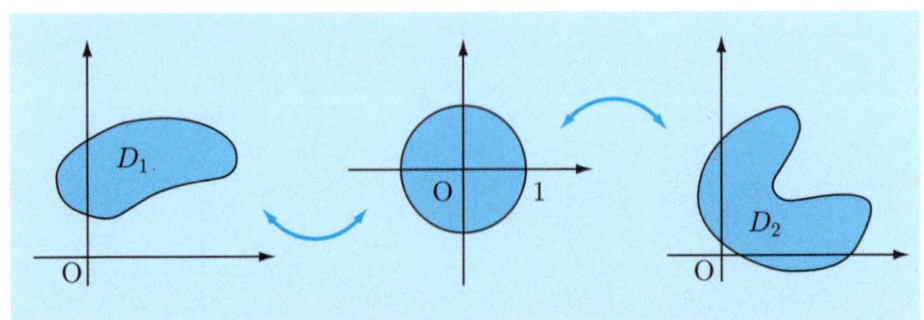

図 8.1　単位円を仲立ちにした，2 つの領域の間の全単射

---

*2 この逆として，$u(x,y)$, $v(x,y)$ が領域 D で C^1 級で，写像 $w = f(z)$ が $z = z_0 \in D$ において等角ならば，$f(z)$ は $z = z_0$ で正則かつ $f'(z_0) \neq 0$ であるという事実がある．

*3 リウヴィルの定理により，$\mathbb{C}$ 全体で正則な関数は定数に限るため，$D = \mathbb{C}$ とはできない．

例題 8.5 **等角写像**

関数 $f(z) = z^2 - 2z$ の等角性が成り立たない点を求め，その周囲で写像 $w = f(z)$ がどのように振る舞うかを調べよ．

【解　答】 与えられた関数は正則関数であるから，$f'(z) = 0$ となる点で等角写像でなくなる．$f'(z) = 2z - 2 = 2(z-1)$ により，そのような点は $z = 1$ である．

ここで，$z = 1 + \varepsilon e^{i\theta}$ とすると，

$$w = (1 + \varepsilon e^{i\theta})^2 - 2(1 + \varepsilon e^{i\theta}) = -1 + \varepsilon^2 e^{2i\theta}$$

となる．すなわち，$w + 1 = (z-1)^2$ となり，$z = 1$ のまわりの角は $w = -1$ を中心に 2 倍される（下図参照）．

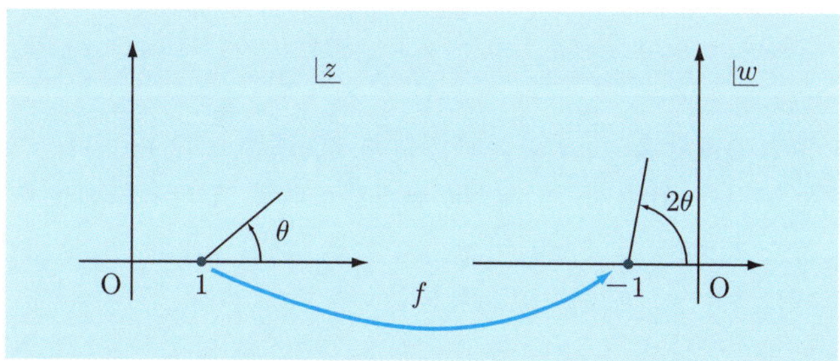

問　題

5.1 次の関数が複素平面において，どのような z で等角であるか求めよ．

(a) $f(z) = e^z$　　(b) $f(z) = \sin 2z$　　(c) $f(z) = \mathrm{Re}\, z + i|\mathrm{Im}\, z|$

5.2 $w = f(z)$ が $z = z_0$ において正則で，$f'(z_0) \neq 0$ とする．z_0 を始点とする曲線に沿った，微小な長さを持つ弧が，$f(z_0)$ を始点とする弧に写されるとき，その長さの拡大率は曲線の選び方によらず $|f'(z_0)|$ であることを示せ．

8.4 調和関数と複素ポテンシャル

ラプラスの方程式と正則関数 既に見たように，複素関数 $f(z) = u(x,y) + iv(x,y)$ が正則ならばコーシー–リーマンの方程式が成り立つ．これから u, v はラプラスの方程式

$$u_{xx} + u_{yy} = 0, \quad v_{xx} + v_{yy} = 0 \tag{8.7}$$

をみたし，v は u に共役な調和関数（第 3.2 節）となる．空間を 2 次元に制限して考えてよい場合では，応用上多くの例で，重要な関数がこの方程式をみたす．次にその例をいくつか挙げる．

1. **静電ポテンシャル** 真空中の静電場 $\boldsymbol{E}$ は，関数 ϕ を用いて $\boldsymbol{E} = -\nabla\phi$ と書ける．ガウスの法則より，真空中ならば $\nabla \cdot \boldsymbol{E} = 0$ が成り立つので，$\nabla^2\phi = 0$ となる．電場の z 成分を考慮しなくてよい場合，これは式 (8.7) のタイプのラプラスの方程式である
2. **渦無し流れの速度場** 非圧縮性流体の速度場が $\boldsymbol{v}$ で与えられているとき，質量保存則は $\nabla\cdot\boldsymbol{v} = 0$ となる．流れが渦なしならば，$\nabla\times\boldsymbol{v} = \boldsymbol{0}$ であり，$\boldsymbol{v} = \nabla\phi$ となるような速度ポテンシャル ϕ が存在する．流れを平面上に制限して考えてよければ，ϕ はラプラスの方程式をみたす
3. **定常熱伝導の温度場** 熱の流れは温度 T の勾配によって生じると考えられ，$-\nabla T$ に比例する．熱源がないならば，熱流の保存は $\nabla\cdot(\nabla T) = 0$ となる．すなわち，平面上で考えるならば，温度の場はラプラスの方程式をみたす

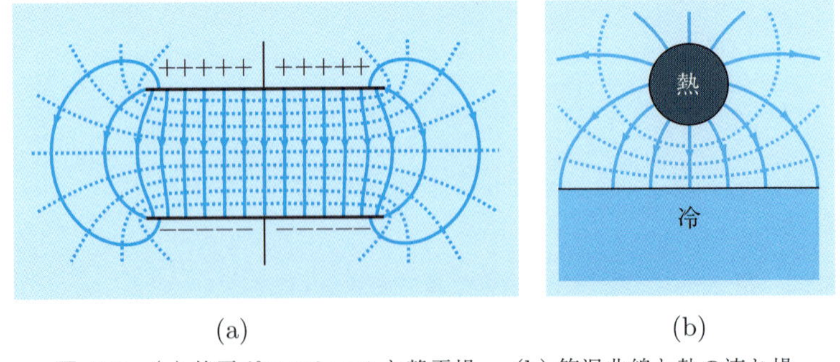

図 **8.2** (a) 静電ポテンシャルと静電場．(b) 等温曲線と熱の流れ場

ポテンシャル関数に共役な調和関数 調和関数のポテンシャル $\phi(x,y)$ が存在する場合，コーシー–リーマンの方程式を解くことによってそれに共役な調和関数 $\psi(x,y)$ を求めることができる．これらを用いて複素関数

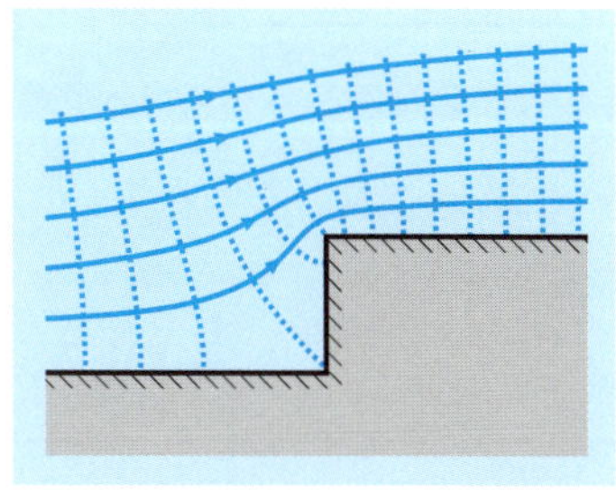

図 **8.3**　速度ポテンシャルの等ポテンシャル線（破線）と流線（実線）

$$w = f(z) := \phi(x, y) + i\psi(x, y) \tag{8.8}$$

を作ると，これは正則関数である．正則関数の等角性から，w 平面で直交する 2 曲線 $\phi = c_1$ および $\psi = c_2$（c_1, c_2 は定数）に対応する，z 平面上の 2 曲線

$$\phi(x, y) = c_1, \quad \psi(x, y) = c_2 \tag{8.9}$$

もまた直交する．式 (8.9) の左の式は等ポテンシャル線[*4] を表し，右の式はそれに対する力線・流線などを表す．

1. **静電ポテンシャル**　静電ポテンシャルの等ポテンシャル線 $\phi(x, y) = c_1$ に直交する曲線群 $\psi(x, y) = c_2$ は，電気力線を与える．静電気に限らず，重力や静磁気の場合の重力線や磁力線，熱伝導の場合の等温線に対する熱流線などがこの例に相当する
2. **渦無し流体の速度場**　流体において，等ポテンシャル線に直交する曲線 $\psi(x, y) = c_2$ は流線を表す．速度ポテンシャルに共役な調和関数 $\psi(x, y)$ は，流れの関数という

複素ポテンシャル　式 (8.8) で定められる正則関数 $f(z)$ を，**複素ポテンシャル**という．応用上の問題では，

1. 物理的な条件（境界条件など）から ϕ または ψ が一定となる曲線が与えられる
2. 正則関数の値は境界における値で決まることから，f が決定される
3. 全平面における ϕ, ψ が決まる

のような手順で複素ポテンシャルが構成される．境界の形状が簡単な図形である場合は，境界を直線等の扱いやすい形状に写すような写像のもとで ϕ, ψ を決めることもよく行われる．

[*4] 3 次元空間における等ポテンシャル面を平面で切った断面と考えてよい．

例題 8.6 **複素ポテンシャルとしての対数関数**

$w = k \log z$ ($k \in \mathbb{R}$) とし，また，$\phi = \mathrm{Re}\, w$ をポテンシャルとする．

(a) 等ポテンシャル線 ($\phi =$ 一定) を求めて z 平面上に描け．

(b) $\psi = \mathrm{Im}\, w$ とするとき，力線 ($\psi =$ 一定) はどうなるか調べよ．

(c) $w' = ik \log z$ ($k \in \mathbb{R}$) に対する力線を求めよ．

【解　答】

(a) $\phi = k \log |z|$ であるから，$\phi =$ 一定となる z は $|z| = C$ (一定) をみたす．これは，$z = 0$ を中心とする同心円である (下図左)．

(b) 力線は等ポテンシャル線に直交する．すなわち，原点を通る直線である．実際，$\psi = k \arg z$ であるから，力線は $\arctan \dfrac{y}{x} = C$ となることからもこれは明らかである．力線を図示すると，下図右のようになる．

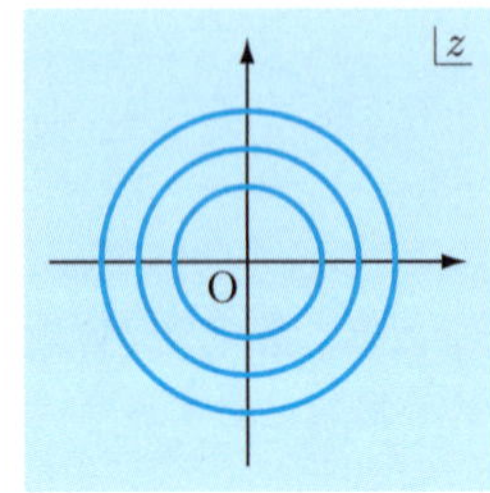

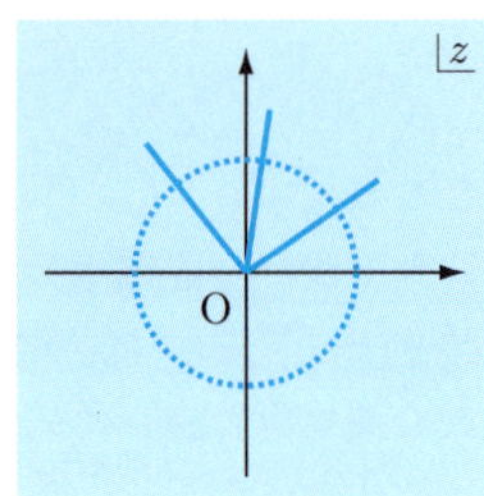

(c) $\mathrm{Im}\, w' = k \log |z|$ であるから，この場合は w を用いた場合の等ポテンシャル線と同じものである．

問　題

6.1 次の複素関数の実部をポテンシャルとするベクトル場の，等ポテンシャル線と力線を求めて描け．

(a) $f(z) = \alpha e^{-i\beta} z$ ($\alpha > 0, \beta \in \mathbb{R}$)　　(b) $f(z) = \dfrac{1}{z}$

(c) $f(z) = z + \dfrac{1}{z}$　　(d) $f(z) = \log \dfrac{z+1}{z-1}$

例題 8.7 **複素速度ポテンシャル**

非圧縮性の渦無し 2 次元流体の速度場 (u,v) は，速度ポテンシャル ϕ を用いて $u=\phi_x$, $v=\phi_y$ と表すことができ，湧き出しがなければ，$u_x+v_y=0$ より ϕ は調和関数となる．ϕ に共役な調和関数を ψ として，以下に答えよ．

(a) $\psi=$ 一定の曲線は，速度場 (u,v) に平行であることを示せ．

(b) $z=x+iy$, $f(z)=\phi(x,y)+i\psi(x,y)$ とし，$V=u+iv$ とする．$V=\overline{f'(z)}$ となることを示せ．

(c) $f(z)=z+\dfrac{1}{z}$ の場合に，流体の速度が 0 となる点を求めよ．

【解　答】

(a) $\psi=C$（定数）に沿って $(x,y)\to(x+h,y+k)$ と変化したとすると，

$$\Delta\psi=\psi(x+h,y+k)-\psi(x,y)=\psi_x(x,y)h+\psi_y(x,y)k=0$$

である．よって，$\dfrac{\psi_y}{h}=\dfrac{-\psi_x}{k}$ が成り立つ．ここで，コーシー–リーマンの方程式より，$\psi_y=\phi_x=u$, $\psi_x=-\phi_y=-v$ であるから，$\dfrac{u}{h}=\dfrac{v}{k}$. これは，$(u,v)$ と $\psi=C$ が平行であることを意味している．

(b) $f(z)$ は正則関数であるから $f'(z)$ が存在し，ϕ,ψ に関するコーシー–リーマンの方程式を用いれば，$f'(z)=\dfrac{\partial\phi}{\partial x}+i\dfrac{\partial\psi}{\partial x}=\dfrac{\partial\phi}{\partial x}-i\dfrac{\partial\phi}{\partial y}=u-iv$ が成り立つ．この式の両辺の複素共役を取れば，示すべき式が得られる．

(c) $V=\overline{f'(z)}$ であるから，$f'(z)=0$ となる点で流速が 0 となる．$f'(z)=1-\dfrac{1}{z^2}$ より，$z^2=1$. すなわち，$z=\pm1$ を得る．よって，$(x,y)=(\pm1,0)$ において，流速は 0 となる．

問　題

7.1 (a) $\phi=\dfrac{x}{x^2+y^2}-x$ が調和関数であることを確かめよ．

(b) ϕ に対応する複素速度ポテンシャルを求めよ．

(c) この ϕ に対して，流速が 0 となる点がどこになるか求めよ．

8.5 等角写像としての1次分数関数

1次分数関数の等角性　第2章で記した通り，1次分数関数（**メビウス変換**）

$$f(z) = \frac{az+b}{cz+d} \quad (a, b, c, d \in \mathbb{C},\ ad-bc \neq 0) \tag{8.10}$$

は，拡張された複素平面 $\bar{\mathbb{C}}$ 全体を $\bar{\mathbb{C}}$ 全体に1対1かつ等角に写す．第2章で挙げた性質を含め，メビウス変換の性質を以下に列挙する．

1. z 平面上の円の像は，w 平面上の円になる（**円円対応**）．ただし，円の特別な場合として直線を含む（第2章問題10.1）
2. 任意のメビウス変換は，$w = z+a$ $(a \in \mathbb{C})$，$w = az$ $(a \in \mathbb{C},\ a \neq 0)$，$w = \dfrac{1}{z}$ の合成によって表される（第2章例題2.10）
3. 相異なる z_1, z_2, z_3 の像が与えられれば，1次変換は一意的に決まる（第2章演習問題8.）
4. 恒等変換（$w = z$）でないメビウス変換は，$\bar{\mathbb{C}}$ で最大2個の不動点を持つ
5. メビウス変換によって，**非調和比** $(z_1, z_2, z_3, z_4) := \dfrac{z_1 - z_3}{z_2 - z_3} \cdot \dfrac{z_2 - z_4}{z_1 - z_4}$ は不変に保たれる（第2章問題10.3）

鏡像の原理　2点 z_1, z_2 が円 $|z-a| = r$ に関して**鏡像**の位置にあるとは，z_1, z_2 が，中心 a から出る同一半直線上にあり，$|z_1 - a||z_2 - a| = r^2$ をみたすことをいう．中心 a の鏡像は無限遠点と定義する（第1章演習問題4.）．

z_1, z_2 がある直線に関して鏡像の位置にあるとは，これらがその直線について対称の位置にあることをいう．

定理 8.2（**鏡像の原理**）　メビウス変換によって z 平面上の円 O が w 平面上の円 O' に写されるとき，O に関して鏡像の位置にある2点 P, Q は，円 O' に関して鏡像の位置に写される（円の特別な場合として直線を含む）．この事実を**鏡像の原理**という．

特別なメビウス変換　以下にいくつかの1次分数変換の例を挙げる．

1. 実軸 $\mathrm{Im}\, z = 0$ を単位円 $|w| = 1$ に写す，最も一般的なメビウス変換は，

$$w = e^{i\alpha} \frac{z-a}{z-\bar{a}} \quad (\alpha \in \mathbb{R},\ a \in \mathbb{C})$$

2. 単位円 $|z| = 1$ を単位円 $|w| = 1$ に写す，最も一般的なメビウス変換は，

$$w = e^{i\alpha} \frac{z-a}{\bar{a}z-1} \quad (\alpha \in \mathbb{R},\ a \in \mathbb{C})$$

例題 8.8　　**鏡像の原理の応用**

メビウス変換について，次に答えよ．

(a)　下半平面 $\{z \mid \mathrm{Im}\, z < 0\}$ を単位円の内部 $|w| < 1$ に写すメビウス変換を求めよ．

(b)　(a) で求めたメビウス変換によって，$w = 0$ を中心とする同心円に写される曲線を求め，図示せよ．

【解　答】

(a)　z 平面における境界（実軸）は，w 平面における境界（単位円周）に写る．よって，鏡像の原理から，$z = a$（$a \notin \mathbb{R}$）が $w = 0$ に写ったとすると，$z = \bar{a}$ は無限遠点 $w = \infty$ に写るので，

$$w = b\frac{z-a}{z-\bar{a}} \quad (a, b \in \mathbb{C})$$

となる．ここで，境界上の点 $z = x \in \mathbb{R}$ が単位円周上に写るから，たとえば $x = 0$ ととれば，$w = \dfrac{ab}{\bar{a}}$．これが $|w| = 1$ をみたせばよいので，$|b| = 1$．すなわち，$b = e^{i\alpha}$（$\alpha \in \mathbb{R}$）となる．

確かに，$w = e^{i\alpha}\dfrac{z-a}{z-\bar{a}}$ によって，$z = x \in \mathbb{R}$ の像は $|w| = 1$ をみたすことが確かめられる．ここで，$w = 0$ に写される点 $z = a$ は下半平面に存在することに注意し，求めるべき写像は

$$w = e^{i\alpha}\frac{z-a}{z-\bar{a}} \quad (\alpha \in \mathbb{R},\, a \in \mathbb{C},\, \mathrm{Im}\, a < 0)$$

(b)　$|w| = R$ とすると，$R = \dfrac{|z-a|}{|z-\bar{a}|}$ が成り立つ．すなわち，$z = a$ からの距離と，$z = \bar{a}$ からの距離の比が $R : 1$ である．これは，$z = a$ と $z = \bar{a}$ を結ぶ線分をこの比に内分する点と外分する点を直径の両端とする円で，図示すると右のようになる．

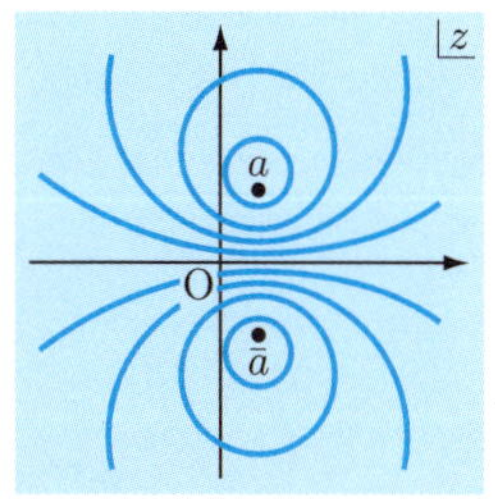

問　題

8.1　実軸を実軸に写す，最も一般的なメビウス変換を求めよ．

8.2　メビウス変換 $w = \dfrac{1}{z}$ によって，円または直線 O が円または直線 O' に写されるとき，O に関して鏡像の位置にある 2 点は，O' に関して鏡像の位置にある 2 点に写されることを示せ．また，これを用いて鏡像の原理を証明せよ．

例題 8.9 ― **メビウス変換**

次の手順に従って，メビウス変換を決定せよ．

(a)　円 $|z| = \beta$ の内部を円 $|w| = \gamma$ $(\beta, \gamma > 0)$ の外部に写すメビウス変換を求めよ．

(b)　(a) に加え，半平面 $\{z \mid \mathrm{Re}\, z > \alpha\}$ $(\alpha > \beta)$ を，原点を中心とする円の内部に写すメビウス変換と，境界の直線の像を求めよ．

【解　答】

(a)　$z = \beta z'$ によって，円 $|z| = \beta$ を単位円 $|z'| = 1$ に写し，これをメビウス変換によって $|w'| = 1$ に写して，最後に $w = \gamma w'$ とする．w' と z' の関係は，

$$w' = e^{i\theta}\frac{z' - a}{\bar{a}z' - 1} \quad (\theta \in \mathbb{R},\, a \in \mathbb{C})$$

で与えられる．ただし，$w' = 0$ は円の内部にあるので，そこに写る $z' = a$ は円外でなければならないから，$|a| > 1$．よって，

$$w = \gamma e^{i\theta}\frac{z/\beta - a}{\bar{a}z/\beta - 1} = \gamma e^{i\theta}\frac{z - \beta a}{\bar{a}z - \beta} \quad (\theta \in \mathbb{R},\, a \in \mathbb{C},\, |a| < 1)$$

(b)　(a) の変換によって，$z = \beta a$ は円の中心 $w = 0$ に，$z = \beta a$ と共役な $z = \dfrac{\beta}{\bar{a}}$ は，$w = 0$ の鏡像 $w = \infty$ にそれぞれ写される．いま，境界 $\mathrm{Re}\, z = \alpha$ は $w = 0$ を中心とする円に写され，$w = 0, \infty$ は $w = 0$ を中心とする任意の円について鏡像の位置にあるから，$z = \beta a$ と $z = \dfrac{\beta}{\bar{a}}$ は直線 $\mathrm{Re}\, z = \alpha$ についても鏡像の位置になければならない（下図）．

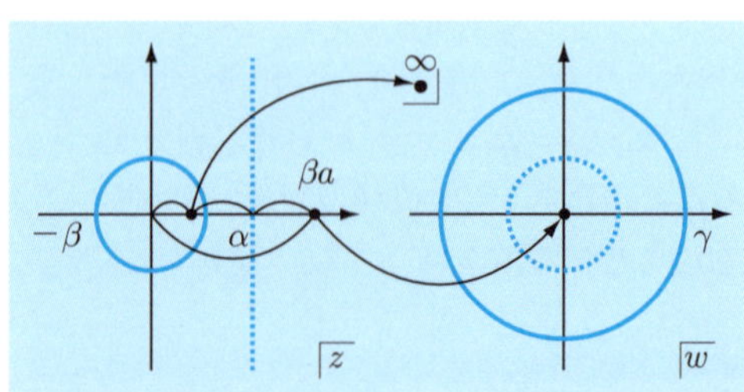

よって，$a \in \mathbb{R},\, \beta a + \dfrac{\beta}{\bar{a}} = 2\alpha$ が成り立つ．これを解いて，$a = \dfrac{\alpha \pm \sqrt{\alpha^2 - \beta^2}}{\beta}$ を得る．このうち，$|a| > 1$ をみたすのは，$a = \dfrac{\alpha + \sqrt{\alpha^2 - \beta^2}}{\beta}$ であるから，

$$w = \beta\gamma e^{i\theta} \frac{z - (\alpha + \sqrt{\alpha^2 - \beta^2})}{(\alpha + \sqrt{\alpha^2 - \beta^2})z - \beta^2}$$

である．次に，境界線の像であるが，境界は境界に写るので，$w = 0$ を中心とする円である．よってこの円の半径 R を求めればよい．z 平面で，直線 $\mathrm{Re}\, z = \alpha$ に関して対称の位置にある2点 $z = 0$, $z = 2\alpha$ を考えると，これらの像 $w = a\gamma e^{i\theta}$, $w = \gamma e^{i\theta} \dfrac{2\alpha - \beta a}{2\alpha a - \beta}$ は，円 $|w| = R$ について鏡像の位置にある．よって，

$$R^2 = \left|a\gamma e^{i\theta}\right| \cdot \left|\gamma e^{i\theta} \frac{2\alpha - \beta a}{2\alpha a - \beta}\right| = a\gamma^2 \frac{\beta/a}{\beta a^2} = \left(\frac{\gamma}{a}\right)^2$$

すなわち，境界は，$w = 0$ を中心とする半径 $\dfrac{\gamma}{a}$ の円に写る．

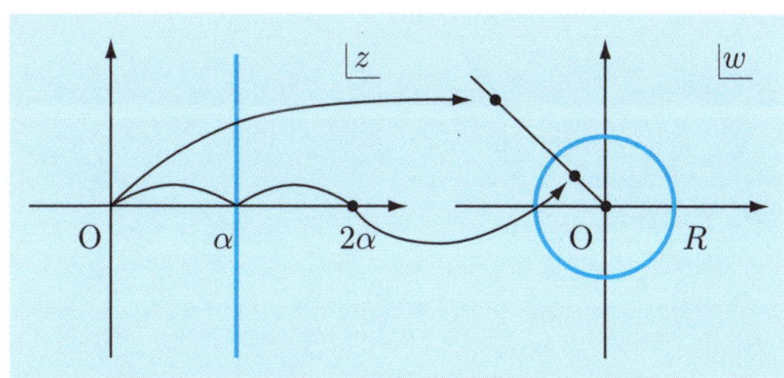

問　題

9.1　メビウス変換 $w = \dfrac{z - 9k}{z - k}$ を考える．円 $|w| = 1$ と $|w| = 3$ 上に端点を持ち，両方に直交するように引かれた線分は，z 平面でどのような図形になるか．

9.2　円 $|z| = 1$ と円 $|z - \alpha| = r$ $(r > 1,\ 0 < \alpha < r - 1)$ を共に $w = 0$ を中心とする同心円に写すメビウス変換を考える（下図）．

(a)　$|z| = 1$ の像が $|w| = 1$ となるようにして変換を決定せよ．
(b)　単位円 $|z| = 1$ の内部が単位円 $|w| = 1$ の内部に写るための条件を求めよ．

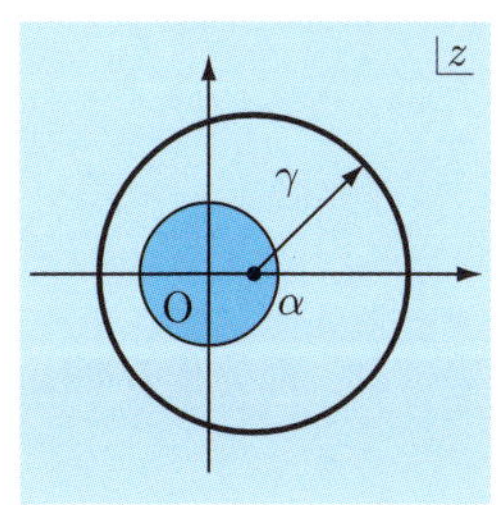

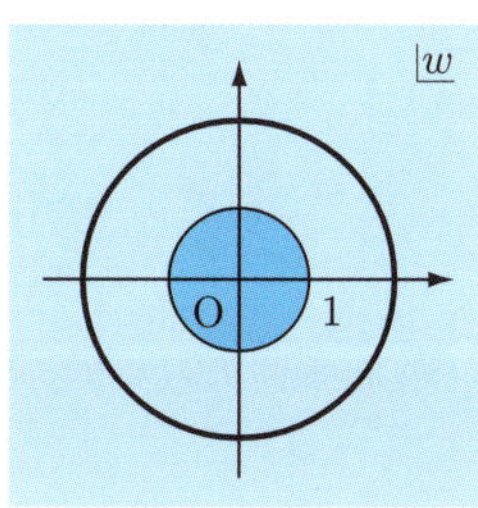

8.6 無限乗積と整関数・および関連事項

無限乗積　数列 $\{z_n\}_{n \geqq 1}$ が与えられたとき，z_1 から z_n までの積を

$$z_1 z_2 \cdots z_n = \prod_{k=1}^{n} z_k \tag{8.11a}$$

と書き，**部分積**という．部分積 (8.11a) で $n \to \infty$ の極限を取った

$$z_1 z_2 \cdots z_n \cdots = \prod_{n=1}^{\infty} z_n = \lim_{n \to \infty} \prod_{k=1}^{n} z_k \tag{8.11b}$$

を**無限乗積**という．

無限乗積の収束と発散　無限乗積 (8.11b) の収束を，次のように定義する．

無限乗積 $\displaystyle\prod_{n=1}^{\infty} z_n$ とその部分積 $p_n := z_1 z_2 \cdots z_n$ に対して

1. すべての z_n（$n \geqq 1$）が $z_n \neq 0$ であるとき
   a. $P = \displaystyle\lim_{n \to \infty} p_n$ が存在し，かつ 0 でない場合，$\displaystyle\prod_{n=0}^{\infty} z_n = P$ と書き，無限乗積は P に**収束**するという
   b. $\displaystyle\lim_{n \to \infty} p_n = 0$ のとき，無限乗積は**零に発散**するという
   c. $\displaystyle\lim_{n \to \infty} p_n$ が存在しないとき，無限乗積は**発散**するという
2. z_n の中に 0 が有限個ある場合　(8.12)
   a. z_n の中から 0 を除いてできる無限乗積が収束する場合，もとの無限乗積 $\displaystyle\prod_{n=1}^{\infty} z_n$ は 0 に収束するという
   b. z_n の中から 0 を除いた無限乗積が発散する（0 に発散する場合も含む）とき，もとの無限乗積は発散するという
3. z_n の中に 0 が無限個ある場合，無限乗積は発散するという

上記のように，無限乗積の収束性の定義においては，部分積の極限値が 0 になる場合に注意を要する．

無限乗積の収束条件　無限乗積 (8.11b) が収束するための必要十分条件としては次のものがある[*5].

任意の $\varepsilon > 0$ に対してある N が存在し, $n \geqq N$, $k > 0$ であるすべての $n, k \in \mathbb{Z}$ に対して

$$|z_{n+1}z_{n+2}\cdots z_{n+k} - 1| < \varepsilon$$

無限乗積と無限級数の収束性の関係　無限乗積

$$\prod_{n=1}^{\infty}(1+a_n) \quad (a_n \neq -1) \tag{8.13}$$

の収束性について, 次の性質が成り立つ（問題 10.2).

無限乗積 (8.13) と級数 $\displaystyle\sum_{n=1}^{\infty} \mathrm{Log}(1+a_n)$ は, 収束・発散を共にする (8.14a)

無限乗積の絶対収束　無限乗積 (8.13) に対し, $\displaystyle\prod_{k=1}^{\infty}(1+|a_n|)$ が収束するとき, (8.13) は**絶対収束**するという. 無限乗積の絶対収束性について次が成り立つ（問題 11.2).

1. 無限乗積 (8.13) の絶対収束と $\displaystyle\sum_{n=1}^{\infty} |\mathrm{Log}(1+a_n)|$ の収束は同値
2. 無限乗積 (8.13) の絶対収束と $\displaystyle\sum_{n=1}^{\infty} |a_n|$ の収束は同値

(8.14b)

無限乗積 (8.13) が絶対収束するか否かと, $\displaystyle\prod_{n=1}^{\infty} |1+a_n|$ の収束・発散は関係がない.

[*5] この条件は, 部分積がコーシー列であることに対応している.

無限乗積と一様収束　複素平面上の領域 D で定義された関数 $f_n(z)$（$n \in \mathbb{Z}$, $n \geqq 0$）に対し，無限乗積

$$\prod_{n=0}^{\infty}[1+f_n(z)] \tag{8.15}$$

を考える．(8.15) が $z \in D$ で無限乗積として収束し，かつ部分積

$$p_n(z) := [1+f_0(z)][1+f_1(z)]\cdots[1+f_n(z)]$$

が数列として D で一様収束するとき，無限乗積 (8.15) は**一様収束**するという．$p_n(z)$ が D で広義一様収束する場合，無限乗積は D で**広義一様収束**するという．

無限乗積の一様収束性の判定　無限乗積 (8.15) に対して収束する正項級数 $\displaystyle\sum_{n=0}^{\infty} M_n$ が存在し，任意の $z \in D$ で

$$|f_n(z)| \leqq M_n \quad （n \in \mathbb{Z},\ n \geqq 0） \tag{8.16}$$

が成り立つならば，(8.15) は一様かつ絶対収束する．

無限乗積の対数微分法　関数列 $\{f_n(z)\}$ が複素平面上の領域 D で正則で，無限乗積 $\displaystyle\prod_{n=0}^{\infty}[1+f_n(z)]$ が D で $f(z)$ に広義一様収束するとき，次の微分公式が成り立つ[*6]．

$$\frac{f'(z)}{f(z)} = \sum_{n=0}^{\infty}\frac{f_n'(z)}{1+f_n(z)} \tag{8.17}$$

整関数の無限乗積表示　一般の多項式は因数分解により 1 次式の積で表すことができる．超越整関数についても，次のような無限乗積表示

$$\frac{1}{\Gamma(z)} = e^{\gamma z} z \prod_{n=1}^{\infty}\left[\left(1+\frac{z}{n}\right)e^{-z/n}\right], \quad \sin z = z\prod_{n=1}^{\infty}\left(1-\frac{z^2}{n^2\pi^2}\right)$$

ただし，$\Gamma(z)$ はガンマ関数で，

$$\gamma := \lim_{n\to\infty}\sum_{k=1}^{n}\frac{1}{k} - \log n \quad （オイラーの定数）$$

などが知られている．一般に，超越整関数の無限乗積表示について次の定理がある．

---

*6 これは，無限級数の項別微分に対応するものである．

定理 8.3 (ワイエルシュトラスの乗積表示) $f(z)$ は超越整関数で，$z=0$ がその m 位の零点，その他の零点を $\{z_n\}_{n\in\mathbb{N}}$ （$|z_1| \leqq |z_2| \leqq \cdots$. $n\to\infty$ で $|z_n|\to\infty$）とするとき，

$$f(z) = e^{g(z)} z^m \prod_{k=1}^{\infty} \left[\left(1 - \frac{z}{z_k} \right) e^{g_k(z)} \right] \tag{8.18}$$

のように表せる．ただし，$g(z)$ は整関数で，また $\{p_k\}_{k\in\mathbb{N}}$ を $\displaystyle\sum_{k=1}^{\infty} \left| \frac{z}{z_k} \right|^{p_k+1}$ が任意の z で収束するように取った自然数の列として，$\displaystyle g_k(z) = \sum_{j=1}^{p_k} \frac{z^j}{j z_k^j}$ と定義する．

有理型関数の極による展開　超越整関数は，零点がわかればそれをもとに無限乗積で表現できた．超越有理型関数の場合は，極が求められれば，次のように無限部分分数に展開できる[*7]．

定理 8.4 (ミッターク=レフラー展開) $f(z)$ は $\{z_j\}_{j\in\mathbb{N}}$ を極とする有理型関数で，$z=z_j$ におけるローラン展開の主要部を $p_j(z)$ とするとき，多項式 $\{g_j(z)\}_{j\in\mathbb{N}}$ と整関数 $h(z)$ が存在し，$\displaystyle\sum_{j=1}^{\infty}[p_j(z) - g_j(z)]$ が一様収束，かつ次の式が成り立つ：

$$f(z) = p_0(z) + \sum_{j=1}^{\infty}[p_j(z) - g_j(z)] + h(z) \tag{8.19}$$

関数の展開

ワイエルシュトラスの乗積表示やミッターク=レフラー展開は，その形の複雑さもあるためか，その意味するところがわかりにくい．そのような場合は，多項式や有理関数の場合に当てはめて考えればよいだろう．

たとえば，定理 8.3 の場合は，既に述べたように多項式の因数分解を超越整関数に一般化したものと考えられる．定理 8.4 の場合は有理関数に対応づければよい．有理関数は部分分数に展開でき，その極のまわりでのローラン展開の主要部の総和で表現できる（第 6 章演習問題 7.）．この事実を超越有理型関数に拡張したものが定理 8.4 である．

式 (8.18) や (8.19) において，$g(z)$ や $h(z)$ を決めるのは難しい．これらの定理が役に立つのは，複雑な関数の一般的性質を論じるときである．

[*7] この定理および次の定理は証明がかなり複雑であるので，ここでは紹介にとどめ，具体的な関数に対する適用例を例題（例題 8.12）や問題（問題 12.1など）で取り上げる．

例題 8.10 **無限乗積**

次の無限乗積が収束するかどうか調べよ．

(a) $\displaystyle\prod_{n=1}^{\infty} 1$ (b) $\displaystyle\prod_{n=1}^{\infty} \frac{1}{n}$ (c) $\displaystyle\prod_{n=1}^{\infty} \left(1+\frac{1}{n}\right)$

【解　答】 与えられた無限乗積の一般項は，いずれも 0 になることはない．

(a) 部分積は常に 1 となる．よって無限乗積は収束し，その値は 1．

(b) 部分積を p_n とすると，$p_n = \dfrac{1}{1}\cdot\dfrac{1}{2}\cdots\dfrac{1}{n} = \dfrac{1}{n!} \to 0 \ (n\to\infty)$．よって，与えられた無限乗積は 0 に発散する．

(c) この無限乗積の部分積は，

$$p_n = \left(1+\frac{1}{1}\right)\cdot\left(1+\frac{1}{2}\right)\cdots\left(1+\frac{1}{n}\right) = \frac{2}{1}\cdot\frac{3}{2}\cdots\frac{n+1}{n} = n+1$$

これは $n\to\infty$ で発散する．よって与えられた無限乗積は発散する．

【別　解】 与えられた無限乗積と級数 $\displaystyle\sum_{n=1}^{\infty} \mathrm{Log}\left(1+\frac{1}{n}\right)$ は，収束・発散を共にする．ここで，与えられた n の範囲では Log は実数の対数と同じであることに注意すれば，この級数の部分和 s_n は

$$s_n = \mathrm{Log}\,\frac{2}{1} + \mathrm{Log}\,\frac{3}{2} + \cdots + \mathrm{Log}\,\frac{n+1}{n} = \mathrm{Log}\left(\frac{2}{1}\cdot\frac{3}{2}\cdots\frac{n+1}{n}\right) = \mathrm{Log}(n+1)$$

となり，これは $n\to\infty$ で発散する．

【別解 2】 $\dfrac{1}{n} > 0$ であるから，与えられた無限乗積と $\displaystyle\sum_{n=1}^{\infty}\frac{1}{n}$ は収束・発散を共にする．この級数は発散するので，与えられた無限乗積も発散する．

問　題

10.1 次の無限乗積の収束・発散を調べ，収束する場合はその値を求めよ．

(a) $\displaystyle\prod_{n=1}^{\infty}\left(1-\frac{1}{n}\right)$ (b) $\displaystyle\prod_{n=2}^{\infty}\left(1-\frac{1}{n^2}\right)$ (c) $\displaystyle\prod_{n=1}^{\infty}(1+z^{2^n})$ $(|z|<1)$

10.2 無限乗積 $\displaystyle\prod_{n=1}^{\infty}(1+z_n)$ と，級数 $\displaystyle\sum_{n=1}^{\infty}\mathrm{Log}(1+z_n)$ が，収束・発散を共にすることを示せ．ただし，$\displaystyle\lim_{n\to\infty} a_n = A$ ならば，$\displaystyle\lim_{n\to\infty} e^{a_n} = e^A$ となることを用いてもよい．

例題 8.11 **無限乗積の絶対収束**

次の無限乗積が絶対収束するかどうか調べよ．ただし，$|a| < 1$ とする．

(a) $\displaystyle\prod_{n=2}^{\infty}\left(1-\frac{1}{n^2}\right)$ (b) $\displaystyle\prod_{n=1}^{\infty} a^n$ (c) $\displaystyle\prod_{n=1}^{\infty}\left(1+\frac{a^n}{n^2}\right)$

【解 答】

(a) 与えられた無限乗積の絶対収束は，$\displaystyle\sum_{n=2}^{\infty}\left|\frac{-1}{n^2}\right|$ すなわち $\displaystyle\sum_{n=2}^{\infty}\frac{1}{n^2}$ の収束と同値である．この級数は収束するから，与えられた無限乗積は絶対収束する．

(b) 与えられた無限乗積の部分積 p_n は，$p_n = a\cdot a^2\cdots a^n = a^{n(n+1)/2}$ で，これは $n\to\infty$ で $p_n \to 0$ となる．よって与えられた無限乗積は発散するから，絶対収束ではない．

【別 解】 $\displaystyle\prod_{n=1}^{\infty} a^n = \prod_{n=1}^{\infty}[1+(a^n-1)]$ である．ここで $\displaystyle\sum_{n=1}^{\infty}|a^n-1|$ を考えると $|a^n-1| \to 1$ （$n\to\infty$） より，これは絶対収束ではない．

(c) 級数 $\displaystyle S := \sum_{n=1}^{\infty}\left|\frac{a^n}{n^2}\right| = \sum_{n=1}^{\infty}\frac{|a|^n}{n^2}$ を考える．一般項は $\displaystyle 0 < \frac{|a|^n}{n^2} < \frac{1}{n^2}$ をみたし，$\displaystyle\sum_{n=1}^{\infty}\frac{1}{n^2}$ は収束することから，S は収束する．よって与えられた無限乗積は絶対収束する．

問 題

11.1 次の無限乗積が絶対収束するかどうか調べよ．$p, \theta \in \mathbb{R}$, $a \in \mathbb{C}$ とする．

(a) $\displaystyle\prod_{n=1}^{\infty}\left(1+\frac{e^{in\theta}}{n^2}\right)$ (b) $\displaystyle\prod_{n=1}^{\infty}\left(1+\frac{1}{n^p}\right)$ (c) $\displaystyle\prod_{n=1}^{\infty}\left(1+\frac{a^n}{n^3}\right)$

11.2 無限乗積 $\displaystyle\prod_{n=1}^{\infty}(1+a_n)$ （$a_n \neq -1$） の絶対収束と $\displaystyle\sum_{n=1}^{\infty}|\operatorname{Log}(1+a_n)|$ の収束または $\displaystyle\sum_{n=1}^{\infty}|a_n|$ の収束が同値であることを示せ．

11.3 絶対収束する無限乗積は必ず収束する．これを示せ．

例題 8.12 　**超越有理型関数の展開**

$f(z) = \cot z$ とする．$f(z)$ は $z = n\pi$ ($n \in \mathbb{Z}$) を 1 位の極とし，$\mathbb{C}$ 上，これらの極以外では正則で，$f(z) = \dfrac{1}{z} + \displaystyle\sum_{n=1}^{\infty}\left(\dfrac{1}{z - n\pi} + \dfrac{1}{z + n\pi}\right)$ と展開される．以下，$z \in \mathbb{C}\backslash\{n\pi\}_{n\in\mathbb{Z}}$ としてこれを導出しよう．

(a) C は中心 0, 半径 R ($R > |z|$, $R \fallingdotseq n\pi$) の円，N は $R > N\pi$ をみたす最大整数として，$\dfrac{1}{2\pi i}\displaystyle\oint_C \dfrac{f(\zeta)}{\zeta - z}\,d\zeta = f(z) - \sum_{n=-N}^{N}\dfrac{1}{z - n\pi}$ を示せ．

(b) $\dfrac{1}{2\pi i}\displaystyle\oint_C \dfrac{f(\zeta)}{\zeta - z}\,d\zeta = \dfrac{z}{2\pi i}\oint_C \dfrac{f(\zeta)}{\zeta(\zeta - z)}\,d\zeta$ となることを示せ．

(c) $R \to \infty$ の極限を取り，与えられた展開が成り立つことを示せ．

【解　答】 ζ 平面上で積分路 C を図示すると，右のようになる．$\dfrac{f(\zeta)}{\zeta - z}$ は積分路で囲まれた領域内に特異点

$$\zeta = z \quad \text{および}$$

$$\zeta = n\pi \quad (n = 0, \pm 1, \ldots, \pm N)$$

を持ち，これらの点以外では正則である．

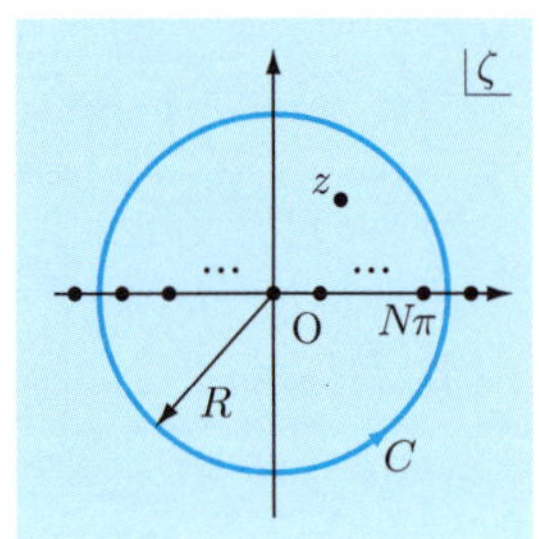

(a) 留数定理から，左辺の積分は

$$f(z) + \sum_{n=-N}^{N} \mathrm{Res}\left(\zeta = n\pi, \frac{f(\zeta)}{\zeta - z}\right)$$

となる．$\zeta = n\pi$ は $\dfrac{f(\zeta)}{\zeta - z}$ の 1 位の極であるから，和記号の中の留数を求めると

$$\mathrm{Res}\left(\zeta = n\pi, \frac{f(\zeta)}{\zeta - z}\right) = \frac{\cos\zeta}{\zeta - z}\cdot\frac{1}{(\sin\zeta)'}\bigg|_{\zeta = n\pi} = -\frac{1}{z - n\pi}$$

これにより与えられた式を得る．

(b) $\dfrac{1}{\zeta - z} = \dfrac{z}{\zeta(\zeta - z)} + \dfrac{1}{\zeta}$ が成り立つ．また，C 上で $f(z)$ は正則であるから，$\displaystyle\oint_C \frac{f(\zeta)}{\zeta - z}\,d\zeta = \oint_C \frac{zf(\zeta)}{\zeta(\zeta - z)}\,d\zeta + \oint_C \frac{f(\zeta)}{\zeta}\,d\zeta$ となる．ここで，右辺第 2 項は

$$\oint_C \frac{f(\zeta)}{\zeta}\,d\zeta = \int_0^{2\pi} \frac{\cot(Re^{i\theta})}{Re^{i\theta}}\,iRe^{i\theta}d\theta = i\int_0^{2\pi} \cot(Re^{i\theta})\,d\theta$$

となるが，$\theta \to \theta + \pi$ に対して $\cot(Re^{i\theta}) \to -\cot(Re^{i\theta})$ となるので，この積分は 0 である．残された項に対し，両辺を $2\pi i$ で割って題意の式を得る．

(c)　(b) で示した式の右辺を I とする．また，C 上 $\cot\zeta$ は有界で，$|\cot\zeta|$ の上限を M とする．$R > |z|$ に注意して，

$$|I| = \frac{|z|}{2\pi}\left|\oint_C \frac{f(\zeta)}{\zeta(\zeta - z)}\,d\zeta\right| \leqq \frac{|z|M}{2\pi}\int_0^{2\pi} \frac{d\theta}{|Re^{i\theta} - z|} \leqq \frac{|z|M}{R - |z|}$$

ただし，最後の変形では $|Re^{i\theta} - z|$ に対して三角不等式を用いて $|Re^{i\theta} - z| \geqq \big||Re^{i\theta}| - |z|\big| = R - |z|$ とした．ここで $R \to \infty$ とすれば $I \to 0$ となり，また，そのとき $N \to \infty$ となるので，(a) の結果を併せて $f(z) - \displaystyle\sum_{n=-\infty}^{\infty} \frac{1}{z - n\pi} = 0.$ したがって，与えられた等式が成り立つ．

コメント　この例題で示した式の証明には，下図のような正方形の周を積分路とする積分を用いることが多い．興味のある方は挑戦して欲しい．

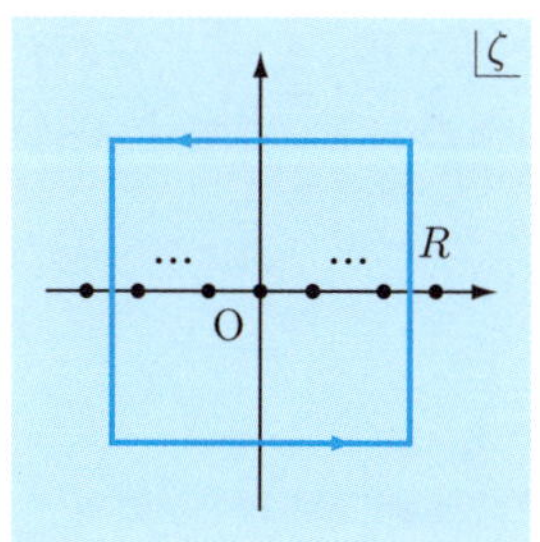

問　題

12.1　(a)　$z = x$（$0 \leqq x < \pi$）とする．関係式 $\dfrac{(\sin x)'}{\sin x} = \cot x$ と例題 8.12を用いて，$\sin x = x \displaystyle\prod_{n=1}^{\infty}\left(1 - \frac{x^2}{n^2\pi^2}\right)$ となることを示せ．

(b)　$z \in \mathbb{C}$ に対してはどうなるか．

(c)　(b) の結果をワイエルシュトラスの乗積表示の観点から説明せよ．

例題 8.13 **無限乗積の一様収束と対数微分**

無限乗積 $f(z) := \displaystyle\prod_{n=1}^{\infty}\left(1-\frac{z^2}{n^2}\right)$ を，0 以外の整数を除く複素数で考える．

(a) この無限乗積が任意の $z \in \mathbb{C}$ に関して広義一様収束することを示せ．

(b) $\dfrac{f'(z)}{f(z)}$ を計算せよ．

【解　答】 $f_n(z) := -\dfrac{z^2}{n^2}$ とする．

(a) $\mathbb{C}$ 内の閉円板 S を取れば，S において $|z|$ の最大値 M が存在し，$|f_n(z)| \leqq \dfrac{M^2}{n^2}$ となる．ここで，無限級数 $\displaystyle\sum_{n=1}^{\infty}\frac{M^2}{n^2}$ は収束する．よって与えられた無限乗積は，S で一様収束する．この事実は任意の S に対して成り立つので，与えられた無限乗積は $\mathbb{C}$ 内で広義一様収束することがわかった．

(b) $f(z)$ は $\mathbb{C}$ で広義一様収束するので，対数微分することができる．$f_n'(z) = -\dfrac{2z}{n^2}$ となるので，

$$\frac{f'(z)}{f(z)} = \sum_{n=1}^{\infty}\frac{f_n'(z)}{1+f_n(z)} = \sum_{n=1}^{\infty}\frac{-2z/n^2}{1-z^2/n^2} = \sum_{n=1}^{\infty}\frac{2z}{z^2-n^2}$$

問　題

13.1 無限乗積 $f(z) := \displaystyle\prod_{n=0}^{\infty}[1+f_n(z)]$ （$f_n \neq 0$）が領域 D で広義一様収束する場合，$\dfrac{f'(z)}{f(z)} = \displaystyle\sum_{n=0}^{\infty}\frac{f_n'(z)}{1+f_n(z)}$ となることを示せ．

13.2 例題 8.13において求めた $\dfrac{f'(z)}{f(z)}$ を $g(z)$ とし，これを 0 以外の整数を除く複素数全体 D で考える．

(a) $g(z)$ が任意の $z \in D$ において絶対収束することを示せ．

(b) $g(z)$ が D において広義一様収束することを示せ．

8.7 ディリクレ問題

ディリクレ問題　2 変数のラプラスの方程式に対する**ディリクレ問題**とは，

$$u_{xx} + u_{yy} = 0 \tag{8.20a}$$

の，xy 平面上の領域 D における解を，次の条件のもとで求めることである[*8]．

1. $\phi(x, y)$ は ∂D 上の有限個の点を除いて連続
2. ϕ の不連続点を除き，∂D 上 $u(x, y) = \phi(x, y)$　(8.20b)
3. $D \cup \partial D$ において u は有界で，かつ ϕ の不連続点を除いて連続

ディリクレ問題は，複素平面上の適当な領域における正則関数を利用して解くことができる．

上半平面におけるディリクレ問題の解　$y > 0$ においてラプラスの方程式 (8.20a) をみたし，$y = 0$ において $u(x, 0) = \phi(x)$（ϕ は連続関数）のように値が与えられている関数 $u(x, y)$ は，領域 $y > 0$ において

$$u(x, y) = \frac{y}{\pi} \int_{-\infty}^{\infty} \frac{\phi(t)}{(x - t)^2 + y^2}\, dt \tag{8.21}$$

によって与えられる．これを**ポアソンの積分公式**という．

任意の領域におけるディリクレ問題の解法　複素平面上の任意の領域 D に対し，∂D で値 $\phi(x, y)$ が与えられている調和関数 u を求めるには，次のようにする．

(8.22)

① 問題に応じて，適切な境界を持つ D' を決め，D から D' に写す写像 $w := f(z)$（$f(z)$ は正則関数）を求める

　コメント　リーマンの写像定理により，このような写像は必ずある

② 新しい境界条件 $\phi(f^{-1}(w))$（$w \in \partial D'$）を求める

③ 写像 w は正則関数であるから，u は w によってやはり調和関数に写る．D' において，新しい境界条件をみたす調和関数を求めれば，これは u の w による像である

④ $w = f(z)$ によって，求めた u をもとの変数 z に戻す

[*8] 領域 D の境界で与えられた値を持つ調和関数を D において求めるということである．

例題 8.14 **ディリクレ問題の解の公式**

$y > 0$ でラプラスの方程式をみたす $u(x,y)$ に対し，$\phi(x)$ を連続関数として $u(x,0) = \phi(x)$ が成り立つとする．$u(x,y)$ に共役な調和関数を $v(x,y)$，$f(z) := u(x,y) + iv(x,y)$ とし，

$$|z| \to \infty \text{ で } f(z) \to 0, \quad v(x,0) = \psi(x) \quad \text{（連続）}$$

であるとしよう．

(a) コーシーの積分公式を用いて，次の式を示せ．

$$u(x,y) = \frac{1}{2\pi}\int_{-\infty}^{\infty} \frac{y\phi(t) + (t-x)\psi(t)}{(t-x)^2 + y^2}\, dt$$

(b) ヒルベルト変換による関係 $v(x,0) = \dfrac{-1}{\pi}\,\mathrm{P}\displaystyle\int_{-\infty}^{\infty} \frac{u(t,0)}{t-x}\, dt$ を用いて

$$\int_{-\infty}^{\infty} \frac{y\phi(t)}{(t-x)^2 + y^2}\, dt = \int_{-\infty}^{\infty} \frac{(t-x)\psi(t)}{(t-x)^2 + y^2}\, dt$$

となることを示せ．

(c) ポアソンの積分公式 $u(x,y) = \dfrac{y}{\pi}\displaystyle\int_{-\infty}^{\infty} \frac{\phi(t)}{(t-x)^2 + y^2}\, dt$ を示せ．

【解　答】

(a) 右図のような積分路 $C = C_1 + C_2$ を取り，コーシーの積分公式を用いると，

$$f(z) = \frac{1}{2\pi i}\oint_C \frac{f(\zeta)}{\zeta - z}\, d\zeta \qquad (*)$$

が成り立つ．ここで，$R \to \infty$ で $\displaystyle\int_{C_2} \to 0$ であり，

$$\int_{C_1} = \int_{-R}^{R} \frac{f(t)}{t-z}\, dt = \int_{-R}^{R} \frac{u(t,0) + iv(t,0)}{t - (x+iy)}\, dt = \int_{-R}^{R} \frac{\phi(t) + i\psi(t)}{(t-x) - iy}\, dt$$

$$\to \int_{-\infty}^{\infty} \frac{(t-x)\phi(t) - y\psi(t)}{(t-x)^2 + y^2}\, dt + i\int_{-\infty}^{\infty} \frac{y\phi(t) + (t-x)\psi(t)}{(t-x)^2 + y^2}\, dt$$

となるので，これらを $(*)$ に代入して実部を取り，

$$u(x,y) = \frac{1}{2\pi}\int_{-\infty}^{\infty} \frac{y\phi(t) + (t-x)\psi(t)}{(t-x)^2 + y^2}\, dt$$

(b) $u(x,0)=\phi(x),\ v(x,0)=\psi(x)$ により，$\psi(t)=-\dfrac{1}{\pi}\mathrm{P}\displaystyle\int_{-\infty}^{\infty}\frac{\phi(s)}{s-t}\,ds$ であるから，

$$\int_{-\infty}^{\infty}\frac{(t-x)\psi(t)}{(t-x)^2+y^2}\,dt=\frac{-1}{\pi}\int_{-\infty}^{\infty}dt\,\mathrm{P}\int_{-\infty}^{\infty}ds\frac{(t-x)}{(t-x)^2+y^2}\frac{\phi(s)}{s-t}$$

となる．ここで，コーシーの主値積分に注意して s と t の積分の順序を交換し，

$$\begin{aligned}&\frac{-1}{\pi}\int_{-\infty}^{\infty}dt\,\mathrm{P}\int_{-\infty}^{\infty}\frac{(t-x)}{(t-x)^2+y^2}\frac{\phi(s)}{s-t}\,ds\\&\quad=\frac{1}{\pi}\int_{-\infty}^{\infty}ds\,\phi(s)\,\mathrm{P}\int_{-\infty}^{\infty}\frac{(t-x)}{[(t-x)^2+y^2](t-s)}\,dt\end{aligned}\qquad(**)$$

を得る．右図の積分路 C に沿って複素積分

$$\oint_C\frac{z-x}{[(z-x)^2+y^2](z-s)}\,dz$$

を計算し，$R\to\infty,\ \varepsilon\to 0$ とすれば，

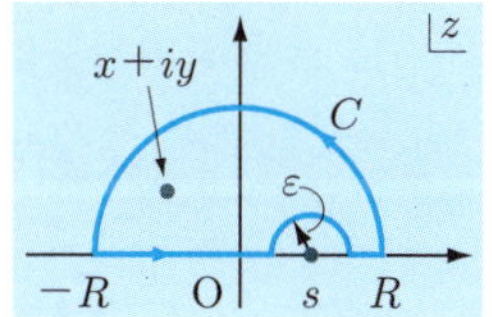

$$2\pi i\,\mathrm{Res}(x+iy)=\mathrm{P}\int_{-\infty}^{\infty}\frac{(t-x)}{[(t-x)^2+y^2](t-s)}\,dt-\pi i\,\mathrm{Res}(s)$$

が得られる．ここで，$\mathrm{Res}(x+iy)=\dfrac{1}{2(x-s+iy)}$, $\mathrm{Res}(s)=\dfrac{s-x}{(s-x)^2+y^2}$ となるので，$\mathrm{P}\displaystyle\int_{-\infty}^{\infty}\frac{(t-x)}{[(t-x)^2+y^2](t-s)}\,dt=\frac{\pi y}{(s-x)^2+y^2}$. これを $(**)$ に代入し，題意の式が示された．

(c) $(**)$ で示した式を $(*)$ に代入して $\psi(t)$ を消去すればよい．

問　題

14.1 例題 8.14において，$v(x,y)$ はどうなるか検討せよ．

14.2 $y>0$ でラプラスの方程式をみたし，$u(x,0)=\dfrac{A}{x^2+a^2}$ $(A,a>0)$ となる関数 $u(x,y)$ を求めよ．

14.3 円板 $|z|<R$ でラプラスの方程式をみたし，$f(Re^{i\theta})=\phi(e^{i\theta})$ となる関数は

$$f(re^{i\theta})=\frac{R^2-r^2}{2\pi}\int_0^{2\pi}\frac{\phi(e^{it})}{R^2-2rR\cos(t-\theta)+r^2}\,dt$$

で与えられる．円板をメビウス変換によって上半平面に写し，ポアソンの積分公式を用いることによってこれを示せ．

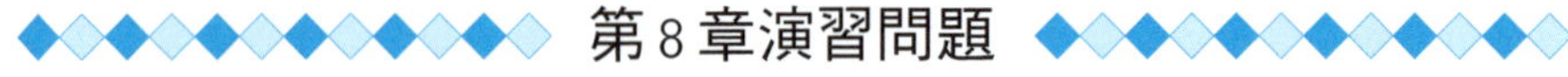

第8章演習問題

1. 第2章の問題2.4では，純粋に計算のみを用いて，単位円を単位円に写す最も一般的なメビウス変換を求めた．このようなメビウス変換を，鏡像の原理を利用して再度求めよ．

2. 次の(a)〜(c)について，無限乗積の収束（絶対収束か否かも含めて）・発散を調べよ．(d)および(e)では問いに答えよ．ただし，(a)では$\alpha \neq 0$で，$\alpha \in \mathbb{R}$で$\alpha^{\frac{1}{n}} \in \mathbb{R}$となる枝を取り，(b)では$\alpha \neq 1^2, 2^2, \ldots$とする．

(a) $\displaystyle\prod_{n=1}^{\infty} \alpha^{\frac{1}{n}}$　　(b) $\displaystyle\prod_{n=1}^{\infty}\left(1+\frac{1}{n^2-\alpha}\right)$　　(c) $\displaystyle\prod_{n=1}^{\infty}\left(1-\frac{z^2}{n^2}\right)$

(d) (c)を因数分解して順に積を行った次の無限乗積は絶対収束するか．

$$(1-z)(1+z)\cdot\left(1-\frac{z}{2}\right)\left(1+\frac{z}{2}\right)\cdots\left(1-\frac{z}{n}\right)\left(1+\frac{z}{n}\right)\cdots$$

(e) $\displaystyle f(z) := \prod_{n=1}^{\infty}\left[\left(1+\frac{z}{n}\right)e^{-z/n}\right]$のとき，$\dfrac{f'(z)}{f(z)}$, $\dfrac{d}{dz}\dfrac{f'(z)}{f(z)}$を求めよ．

3. $\mathrm{Re}\, z > 0$のとき，積分$\displaystyle \Gamma(z) := \int_0^{\infty} e^{-t}t^{z-1}\,dt$（$t^{z-1}$の計算には，積分区間で$\arg t = 0$となる枝を選ぶ）は収束し，これをガンマ関数という．ここで，右図のような経路に関して

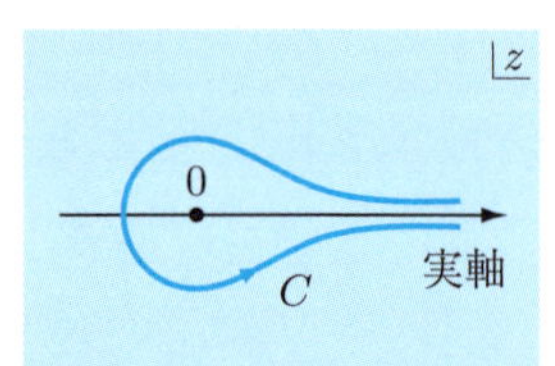

$$H(z) := \int_C s^{z-1}e^{-s}\,ds$$

を計算し，$\displaystyle \Gamma(z) = \frac{e^{-\pi iz}H(z)}{2i\sin\pi z}$となることを示せ．

4. ガンマ関数のみたす性質として，次のものがある．

$$\Gamma(z+1) = z\Gamma(z), \qquad \Gamma(z) = \frac{\Gamma(z+n+1)}{z(z+1)\cdots(z+n)} \quad (n \in \mathbb{N})$$

$$\int_0^1 s^{p-1}(1-s)^{q-1}\,ds = \frac{\Gamma(p)\Gamma(q)}{\Gamma(p+q)} \quad (\mathrm{Re}\, p > 0,\ \mathrm{Re}\, q > 0)$$

これらの性質を用いて積分$\displaystyle I(z;n) := \int_0^n \left(1-\frac{t}{n}\right)^n t^{z-1}dt$（$n \in \mathbb{N}$）を計算して$n \to \infty$を考えることにより，次のワイエルシュトラスの乗積表示を示せ．

$$\frac{1}{\Gamma(z)} = e^{\gamma z} z \prod_{n=1}^{\infty} \left[\left(1 + \frac{z}{n} \right) e^{-z/n} \right]$$

5. a を正定数として，$L(s) := e^{-a\sqrt{s}}$ $(s > 0)$ で与えられるラプラス変換を持つ関数 $f(t)$ を求めよう．複素平面上，$-\pi < \arg s \leqq \pi$ の枝を取って逆変換

$$f(t) = \frac{1}{2\pi i} \int_{\sigma - i\infty}^{\sigma + i\infty} \exp(-as^{\frac{1}{2}} + ts)\, ds \quad (\sigma > 0) \tag{8.23}$$

を行うとする．

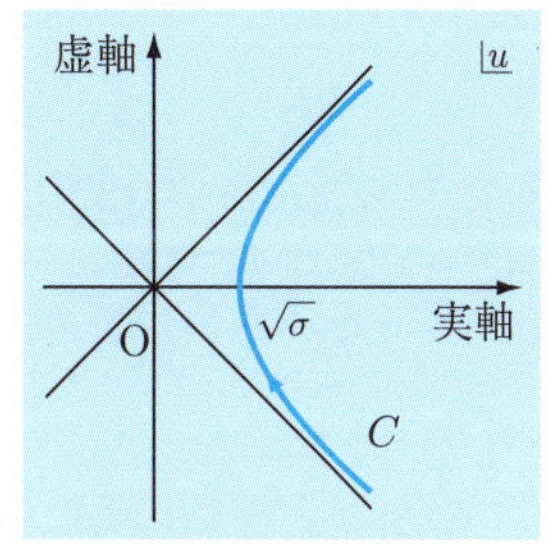

(a) 変数変換 $s = u^2$ を行い，式 (8.23) の積分を u を使って表せ．また，u 平面上の積分路 C を求め，それが右図のようになることを示せ．

(b) (a) で求めた積分の積分路は，u 平面の虚軸に平行な直線

$$C' : \{u \,|\, u = \frac{a}{2t} + ip,\ p : -\infty \to \infty\}$$

に取り直すことができる．コーシーの定理を用いてこれを示せ．

(c) (a), (b) の結果を用いて $f(t) = \dfrac{a}{2\sqrt{\pi t^3}} e^{-\frac{a^2}{4t}}$ となることを示せ．

6. 関数 $f(x)$ のフーリエ変換を，f の上にチルダ「~」をつけて

$$\widetilde{f}(p) := \int_{-\infty}^{\infty} f(x) e^{-ixp}\, dx$$

と書く．$f(x)$ の積分可能性などは適当に仮定し，次のそれぞれを示せ．

(a) $f'(x)$ のフーリエ変換は，$ip\widetilde{f}(p)$ で与えられる．

(b) $f * g := \displaystyle\int_{-\infty}^{\infty} f(x-t) g(t)\, dt$ とするとき，そのフーリエ変換は $\widetilde{f}(p)\widetilde{g}(p)$ で与えられる．この $f * g$ を f と g の合成積という．

7. 偏微分方程式 $\dfrac{\partial u}{\partial t} - \dfrac{\partial^2 u}{\partial x^2} + m^2 u = \phi(x, t)$ を，フーリエ変換を用いて解いてみよう．

(a) $\widetilde{u}(p, t) := \displaystyle\int_{-\infty}^{\infty} u(x, t) e^{-ipx}\, dx$ と定義する．与えられた方程式を t はそのままにして，x についてフーリエ変換し，$\widetilde{u}$ がみたす式を求めよ．ただし，$\phi(x, t)$

のフーリエ変換を $\widetilde{\phi}(p,t)$ で表せ．

(b) 以下，$u(x,0)=0$ とする．(a) で求めた式を解き，$\widetilde{u}$ を求めよ．

(c) $e^{-(p^2+m^2)t}$ のフーリエ逆変換 $G(x,t)$ を求め，(a), (b) と前問 6. を用いて

$$u(x,t) = \int_0^t d\tau \int_{-\infty}^{\infty} G(x-\xi, t-\tau)\phi(\xi,\tau)\, d\xi$$

となることを示せ．

8. 偏微分方程式

$$\frac{\partial^2 u}{\partial x^2} - \frac{\partial^2 u}{\partial t^2} - m^2 u = \phi(x,t) \tag{8.24}$$

は，クライン–ゴルドン方程式として知られている．u のフーリエ変換を

$$\widetilde{u}(p,\omega) := \int_{-\infty}^{\infty} dt \int_{-\infty}^{\infty} u(x,t) e^{-ipx+i\omega t}\, dx$$

と定め，式 (8.24) をフーリエ変換すると，$\widetilde{u} = \dfrac{\widetilde{\phi}(p,\omega)}{\omega^2 - p^2 - m^2}$ （$\widetilde{\phi}$ は ϕ のフーリエ変換）となる．前問 7. の解を考えると，$g(p,\omega) := \dfrac{1}{\omega^2 - p^2 - m^2}$ のフーリエ逆変換 $G(x,t)$ が求められれば方程式 (8.24) の解がわかることになる．

(a) $g(p,\omega)$ は，ω の積分区間に特異点を持つ．複素平面上，図のように極を上側に避けて ω に関する積分を行い，$G(x,t)$ を p の積分の形で求めよ．

ただし，ここではコーシー主値ではなく，$\varepsilon \to 0$ の極限を取らないで G を求めよ．

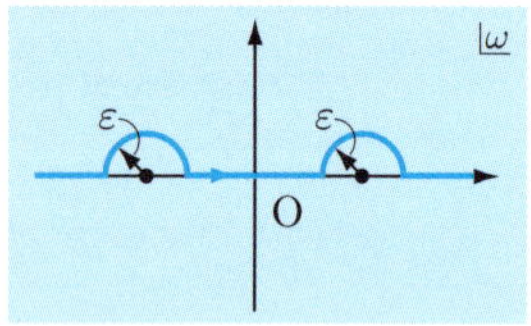

(b) 方程式 (8.24) の解 u を G と ϕ を用いた積分で表し，$t<0$ で $u=0$ となることを示せ．

9. 係数が独立変数に関して高々 1 次式の 2 階微分方程式

$$(a_2 + b_2 x)\frac{d^2 y}{dx^2} + (a_1 + b_1 x)\frac{dy}{dx} + (a_0 + b_0 x) y = 0 \tag{8.25a}$$

の解を求めるのに，ラプラス逆変換の式にならって

$$y(x) = \int_C Z(s) e^{xs}\, ds \tag{8.25b}$$

としよう．ただし，C はある条件の下で定められた，s 平面上の適当な積分路（閉曲線でなくてもよい）である．積分と微分の順序交換ができるとして，以下の問いに答えよ．

(a) (8.25b) の y について，$y^{(n)}$ を C に沿った積分で表せ．また，次の式を示せ．

$$xy^{(n)}(x) = \int_C [s^n Z(s) e^{xs}]_s \, ds - \int_C [s^n Z(s)]_s e^{xs} \, ds$$

(b) $P(s) := a_0 + a_1 s + a_2 s^2$, $Q(s) := b_0 + b_1 s + b_2 s^2$, $W(s) := Q(s)Z(s)e^{xs}$ とする．C の始点を s_0, 終点を s_1 とするとき，次の式が成り立ち，(8.25b) の積分が 0 でなければ，y は (8.25a) の 0 でない解であることを示せ．

$$[Q(s)Z(s)]' - P(s)Z(s) = 0 \quad かつ \quad W(s_0) = W(s_1)$$

(c) $Z(s)$ を求め，y を構成する方法を述べよ．

10. 次の微分方程式について前問 9. の方法における $Z(s)$ を求めよ．また，n が非負正数の場合は解は多項式になるが，$n = 1, 2, 3$ のときの解を具体的に書け．ただし，y の係数がすべて整数で，かつ，最高次の項の係数が正で最小になるようにせよ．

(a) $y'' - 2xy' + 2ny = 0$ (b) $xy'' + (1 - x)y' + ny = 0$

11. 平面上における平行板コンデンサーの端の電場の様子や，開口端の近くでの流体の流れを考えるため，いくつかの典型的な例を調べる．実際の等ポテンシャル線や流線を $z = x + iy$ で考え，これを等角写像によって $w = u + iv$ に写すものとする．

(a) 対応関係 $z = w + e^w$ を考える．この関係により，w 平面の図形

$$D' : \{w \mid w = u \pm i\pi, u \in \mathbb{R}\} \quad （下図左）$$

が z 平面上の平行な半直線 D（下図右）に写されることを確かめ，その具体的な表式を求めよ．また，w 平面上 D' をなす 2 直線ではさまれた部分 B' は，z 平面上，$\mathbb{C} \backslash D$ に写されることを確かめよ．

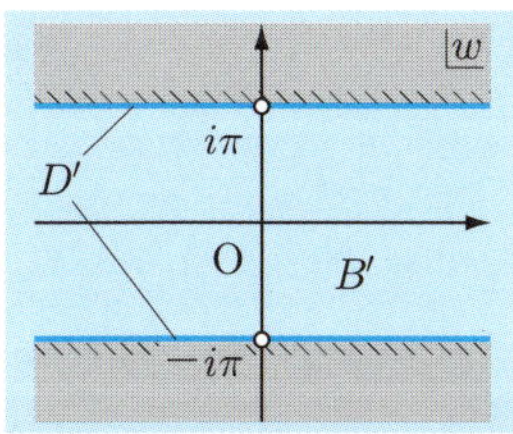

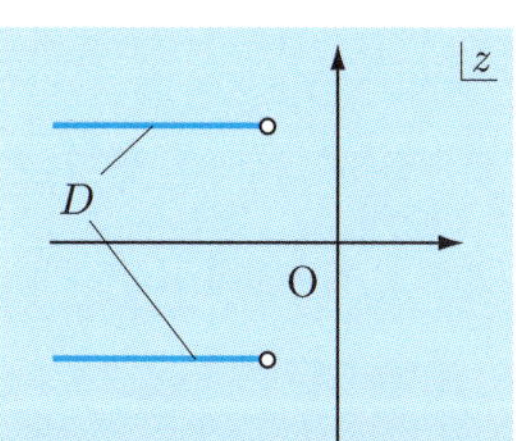

(b)　(a) の B' において正則な関数 w は，等角写像 $w+e^w$ によって z 平面上の正則関数に写る．このような u, v は，x, y を変数とする調和関数となる．a, b を定数として，$u=a$ は右図の青色の実線，$v=b$ は破線のようになる．これらの式をパラメータ表示で求め，どの図形が開口端から流出する流体の流線や平行板コンデンサーの端の電気力線にあたるか考えよ．

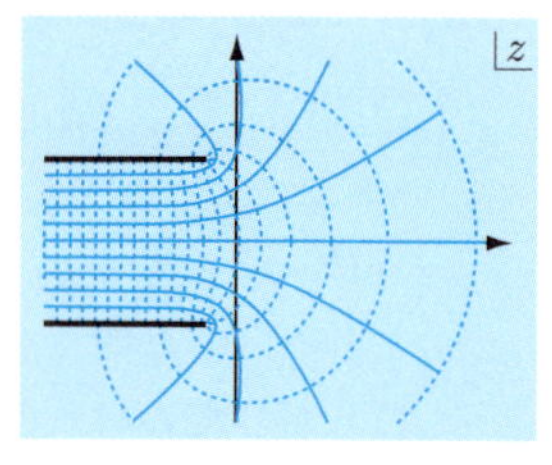

(c)　対応関係 $z=\log w-w^2$ により，w 平面上の実軸に対応する，z 平面上の図形を求めよ．ただし，対数は主値で考える．また，この写像により，w 平面の上半平面は，z 平面のどの部分に写されるかを述べよ．

(d)　右図の曲線は，(c) の対応において $v=b$ (b は定数) となる曲線である．この曲線が，$x \to -\infty$ で実軸に平行になることを示せ．また，この曲線が，開口端をもつ管を回り込む流れの流線となることを説明せよ．

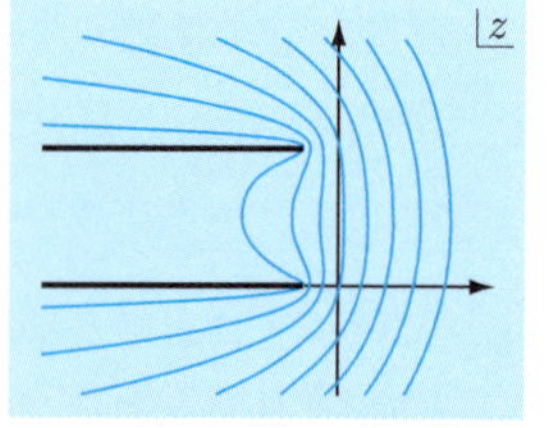

12.　領域 $y>0$ においてラプラスの方程式をみたし，次のそれぞれについて，与えられた境界条件 $u(x,0)=\phi(x)$ を満足するような関数を求めよ．

(a)　$\phi(x)=a$ (実定数)　　(b)　$\phi(x)=\cos px$ $(p>0)$

13.　領域 D : $\left\{z \,\middle|\, 0 \leqq |z| < \infty,\ 0 < \arg z < \dfrac{\pi}{4}\right\}$ におけるディリクレ問題

$$\begin{cases} u_{xx}+u_{yy}=0, & (x,y)\in D, \\ u=0, & (x,y)\in \partial D, \end{cases}$$

を，次の手順に従って解け．

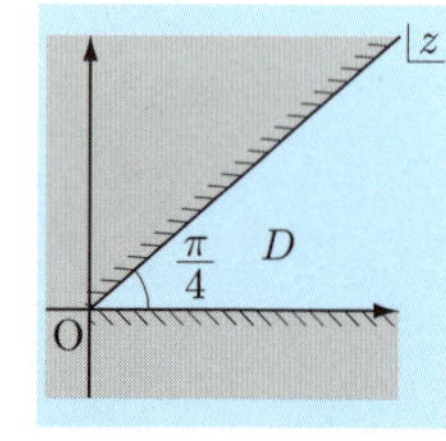

(a)　D を上半平面 $\mathrm{Im}\, w>0$ に写す写像 $w=f(z)$ を1つ求めよ．

(b)　w 平面上の調和関数で，境界 $\mathrm{Im}\, w=0$ において条件 $U=0$ をみたすものを1つ求めよ．

(c)　(a), (b) を用いて，与えられた条件をみたす $u(x,y)$ を1つ求めよ．

問題解答

第 1 章

1.1 (a) $(1-i)^2+2i=1-2i+i^2+2i=0$. (b) $(2+i)(1-2i)=2+i-4i-2i^2=4-3i$. (c) $(2+3i)+\frac{1}{2+3i}=(2+3i)+\frac{2-3i}{(2+3i)(2-3i)}=(2+3i)+\frac{2-3i}{13}=\frac{28+36i}{13}$.
(d) $\left(\frac{\sqrt{3}+i}{2}\right)^2=\frac{3-1+2\sqrt{3}\,i}{4}=\frac{1+\sqrt{3}\,i}{2}$. したがって，$\left(\frac{\sqrt{3}+i}{2}\right)^3=\frac{1+\sqrt{3}\,i}{2}\frac{\sqrt{3}+i}{2}=\frac{4i}{4}=i$.
(e) $(1+i)^2=1+2i+i^2=2i$. よって，$(1+i)^{2n}=2^n i^n$.

1.2 等号の成立条件から，$ab=-1$，$b=a-2$. 第 2 式を第 1 式に代入して整理すると，$a^2-2a+1=0$. これを解いて $a=1$. $b=a-2=-1$. よって $a=1$，$b=-1$.

2.1 (a) $(1+i)(1-\sqrt{3}\,i)=(1+\sqrt{3})+(1-\sqrt{3})i$. よって，$\mathrm{Re}(1+i)(1-\sqrt{3}\,i)=1+\sqrt{3}$.
(b) $(1+i)\overline{(2+i)}=(1+i)(2-i)=3+i$. よって $\mathrm{Im}(1+i)\overline{(2+i)}=1$. (c) $(2+\sqrt{5}\,i)(1+i)=2-\sqrt{5}+(2+\sqrt{5})i$ であるから，$\overline{(2+\sqrt{5}\,i)(1+i)}=2-\sqrt{5}-(2+\sqrt{5})i$. (d) $\left|\overline{3+6i}\right|=|3|\cdot|1-2i|=3\sqrt{1^2+(-2)^2}=3\sqrt{5}$.

2.2 (a) $z_1=x_1+iy_1, z_2=x_2+iy_2$ とする．$z_1z_2=(x_1x_2-y_1y_2)+i(x_1y_2+x_2y_1)$ より，$|z_1z_2|^2=(x_1x_2-y_1y_2)^2+(x_1y_2+x_2y_1)^2=x_1^2x_2^2+y_1^2y_2^2+x_1^2y_2^2+x_2^2y_1^2=(x_1^2+y_1^2)(x_2^2+y_2^2)=|z_1|^2|z_2|^2$. 絶対値は非負の数だから，両辺の平方根を取り，$|z_1z_2|=|z_1||z_2|$. $\frac{z_1}{z_2}$ についても同様に直接計算することで示されるが，次のようにしてもよい．$\frac{z_1}{z_2}=\frac{z_1\bar{z}_2}{z_2\bar{z}_2}=\frac{1}{|z_2|^2}\cdot(z_1\bar{z}_2)$ となる．$\frac{1}{|z_2|^2}\in\mathbb{R}$ に注意して，$\left|\frac{z_1}{z_2}\right|=\frac{1}{|z_2|^2}|z_1\bar{z}_2|=\frac{1}{|z_2|^2}|z_1||\bar{z}_2|=\frac{1}{|z_2|^2}|z_1||z_2|=\frac{|z_1|}{|z_2|}$. ただし，積の絶対値は絶対値の積であることはこの問題の前半を，$|z|=|\bar{z}|$ は例題の結果を用いた．
(b) $\frac{1}{z}=\frac{\bar{z}}{z\bar{z}}=\frac{\bar{z}}{|z|^2}$. (c) $z=x+iy$ として，$|z|=\sqrt{x^2+y^2}\geqq\sqrt{x^2}=|x|=|\mathrm{Re}\,z|$. $|z|\geqq|\mathrm{Im}\,z|$ も同様. (d) $z=iy$ $(y\in\mathbb{R})$ とすると，$\bar{z}=-iy=-z$. 逆に，$\mathrm{Re}\,z=\frac{z+\bar{z}}{2}$ であるから，$z=-\bar{z}$ のとき $\mathrm{Re}\,z=0$ を得る． (e) $z=x+iy$ とすると，$z=0\iff x=0$ かつ $y=0$. よって，$|z|=\sqrt{x^2+y^2}=0$. 逆に，$|z|=0$ ならば $x^2+y^2=0$ となる．$x,y\in\mathbb{R}$ だからこのとき $x=y=0$ となり，$z=0$.

2.3 (a) $|z_1+z_2|^2=(z_1+z_2)\overline{(z_1+z_2)}=z_1\bar{z}_1+z_1\bar{z}_2+\bar{z}_1z_2+z_2\bar{z}_2=|z_1|^2+|z_2|^2+z_1\bar{z}_2+\overline{z_1\bar{z}_2}=|z_1|^2+|z_2|^2+2\,\mathrm{Re}(z_1\bar{z}_2)=(|z_1|+|z_2|)^2+2(\mathrm{Re}(z_1\bar{z}_2)-|z_1||z_2|)$ となるので題意の式が成り立つ． (b) $|z_1z_2|=|z_1||z_2|=|z_1||\bar{z}_2|=|z_1\bar{z}_2|$ であるから，$\mathrm{Re}(z_1\bar{z}_2)\leqq|z_1\bar{z}_2|$ となり，$|z_1+z_2|^2\leqq(|z_1|+|z_2|)^2$. よって $|z_1+z_2|\leqq|z_1|+|z_2|$ を得る．等号が成り立つのは，$\mathrm{Im}(z_1\bar{z}_2)=0$ かつ $\mathrm{Re}(z_1\bar{z}_2)\geqq 0$ のときで，$z_1\bar{z}_2=k\geqq 0$. これを変形して，$z_2=0$ または $z_1=sz_2$ $(s\geqq 0)$ の場合である．また，(a) と同様の計算により，$|z_1+z_2|^2=(|z_1|-|z_2|)^2+2(\mathrm{Re}\,z_1\bar{z}_2+|z_1\bar{z}_2|)$ が成り立つ．これから，$(|z_1|-|z_2|)^2\leqq|z_1+z_2|^2$ が得られ，三角不等式の $||z_1|-|z_2||\leqq|z_1+z_2|$ の方が成り立つ．等号は，$\mathrm{Im}(z_1\bar{z}_2)=0$ かつ $\mathrm{Re}(z_1\bar{z}_2)\leqq 0$ の場合で，$z_2=0$ または $z_1=tz_2$ $(t\leqq 0)$.

3.1 $z_1=z_2$ を絶対値と偏角を用いて表すと，$r_1\cos\theta_1+ir_1\sin\theta_1=r_2\cos\theta_2+ir_2\sin\theta_2$ となる．よって

$$r_1\cos\theta_1=r_2\cos\theta_2 \quad \text{かつ} \quad r_1\sin\theta_1=r_2\sin\theta_2 \tag{$*$}$$

が成り立つ．式 $(*)$ の両辺の 2 乗の和を取り，$r_1^2=r_2^2$ が得られるが，$r_1,r_2\geqq 0$ であるから $r_1=r_2$.

このとき，$r_1, r_2 \neq 0$ ならば，(*) は $\cos\theta_1 = \cos\theta_2$ かつ $\sin\theta_1 = \sin\theta_2$ となり，$\theta_1 = \theta_2 + 2n\pi$（$n \in \mathbb{N}$）が得られる．

3.2 (a) $r = \sqrt{(-2)^2 + 2^2} = \sqrt{8} = 2\sqrt{2}$．このとき，$e^{i\theta} = \frac{-1}{\sqrt{2}} + \frac{i}{\sqrt{2}}$ より，$\theta = \frac{3\pi}{4} + 2n\pi$（$n \in \mathbb{N}$）． (b) $re^{\pi i/6} = r\cos\frac{\pi}{6} + ir\sin\frac{\pi}{6} = \frac{\sqrt{3}r}{2} + i\frac{r}{2}$．よって $x = \frac{\sqrt{3}r}{2}$, $3 = \frac{r}{2}$．これらより $r = 6, x = 3\sqrt{3}$． (c) $e^x = |1+i| = \sqrt{2}$．したがって $x = \log\sqrt{2}$．また，$e^{iy} = \frac{1+i}{\sqrt{2}}$ より，$y = \frac{\pi}{4} + 2n\pi$（$n \in \mathbb{N}$）．

3.3 $1 + \sqrt{3}i = 2e^{\pi i/3}$ により $(1+\sqrt{3}i)^{3n} = (2e^{\pi i/3})^{3n} = 2^{3n}(e^{\pi i})^n = (-1)^n 2^{3n}$．

3.4 $z = re^{i\theta}$ とすると，$\frac{-1+i}{2} = \frac{e^{3\pi i/4}}{\sqrt{2}}$ から $r^3 = \frac{1}{\sqrt{2}}$，$e^{3i\theta} = e^{3\pi i/4}$．よって，$r = \frac{1}{\sqrt[6]{2}}$，$3\theta = \frac{3\pi}{4} + 2n\pi$（$n \in \mathbb{Z}$）．これらの θ のうち，異なる z を与えるものは，$\theta = \frac{\pi}{4}$，$\frac{\pi}{4} \pm \frac{2\pi}{3}$ である．よって，$z = \frac{e^{\pi i/4}}{\sqrt[6]{2}}$，$\frac{e^{\pi i/4}e^{\pm 2\pi i/3}}{\sqrt[6]{2}}$．ここで，$e^{\pi i/4} = \frac{1+i}{\sqrt{2}}$，$e^{\pm 2\pi i/3} = \frac{-1\pm\sqrt{3}i}{2}$ により，$z = \frac{1+i}{\sqrt[3]{2}}$，$\frac{-(\sqrt{3}+1)+(\sqrt{3}-1)i}{2\sqrt[3]{4}}$ および $\frac{(\sqrt{3}-1)-(\sqrt{3}+1)i}{2\sqrt[3]{4}}$ を得る．

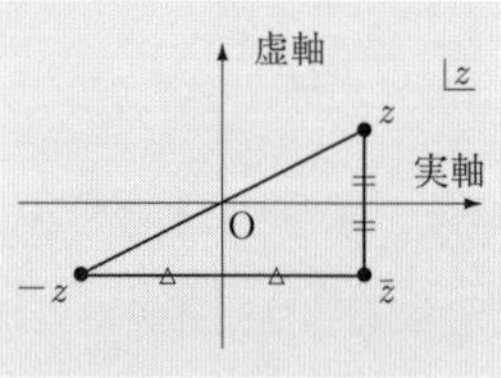

3.5 右図の通り．虚軸について z に対称な位置にある点は，$-z$ を実軸について対称移動したもの（すなわち，$-z$ の複素共役），あるいは $\bar{z}$ を $z=0$ について対称移動したものであるから，$-\bar{z}$．

4.1 (a) $|e^{it}| = \sqrt{\cos^2 t + \sin^2 t} = 1$．
(b) $\overline{e^{it}} = \overline{\cos t + i\sin t} = \cos t - i\sin t = e^{-it}$．
(c) $\cos t = \mathrm{Re}\, e^{it} = \frac{e^{it} + \overline{e^{it}}}{2} = \frac{e^{it} + e^{-it}}{2}$．$\sin t$ も $\mathrm{Im}\, e^{it}$ から同様にして計算できる．

4.2 (a) $z = re^{i\theta}$ とすると，$\bar{z} = re^{-i\theta}$．したがって，$\overline{(\bar{z})} = \overline{re^{-i\theta}} = re^{-(-i\theta)} = re^{i\theta} = z$．
(b) $z_1 z_2 = r_1 e^{i\theta_1} r_2 e^{i\theta_2} = r_1 r_2 e^{i(\theta_1+\theta_2)}$．一方，$\bar{z}_1\bar{z}_2 = r_1 e^{-i\theta_1} \cdot r_2 e^{-i\theta_2} = r_1 r_2 e^{-i(\theta_1+\theta_2)} = \overline{z_1 z_2}$． (c) $z\bar{z} = re^{i\theta} \cdot re^{-i\theta} = r^2 = |z|^2$．$|z| \geqq 0$ より題意を得る． (d) (b) と同様にして $z_1 z_2 = r_1 r_2 e^{i(\theta_1+\theta_2)}$ から $|z_1 z_2| = r_1 r_2 = |z_1||z_2|$． (e) $|\bar{z}| = |re^{-i\theta}| = r = |z|$．
(f) $|-z| = |re^{i(\theta+\pi)}| = r = |z|$．

5.1 (a) $z = x + iy, a = \alpha + i\beta$ とすると，$|z - a| = \sqrt{(x-\alpha)^2 + (y-\beta)^2}$ となる．これは，点 z と点 a の間の距離である． (b) $z - a = re^{i\theta}, b - a = Re^{i\phi}$ とすれば，$\arg\frac{z-a}{b-a} = \theta - \phi$．これは，定点 a を基準にして b の方角から z の方角の間の角を測ったものである．
(c) (b) と同様であるが，z から 2 定点 a, b を見た間の角（b の方から a の方を測る）である．

5.2 (a) $z^n = e^{in\theta}$ であるから，$z=0$ を中心として，$z=1$ から角 θ の回転を n 回繰り返したもの． (b) $(N-1)\theta = 2n\pi$ となればよい．$N \in \mathbb{N}, N \geqq 2$ より，θ は 2π の有理数倍．

5.3 (a) 点 a との間の距離が r である点の集合．すなわち，$z=a$ を中心とする半径 r の円．
(b) $z = a + tb$ であるから，$z=a$ を通り，b に平行な直線． (c) $z=i$ を端点とし，実軸の正の向きと $\frac{\pi}{4}$ の角をなす半直線（端点は除く）． (d) 点 a と点 b からの距離の比が 2:1 である点の集合．すなわち，点 a, b を結ぶ線分を 2:1 の比で内分及び外分する点を直径の両端とする円． (e) $z=a$ を通り，$b-a$ に直交する直線．

6.1 (a) $\theta = 2\pi k$（$k \in \mathbb{Z}$）の場合は，$z_n = 1$ となって，1 に収束．それ以外は発散．
(b) $|a| < 1$ の場合，$z_n \to 0$．$|a| = 1$ の場合は (a) と同じで，$a = 1$ ならば $z_n = 1$ により 1 に収束し，$a \neq 1$ ならば発散．$|a| > 1$ の場合は発散． (c) $|z_n| = \frac{1}{n^2}\left|\frac{3+4i}{5}\right|^n$．$|3+4i| = 5$ により，$|z_n| = \frac{1}{n^2} \to 0$．よって $z_n \to 0$ で収束． (d) $|z_n| = \frac{|1-i|^n}{n^3} = \frac{(\sqrt{2})^n}{n^3} \to \infty$ により発散．

6.2 (a) $z_n \to a$ とする．$|z_n - a| = \sqrt{(x_n-\alpha)^2+(y_n-\beta)^2}$ により，$|x_n-\alpha|, |y_n-\beta|$ は共に $|z_n-a|$ 以下である．よって，$|z_n-a|<\varepsilon$ ならば $|x_n-\alpha|, |y_n-\beta|<\varepsilon$ であるから，$z_n \to a \Longrightarrow x_n \to \alpha, y_n \to \beta$. 逆に，$x_n \to \alpha$, $y_n \to \beta$ の場合，三角不等式により $|z_n-a| \leqq |x_n-\alpha|+|y_n-\beta|$ であることを用いると，$|x_n-\alpha|<\frac{\varepsilon}{2}$, $|y_n-\beta|<\frac{\varepsilon}{2}$ なる n において $|z_n-a|<\varepsilon$. よって逆も示された． (b) $a \neq b$ とする．$0<\varepsilon<\frac{|a-b|}{2}$ なる ε に対し，十分大きい n で $|z_n-a|<\varepsilon$ かつ $|z_n-a|<\varepsilon$ が成り立つ．このとき，$|a-b|=|(a-z_n)-(b-z_n)| \leqq |z_n-a|+|z_n-b|<2\varepsilon<|a-b|$ となり，矛盾を生じる． (c) $\big||z-a|-0\big|=|z-a|$ により，$|z-a|<\varepsilon \iff \big||z-a|-0\big|<\varepsilon$ であるから題意が成り立つ．

7.1 (a) $z \in K_r(a)$ のとき，$0<\varepsilon<r-|z-a|$ なる ε が取れる．$K_\varepsilon(z) \subset K_r(a)$ となり，任意の $z \in K_r(a)$ は内点である．よって，$K_r(a)$ は開集合．$K_r(a)$ は例題 1.7 によって閉集合ではない． (b) 例題 1.7 によって閉集合である．また，$\partial U = U$ であるから，U は内点を持たない．よって開集合ではない． (c) 近傍の定義により，任意の $z \in \mathbb{C}$ の近傍は $\mathbb{C}$ の部分集合であるから，$\mathbb{C}$ は開集合である．また，$\mathbb{C}$ の補集合は空集合であるから，$\partial\mathbb{C}$ は空である．よって，$\mathbb{C}$ の閉包は $\mathbb{C}$ 自身となり，$\mathbb{C}$ は閉集合でもある． (d) $z = x \in \mathbb{R}$ ならば，その任意の近傍は必ず実でない複素数を含む．よって，実軸は自身の境界点でもあるから，実軸の閉包は実軸で，閉集合となる．これは，実軸に内点がないことを意味しており，開集合ではない． (e) 与えられた集合の任意の要素 z に対し，虚軸までの距離よりも小さい $\varepsilon>0$ を取れば，$K_\varepsilon(z)$ は集合自身に含まれる．よって，任意の要素は内点であって，与えられた集合は開集合である．また，この集合の境界は虚軸 $\{z \mid \mathrm{Re}\, z=0\}$ であるから，閉包は集合自身には一致しない．よって閉集合ではない． (f) この集合は単位円の一部であり，内点を持たない．よって開集合ではない．また，この集合の要素は境界点になるほか，集合に属さない $z=1$ も境界点となる．よって，与えられた集合は閉集合でもない．

7.2 (a) D と交わりを持たない集合は，$\mathbb{C}\backslash D$ に完全に含まれるから明らか． (b) z が D の内点でないなら，z の任意の近傍は $\mathbb{C}\backslash D$ と空でない交わりを持つ．また，外点でもないから，D とも空でない交わりを持つ．これは，z が境界点であることを意味している．

8.1 (a) リーマン球は円 $|z|=1$ を $x_1^2+x_2^2=1$ として含んでいるから，立体射影は $(\cos\theta, \sin\theta, 0)$ $(0 \leqq \theta < 2\pi)$． (b) $y=0$ であるから，$(2x/(x^2+1), 0, (x^2-1)/(x^2+1))$. これは，$(0,0,0)$ を中心とする x_3x_1 面内の円で，$x_1 \geqq 0$ の部分である $(0,0,1)$ を除く）．パラメータ表示すると，$(\sin\theta, 0, -\cos\theta)$ $(0 \leqq \theta < \pi)$． (c) 実軸よりも上側の部分であるから，リーマン球の $x_2 \geqq 0$ の部分（$(0,0,1)$ を除く）．

8.2 (a) $\left(\frac{4x}{x^2+y^2+4}, \frac{4y}{x^2+y^2+4}, \frac{2(x^2+y^2)}{x^2+y^2+4}\right)$. (b) (a) で第 3 成分の符号を反転したもの．

第 1 章演習問題

1. (a) $5+4i$. (b) -8. (c) $\frac{6\sqrt{3}+4\sqrt{2}i}{5}$. (d) $\frac{1-\sqrt{3}i}{\sqrt{2}} = \sqrt{2}e^{-\pi i/3}$ より，$\left(\frac{1-\sqrt{3}i}{\sqrt{2}}\right)^{21} = \left(2^{\frac{1}{2}}e^{-\pi i/3}\right)^{21} = 2^{10}\sqrt{2}(-1)^7 = -1024\sqrt{2}$. (e) $2e^{2\pi i/15}e^{\pi i/30} = 2e^{\pi i/6} = \sqrt{3}+i$.

2. (a) $re^{i\theta}+\overline{re^{i\theta}} = r(e^{i\theta}+e^{-i\theta}) = 2r\cos\theta$. (b) $-2i\sin\theta$. (c) $|e^{i\theta}+e^{i\phi}|^2 = (e^{i\theta}+e^{i\phi})\overline{(e^{i\theta}+e^{i\phi})} = (e^{i\theta}+e^{i\phi})(e^{-i\theta}+e^{-i\phi}) = 2+e^{i(\theta-\phi)}+e^{-i(\theta-\phi)} = 2+2\cos(\theta-\phi)$

1
章

$= 4\cos^2\frac{\theta-\phi}{2}$.

3. (a) $x^2 = y$, $xy = x$. これらから y を消去して，$x^3 = x$. よって $x = 0, \pm 1$. $y = x^2$ より，$(x, y) = (0, 0), (\pm 1, 1)$. (b) $\left(2e^{\pi i/4}\right)^3 = 8e^{3\pi i/4} = 4\sqrt{2}(-1+i)$. よって，$(x, y) = (-4\sqrt{2}, 4\sqrt{2})$. (c) $3+2i = \sqrt{13}e^{i\arctan(2/3)}$. よって，$(3+2i)^3 = 13\sqrt{13}e^{3i\arctan(2/3)}$. また，$1-i = \sqrt{2}e^{-\pi i/4}$. したがって，$r = \frac{13\sqrt{13}}{\sqrt{2}}$, $\theta = 3\arctan\frac{2}{3} + \frac{\pi}{4}$.

4. (a) 求める点を Z とすると，z から Z を見た方角と i から 1 を見た方角は直交する．よって，$\mathrm{Re}\,\frac{Z-z}{1-i} = 0$. これから，$Z = z + (1+i)k$ $(k \in \mathbb{R})$. また，z と Z の中点は，1 と i を結ぶ線上にあるから，

$$\frac{z + [z + (1+i)k]}{2} = z + \frac{(1+i)k}{2} = 1 + (1-i)s \quad (s \in \mathbb{R})$$

したがって $z = x + iy$ とすると，$k = 1 - x - y$, $s = \frac{x-y-1}{2}$ となる．よって，$Z = 1 - y + i(1-x) = 1 + i - i\bar{z}$. (b) 最初の条件から，$z_* = kz$ $(k > 0)$ である．また，点 0 から測った z, z_* までの距離は，それぞれ $|z|$, $|z_*|$ であるから，第 2 の条件から $k|z|^2 = 1$. すなわち，$z_* = \frac{z}{|z|^2} = \frac{1}{\bar{z}}$.

5. (a) $\mathbb{C}$ が実ベクトル空間であることは，次のようにして確かめられる．

- $z_1, z_2 \in \mathbb{C}$ に対し，$z_1 + z_2 \in \mathbb{C}$ である．また，複素数の和の性質から，
  - ∘ 交換則：$z_1 + z_2 = z_2 + z_1$
  - ∘ 結合則：$(z_1 + z_2) + z_3 = z_1 + (z_2 + z_3)$
  - ∘ 零元の存在：任意の $z \in \mathbb{C}$ に対し，$z + 0 = z$ かつ $0 \in \mathbb{C}$
  - ∘ 逆元の存在：任意の $z \in \mathbb{C}$ に対し，$z + (-z) = 0$

  が示される．
- $k \in \mathbb{R}$, $z \in \mathbb{C}$ について，$kz \in \mathbb{C}$ である．また，
  - ∘ $k \in \mathbb{R}$, $z_1, z_2 \in \mathbb{C}$ ならば $k(z_1 + z_2) = kz_1 + kz_2$
  - ∘ $k, l \in \mathbb{R}$, $z \in \mathbb{C}$ ならば $(k+l)z = kz + lz$
  - ∘ $k, l \in \mathbb{R}$, $z \in \mathbb{C}$ ならば $k(lz) = (kl)z$
  - ∘ $z \in \mathbb{C}$ ならば $1 \cdot z = z$

  は，すべて $z = x + iy$ などとおいて，直接計算することにより示される．

よって以上から，$\mathbb{C}$ は実ベクトル空間であることがわかった．また，任意の $z \in \mathbb{C}$ は $z = x + iy$ $(x, y \in \mathbb{C})$ と書けて，$\mathbb{C}$ は $\{1, i\}$ によって生成される．すなわち，$\{1, i\}$ は 1 組の基底で，$\mathrm{Dim}\,\mathbb{C} = 2$ となる． (b) $az = r(\cos\theta + i\sin\theta)(x + iy) = rx\cos\theta - ry\sin\theta + i(rx\sin\theta + ry\cos\theta)$ である．よって，$A\boldsymbol{Z} = \begin{bmatrix} rx\cos\theta - ry\sin\theta \\ rx\sin\theta + ry\cos\theta \end{bmatrix} = r\begin{bmatrix} \cos\theta & -\sin\theta \\ \sin\theta & \cos\theta \end{bmatrix}\begin{bmatrix} x \\ y \end{bmatrix}$ が得られ，行列 A は $A = r\begin{bmatrix} \cos\theta & -\sin\theta \\ \sin\theta & \cos\theta \end{bmatrix}$. すなわち，倍率 r, 回転角 θ の回転拡大行列である． (c) 点 c を始点，点 b を終点とする有向線分 l と点 c を始点，点 a を終点とする有向線分 m のなす角．ただし，l から見て測ったもの． (d) i. z（の絶対値）を点 0 から $|k|$ 倍の距離の位置に移動したもの．$k > 0$ のときは 0 から見て z と同じ側，$k < 0$ なら逆側． ii. z を a に相当するベクトルだけ平行移動したもの． iii. z から a に平行に a の k 倍移動したもの． iv. z を，0 を中心に $-\arg a$ だけ回転したもの． v. z を，a を中心に α だけ回転したもの．

6. (a) 問題 5.3 (b) と同様であるが，t の範囲を考えると，a と $a + b$ を結ぶ線分（端点を含

む）． (b) $z=a$ を中心とし，半径 r の円． (c) $z=ka$ ($k\in\mathbb{R}$) により，0 と a を通る直線． (d) (c) と同様であるが，k の範囲は $k>0$ となる．よって，0 を端点とし，a を通る半直線（端点を含まない）． (e) z から見た a,b の方角がなす角度が一定値 α である．よって，a,b を端点とする円弧（端点を含まない）．

7. $z=x+iy$ とすると，$\alpha\bar{z}z=\alpha(x^2+y^2)$, $\bar{\beta}z+\beta\bar{z}=(\beta+\bar{\beta})x+i(\bar{\beta}-\beta)y=2\operatorname{Re}\beta x+2\operatorname{Im}\beta y$ である．

- $\alpha=0$ のとき，$2\operatorname{Re}\beta x+2\operatorname{Im}\beta y+\gamma=0$. これは，$\beta$ で決まるベクトルに垂直な直線
- $\alpha\neq 0$ のとき，$\bar{z}z-\frac{\bar{\beta}z+\beta\bar{z}}{\alpha}+\frac{\gamma}{\alpha}=\left(x-\frac{\operatorname{Re}\beta}{\alpha}\right)^2+\left(y-\frac{\operatorname{Im}\beta}{\alpha}\right)^2-\frac{|\beta|^2}{\alpha^2}+\frac{\gamma}{\alpha}=0$ これは，中心が $\frac{\beta}{\alpha}$, 半径が $\frac{\sqrt{|\beta|^2-\alpha\gamma}}{|\alpha|}$ の円である．なお，$|\beta|^2<\alpha\gamma$ なら空集合となる．

8. (a) x_3 軸を含む平面での断面を考え，$(0,0,0)$ から $\sqrt{3}$ だけ離れた点と $(0,0,1)$ を結ぶ線分とリーマン球の断面の交点を考えるとよい．リーマン球上で $x_3=\frac{1}{2}$ にある円．すなわち，$(x_1,x_2,x_3)=\left(\frac{\sqrt{3}}{2}\cos\theta,\frac{\sqrt{3}}{2}\sin\theta,\frac{1}{2}\right)$. (b) 直線上の点と点 $(0,0,1)$ を結ぶ線分は，常にこれらを含む平面上にある．よって，a,b を結ぶ直線と点 $(0,0,1)$ を含む平面によるリーマン球の断面（円）となる． (c) リーマン球を x_3x_1 平面，x_2x_3 平面で切った曲面のうち，$x_1,x_2>0$ となる面を含む部分．境界は，$(0,0,1)$ を除いて含まれる．

9. (a) $\left|\frac{12-5i}{13}\right|=1$ であって，$\theta:=\operatorname{Arg}\frac{12-5i}{13}$ とすると，$-\frac{\pi}{2}<\theta<0$. したがって，z_n は収束しない． (b) $\left|\frac{5}{8}+\frac{3}{4}i\right|=\sqrt{\frac{61}{64}}<1$. よって，$|z_n|\to 0$ ($n\to\infty$) となり，0 に収束する．
(c) 与えられた漸化式を変形して，$z_{n+1}-\frac{1+i}{2}=\frac{1+i}{2}\left(z_n-\frac{1+i}{2}\right)=\left(\frac{1+i}{2}\right)^2\left(z_{n-1}-\frac{1+i}{2}\right)=\cdots=\left(\frac{1+i}{2}\right)^n\left(z_1-\frac{1+i}{2}\right)\to 0$ ($n\to\infty$). よって，$z_n\to\frac{1+i}{2}$.

10. (a) $\{z_n\}$ がコーシー列とする．任意の $\varepsilon>0$ に対してある N を選び，$n>N$ で $|a_n-a_N|<\varepsilon$ とできる．よって $a_n\in K_\varepsilon(a_N)$ となり，$\{a_n\}$ は有界． (b) 実数の場合と同様にすればよい．$\{z_n\}$ が収束する場合，$|z_n-z_m|=|(z_n-a)-(z_m-a)|\leqq|z_n-a|+|z_m-a|$ により，$\{z_n\}$ はコーシー列である．逆に，$\{z_n\}$ がコーシー列とする．$\alpha_n:=\operatorname{Re}a_n$ とすると，(a) の結果より $\{\alpha_n\}$ は有界であるから，$A_n:=\sup\{\alpha_k\}_{k\leqq n}$, $B_n:=\inf\{\alpha_k\}_{k\leqq n}$ とすれば，これらは有界単調列になって収束する．いま，任意の $\varepsilon>0$ に対して N が存在し，$n,m>N$ ならば $|a_n-a_m|<\varepsilon$ とできるので，$n>N$ に対して $A_n-B_n<\varepsilon$ により，$A_n-B_n\to 0$. よって $\operatorname{Re}z_n$ は収束する．虚部についても同様．

11. (a) 与えられた集合は，単位円の周上および内部である．内点の集合は $\{z\mid |z|^2<1\}$. 外点の集合は $\{z\mid |z|^2>1\}$. 境界点の集合は $\{z\mid |z|^2=1\}$. 集積点の集合は，与えられた集合自身．この集合は閉集合であるが開集合ではない． (b) 内点の集合は与えられた集合自身．外点の集合は $\{z\mid \operatorname{Im}z<0\}$. 境界点の集合は $\mathbb{R}$. 集積点の集合は $\{z\mid \operatorname{Im}z\geqq 0\}$（内点と境界点の和集合）．この集合は開集合であるが閉集合ではない． (c) 内点の集合は $\emptyset$. 外点の集合は $\mathbb{C}\backslash\{z\mid z=x\in\mathbb{R},\ x\geqq 0\}$. 境界点および集積点の集合は $\{z\mid z=x\in\mathbb{R},\ x\geqq 0\}$. 与えられた集合は開集合でも閉集合でもない．

12. (a) D を開集合とする．D は内点のみからなるので，境界点と外点は $\mathbb{C}\backslash D$ に含まれる．すなわち，任意の近傍が $\mathbb{C}\backslash D$ と共有点を持つ点は $\mathbb{C}\backslash D$ に含まれる．よって，$\overline{\mathbb{C}\backslash D}=\mathbb{C}\backslash D$ となり，$\mathbb{C}\backslash D$ は閉集合である．D が閉集合の場合，D の要素の任意の近傍は D と共有点を持つ．よって，D と共有点を持たない近傍を有する点は $\mathbb{C}\backslash D$ の要素であり，これは $\mathbb{C}\backslash D$ が内点のみ

からなることを意味する. (b) $\mathbb{C}$ が開集合であることは, 本章問題 7.1 (c) を参照. $\infty \notin \mathbb{C}$ であり, $K_r(\infty) = \{z \mid |z| > r\} \cup \{\infty\}$ であるから, ∞ の任意の近傍は $K_r(\infty) \cap \mathbb{C} \neq \emptyset$ をみたす. よって ∞ は境界点で, $\mathbb{C}$ の境界は $\{\infty\}$ であるから, $\overline{\mathbb{C}}$ は $\mathbb{C}$ の閉包である. (c) z が D の集積点とすると, z の任意の近傍に, D に属し, かつ z ではない点が存在する. たとえば, $\varepsilon := \frac{1}{n}$ として近傍 $K_\varepsilon(z)$ を取り, 前記の条件をみたす点を z_n とすると, 数列 $\{z_n\}$ は z に収束する. 逆に, z に収束する数列 $\{z_n\}$ ($z_n \neq z$, $z_n \in D$) があるならば, 収束の定義により, z の任意の近傍に D の要素かつ z でないものが存在する.

第 2 章

1.1 $z = x + iy$ とし, f の実部と虚部を明示する形に変形して解答に替える. (a) $f(z) = z^2 - z = (x+iy)^2 - (x+iy) = (x^2 - y^2 - x) + i(2xy - y)$. (b) $f(z) = z(z^2+1) = (x+iy)(x^2 - y^2 + 1 + 2ixy)$. これを展開して, $f(z) = [x(x^2 - y^2 + 1) - 2xy^2] + i[y(x^2 - y^2 + 1) + 2x^2y] = x(x^2 - 3y^2 + 1) + iy(3x^2 - y^2 + 1)$. (c) $f(z) = (x+iy)^2 + \frac{1}{(x+iy)^2} = x^2 - y^2 + 2ixy + \frac{(x-iy)^2}{(x^2+y^2)^2} = \frac{(x^2-y^2)[(x^2+y^2)^2+1]}{(x^2+y^2)^2} + \frac{2ixy[(x^2+y^2)^2-1]}{(x^2+y^2)^2}$. (d) $f(z) = \frac{2x-1+2iy}{x-2+iy} = \frac{2x^2+2y^2-5x+2}{(x-2)^2+y^2} - \frac{3iy}{(x-2)^2+y^2}$.

1.2 $z = x + iy$ とすると, $x = \frac{z+\bar{z}}{2}$, $y = \frac{z-\bar{z}}{2i}$ となる. 簡単な場合を除き, この関係を用いて x, y を消去するとよい. (a) $2xy + i(y^2 - x^2) = -i[(x^2 - y^2) + 2ixy] = -iz^2$. (b) $(x \pm iy)^3 = x^3 \pm 3x^2(iy) + 3x(iy)^2 \pm (iy)^3 = x^3 \pm 3ix^2y - 3xy^2 \mp iy^3$ に注意して, $u + iv = (x^3 + y^3 - 3x^2y - 3xy^2) + i(x^3 - y^3 + 3x^2y - 3xy^2) = (x^3 + 3ix^2y - 3xy^2 - iy^3) + i(x^3 + 3ix^2y - 3xy^2 - iy^3) = (1+i)z^3$. (c) $x^2 = \frac{z^2+2z\bar{z}+\bar{z}^2}{4}$, $y^2 = -\frac{z^2-2z\bar{z}+\bar{z}^2}{4}$ により, $u = \frac{z^2+\bar{z}^2}{2}$, $v = z\bar{z} = |z|^2$ を得る. よって, $u + iv = \frac{z^2+\bar{z}^2}{2} + iz\bar{z}$. (d) $u + iv = -e^y \sin x + ie^y \cos x = ie^y(\cos x + i \sin x) = ie^y e^{ix} = ie^{y+ix} = ie^{i\bar{z}}$. ただし, 最後から 2 番目の等号には, 複素指数関数の性質を必要とする (第 2.2 節参照).

2.1 (a) $x = a$ の像は, $a \neq 0$ の場合は $u = -\frac{1}{4a^2}v^2 + a^2$. $a = 0$ の場合は, $v = 0$, $u = -y^2$ により, $v = 0$ の $u \leqq 0$ の部分. $y = b$ の像は, $u = \frac{1}{4b^2}v^2 - b^2$ ($b \neq 0$) および $v = 0$ の $u \geqq 0$ の部分 ($b = 0$). いずれも放物線で, 図を描くと右上のようになる. ただし, 実線は $x = a$ に, 破線は $y = b$ に対応する曲線である. (b) $u = a$ に対応する図形は $e^x \cos y = a$, $v = b$ に対応する図形は $e^x \sin y = b$ である. これらは xy 面内の曲線で, 図示すると右下のようになる. ただし, 実線は $u = a$ に対応する曲線, 破線は $v = b$ に対応する曲線である.

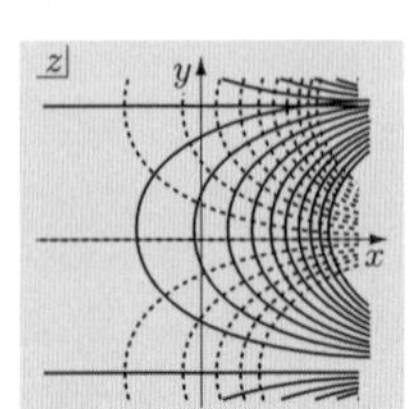

2.2 $f = u + iv$ とする. (a) $u = x^3 - 3xy^2$, $v = -y^3 + 3x^2y$ である. よって直線 $u = a$ に対応する図形は $x^3 - 3xy^2 = a$, 直線 $v = b$ に対応する図形は $-y^3 + 3x^2y = b$ である. (b) 直線 $x = a$ に対しては, $u = \cos x \sinh y$, $v = \sin x \cosh y$ から y を消去して, $\left(\frac{v}{\sin a}\right)^2 - \left(\frac{u}{\cos a}\right)^2 = 1$ を得る. これは uv 平面上の双曲線である. 特に $a = 0$ の場合は, $v = 0$ である. $y = b$ に対しては, x を消去して楕円 $\left(\frac{u}{\sinh b}\right)^2 + \left(\frac{v}{\cosh b}\right)^2 = 1$ を得る ($b \neq 0$). $b = 0$ の場合は, $u = 0$ かつ $|v| \leqq 1$ となる. (c) $|z| = a$ に対して, $a \neq 0$ ならば $|w| = \frac{1}{a}$ で, これは $w = 0$ を中心とする円. $a = 0$ ならば無限遠点となる. $\arg z = b$ に対しては, $\arg w = -\arg z$ から, $\arg w = -b$ と

なる． (d) $z = \frac{1}{f(z)}$ であるから，$x = \frac{u}{u^2+v^2}, y = -\frac{v}{u^2+v^2}$ となる．よって，直線 $x = a$ は $\left(u - \frac{1}{2a}\right)^2 + v^2 = \frac{1}{4a^2}$ に，直線 $y = b$ は $u^2 + \left(v - \frac{1}{2b}\right)^2 = \frac{1}{4b^2}$ に写される．なお，$a = 0$ の場合は $u = 0$ に，$b = 0$ の場合は $v = 0$ になる．これらは実軸または虚軸に中心を持ち，$w = 0$ を通る円（特別な場合として直線を含む）である．上記 (a)〜(d) をそれぞれ図 (a)〜(d) によって表現すると，下記のようになる．

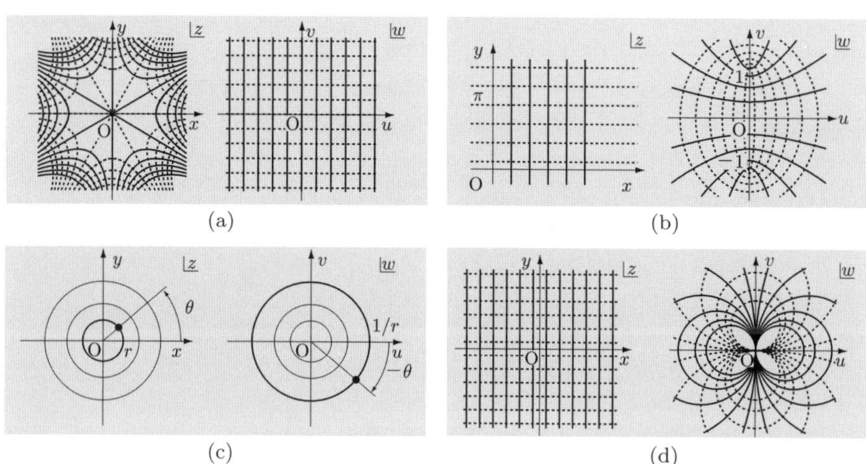

2.3 $z = x + iy$ とすると，円周上で $x^2 - y^2 - 1 + 2ixy = e^{i\theta}$ $(\theta \in \mathbb{R})$ であるから，θ を消去して $(x^2 - y^2 + 1)^2 + (2xy)^2 = 1$．これを整理すると，$(x^2 + y^2 + 1)^2 = 1 + 4x^2$ を得る．概形は右図の曲線のようになる．また，円の中心 $w = 0$ に写るのは $z = \pm 1$ であるから，円の内部に写る z は図の曲線で囲まれた部分（濃い灰色部）になる．

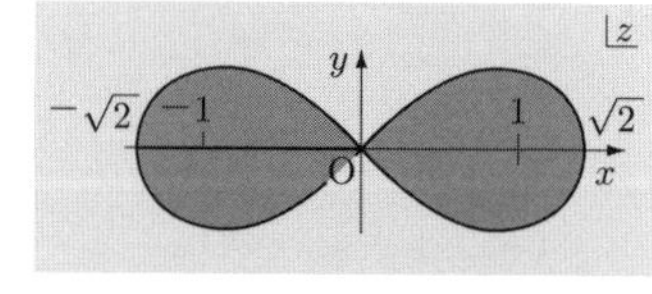

2.4 (a) 後出のメビウス変換を使えば簡単に計算できる（第 8 章演習問題 1. 参照）が，ここでは直接条件を処理することによって w を決定する．$z = e^{i\theta}$ $(\theta \in \mathbb{R})$ に対し，$|w| = 1$ となる．よって，$|ae^{i\theta} + b| = |ce^{i\theta} + d|$ から，$(ae^{i\theta} + b)\overline{(ae^{i\theta} + b)} = (ce^{i\theta} + d)\overline{(ce^{i\theta} + d)}$ となるので，

$$|a|^2 + |b|^2 + a\bar{b}e^{i\theta} + \bar{a}be^{-i\theta} = |c|^2 + |d|^2 + c\bar{d}e^{i\theta} + \bar{c}de^{-i\theta}$$

を得る．これから，条件 $|a|^2 + |b|^2 = |c|^2 + |d|^2$ および $a\bar{b} = c\bar{d}$ が得られる．最初の条件から，$a = r\cos\phi e^{i\alpha}$, $b = r\sin\phi e^{i\beta}$, $c = r\cos\psi e^{i\gamma}$, $d = r\sin\psi e^{i\delta}$ と書ける．$ad - bc \neq 0$ に注意し，

$$r \neq 0,\ \cos\phi\sin\psi - e^{i(\beta+\gamma-\alpha-\delta)}\sin\phi\cos\psi \neq 0,\ \sin 2\phi - e^{i(\beta+\gamma-\alpha-\delta)}\sin 2\psi = 0$$

を得る．最後の式から，$\beta + \gamma - \alpha - \delta = n\pi$ $(n \in \mathbb{Z})$ および $\sin 2\phi = (-1)^n \sin 2\psi$，中央の式から $\sin[\psi - (-1)^n\phi] \neq 0$．以上より，$\psi = (-1)^{n+1}\phi + \frac{\pi}{2} + k\pi$ $(k \in \mathbb{Z})$ となり，

$$a = re^{i\alpha}\cos\phi,\ b = re^{i\beta}\sin\phi,\ c = (-1)^{k+n}re^{i\gamma}\sin\phi,\ d = (-1)^{k+n}re^{i(\beta+\gamma-\alpha)}\cos\theta.$$

これを w の式に代入して整理すると，

$$w = (-1)^{k+n}e^{i(2\alpha-\beta-\gamma)}\frac{z + e^{i(\beta-\alpha)}\tan\phi}{[e^{i(\alpha-\beta)}\tan\phi]z + 1} = e^{i\lambda}\frac{z - p}{\bar{p}z - 1}$$

を得る．ただし，$p := -e^{i(\beta-\alpha)}\tan\phi$, $e^{i\lambda} := (-1)^{k+n+1}e^{i(2\alpha-\beta-\gamma)}$ と定めた． (b) 円の内部にある $z=0$ は $|w|<1$ に写らなければならない．よって，$|p|<1$ である．また，このとき，$z=\varepsilon e^{i\theta}$ $(0 \leqq \varepsilon < 1)$ とすると，$|\bar{p}\varepsilon e^{i\theta}-1|^2 - |\varepsilon e^{i\theta}-p|^2 = (1-\varepsilon^2)(1-|p|^2) > 0$ となるので，確かに $|z|<1$ ならば $|w|<1$ が成り立つ．

3.1 (a) -1. (b) $-\frac{\sqrt{3}}{2}-\frac{i}{2}$. (c) i. (d) $\frac{1+i}{\sqrt{2}}$.

3.2 ここでは，$n \in \mathbb{Z}$ とする．(a) $|e^z|=2$ から，$e^{\mathrm{Re}\, z}=2$, $e^{i\,\mathrm{Im}\, z}=-1$. よって，$z=\log 2+(2n+1)\pi i$. (b) $|1+i|=\sqrt{2}$, $\arg(1+i)=\frac{\pi}{4}$ により，$z=\frac{1}{2}\log 2+\left(\frac{1}{4}+2n\right)\pi i$. (c) $e^z=-i$ となるので，$z=\left(2n+\frac{3}{2}\right)\pi i$.

2章

コメント 解答中の「log」は実数の対数関数で，第 2.3 節以降では「Log」を用いる．

3.3 $z=re^{i\theta}$ とすると，$\mathrm{Im}\, z>0$ により $0<\theta<\pi$ で考えればよい．ここで，$|e^{ipz}| = |e^{ipr(\cos\theta+i\sin\theta)}| = e^{-pr\sin\theta}$ であり，$p\sin\theta>0$ と $|z|\to\infty \iff r\to\infty$ を考えて，$\lim_{|z|\to\infty}|e^{ipz}| = \lim_{r\to\infty}e^{-pr\sin\theta}=0$ となる．

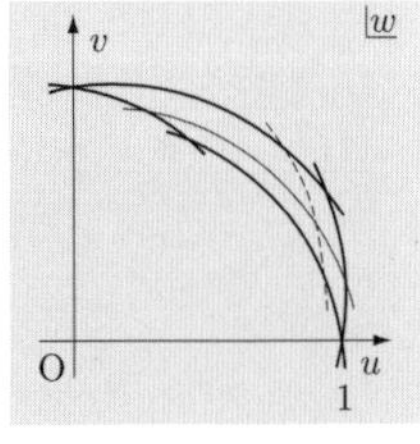

4.1 D の境界に平行な直線 $y+2\pi x=\alpha$ $\left(0 \leqq \alpha \leqq \frac{\pi}{3}\right)$ を考える．この直線と D が交わるのは，$\frac{\alpha}{2} \leqq y \leqq \frac{\alpha}{2}+\frac{\pi}{3}$ の部分（線分）である．$w=Re^{it}$ とすると，$R=e^x$, $t=y$ であるから，この直線の像は $R=e^{\frac{\alpha-t}{2\pi}}$ $\left(\frac{\alpha}{2} \leqq t \leqq \frac{\alpha}{2}+\frac{\pi}{3}\right)$ となる．これは，偏角の増加に応じて絶対値が指数的に減少する螺旋の一部を表す．同様に，線分 $y-2\pi x=\beta$ $\left(\frac{\beta}{2} \leqq y \leqq \frac{\beta}{2}+\frac{\pi}{6},\ 0 \leqq \beta \leqq \frac{2\pi}{3}\right)$ の像も螺旋 $R=e^{\frac{t-\beta}{2\pi}}$ $\left(\frac{\beta}{2} \leqq t \leqq \frac{\beta}{2}+\frac{\pi}{6}\right)$ となる．よって D の像は，これらの螺旋のうち $\alpha=0, \frac{\pi}{3}$, $\beta=0, \frac{2\pi}{3}$ の 4 つのもので囲まれた図形で，図示すると右の太曲線で囲まれた部分になる．ただし，図中の像を通過する細実線は $y+2\pi x=\alpha$ の像，破線は $y-2\pi x=\beta$ の像を表す．

5.1 実数の $\log|z|$ を $\mathrm{Log}\,|z|$ と書く．また，$n \in \mathbb{Z}$ とする．

(a) $\mathrm{Log}\, 3+2n\pi i$. (b) $\left(\frac{1}{2}+2n\right)\pi i$. (c) $\mathrm{Log}\, x+(2n+1)\pi i$.

(d) $\frac{1}{2}\mathrm{Log}\, 2+\left(\frac{1}{4}+2n\right)\pi i$. (e) $\frac{1}{2}\mathrm{Log}\, 2-\frac{\pi i}{4}$. (f) $\mathrm{Log}\, 2+\frac{\pi i}{4}$.

5.2 $\log e=\mathrm{Log}\, e+2n\pi i=1+2n\pi i$ $(n\in\mathbb{Z})$ より，$|\log e|=\sqrt{1+4n^2\pi^2}$. したがって $n \leqq \sqrt{\frac{99}{4\pi^2}}=\frac{3\sqrt{11}}{2\pi}=1.58\ldots$ であるから，$n=0,\pm1$. よって，求めるべき値は $1, 1\pm 2\pi i$ の 3 つ．

5.3 (a) $z=re^{i\theta}$ とする．$\log z^2=\log(r^2e^{2i\theta})$ により，$\log z^2=\mathrm{Log}\, r^2+(2\theta+2n\pi)i = 2\,\mathrm{Log}\, r+2i\theta+2n\pi i$ $(n\in\mathbb{Z})$. 一方，$2\log z=2[\mathrm{Log}\, r+(\theta+2m\pi)i]=2\,\mathrm{Log}\, r+2i\theta+4m\pi i$ $(m\in\mathbb{Z})$ で，虚部の任意性が $\log z^2$ は 2π の整数倍であるのに対し，$2\log z$ では 4π の整数倍となり，$\log z^2$ の方がより広い範囲の値を取り得る． (b) $|z|=r$, $\mathrm{Arg}\, z=\theta$ とする．$z^{\frac{1}{2}}=e^{\frac{1}{2}\log z} = e^{\frac{1}{2}\mathrm{Log}\, r+\frac{i}{2}(\theta+2n\pi)} = e^{\frac{1}{2}\mathrm{Log}\, r}e^{\frac{i}{2}(\theta+2n\pi)} = \sqrt{r}\,e^{i\left(\frac{\theta}{2}+n\pi\right)}$. したがって，$m\in\mathbb{Z}$ として，

$$\log z^{\frac{1}{2}}=\mathrm{Log}\sqrt{r}+i\left[\left(\frac{\theta}{2}+n\pi\right)+2m\pi\right]=\frac{1}{2}(\mathrm{Log}\, r+i\theta)+(2m+n)\pi i$$

となる．$m, n\in\mathbb{Z}$ であるから，$2m+n$ は整数全体を動くので，$\log z^{\frac{1}{2}}=\frac{1}{2}(\mathrm{Log}\, r+i\theta)+n\pi i$ $(n\in\mathbb{Z})$. 一方，$\frac{1}{2}\log z$ については，$\frac{1}{2}\log z=\frac{1}{2}[\mathrm{Log}\, r+i(\theta+2n\pi)]=\frac{1}{2}(\mathrm{Log}\, r+i\theta)+n\pi i$ $(n\in\mathbb{Z})$ となる．これらを比較し，$\log z^{\frac{1}{2}}$ と $\frac{1}{2}\log z$ は集合全体として一致し，その意味で両者の間の等号が成立する．

6.1 (a) $(-1)^{\pi} = e^{\pi\log(-1)} = e^{\pi i \arg(-1)} = e^{(2n+1)\pi^2 i}$. (b) $(-2)^i = e^{i\log(-2)} = e^{i[\mathrm{Log}\,2+(2n+1)\pi i]} = e^{i\,\mathrm{Log}\,2}e^{-(2n+1)\pi}$．ここで，$n \in \mathbb{Z}$ であるから，$2n+1$ は奇数全体を動くので，$-(2n+1)$ を $2n+1$ に取り直して，$(-2)^i = e^{(2n+1)\pi}e^{i\,\mathrm{Log}\,2}$. (c) $e^{\frac{1}{2}[\log(1+i)]} = e^{\frac{1}{2}[\mathrm{Log}\sqrt{2}+(\frac{1}{4}+2n)\pi i]} = e^{\frac{1}{4}\mathrm{Log}\,2}e^{\frac{\pi i}{8}+n\pi i} = \pm\sqrt[4]{2}e^{\frac{\pi i}{8}}$. (d) $(3-\sqrt{3}i)^{1-i} = e^{(1-i)\log(3-\sqrt{3}i)}$ である．ここで，$\log(3-\sqrt{3}i) = \mathrm{Log}(2\sqrt{3}) + i\left(2n-\frac{1}{6}\right)\pi$. よって，$(3-\sqrt{3}i)^{(1-i)} = e^{\left(2n-\frac{1}{6}\right)\pi+\mathrm{Log}(2\sqrt{3})}e^{i\left[\left(2n-\frac{1}{6}\right)\pi-\mathrm{Log}(2\sqrt{3})\right]}$.

(e) $3^{2-i} = e^{(2-i)\log 3} = e^{(2\,\mathrm{Log}\,3+2\pi n)+i(4\pi n-\mathrm{Log}\,3)} = 9e^{2\pi n}e^{i(4\pi n-\mathrm{Log}\,3)}$.

(f) $1^{\sqrt{2}} = e^{\sqrt{2}\log 1} = e^{\sqrt{2}\cdot 2\pi i n} = e^{2\sqrt{2}n\pi i}$.

6.2 (a) $f(z)$ は，n を p で割った余り $0, 1, \dots, p-1$ で分類される p 種類の異なる値を取る．このうち，$n = 0$ に分類されるもの（$n = 2mp$，$m \in \mathbb{Z}$）のものだけが e^z に一致する．

(b) $n \neq 0$ に対して因子 $e^{2n\pi iz}$ が 1 になることはない．よって $n = 0$ の枝以外では $f(z) = e^z$ となることはないが，$2\pi nz \in \mathbb{R}$ であるから $|e^{2\pi inz}| = 1$ となり，$|f(z)|$ と $|e^z|$ は一致する．

(c) $z = iy$ とすると，$e^{2\pi inz} = e^{-2\pi ny}$ となる．よって $|f(z)| = |e^z|$ となるのは $n = 0$ の枝を取る以外はない．偏角は，$f(z)$ と e^z とでは同じになる．

6.3 $z^a z^b = e^{a\log z+b\log z} = e^{(a+b)\,\mathrm{Log}\,|z|+i(a+b)\,\mathrm{Arg}\,z+2(am+bn)\pi i}$ $(m, n \in \mathbb{Z})$．また，$z^{a+b} = e^{(a+b)(\mathrm{Log}\,|z|+i\,\mathrm{Arg}\,z+2l\pi i)}$ $(l \in \mathbb{Z})$．これらが一致するためには，$p, q \in \mathbb{Z}$ に対し，$ap + bq$ が常に整数であればよい．すなわち，$a, b \in \mathbb{Z}$ の場合．

6.4 複素関数としては，$a^b = e^{b\log a} = e^{b[\mathrm{Log}\,|a|+i(\mathrm{Arg}\,a+2n\pi)]} = e^{b\,\mathrm{Log}\,|a|}e^{ib\,\mathrm{Arg}\,a}e^{2nb\pi i}$ となる．このうち，$e^{b\,\mathrm{Log}\,|a|}$ は，実数の a^b に一致する．また，$a > 0$ により，$\mathrm{Arg}\,a = 0$ である．よって両者の違いは $e^{2nb\pi i}$ にあり，$b \in \mathbb{Z}$ ならばこれは常に 1 で，複素関数 a^b と実数の a^b は完全に一致する．これ以外では異なる．

7.1 (a) 三角関数の定義に基づき，

$$
\begin{aligned}
\cos z_1 \cos z_2 - \sin z_1 \sin z_2 &= \frac{e^{iz_1}+e^{-iz_1}}{2}\,\frac{e^{iz_2}+e^{-iz_2}}{2} - \frac{e^{iz_1}-e^{-iz_1}}{2i}\,\frac{e^{iz_2}-e^{-iz_2}}{2i} \\
&= \frac{e^{i(z_1+z_2)}+e^{i(-z_1+z_2)}+e^{i(z_1-z_2)}+e^{-i(z_1+z_2)}}{4} \\
&\quad + \frac{e^{i(z_1+z_2)}-e^{i(-z_1+z_2)}-e^{i(z_1-z_2)}+e^{-i(z_1+z_2)}}{4} \\
&= \frac{e^{i(z_1+z_2)}+e^{-i(z_1+z_2)}}{2} = \cos(z_1+z_2)
\end{aligned}
$$

となる．$\sin(z_1+z_2)$ についても，右辺 $\sin z_1 \cos z_2 + \cos z_1 \sin z_2$ を同様に直接計算する． (b) $\cos^2 z + \sin^2 z = \left(\frac{e^{iz}+e^{-iz}}{2}\right)^2 + \left(\frac{e^{iz}-e^{-iz}}{2i}\right)^2 = \frac{(e^{iz}+e^{-iz})^2-(e^{iz}-e^{-iz})^2}{4} = 1$. (c) $|\cos z|^2 = (\cos x\cosh y)^2 + (-\sin x\sinh y)^2 = \cos^2 x\cosh^2 y + \sin^2 x\sinh^2 y = \cos^2 x(1+\sinh^2 y) + \sin^2 x\sinh^2 y = \cos^2 x + \sinh^2 y$.

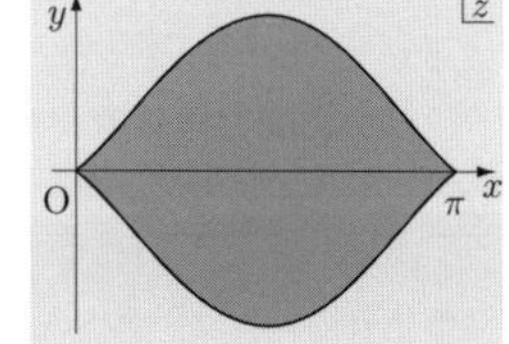

7.2 $\tan(z_1+z_2) = \frac{\sin(z_1+z_2)}{\cos(z_1+z_2)} = \frac{\sin z_1\cos z_2+\cos z_1\sin z_2}{\cos z_1\cos z_2-\sin z_1\sin z_2}$ となるが，右辺の分母・分子を $\cos z_1 \cos z_2$ で割り，$\tan z_1 = \frac{\sin z_1}{\cos z_1}$，$\tan z_2 = \frac{\sin z_2}{\cos z_2}$ を用いる．

7.3 $|\cos z| \leqq 1$ より，$|\cos z|^2 \leqq 1$．よって，$\cos^2 x + \sinh^2 y \leqq 1$ から $\sinh^2 y \leqq \sin^2 x$．すなわち，$|\sinh y| \leqq |\sin x|$ を得る．ここ

で, $|\sin x|$ は周期 π の関数だから, $0 \leqq x < \pi$ の範囲で考えればよい. この範囲で $|\sinh y| \leqq |\sin x|$ を解くと, $|y| \leqq \mathrm{Log}(\sqrt{1+\sin^2 x}+\sin x)$ となり, 図示すると前ページの図のようになる (境界を含む). 複素平面全体では, この図形が実軸上に繰り返し出現する.

8.1 $\cos iz = \frac{e^{i(iz)}+e^{-i(iz)}}{2} = \frac{e^{-z}+e^{z}}{2} = \cosh z$. この関係で $z \to iz$ とすれば, $\cosh iz = \cos(-z) = \cos z$ を得る. 同様に, $\sin iz = \frac{e^{i(iz)}-e^{-i(iz)}}{2i} = i\frac{e^{z}-e^{-z}}{2} = i\sinh z$. よって, $\sinh z = -i\sin z$ が得られ, $z \to iz$ によって $\sin z = -i\sinh iz$ も示される.

9.1 $z = x+iy$ とし, k, n は整数であるとする. (a) 与えられた式は, $\cos x\cosh y - i\sin x\sinh y = 3$. よって $\cos x\cosh y = 3$, $\sin x\sinh y = 0$. 第2式より, $\sin x = 0$ または $\sinh y = 0$. $\sinh y = 0$ $(y = 0)$ の場合, $\cosh y = 1$ で, 第1式は $\cos x = 3$ となるが, $x \in \mathbb{R}$ に対して $|\cos x| \leqq 1$ であるからこれは不適. よって $x = k\pi$ となる. このとき, 第1式は $(-1)^k\cosh y = 3$ となり, $k = 2n$ および $y = \pm\log(3+2\sqrt{2})$ を得る. よって $z = 2n\pi \pm i\log(3+2\sqrt{2})$. (b) 前問と同様に, $\sin x\cosh y = -\sqrt{2}$, $\cos x\sinh y = 0$. $y = 0$ は第1式で $\sin x = -\sqrt{2}$ となるので除かれ, 第2式から $x = \frac{\pi}{2}+k\pi$. これを第1式に代入し, $k = 2n-1$ および $y = \pm\log(\sqrt{2}+1)$ が得られ, $z = \left(2n-\frac{1}{2}\right)\pi \pm i\log(\sqrt{2}+1)$. (c) $\cosh x\cos y = 0$, $\sinh x\sin y = 3$. $\cosh x > 0$ であるから, 第1式より $y = \frac{\pi}{2}+k\pi$. 第2式に代入し, $(-1)^k\sinh x = 3$. これを解くと, $k = 2n$ の場合, $x = \log(\sqrt{10}+3)$. $k = 2n+1$ の場合, $x = -\log(\sqrt{10}+3)$. これらをまとめ, $z = (-1)^k\log(\sqrt{10}+3)+\left(\frac{1}{2}+k\right)\pi i$. (d) $\sinh x\cos y = 2$, $\cosh x\sin y = 0$. 第2式から, $y = k\pi$ を得る. 第1式に代入し, $(-1)^k\sinh x = 2$. これを解くと, $k = 2n$ ならば $e^x = \sqrt{5}+2$, $k = 2n+1$ ならば $e^x = \sqrt{5}-2$. これらをまとめて, $x = (-1)^k\log(\sqrt{5}+2)$. よって $z = (-1)^k\log(\sqrt{5}+2)+k\pi i$. (e) $|\cos z|^2 = \cos z\,\overline{\cos z}$ であるから, 与えられた式から $\cos z(\overline{\cos z}-1) = 0$ を得る. よって, $\cos z = 0$ または $\overline{\cos z} = 1$. すなわち, $\cos z = 0$ または $\cos z = \bar{1} = 1$. $\cos z = 0$ となるのは $z = \left(\frac{1}{2}+n\right)\pi$. $\cos z = 1$ となるのは, $\sin x\sinh y = 0$ かつ $\cos x\cosh y = 1$ の場合. $\sinh y = 0$ とすると, $y = 0$, $\cos x = 1$ となって, $x = 2n\pi$. $\sin x = 0$ ならば, $\cosh y > 0$ も考慮して, $x = 2n\pi$, $y = 0$ となり, いずれの場合も同じ結果となる. 以上から, $z = \left(\frac{1}{2}+n\right)\pi$ または $z = 2n\pi$. (f) 与えられた式を $\tan z$ について解くと, $\tan^2 z = -1$. すなわち, $\tan z = \pm i$ となり, 指数関数で表して $\frac{e^{iz}-e^{-iz}}{e^{iz}+e^{-iz}} = \mp 1$ を得る. これを e^{iz} について解くと $e^{\pm iz} = 0$. 指数関数は 0 にならないから, このような z は存在しない.

9.2 $z = \tan w = \frac{e^{iw}-e^{-iw}}{i(e^{iw}+e^{-iw})}$ であるから, $\frac{e^{2iw}-1}{e^{2iw}+1} = iz$. よって, $e^{2iw} = \frac{1+iz}{1-iz}$ となる. 両辺の対数を取り, 示すべき式を得る.

10.1 $w = \frac{pz+q}{rz+s}$ を z について解いて, $z = -\frac{sw-q}{rw-p}$. これを $\alpha z\bar{z}-\bar{\beta}z-\beta\bar{z}+\gamma = 0$ に代入して整理すると, $A = \alpha|s|^2+\gamma|r|^2-\bar{\beta}s\bar{r}-\beta\bar{s}r$, $B = -\alpha q\bar{s}-\gamma p\bar{r}-\beta p\bar{s}-\bar{\beta}q\bar{r}$, $C = \alpha|q|^2+\gamma|p|^2-\beta p\bar{q}-\bar{\beta}\bar{p}q$ として $Aw\bar{w}+\bar{B}w+B\bar{w}+C = 0$ となる. ここで $A, C \in \mathbb{R}$ であり, また $|B|^2-AC = |ps-qr|^2(|\beta|^2-\alpha\gamma)$ となるから, $|\beta|^2-\alpha\gamma > 0$ ならば $|B|^2-AC > 0$. よって, 求めるべき像も円または直線である (第1章演習問題 7. 参照).

10.2 $w = \frac{az+b}{cz+d}$ $(ad-bc \neq 0,\ c \neq 0)$ が $\mathbb{C}\backslash\{-d/c\}$ を $\mathbb{C}\backslash\{a/c\}$ に1対1に写すことは, 例題 2.10 で示した. よって, まずこの w に対して無限遠点と $z = -d/c$ の像を調べる. $z \to \infty$ の場合, $w \to \frac{a}{c}$. また, $z \to -\frac{d}{c}$ ならば $w \to \infty$ である. これら2つの像は相異なり, かつ $\mathbb{C}\backslash\left\{\frac{a}{c}\right\}$ に含まれない. よって $c \neq 0$ の場合, $\bar{\mathbb{C}}$ は $\bar{\mathbb{C}}$ に1対1に写される. $c = 0$ の場合は, $w = a'z+b'$ $(a' \neq 0)$ の形となるので, $z = \infty$ は $w = \infty$ に写され, それ以外の $\mathbb{C}$ 上の点は $\mathbb{C}$ 上の点に1対1

に写されることはすぐに示される.

10.3 例題 2.10 の計算に基づき, $w_j - w_k = \frac{(ad-bc)(z_j-z_k)}{(cz_j+d)(cz_k+d)}$ となる. よって

$$\frac{w_1-w_3}{w_2-w_3}\frac{w_2-w_4}{w_1-w_4} = \frac{z_1-z_3}{z_2-z_3}\frac{cz_2+d}{cz_1+d}\cdot\frac{z_2-z_4}{z_1-z_4}\frac{cz_1+d}{cz_2+d} = \frac{z_1-z_3}{z_2-z_3}\frac{z_2-z_4}{z_1-z_4}$$

第 2 章演習問題

1. (a) $z_1 = x_1 + iy_1$, $z_2 = x_2 + iy_2$ とする. $\mathrm{Re}(e^{z_1+z_2}) = \mathrm{Re}[e^{x_1}(\cos y_1 + i\sin y_1) + e^{x_2}(\cos y_2 + i\sin y_2)] = e^{x_1}\cos y_1 + e^{x_2}\cos y_2$. また, $\mathrm{Im}(e^{z_1}+e^{z_2}) = e^{x_1}\sin y_1 + e^{x_2}\sin y_2$. 次に, $|e^{z_1}+e^{z_2}|^2$ を求めると,

$$\begin{aligned}|e^{z_1}+e^{z_2}|^2 &= (e^{x_1}\cos y_1 + e^{x_2}\cos y_2)^2 + (e^{x_1}\sin y_1 + e^{x_2}\sin y_2)^2\\ &= e^{2x_1} + 2e^{x_1+x_2}(\cos y_1\cos y_2 + \sin y_1\sin y_2) + e^{2x_2}\\ &= e^{2x_1} + 2e^{x_1+x_2}\cos(y_1-y_2) + e^{2x_2}\end{aligned}$$

により, $|e^{z_1}+e^{z_2}| = \sqrt{e^{2x_1} + 2e^{x_1+x_2}\cos(y_1-y_2) + e^{2x_2}}$. $\arg(e^{z_1}+e^{z_2})$ については, $\arg(e^{z_1}+e^{z_2}) = \arctan\frac{\mathrm{Im}(e^{z_1}+e^{z_2})}{\mathrm{Re}(e^{z_1}+e^{z_2})} = \arctan\frac{e^{x_1}\sin y_1+e^{x_2}\sin y_2}{e^{x_1}\cos y_1+e^{x_2}\cos y_2}$ となる. (b) $\arg\sin z = \arg(\sin x\cosh y + i\cos x\sinh y) = \arctan\frac{\cos x\sinh y}{\sin x\cosh y} = \arctan\frac{\tanh y}{\tan x}$. (c) $\exp\log z = e^{\mathrm{Log}\,|z|+i\arg z} = e^{\mathrm{Log}\,|z|}e^{i\arg z} = |z|e^{i\arg z} = z$. (d) $\log\exp z = \mathrm{Log}\,|e^z| + i\arg e^z$. $|e^z| = e^{\mathrm{Re}\,z}$, $\arg e^z = \mathrm{Im}\,z + 2\pi n$ ($n\in\mathbb{Z}$) により, $\log\exp z = \mathrm{Log}\,e^{\mathrm{Re}\,z} + i\,\mathrm{Im}\,z + 2\pi in = z + 2\pi in$. (e) $\Theta(x)\in\mathbb{R}$ により, $|e^{i\Theta(x)}| = 1$. 一般に, 純虚数値をとる関数なら, どのように複雑なものであっても指数関数に代入して絶対値を取れば 1 になる.

2. (a) $\cos x\cosh y = 0$, $\sin x\sinh y = -\frac{1}{2}$ である. 第 1 式から, $x = \frac{\pi}{2} + n\pi$. これを第 2 式に代入して $e^y = \frac{\sqrt{5}+(-1)^{n+1}}{2}$. よって $y = (-1)^{n+1}\log\frac{\sqrt{5}+1}{2}$. 以上から, $z = \frac{\pi}{2} + n\pi + (-1)^{n+1}i\log\frac{\sqrt{5}+1}{2}$ ($n\in\mathbb{Z}$). (b) $\cos x\cosh y = \sin x\cosh y$ および $-\sin x\sinh y = \cos x\sinh y$ が成り立つ. 第 1 式および $\cosh y \neq 0$ により, $\cos x = \sin x$. よって $x = \frac{\pi}{4} + n\pi$ ($n\in\mathbb{Z}$). これと第 2 式から $\sinh y = 0$ となり, $y = 0$. 以上から, $z = \frac{\pi}{4} + n\pi$ ($n\in\mathbb{Z}$).
(c) $\tan^2 z = \cot^2 z = \frac{1}{\tan^2 z}$ から $\tan^4 z = 1$. よって $\tan z = \pm 1, \pm i$. $\tan z = \pm 1$ の場合, $e^{2iz} = \pm i$ となって, $z = \frac{\pi}{4} + \frac{n}{2}\pi$ ($n\in\mathbb{Z}$). $\tan z = \pm i$ の場合, $e^{\pm iz} = 0$ となり, これをみたす z は存在しない. 以上から, $z = \frac{\pi}{4} + \frac{n}{2}\pi$ ($n\in\mathbb{Z}$).

3. (a) $\frac{1}{z} = \frac{1}{r}\cos\theta - \frac{i}{r}\sin\theta$ より, $u = \left(r+\frac{1}{r}\right)\cos\theta$, $v = \left(r-\frac{1}{r}\right)\sin\theta$. (b) $|z|>1$ の場合, $r>1$, $\frac{1}{r}<1$ である. よって, $r-\frac{1}{r}$ は正で, かつ正数全体の値を取り得る. また, $0<r+\frac{1}{r}<\infty$ である. したがって, $|z|>1$ は w 平面全体に写され, 特に $\sin\theta>0$ ($\mathrm{Im}\,z>0$) ならば $v>0$ に, $\sin\theta<0$ ならば $v<0$ に写る. また, $|z|<1$ の場合は $r-\frac{1}{r}<0$ となる他は $|z|>1$ の場合と同様で, これも w 平面全体に写る. ただし, $\sin\theta<0$ ($\mathrm{Im}\,z<0$) の領域が $v>0$ の部分に写る (次ページの図左). w 平面の 1 つの点 (実軸を除く) には, $|z|>1$ の部分にある点と $|z|<1$ の部分にある点が共に対応している. (c) $\left(r-\frac{1}{r}\right)\sin\theta = 2c$. よって, $r = \frac{c}{\sin\theta} + \frac{\sqrt{c^2+\sin^2\theta}}{|\sin\theta|}$ が得られる. 特に, $c=0$ の場合は $r=1$ (単位円) または $\sin\theta=0$ (実軸) の上の点が対応する. $c>0$ の直線に対応する図形を図示すると, 次ページの図右のようになる. $c<0$ の直線に対応する図形は, 図を実軸に関して対称に移動すればよい.

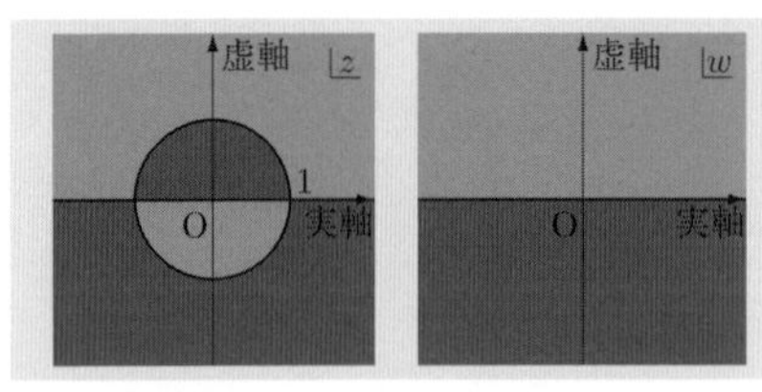

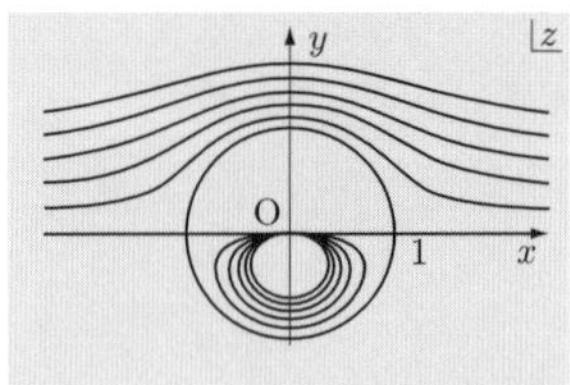

4. $z = x + iy$ とする．(a) $\overline{e^z} = \overline{e^{x+iy}} = e^x \overline{e^{iy}} = e^x e^{-iy} = e^{x-iy} = e^{\bar{z}}$. (b) $|e^z| = e^x \neq 0$ であるから，$e^z \neq 0$. (c) $e^x \cos y = 1$, $e^x \sin y = 0$. 第2式から，$y = n\pi$ $(n \in \mathbb{Z})$. 第1式に代入すると，$(-1)^n e^x = 1$ となり，n は偶数，かつ $x = 0$ を得る．よって，$z = 2n\pi i$ $(n \in \mathbb{Z})$.
(d) 与えられた $w = Re^{i\theta}$ に対して，$e^z = w$ となる $z = x + iy \in D$ を探す．この式から $e^x = R$, $e^{iy} = e^{i\theta}$ となるが，e^x は正実数全体を値域とする関数で，$z \in D$ の実部はすべての実数が可能であるから，$R \neq 0$ であれば，このような x は存在する．また，$y = \theta + 2n\pi$ $(n \in \mathbb{Z})$ である．よって，n を適当に選べば，$z \in D$ となるような y を求められるので，0 でない任意の複素数 w に対し，$e^z = w$ となる $z \in D$ が存在する．次に，$e^{z_1} = e^{z_2}$ となる場合を調べると，$e^{z_1 - z_2} = 1$. よって，$z_1 - z_2 = 2\pi i n$ となり，e^z が同じ値となる z は虚軸方向に間隔 2π で分布する．このような値のうち，D に属するものは1つに限る．以上から題意が示された．

5. $z = x + iy$, $n \in \mathbb{Z}$ とする．(a) $|e^z| = e^x$, $e^{|z|} = e^{\sqrt{x^2+y^2}}$ により成り立つ．等号は z が非負実数のとき． (b) $|\sin z|^2 = \sin^2 x \cosh^2 y + \cos^2 x \sinh^2 y = \sin^2 x + \sinh^2 y \geqq \sin^2 x$, $|\cos z|^2 = \cos^2 x \cosh^2 y + \sin^2 x \sinh^2 y = \cos^2 x + \sinh^2 y \geqq \cos^2 x$ により成り立つ．等号はどちらの場合も $\sinh y = 0$ すなわち z が実数のとき． (c) (b) の計算により，$|\sin z|^2 \geqq \sinh^2 y$. 等号は，$x = n\pi$ のとき．また，$|\sin z|^2 = \sin^2 x \cosh^2 y + \cos^2 x \sinh^2 y = \cosh^2 y - \cos^2 x \leqq \cosh^2 y$. 等号は $x = \frac{\pi}{2} + n\pi$ のとき．$|\cos z|$ についても同様で，$|\cos z| \geqq |\sinh y|$ は (b) の計算式から得られ，等号は $x = \frac{\pi}{2} + n\pi$ のとき成り立つ．$|\cos z| \leqq \cosh y$ については，$|\cos z|^2 = \cos^2 x \cosh^2 y + \sin^2 x \sinh^2 y = \cosh^2 y - \sin^2 x \leqq \cosh^2 y$ から示され，等号は $x = n\pi$ のとき成り立つ．

6. (a) $z^{\frac{1}{n}} = re^{i\phi}$ とすると，$r^n e^{in\phi} = z = \rho e^{i\theta}$ となり，$r^n = \rho$, $n\phi = \theta + 2k\pi$ $(k \in \mathbb{Z})$ を得る．第1式より $r = \sqrt[n]{\rho}$. 第2式より $\phi = \frac{\theta}{n} + \frac{2k\pi}{n}$ となるが，$k \to k + n$ で同じ値になるから，独立なものは $k = 0, 1, \ldots, n-1$ の n 個である．よって与えられた式が示された．これらを複素平面上に図示すると右図のようになり，確かに異なる n 個の点を与える． (b) 複素関数としての $z^{\frac{1}{n}}$ は

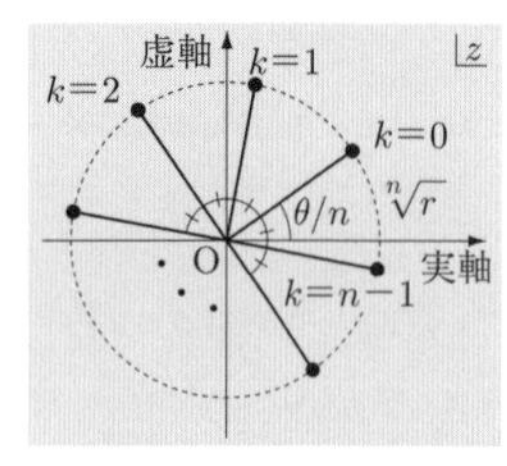

$$z^{\frac{1}{n}} = e^{\frac{1}{n}\log z} = e^{\frac{1}{n}\operatorname{Log}|z|} e^{\frac{i}{n}\arg z} = \sqrt[n]{|z|} e^{\frac{i}{n}(\operatorname{Arg} z + 2k\pi)}$$

となり，オイラーの公式を用いると与えられた式に等しいことがわかる．k の取り得る値の範囲は (a) と同様に考えればよい．

7. 前半については，$a = re^{i\theta}$ $(\theta = \operatorname{Arg} a)$，$b = \alpha + i\beta$, $n \in \mathbb{Z}$ とすると，

$$a^b = e^{(\alpha + i\beta)(\operatorname{Log} r + i\theta + 2\pi i n)} = e^{\alpha \operatorname{Log} r - \beta(\theta + 2n\pi)} \cdot e^{i[\alpha(\theta + 2n\pi) + \beta \operatorname{Log} r]}$$

となる．これが実数となる条件は，$\alpha(\theta + 2n\pi) + \beta \operatorname{Log} r$ が任意の n に対して π の整数倍となることである．よって，$\alpha\theta + \beta \operatorname{Log} r = (N - 2n\alpha)\pi$. ここで $n = 0$ に対して $N = N_0$, $n = n_1$

に対して $N=N_1$ が対応したとすると，$N_1-N_0=2n_1\alpha$ となる．よって，$\alpha=\frac{k}{2}$ $(k\in\mathbb{Z})$．以上から，求めるべき条件は，$\operatorname{Re} b=\frac{k}{2}$ かつ $\operatorname{Re} b \operatorname{Arg} a+\operatorname{Im} b \operatorname{Log}|a|=N\pi \quad (k,N\in\mathbb{Z})$．

後半については，$x<0$ のとき $\operatorname{Arg} x=\pi$ であるから，これと上記の第 1 式を第 2 式に代入して整理すると，$\frac{k}{2}+\frac{1}{\pi}\operatorname{Im} b \operatorname{Log}|x|=N$．これが任意の x に対して成り立つので，$\operatorname{Im} b=0$（すなわち $b\in\mathbb{R}$）かつ $k=2M$ $(M\in\mathbb{Z})$．第 1 式とあわせて b が整数の場合に限ることがわかる．

8. メビウス変換によって非調和比が一定に保たれるので，z_1,z_2,z_3 の像を w_1,w_2,w_3 とし，任意の z の像を w とすれば，$(w,w_1,w_2,w_3)=(z,z_1,z_2,z_3)$ となる．これはメビウス変換を与えている．

9. (a) $\lambda(z)=(z_1,z_2,z_3,z)=\frac{z_1-z_3}{z_2-z_3}\frac{z_2-z}{z_1-z}=\frac{(z_3-z_1)z+z_2(z_1-z_3)}{(z_3-z_2)z+z_1(z_2-z_3)}$ で，これは 1 次分数関数である．$ad-bc=(z_1-z_2)(z_2-z_3)(z_3-z_1)$． (b) 1 次分数関数が $\bar{\mathbb{C}}$ を $\bar{\mathbb{C}}$ に 1 対 1 に写すので，題意が成り立つ． (c) (z_j,z_k,z_l,z_m) において，前半の z_j,z_k と後半の z_l,z_m の要素を同時に入れ換えた (z_k,z_j,z_m,z_l)，および前半と後半の 2 つの組を入れ換えた (z_l,z_m,z_j,z_k) は等しい．また，これらの操作を組み合わせても同じ非調和比を得るので，

$$(z_j,z_k,z_l,z_m)=(z_k,z_j,z_m,z_l)=(z_l,z_m,z_j,z_k)=(z_m,z_l,z_k,z_j)$$

の 4 つのものが等しくなる．可能な非調和比は $4!=24$ 個存在するから，これらは 4 個ずつの組に分かれ，6 種類の値が存在する． (d) $(0,1,\infty,\lambda)=1-\frac{1}{\lambda}$, $(1,0,\infty,\lambda)=\frac{\lambda}{\lambda-1}$, $(0,\infty,1,\lambda)=\frac{1}{\lambda}$, $(\infty,0,1,\lambda)=\lambda$, $(0,\lambda,1,\infty)=\frac{1}{1-\lambda}$, $(\lambda,0,1,\infty)=1-\lambda$ の 6 種類．これらのうち，2 つ以上が同じものになれば，取りうる値の種類はより少なくなる．そのような λ は，$\lambda=1,-1$（$\frac{\lambda-1}{\lambda}$ と $1-\lambda$, $\frac{\lambda}{\lambda-1}$ と $\frac{1}{1-\lambda}$, λ と $\frac{1}{\lambda}$ が一致），$\lambda=0,2$（$\frac{\lambda-1}{\lambda}$ と $\frac{1}{\lambda}$, $\frac{\lambda}{\lambda-1}$ と λ, $1-\lambda$ と $\frac{1}{1-\lambda}$ が一致），$\lambda=\frac{1}{2},\infty$（$\frac{\lambda-1}{\lambda}$ と $\frac{\lambda}{\lambda-1}$, $\frac{1}{\lambda}$ と $\frac{1}{1-\lambda}$, λ と $1-\lambda$ が一致），$\lambda=\frac{1\pm\sqrt{3}i}{2}$（$\frac{\lambda-1}{\lambda}$ と λ と $\frac{1}{1-\lambda}$, $\frac{\lambda}{\lambda-1}$ と $\frac{1}{\lambda}$ と $1-\lambda$ が一致）の 8 つの値．

10. (a) $w_1=\frac{a_1z+b_1}{c_1z+d_1}$, $w_2=\frac{a_2z+b_2}{c_2z+d_2}$ としてこれらを合成すると，$w_2(w_1(z))=\frac{a_2\frac{a_1z+b_1}{c_1z+d_1}+b_2}{c_2\frac{a_1z+b_1}{c_1z+d_1}+d_2}=\frac{(a_1a_2+c_1b_2)z+(b_1a_2+d_1b_2)}{(a_1c_2+c_1d_2)z+(b_1c_2+d_1d_2)}$ である．ここで，

$$\begin{aligned}&(a_1a_2+c_1b_2)(b_1c_2+d_1d_2)-(a_1c_2+c_1d_2)(b_1a_2+d_1b_2)\\&\qquad=a_1d_1a_2d_2+b_1c_1b_2c_2-a_1d_1b_2c_2-b_1c_2a_2d_2\\&\qquad=(a_1d_1-b_1c_1)(a_2d_2-b_2c_2)=k^2\end{aligned}$$

であるから，$w_2\circ w_1\in M$ の条件は $k^2=k$．$k\neq 0$ により，$k=1$． (b) 恒等変換は，$w=z$ すなわち，$a=d=1$, $b=c=0$ の 1 次分数関数で，このとき $ad-bc=1$．よって恒等変換は M に属する． (c) $w=\frac{az+b}{cz+d}$ ならば，$w^{-1}=\frac{-dz+b}{cz-a}$ である．これは a を $-d$ に，d を $-a$ に変えたものであるから，$w^{-1}\in M$ である．

11. (a) $z=x\in\mathbb{R}$ とすると，$w=\frac{ax+b}{cx+d}\in\mathbb{R}$ である．また，$c\neq 0$ ならば $w=\frac{a}{c}-\frac{ad-bc}{c(cx+d)}$, $c=0$ ならば $w=\frac{a}{d}x+\frac{b}{d}$ と変形し，x が実数全体を動けば w もそうである．よって実軸は実軸に写される．次に，$z=\frac{-dw+b}{cw-a}$ であるから，$2\operatorname{Im} z=z-\bar{z}=\frac{(ad-bc)(w-\bar{w})}{|cw-a|^2}>0$．$ad-bc>0$, $|cw-a|^2\geqq 0$ により，$w-\bar{w}>0$．よって $\operatorname{Im} w>0$． (b) $\operatorname{Re} z=\frac{z+\bar{z}}{2}=\alpha$ に $z=\frac{-dw+b}{cw-a}$ を代入し，整理すると $2(\alpha c^2+cd)w\bar{w}-(2\alpha ac+ad+bc)(w+\bar{w})+2(\alpha a^2+ab)=0$．いま，$(2\alpha ac+ad+bc)^2-4(\alpha c^2+cd)(\alpha a^2+ab)=(ad-bc)^2>0$ により，これは円または直線を表す式である．直線になるのは $c=0$

2 章

または $\alpha=-\frac{d}{c}$ の場合で, その式は $\mathrm{Re}\,w=\frac{\alpha+b}{d}$ または $\mathrm{Re}\,w=\frac{a}{c}$ となり, 実軸に垂直な直線である. これ以外の場合は円になり, 中心は $\frac{2\alpha ac+ad+bc}{2(\alpha c+d)c}$, 半径は $\frac{ad-bc}{2|(\alpha c+d)c|}$. (c) 円の中心を $z=x_0$, 半径を r とすると, 円の方程式は $z\bar{z}-x_0(z+\bar{z})+x_0^2-r^2=0$ である. $w=\frac{-dz+b}{cz-a}$ を代入して整理すると, $[(cx_0+d)^2-r^2c^2]w\bar{w}+[acr^2-(ax_0+b)(cx_0+d)](w+\bar{w})+[(ax_0+b)^2-a^2r^2]=0$. ここで, $[acr^2-(ax_0+b)(cx_0+d)]^2-[(cx_0+d)^2-r^2c^2][(ax_0+b)^2-a^2r^2]=(ad-bc)^2r^2>0$ により, この像は円または直線を表す. 直線になるのは $c^2r^2=(cx_0+d)^2$ の場合で, 方程式は $\mathrm{Re}\,w=\frac{2acx_0+ad+bc}{2c(cx_0+d)}$ となり, これは実軸に垂直な直線. 円になる場合は, 中心は $\frac{(ax_0+b)(cx_0+d)-acr^2}{(cx_0+d)^2-c^2r^2}$, 半径は $\frac{r(ad-bc)}{\sqrt{(cx_0+d)^2-c^2r^2}}$.

第3章

3章

1.1 (a) $\frac{z^2-2iz-1}{z^2+1}=\frac{(z-i)^2}{(z+i)(z-i)}=\frac{z-i}{z+i}\to 0\ (z\to i)$. (b) $\frac{z^2-3z+2}{z-2}=\frac{(z-1)(z-2)}{z-2}=z-1\to 1\ (z\to 2)$. (c) $z=x+iy$ とすると, $\frac{\mathrm{Re}\,z+\mathrm{Im}\,z}{z}=\frac{x+y}{x+iy}=\frac{x(x+y)}{x^2+y^2}-i\frac{y(x+y)}{x^2+y^2}$. $(x,y)\to(0,1)$ において, これは極限値 $-i$ を持つ. (d) $z\to i$ において, 分子は有界で, 分母 $\to 0$ により, 発散する. (e) $z=re^{i\theta}$ とすると, $\frac{\sin z}{z}=e^{-i\theta}\frac{\sin(re^{i\theta})}{r}$. ここで,

$$\begin{aligned}\frac{\sin(re^{i\theta})}{r}&=\frac{\sin(r\cos\theta)\cosh(r\sin\theta)+i\cos(r\cos\theta)\sinh(r\sin\theta)}{r}\\&=\cosh(r\sin\theta)\frac{\sin(r\cos\theta)}{r\cos\theta}\cos\theta+i\cos(r\cos\theta)\frac{\sinh(r\sin\theta)}{r\sin\theta}\sin\theta\\&\to\cos\theta+i\sin\theta=e^{i\theta}\,(r\to 0)\end{aligned}$$

よって, $z\to 0$ で $\frac{\sin z}{z}\to 1$. (f) $z=re^{i\theta}$ とすると,

$$\begin{aligned}\frac{e^z-1}{z}&=e^{-i\theta}\frac{e^{r\cos\theta}e^{ir\sin\theta}-1}{r}\\&=e^{-i\theta}\left[e^{r\cos\theta}\frac{\cos(r\sin\theta)-1}{r}+\frac{e^{r\cos\theta}-1}{r}+ie^{r\cos\theta}\frac{\sin(r\sin\theta)}{r}\right].\end{aligned}$$

$r\to 0$ とすると, $\frac{\cos(r\sin\theta)-1}{r}\to 0$, $\frac{e^{r\cos\theta}-1}{r}\to\cos\theta$, $\frac{\sin(r\sin\theta)}{r}\to\sin\theta$ であるから, $z\to 0$ で $\frac{e^z-1}{z}\to e^{-i\theta}e^{i\theta}=1$.

1.2 $|z-z_0|=\sqrt{(x-x_0)^2+(y-y_0)^2}$ であるから, $z\to z_0 \iff (x,y)\to(x_0,y_0)$. ここで, $|f(z)-A|=|(u-a)+i(v-b)|\geqq|u-a|,|v-b|$ であるから, $|f(z)-A|<\varepsilon$ ならば, $|u-a|<\varepsilon$, $|v-b|<\varepsilon$ となる. よって, $f(z)\to A$ ならば $u\to a$ かつ $v\to b$. 逆に, $|f(z)-A|\leqq|u-a|+|v-b|$ により, $|u-a|<\varepsilon$,$|v-b|<\varepsilon$ ならば $|f(z)-A|<2\varepsilon$. よって, $u\to a$ かつ $v\to b$ ならば $f(z)\to A$. 以上から題意が示された.

1.3 (a) $\zeta=\frac{1}{z}$ とすれば, $|z|>R \iff |\zeta|<\frac{1}{R}$. よって $\delta=\frac{1}{R}$ とすることにより, 任意の $\varepsilon>0$ に対し, ある $\delta>0$ が存在し, $|\zeta-0|<\delta$ となる任意の ζ に対し, $|f(1/\zeta)-A|<\varepsilon$ が成り立つ. (b) $\lim_{z\to\infty}e^{-z}=\lim_{\zeta\to 0}e^{-1/\zeta}$. $\zeta=\varepsilon e^{i\theta}$ $(\varepsilon>0)$ とすれば, $\zeta\to 0 \iff \varepsilon\to+0$ で $e^{-1/\zeta}=e^{-\cos\theta/\varepsilon}e^{i\sin\theta/\varepsilon}$. これは $\varepsilon\to+0$ において, θ に応じて任意の値を取り得る. よってこの極限値は発散する. $\lim_{z\to\infty}e^{-|z|}$ の場合, 同様にすると, $e^{-1/|\zeta|}=e^{-1/\varepsilon}$ となり, これは $\varepsilon\to+0$ で 0 に収束する. よって $\lim_{z\to\infty}e^{-|z|}=0$.

2.1 (a) $\frac{(z+\Delta z)^n-z^n}{\Delta z}=nz^{n-1}+\sum_{k=2}^{n}\binom{n}{k}z^{n-k}(\Delta z)^{k-1}$. $\Delta z\to 0$ ならば, $(\Delta z)^m\to 0$

$(m \in \mathbb{N})$ であるから，z^n は微分可能で導関数は nz^{n-1}．　(b)　$z = x+iy$, $\Delta z = h+ik$ とする．$\mathrm{Re}(z+\Delta z) - \mathrm{Re}\, z = \mathrm{Re}\, \Delta z = h$ である．ここで，$k = mh$ として $h \to 0$ を考えると，$\frac{\mathrm{Re}(z+\Delta z)-\mathrm{Re}\, z}{\Delta z} = \frac{h}{h+ik} \to \frac{1}{1+im}$ となり，m に応じて異なる値を取る．よって与えられた関数は任意の z で微分不可能である．　(c)　$z = x+iy$, $\Delta z = h+ik$ とし，$k = mh$ のもとで $h \to 0$ とすると，$z \neq 0$ の場合は

$$\frac{|z+\Delta z| - |z|}{\Delta z} = \frac{\sqrt{(x+h)^2+(y+k)^2} - \sqrt{x^2+y^2}}{h+ik}$$

$$= \frac{2(hx+ky)+h^2+k^2}{(h+ik)(\sqrt{(x+h)^2+(y+k)^2}+\sqrt{x^2+y^2})} \to \frac{x+my}{(1+im)\sqrt{x^2+y^2}}$$

となり，これは m に応じて異なる値を取るので極限値は存在しない．また，$z=0$ の場合は，$\frac{|z+\Delta z|-|z|}{\Delta z} = e^{-i\,\mathrm{Arg}\,\Delta z}$ となり，$\Delta z \to 0$ としても近づける方向によって異なる値を取るので，この場合も極限値は存在しない．以上から，$|z|$ は任意の z で微分不可能である．

(d)　$\frac{e^{z+\Delta z}-e^z}{\Delta z} = e^z \frac{e^{\Delta z}-1}{\Delta z} \to e^z$ $(\Delta z \to 0)$．ただし，問題 1.1(f) を用いた．

2.2　(a)　定義により，$\frac{[f(z+\Delta z)+g(z+\Delta z)]-[f(z)+g(z)]}{\Delta z} = \frac{f(z+\Delta z)-f(z)}{\Delta z} + \frac{g(z+\Delta z)-g(z)}{\Delta z} \to f'(z)+g'(z)$，$\frac{af(z+\Delta z)-af(z)}{\Delta z} = a\frac{f(z+\Delta z)-f(z)}{\Delta z} \to af'(z)$．　(b)　$f(z+\Delta z)g(z+\Delta z) - f(z)g(z) = [f(z+\Delta z)-f(z)]g(z+\Delta) + f(z)[g(z+\Delta z)-g(z)]$ となる．これを Δz で割り，$\frac{f(z+\Delta z)g(z+\Delta z)-f(z)g(z)}{\Delta z} = \frac{f(z+\Delta z)-f(z)}{\Delta z} g(z+\Delta z) + f(z)\frac{g(z+\Delta z)-g(z)}{\Delta z} \to f'(z)g(z)+f(z)g'(z)$．　(c)　$\frac{f(z+\Delta z)}{g(z+\Delta z)} - \frac{f(z)}{g(z)} = \frac{f(z+\Delta z)g(z)-f(z)g(z+\Delta z)}{g(z+\Delta z)g(z)}$．ここで，分子を $[f(z+\Delta z)-f(z)]g(z) - f(z)[g(z+\Delta z)-g(z)]$ と変形し，Δz で割って $\Delta z \to 0$ とすれば，題意の式が得られる．　(d)　$\frac{f(g(z+\Delta z))-f(g(z))}{\Delta z} = \frac{f(g(z+\Delta z))-f(g(z))}{g(z+\Delta z)-g(z)} \frac{g(z+\Delta z)-g(z)}{\Delta z}$．$\Delta z \to 0$ において $g(z+\Delta z)-g(z) \to 0$ であるから，これは $f'(g(z))g'(z)$ に収束する．

3.1　(a)　$\cos z = \cos x \cosh y - i \sin x \sinh y$ であるから，$u = \cos x \cosh y$, $v = -\sin x \sinh y$．ここで，$u_x = -\sin x \cosh y$，$u_y = \cos x \sinh y$，$v_x = -\cos x \sinh y$，$v_y = -\sin x \cosh y$ となり，コーシー–リーマンの方程式 $u_x = v_y$, $u_y = -v_x$ が成り立つ．u, v の第 1 次の偏導関数は任意の $x, y \in \mathbb{R}$ で連続だから，$\cos z$ は $\mathbb{C}$ 全体で正則．　(b)　$\frac{1}{z-1} = \frac{x-1-iy}{(x-1)^2+y^2}$ により，$u = \frac{x-1}{(x-1)^2+y^2}$, $v = -\frac{y}{(x-1)^2+y^2}$．ここで，これらの偏導関数を求めると，$u_x = v_y = \frac{y^2-(x-1)^2}{[(x-1)^2+y^2]^2}$，$u_y = -v_x = \frac{-2y(x-1)}{[(x-1)^2+y^2]^2}$ となり，$(x,y) \neq (1,0)$ でコーシー–リーマンの方程式が成り立つ．また，u, v の第 1 次の偏導関数は，分母が 0 になる点 $(z=1)$ を除いて連続だから，$\frac{1}{z-1}$ は $z \neq 1$ で正則．　(c)　$u = \sqrt{x^2+y^2}$, $v=0$ である．u は，$(x,y) = (0,0)$ 以外で偏微分可能で，$u_x = \frac{x}{\sqrt{x^2+y^2}}$，$u_y = \frac{y}{\sqrt{x^2+y^2}}$ となる．$v_x, v_y = 0$ により，コーシー–リーマンの方程式は常に成り立たない．よって，任意の複素数で正則ではない．　(d)　$u = x+y$, $v = 0$ である．$u_x = 1$, $u_y = 1$, $v_x = 0$, $v_y = 0$ であるから，コーシー–リーマンの方程式は成り立たず，任意の $z \in \mathbb{C}$ で正則ではない．

3.2　(a)　$f = u+iv$ とすると，$\frac{\partial f}{\partial \bar{z}} = \frac{1}{2}\frac{\partial}{\partial x}(u+iv) + \frac{i}{2}\frac{\partial}{\partial y}(u+iv) = \frac{u_x - v_y}{2} + i\frac{u_y+v_x}{2}$．よって，$\frac{\partial f}{\partial \bar{z}} = 0 \iff$「$u_x - v_y = 0$ かつ $u_y + v_x = 0$」となる．　(b)　$\frac{\partial f}{\partial x} = u_x + iv_x$，$\frac{\partial f}{\partial y} = u_y + iv_y$ であるから，$\frac{\partial f}{\partial z} = \frac{1}{2}(u_x+iv_x) - \frac{i}{2}(u_y+iv_y) = \frac{1}{2}(u_x+v_y) + \frac{i}{2}(v_x-u_y)$．コーシー–リーマンの方程式が成り立つならば，これは $u_x + iv_x$ となり，$\frac{df}{dz}$ に一致する．

4.1　$\Delta z \in \mathbb{R}$ として $\lim_{\Delta z \to 0} \frac{f(z+\Delta z)-f(z)}{\Delta z}$ を求めると $u_x + iv_x$ になり，$\Delta z \in i\mathbb{R}$ として $\lim_{\Delta z \to 0} \frac{f(z+\Delta z)-f(z)}{\Delta z}$ を求めると $v_y - iu_y$ となる．微分可能性とコーシー–リーマンの方程式から，これらは $\frac{df}{dz}$ に等しい．

4.2 (a) $u_x = 2x + by$, $u_y = bx + 2ay$, $v_x = cy$, $v_y = cx$ により, $2x + by = cx$, $bx + 2ay = -cy$. よって $c = 2$, $b = 0$, $c = -2a$ となり, $(a, b, c) = (-1, 0, 2)$. (b) $u_x = 3ax^2 + 3y^2$, $u_y = 6xy$, $v_x = 2bxy$, $v_y = bx^2 + 3cy^2$ から $3a = b$, $3 = 3c$, $6 = -2b$. これを解いて $(a, b, c) = (-1, -3, 1)$.
(c) $u_x = ae^{ax} \sin 2y$, $u_y = 2e^{ax} \cos 2y$, $v_x = bce^{cx} \cos dy$, $v_y = -bde^{cx} \sin dy$. したがって, $ae^{ax} \sin 2y = -bde^{cx} \sin dy$, $2e^{ax} \cos 2y = -bce^{cx} \cos dy$ から, $a = -bd$, $a = c$, $2 = -bc$, $2 = d$ または $a = bd$, $a = c$, $2 = bc$, $-2 = d$ を得る. 前者の場合, 第 1,4 式から $d = 2$, $a = -2b$. これと第 2 式を第 3 式に代入して整理し, $a^2 = 4$. よって, $a = \pm 2$. したがって, $b = -\frac{a}{2} = \mp 1$. $c = \pm 2$. 後者も同様に計算し, まとめると, $(a, b, c, d) = (\pm 2, \mp 1, \pm 2, 2)$, $(\pm 2, \mp 1, \pm 2, -2)$ (複号同順). (d) $u_x = 0$, $u_y = ae^{ay}$, $v_x = 0$, $v_y = b \cos by$. よって, $b \cos by = 0$, $ae^{ay} = 0$. 任意の y で成り立つから, $(a, b) = (0, 0)$.

5.1 各問で与えられた関数を u とする. (a) $u_{xx} = 2$, $u_{yy} = -2$ から, $u_{xx} + u_{yy} = 0$. よって調和関数. 共役な調和関数を v として, $v_y = u_x = 2x$, $v_x = -u_y = 2y$. 第 1 式を y で積分し, $v = 2xy + g(x)$ (g は任意実関数). これを第 2 式に代入すると, $2y + g'(x) = 2y$. よって $g'(x) = 0$ から, $g(x) = C$ (定数) となるので, $v = 2xy + C$. (b) $u_{xx} = 6x$, $u_{yy} = -6y$ から, $u_{xx} + u_{yy} = 0$ ではない. よって調和関数ではない. (c) $u_{xx} = e^x \sin y$. $u_{yy} = -e^x \sin y$ より, 調和関数である. 共役調和関数 v は, $v_y = u_x = e^x \sin y$, $v_x = -u_y = -e^x \cos y$ をみたす. 第 1 式から $v = -e^x \cos y + g(x)$. 第 2 式に代入して整理し, $g'(x) = 0$. よって, $v = -e^x \cos y + C$.
(d) $u_{xx} = 2$, $u_{yy} = 2$ から, $u_{xx} + u_{yy} = 4 \neq 0$. よって調和関数ではない. (e) $u_{xx} = -\frac{2}{(x^2+y^2)^2} + \frac{8x^2}{(x^2+y^2)^3}$, $u_{yy} = -\frac{2}{(x^2+y^2)^2} + \frac{8y^2}{(x^2+y^2)^3}$ から, $u_{xx} + u_{yy} = \frac{4}{(x^2+y^2)^2}$. よって, 調和関数ではない. (f) $u_x = \frac{x}{x^2+y^2}$, $u_{xx} = \frac{1}{x^2+y^2} - \frac{2x^2}{(x^2+y^2)^2}$. また, $u_y = \frac{y}{x^2+y^2}$, $u_{yy} = \frac{1}{x^2+y^2} - \frac{2y^2}{(x^2+y^2)^2}$. よって, $u_{xx} + u_{yy} = \frac{2}{x^2+y^2} - 2\frac{(x^2+y^2)}{(x^2+y^2)^2} = 0$ となり, 調和関数である. 共役調和関数 v は, $v_y = u_x = \frac{x}{x^2+y^2}$, $v_x = -u_y = -\frac{y}{x^2+y^2}$. 第 1 式を積分して, $v = \arctan \frac{y}{x} + g(x)$. これを第 2 式に代入して整理すると, $g'(x) = 0$. 以上から, $g(x) = C$ となるので, $v = \arctan \frac{y}{x} + C$.

5.2 v に共役な調和関数を $w(x, y)$ とすると, $v_x = w_y$, $v_y = -w_x$ が成り立つ. 一方, v は u に共役であるから, $v_y = u_x$, $v_x = -u_y$. 以上から, $w_y = -u_y$, $w_x = -u_x$ となる. これらから, $w = -u + C$ (C は定数) となる. w は v に共役な調和関数であるから, $v + iw$ が正則関数になる. ここで, $w = -u + C$ とすれば, $v + iw = v - iu + iC = -i(u + iv) + iC$. 定数 C を除けば, 正則関数 $u + iv$ に定数 $-i$ をかけて, 実部と虚部を入れ換えた操作によってできた関数の実部と虚部の対応を見ていることになる.

6.1 $\sin z = \sin x \cosh y + i \cos x \sinh y$ より, $z = \frac{\pi}{2} + i\pi$ は $w = \cosh \pi$ に写る. また, $(\sin z)' = \cos z = \cos x \cosh y - i \sin x \sinh y$ により, $z = \frac{\pi}{2} + i\pi$ において, $|(\sin z)'| = \sinh \pi$, $\arg(\sin z)' = -\frac{\pi}{2}$ である. 以上から, $z = \frac{\pi}{2} + i\pi$ は, $\cosh \pi$ に移動し, その付近の z は, 拡大率 $\sinh \pi$, 回転角が $-\frac{\pi}{2}$ の回転拡大を受ける.

6.2 正則でない点と, 導関数が 0 になる点を求めればよい. (a) $f(z)$ は $\mathbb{C}$ 全体で正則. $f'(z) = \sinh z = 0$ となる点が求めるべき z である. $z = n\pi i$ ($n \in \mathbb{Z}$). (b) (a) と同様, $f'(z) = 0$ となる z を求める. $f'(z) = 2z + 1$. よって, $z = -\frac{1}{2}$. (c) $f(z)$ は $z = 0$ で正則でない. また, $f'(z) = 1 - \frac{1}{z^2} = 0$ を解くと, $z = \pm 1$. よって, $z = 0, \pm 1$.

6.3 $f'(z)=\frac{a(cz+d)-c(az+b)}{(cz+d)^2}=-\frac{ad-bc}{(cz+d)^2}$ で，これは分母が 0 になる点を除いて非零である．

第 3 章演習問題

1. 与えられた関数の実部を u, 虚部を v とする．(a) u, v 共に定数で，u_x, u_y, v_x, v_y はいずれも 0 であるから，コーシー–リーマンの方程式は $\mathbb{C}$ 全体で成り立つ．定数関数は $\mathbb{C}$ 全体で正則で，$c'=0$. (b) $u=x$, $v=y$ により，$u_x=1$, $u_y=0$, $v_x=0$, $v_y=1$ となる．これらは $\mathbb{C}$ 全体で連続で，コーシー–リーマンの方程式は $\mathbb{C}$ 全体で成り立つ．よって z は $\mathbb{C}$ 全体で正則．$z'=u_x+iv_x=1$. (c) $\mathbb{C}$ 全体で正則なことは，例題 3.3 で調べた．$u_x=e^x\cos y$, $v_x=e^x\sin y$ から，$(e^z)'=e^x\cos y+ie^x\sin y=e^z$. (d) $u=\sin x\cosh y$, $v=\cos x\sinh y$. $u_x=v_y=\cos x\cosh y$, $u_y=-v_x=\sin x\sinh y$ で，これらは $\mathbb{C}$ 全体で連続かつコーシー–リーマンの方程式をみたすので，$\mathbb{C}$ 全体で正則．$(\sin z)'=\cos x\cosh y-i\sin x\sinh y=\cosh z$.
(e) $u=\cos x\cosh y$, $v=-\sin x\sinh y$ により，(d) と全く同様にして $\mathbb{C}$ 全体で正則となることがわかる．$(\cos z)'=-\sin z$. (f) $u=\mathrm{Log}\,|z|$, $v=\arg z$. $u_x=\frac{(\sqrt{x^2+y^2})_x}{\sqrt{x^2+y^2}}=\frac{x}{x^2+y^2}$. 同様に $u_y=\frac{y}{x^2+y^2}$. これらは，$(x,y)=(0,0)$, すなわち $z=0$ を除いて定義され，連続である．また，分枝を 1 つ選ぶと v は 1 価であり，$x\neq 0$ ならば $v=\arctan\frac{y}{x}$ で，$v_x=-\frac{y}{x^2+y^2}$, $v_y=\frac{x}{x^2+y^2}$. これは，$(x,y)=(0,0)$ を除いて $x=0$ の場合にも成り立つ．よって v_x, v_y も $z=0$ 以外で定義され，連続である．以上から，コーシー–リーマンの方程式は $z\neq 0$ で成り立つので，$\log z$ は $z\neq 0$ で正則となる．$(\log z)'=\frac{x-iy}{x^2+y^2}=\frac{1}{z}$.

2. (a) $n\in\mathbb{N}$ の場合，$n=1$ では正則で，$z'=1$. $z^n=z\cdot z^{n-1}$ より，積の微分公式から $(z^n)'=z^{n-1}+z(z^{n-1})'$. この関係を繰り返し用いて，$(z^n)'=z^{n-1}+z(z^{n-2}+z(z^{n-2})')=2z^{n-1}+z^2(z^{n-2})'=2z^{n-1}+z^2(z^{n-3}+z(z^{n-3})')=3z^{n-1}+z^3(z^{n-3})'=\cdots=(n-1)z^{n-1}+z^{n-1}z'=nz^{n-1}$. よって z^n は $\mathbb{C}$ 全体で正則で，$(z^n)'=nz^{n-1}$. この結果は，$n=0$ の場合も正しいことは $(1)'=0$ からわかる．$n=-m$ $(m\in\mathbb{N})$ ならば，$z=0$ を除いて商の微分公式を用いることができる．$(z^n)'=(1/z^m)'=-\frac{(z^m)'}{(z^m)^2}=-mz^{-m-1}=nz^{n-1}$. 以上から，$z^n$ は $n\geqq 0$ ならば $\mathbb{C}$ 全体，$n<0$ ならば $z\neq 0$ で正則．$(z^n)'=nz^{n-1}$. (b) 商の微分公式より，$(\tan z)'=\left(\frac{\sin z}{\cos z}\right)'=\frac{(\sin z)'\cos z-\sin z(\cos z)'}{\cos^2}=\frac{\cos^2 z+\sin^2 z}{\cos^2}=\frac{1}{\cos^2 z}$. $\tan z$ は，$\cos z\neq 0$, すなわち $z=\frac{\pi}{2}+n\pi$ $(n\in\mathbb{Z})$ で正則. (c) $(e^z)'=e^z$ と合成関数の微分公式，和と定数倍の微分公式から，$(\sinh z)'=\left(\frac{e^z-e^{-z}}{2}\right)'=\frac{(e^z)'-(e^{-z})'}{2}=\frac{e^z+e^{-z}}{2}=\cosh z$. これは，$e^z$ と同様，$\mathbb{C}$ 全体で成り立つ．よって任意の複素数で正則. (d) 合成関数の微分公式を用いる．e^z, z^2 ともに $\mathbb{C}$ 全体で正則であるから，e^{z^2} も正則で，$(e^{z^2})'=e^{z^2}\cdot(z^2)'=2ze^{z^2}$. (e) $z^a=e^{a\log z}$ である．$\log z$ は分枝を固定すれば $z\neq 0$ で正則となり，$(\log z)'=\frac{1}{z}$. よって，z^a も分枝を固定すれば $z\neq 0$ で正則となり，$(z^a)'=(e^{a\log z})'=e^{a\log z}\cdot(a\log z)'=z^a\cdot\frac{a}{z}=az^{a-1}$.

3. (a) $u=\cos(x+y)\cosh(x-y)$ とすると，$u_{xx}=-2\sin(x+y)\sinh(x-y)$, $u_{yy}=2\sin(x+y)\sinh(x-y)$ から u は調和関数．ここで，u に共役な調和関数を v とすると，$v_x=\sin(x+y)\cosh(x-y)+\cos(x+y)\sinh(x-y)$, $v_y=-\sin(x+y)\cosh(x-y)+\cos(x+y)\sinh(x-y)$ となる．これらを積分し，$v=\sin(x+y)\sinh(x-y)+C$ (C は定数)．よって $f(z)=u+iv=\cos[(x+y)-i(x-y)]+iC=\cos[(1-i)z]$. (b) $u=\arctan\left(\frac{ax}{y}-\frac{y}{x}\right)$ とする．$u_{xx}=\frac{2axy}{(x^2+a^2y^2)^2}$, $u_{yy}=\frac{-2a^3xy}{(x^2+a^2y^2)^2}$ により，$a^3-a=0$ ならば u は調和関数になる．$a\neq 0$ であるから，$a=\pm 1$. 以下複号同順とし，u に共役な調和関数を v とすれば，$v_y=\mp\frac{y}{x^2+y^2}$, $v_x=\mp\frac{x}{x^2+y^2}$ となる．

3
章

これらを積分し，$v=\mp\log\sqrt{x^2+y^2}+C$．よって，$a=\pm 1$ に限って u を実部とする正則関数 $f(z)$ が存在し，$f(z)=\mp i\log z+iC$（C は定数）．

4. (a) $U(x,y):=u(x,-y)$ とすると，$U_{xx}(x,y)=u_{xx}(x,-y)$．また $U_y(x,y)=(-1)u_y(x,-y)$，$U_{yy}(x,y)=(-1)^2u_{yy}(x,-y)=u_{yy}(x,-y)$ となり，$U_{xx}+U_{yy}=0$． (b) U に共役な調和関数を V とする．$V_y=U_x=u_x(x,-y)=v_y(x,-y)$．よって，$V=-v(x,-y)+\phi(x)$（$\phi(x)$ は任意関数）．これを $V_x=-U_y=u_y(x,-y)=-v_x(x,-y)$ に代入し，整理すると $\phi'(x)=0$．よって $\phi(x)=C$（定数）．以上から，$u(x,-y)$ に共役な調和関数は，$-v(x,-y)+C$． (c) (b) の結果より，$u(x,-y)-iv(x,-y)=\overline{u(x,-y)+iv(x,-y)}$ は正則関数．ここで，$u(x,-y)+iv(x,-y)=f(\bar{z})$ であるから，題意が成り立つ．また，$[\overline{f(\bar{z})}]'=U_x+iV_x=u_x(x,-y)-iv_x(x,-y)=\overline{f'(\bar{z})}$．

5. (a) $f_{\bar{z}}=0$ により，f は正則関数で，コーシー－リーマンの方程式をみたす．iii., iv. については，本章演習問題 8. の (3.13b) 式を用いれば簡単に得られるが，ここではこれらについてもコーシー－リーマンの方程式を直接用いて考える． i. $\mathrm{Re}\,f(z)$ が定数の場合，$f(z)=u+iv$ として，$u_x=0$, $u_y=0$ である．よってコーシー－リーマンの方程式から $v_x=0$, $v_y=0$．これを積分すると $v=C$（定数）となる．よって f も定数． ii. $\mathrm{Im}\,f(z)=v$ が定数なら，i. と同様にコーシー－リーマンの方程式から $u_x, u_y=0$ となり，u も定数． iii. $|f(z)|=A$（定数）とすると，$u=A\cos\Theta(x,y)$, $v=A\sin\Theta(x,y)$ となる．$u_x=-A\Theta_x\sin\Theta$, $u_y=-A\Theta_y\sin\Theta$ $v_x=A\Theta_x\cos\Theta$, $v_y=A\Theta_y\cos\Theta$． よって，$A(\Theta_x\sin\Theta+\Theta_y\cos\Theta)=0$, $A(\Theta_x\cos\Theta-\Theta_y\sin\Theta)=0$．$A=0$ ならばこれらは共に成り立つ．$A\neq 0$ ならば，これらの式の両辺を A で割って，$\cos\Theta$, $\sin\Theta$ を消去すると，$\Theta_x^2+\Theta_y^2=0$．これから，Θ_x, Θ_y は共に 0 となり，Θ は定数となる．$A=0$, $\Theta=C$（定数）のいずれの場合も f は定数． iv. $u=R\cos\alpha$, $v=R\sin\alpha$（α は定数）とし，コーシー－リーマンの方程式から $\cos\alpha$, $\sin\alpha$ を消去すると $R_x=0$, $R_y=0$ が得られ，R は定数となる． (b) u に共役な調和関数を v とすると，$v_y=u_x=F'(x)$, $v_x=-u_y=0$．第 2 式から，v は x によらない．よって第 1 式から $F'(x)=\alpha$（実定数）となり，$v=\alpha y+\beta$（β: 実定数）．また，$u=F=\alpha x+\gamma$（γ: 実定数）．以上をまとめて，$f(z)=(\alpha x+\gamma)+i(\alpha y+\beta)=\alpha z+C$．ただし，$\gamma+i\beta$ を改めて C とおいた．ここに，α は実数の，C は複素数の定数である． (c) u に共役な調和関数を v とすると，$v_y=F'(x)$, $v_x=-G'(y)$．$v_{xy}=v_{yx}$ を用いて，$F''(x)=-G''(y)$ となるが，左辺は x のみ，右辺は y のみの関数であり，これらは定数でなければならない．よって，$F''(x)=-G''(y)=2\alpha$ とすれば，$F(x)=\alpha x^2+\beta x+\gamma$, $G(y)=-\alpha y^2+\lambda y+\mu$．さて，$v_y=F'(x)=2\alpha x+\beta$ から，$v=2\alpha xy+\beta y+\phi(x)$．$v_x=-G'(y)$ より，$2\alpha y+\phi'(x)=2\alpha y-\lambda$．よって $\phi=-\lambda x+\nu$ となり，$v=2\alpha xy+\beta y-\lambda x+\nu$（以上で $\alpha,\beta,\gamma,\lambda,\mu,\nu$ はすべて実定数）．これらをまとめると，$f(z)=\alpha z^2+C_1z+C_2$ （$\alpha\in\mathbb{R}$, $C_1, C_2\in\mathbb{C}$ は定数）．

6. (a) $u_1, u_2\in H$ とする．u_1+u_2, ku_1 （$k\in\mathbb{R}$） はいずれも n 次同次式である．また，

$$(u_1+u_2)_{xx}+(u_1+u_2)_{yy}=(u_{1xx}+u_{1yy})+(u_{2xx}+u_{2yy})=0$$

$$(ku_1)_{xx}+(ku_1)_{yy}=k(u_{1xx}+u_{1yy})=0$$

となるので $u_1+u_2, ku_1\in H$．よって H は部分空間である． (b) $u=\sum_{k=0}^{2m}a_kx^{2m-k}y^k$ とする．$u_{xx}=\sum_{k=0}^{2m-2}(2m-k)(2m-k-1)a_kx^{2m-k-2}y^k$, $u_{yy}=\sum_{k=2}^{2m}k(k-1)a_kx^{2m-k}y^{k-2}=\sum_{k=0}^{2m-2}(k+2)(k+1)a_{k+2}x^{2m-k-2}y^k$ であるから，関数 u が調和関数である条件により，$(k+2)(k+1)a_{k+2}+(2m-k)(2m-k-1)a_k=0$．これをみたす係数 a_k は，k が偶数の系列

と奇数の系列に分かれる．$k=2j$（$0\leqq j\leqq m$）の場合，

$$a_2=-\frac{2m(2m-1)}{2\cdot 1}a_0=-\binom{2m}{2}a_0,$$

$$a_4=-\frac{(2m-2)(2m-3)}{4\cdot 3}a_2=(-1)^2\frac{2m(2m-1)(2m-2)(2m-3)}{4\cdot 3\cdot 2\cdot 1}a_0$$

$$=(-1)^2\binom{2m}{4}a_0,$$

以下同様に，

$$a_{2j}=-\frac{(2m-2j-2)(2m-2j-1)}{2j(2j-1)}a_{2j-2}=\cdots=(-1)^j\binom{2m}{2j}a_0.$$

k が奇数の系列も同様にして，$a_{2j+1}=(-1)^j\binom{2m}{2j+1}a_1$ （$0\leqq j\leqq m-1$）となる．これらの事実は，H_{2m} が2つの関数

$$u_1=\sum_{j=0}^{m}(-1)^j\binom{2m}{2j}x^{2m-2j}y^{2j},\quad u_2=\sum_{j=0}^{m-1}(-1)^j\binom{2m}{2j+1}x^{2m-2j-1}y^{2j+1}$$

によって生成されることを示す．H_{2m} の次元は 2 で，基底の 1 つは $\{u_1,u_2\}$ を取ればよい． (c) u_1 に共役な調和関数を v_1 とする．コーシー–リーマンの方程式から，$v_{1x}=-u_{1y}=-\sum_{j=0}^{m}(-1)^j\binom{2m}{2j}x^{2m-2j}\cdot 2jy^{2j-1}=\sum_{j=1}^{m}(-1)^{j+1}\cdot 2j\cdot\binom{2m}{2j}x^{2m-2j}y^{2j-1}$ となる．この和を x で積分すれば，$v_1=\sum_{j=1}^{m}(-1)^{j+1}\frac{2j}{2m-2j+1}\binom{2m}{2j}x^{2m-2j+1}y^{2j-1}+\phi(y)$ （ϕ は任意関数）となる．ここで，$1\leqq j\leqq m$ において，

$$\frac{2j}{2m-2j+1}\binom{2m}{2j}=\frac{2j\cdot(2m)!}{(2m-2j+1)\cdot(2j)!(2m-2j)!}$$

$$=\frac{(2m)!}{(2j-1)!(2m-2j+1)!}=\binom{2m}{2j-1}$$

となるので，これを v_1 の和の部分に代入し，$j-1$ を j と置き換え，和の範囲が $0\leqq j\leqq m-1$ となることに注意すると，$v_1=\sum_{j=0}^{m-1}(-1)^j\binom{2m}{2j+1}x^{2m-2j-1}y^{2j+1}+\phi(y)=u_2+\phi(y)$ となる．これを $v_{1y}=u_{1x}$ に代入し，整理すると，$\phi'(y)=0$．よって，$\phi(y)=C$（定数）となり，この定数を除いて $v_1=u_2$ となることがわかった．また，u_2 に共役な調和関数は，v_1 に共役な調和関数であり，問題 5.2 によって定数差を除いて $-u_1$ に一致する．以上から題意が示された．
(d) 詳細な計算は省略する．H_{2m+1} の場合もその次元は 2 であり，2 つの関数

$$u_1=\sum_{j=0}^{m}(-1)^j\binom{2m+1}{2j}x^{2m-2j+1}y^{2j},\quad u_2=\sum_{j=0}^{m}(-1)^j\binom{2m+1}{2j+1}x^{2m-2j}y^{2j+1}$$

で生成される．u_1 に共役な調和関数は u_2, u_2 に共役な調和関数は $-u_1$ である（ただし，定数の差を除く）． (e) n 次の実同次式かつ調和関数である u と，u に共役な調和関数 v からなる複素関数 $w=u+iv$ は正則で，x,y に関して複素係数の n 次同次式である．ここで，$z=x+iy$

とすると，$x=\frac{z+\bar{z}}{2}$, $y=\frac{z-\bar{z}}{2i}$ となるから，w は $z,\bar{z}$ の n 次の同次式である．正則関数には $\bar{z}$ は含まれないので，w は $z^{n-k}\bar{z}^k$ のタイプの項のうち，z^n だけによって生成される（すなわち，$a\in\mathbb{C}$ として $w=az^n$）．(b) および (d) の u_1 は z^n の実部，u_2 は虚部である．

7. (a) 偏微分の変換を行うと，$\frac{\partial}{\partial x}=\cos\theta\frac{\partial}{\partial r}-\frac{\sin\theta}{r}\frac{\partial}{\partial\theta}$, $\frac{\partial}{\partial y}=\sin\theta\frac{\partial}{\partial r}+\frac{\cos\theta}{r}\frac{\partial}{\partial\theta}$ となる．よって，コーシー–リーマンの方程式を変形すると，

$$u_r\cos\theta-u_\theta\frac{\sin\theta}{r}=v_r\sin\theta+v_\theta\frac{\cos\theta}{r}\quad\text{から}\quad\left(u_r-\frac{v_\theta}{r}\right)\cos\theta=\left(v_r+\frac{u_\theta}{r}\right)\sin\theta$$

$$u_r\sin\theta+u_\theta\frac{\cos\theta}{r}=-v_r\cos\theta+v_\theta\frac{\sin\theta}{r}\quad\text{から}\quad\left(u_r-\frac{v_\theta}{r}\right)\sin\theta=-\left(v_r+\frac{u_\theta}{r}\right)\cos\theta$$

を得る．これらより $\cos\theta$, $\sin\theta$ を消去して (3.12) が得られる．逆に (3.12) が成り立つときも，同様に偏微分の変形を行い，$u_r-\frac{1}{r}v_\theta=(u_x-v_y)\cos\theta+(u_y+v_x)\sin\theta$, $v_r+\frac{1}{r}u_\theta=(u_y+v_x)\cos\theta-(u_x-v_y)\sin\theta$ となることを用いると，コーシー–リーマンの方程式が得られる． (b) (3.12) から v を消去する．$v_\theta=ru_r$, $v_r=-\frac{1}{r}u_\theta$ から，$(ru_r)_r=-\left(\frac{1}{r}u_\theta\right)_\theta$. これを整理すると，$u_{rr}+\frac{1}{r}u_r+\frac{1}{r^2}u_{\theta\theta}=0$ を得る．v についても同様にすれば同じ形の式をみたす．ここで，偏微分の変換規則から，$\frac{\partial^2}{\partial x^2}+\frac{\partial^2}{\partial y^2}=\frac{\partial^2}{\partial r^2}+\frac{1}{r}\frac{\partial}{\partial r}+\frac{1}{r^2}\frac{\partial^2}{\partial\theta^2}$ であるから，u,v は，極座標表示でのラプラスの方程式をみたすことがわかった． (c) u は r のみの関数であるから，$u_r=u'(r)$, $u_{rr}=u''(r)$ である．(b) の結果を用いて，$u''+\frac{1}{r}u'=0$. よって，$u'=\frac{C_1}{r}$（C_1 は定数），さらに積分し，$u=C_1\operatorname{Log}r+C_2$. よって，$C_1$, C_2 の自由度を除けば $u=\operatorname{Log}r$ に限る． (d) (3.12) と $u=\operatorname{Log}r$ から，$v_\theta=ru_r=1$, $v_r=-\frac{1}{r}u_\theta=0$. これより，$v=\theta+C$（$C$ は定数）．通常のコーシー–リーマンの方程式から $v_x=-u_y=-\frac{y}{x^2+y^2}$, $v_y=u_x=\frac{x}{x^2+y^2}$ となる．これらを積分して $v=\arctan\frac{y}{x}+C$ としてもよいが，計算は複雑になる．

8. (a) $f=u+iv$ とすると，$u=R\cos\Phi$, $v=R\sin\Phi$. これらをコーシー–リーマンの方程式に代入し，整理すると

$$u_x=v_y\quad\text{から}\quad(R_x-R\Phi_y)\cos\Phi=(R_y+R\Phi_x)\sin\Phi$$

$$u_y=-v_x\quad\text{から}\quad(R_y+R\Phi_x)\cos\Phi=-(R_x-R\Phi_y)\sin\Phi$$

これらより，(3.13a) を得る． (b) (3.13a) の第 1 式を変形して，$\frac{R_x}{R}=(\operatorname{Log}R)_x=\Phi_y$. 同様に，第 2 式は $(\operatorname{Log}R)_y=-\Phi_x$. これらから Φ を消去して，$(\operatorname{Log}R)_{xx}+(\operatorname{Log}R)_{yy}=0$ を得る．これらから，$\operatorname{Log}R$ は調和関数となる．$\operatorname{Log}R$ を消去すると，Φ が調和関数であることがわかる． (c) (3.13a) に対して偏微分の変換公式を用いて整理すると，

$$R_x=R\Phi_y\quad\text{から}\quad\cos\theta\left(R_r-\frac{R}{r}\Phi_\theta\right)=\sin\theta\left(\frac{R_\theta}{r}+R\Phi_r\right)$$

$$R_y=-R\Phi_x\quad\text{から}\quad\sin\theta\left(R_r-\frac{R}{r}\Phi_\theta\right)=-\cos\theta\left(\frac{R_\theta}{r}+R\Phi_r\right)$$

を得る．これから $\cos\theta,\sin\theta$ を消去して，題意の式を得る．

第 4 章

1.1 (a) t は，a を基点として測ったときの，点 b までの距離に対する点 z までの距離の割合である．z が線分 ab 上にあるなら，$0\leqq t\leqq 1$. ここで，始点 a から見て b と z は同じ方向にあるから，t を用いると $z-a=t(b-a)$ となる．以上から，$z=(1-t)a+tb$ $(t:0\to 1)$. (b) 曲線の形は例題 4.1 (d) と同じで向きが逆である．$z-a=re^{i\theta}$ $(\theta:0\to-2\pi)$. または，$-\theta\to\phi$ と置き換えて，$z=a+re^{-i\phi}$ $(\phi:0\to 2\pi)$.

2.1 (a) $\cos x = \mathrm{Re}\, e^{ix}$ より，$e^x \cos x = \mathrm{Re}\, e^{(1+i)x}$．よって，与えられた積分は $\mathrm{Re}\int_0^\pi e^{(1+i)x}\,dx = \mathrm{Re}\left[\frac{e^{(1+i)x}}{1+i}\right]_0^\pi = \mathrm{Re}\,\frac{e^{(1+i)\pi}-1}{1+i} = -\frac{e^\pi+1}{2}$． (b) (a) と同様にして，$\mathrm{Im}\int_0^{\frac{\pi}{2}} e^{(1+i)x}\,dx$．この積分の部分は，$\left[\frac{e^{(1+i)x}}{1+i}\right]_0^{\frac{\pi}{2}} = \frac{e^{(1+i)\frac{\pi}{2}}-1}{1+i} = \frac{(ie^{\frac{\pi}{2}}-1)(1-i)}{2} = \frac{e^{\frac{\pi}{2}}-1}{2} + i\frac{e^{\frac{\pi}{2}}+1}{2}$．よって求めるべき積分の値は $\frac{e^{\frac{\pi}{2}}+1}{2}$． (c) 被積分関数は偶関数であるから，$2\int_0^\infty e^{-x}\cos x\,dx$．積分の部分を (a) と同様にして求めると，$\mathrm{Re}\int_0^\infty e^{(i-1)x}\,dx = \mathrm{Re}\left[\frac{e^{(i-1)x}}{i-1}\right]_0^\infty = \mathrm{Re}\,\frac{1}{1-i} = \mathrm{Re}\,\frac{1+i}{2} = \frac{1}{2}$．よって求めるべき積分は，$2\cdot\frac{1}{2} = 1$．

3.1 $I := \int_0^\beta \frac{Re^{i\theta}}{R^2e^{2i\theta}+1}\,d\theta$ とすると，$\beta \geqq 0$ であるから，$|I| \leqq \int_0^\beta \left|\frac{Re^{i\theta}}{R^2e^{2i\theta}+1}\right| d\theta = \int_0^\beta \frac{R\,d\theta}{|R^2e^{2i\theta}+1|}$．ここで三角不等式と $R>1$ を用いて，$|R^2e^{2i\theta}+1| \geqq \big||R^2e^{2i\theta}|-1\big| = |R^2-1| = R^2-1$．よって $|I| \leqq \frac{R}{R^2-1}\int_0^\beta d\theta = \frac{\beta R}{R^2-1}$．この評価式で $R\to\infty$ とすれば，$|I|\to 0$．よって $I\to 0$ を得る．

4.1 C 上の点は，$z=(1+i)t$ $(0\leqq t\leqq 1)$ と表される．よって C 上で $|z|^2 = 2t^2$． また，$dz = (1+i)\,dt$． 以上から，$\int_C = \int_0^1 2t^2\cdot(1+i)\,dt = 2(1+i)\left[\frac{t^3}{3}\right]_0^1 = \frac{2(1+i)}{3}$． これは，例題 4.4 の経路に沿った積分とは異なる値となる．

5.1 C 上の点は $z = Re^{i\theta}$ $(0\leqq\theta\leqq\pi)$ で与えられ，$dz = iRe^{i\theta}\,d\theta$ となるから，$\left|\int_C \frac{dz}{z^2+1}\right| = \left|\int_0^\pi \frac{Re^{i\theta}\,d\theta}{R^2e^{2i\theta}+1}\right| \leqq \int_0^\pi \frac{R\,d\theta}{|R^2e^{2i\theta}+1|}$． 問題 3.1 と同様にして，$C$ 上で $|R^2e^{2i\theta}+1| \geqq R^2-1$ となるので，$\left|\int_C \frac{dz}{z^2+1}\right| \leqq \frac{R}{R^2-1}\int_0^\pi d\theta = \frac{\pi R}{R^2-1}$．

6.1 $f(z) := e^{-az^2+ipz}$ とおく．$f(z)$ は $\mathbb{C}$ 全体で正則であるから，コーシーの積分定理より $\oint_C f(z)\,dz = \int_{C_1}+\int_{C_2}+\int_{C_3}+\int_{C_4} = 0$． ここで，$\int_{C_1} = \int_{-R}^R f(x)\,dx \to K$ $(R\to\infty)$． また，C_3 上で $z = x+\frac{p}{2a}i$ $(x: R\to -R)$ であるから，$-az^2+ipz = -ax^2-\frac{p^2}{4a}$． したがって，$\int_{C_3} = e^{-\frac{p^2}{4a}}\int_R^{-R} e^{-ax^2}\,dx \to -\frac{e^{-\frac{p^2}{4a}}}{\sqrt{a}}\int_{-\infty}^\infty e^{-t^2}\,dt = -\sqrt{\frac{\pi}{a}}e^{-\frac{p^2}{4a}}$ $(R\to\infty)$． C_2 上では $z = R+iy$ $(y: 0\to\frac{p}{2a})$ であるから，$\left|\int_{C_2}\right| \leqq \int_0^{\frac{p}{2a}} |e^{-a(R+iy)^2+ip(R+iy)}|\,i\,dy = \int_0^{\frac{p}{2a}} e^{-aR^2+ay^2-py}\,dy$． ここで，積分区間において $ay^2-py\leqq 0$ であることに注意して，$e^{-aR^2+ay^2-py} \leqq e^{-aR^2}$ となるから，$\left|\int_{C_2}\right| \leqq \frac{p}{2a}e^{-aR^2} \to 0$． よって $\int_{C_2}\to 0$ $(R\to\infty)$ が成り立つ．同様に $\int_{C_4}\to 0$ $(R\to\infty)$ が得られるので，$K-\sqrt{\frac{\pi}{a}}e^{-p^2/4a} = 0$ となり，与えられた式が示された．

7.1 与えられた関数は，(b) の $z=0$ を除いて正則である．(a) 端点を動かさずに C を変形し，$z=0$ を始点，$z=i$ を終点とする直線に積分路を変更すると，$z = it$ $(t: 0\to 1)$．よって，$\int_C e^z\,dz = \int_0^1 e^{it}\cdot i\,dt = \left[e^{it}\right]_0^1 = e^i-1$． (b) $z=0$ を内部に保つ限り，C は自由に変形できる．よって $z=0$ を中心とする半径 r $(r>0)$ の円に積分路を変更してもよい．$\int_C \frac{dz}{z} = \int_{|z|=1}\frac{dz}{z} = 2\pi i$．

7.2 $\oint_C f(z)\,dz = \sum_{n=1}^N \oint_C (z-z_n)^{2n-N}\,dz$． $z_1,\ldots,z_N$ は，すべて C の内部にあるので，右辺の和記号の各積分は $2n-N=-1$ で $2\pi i$，それ以外で 0 になる．したがって，N が偶数の場合は 0, N が奇数の場合は $2\pi i$．

8.1 S を座標軸に平行な直線で微小長方形に分割し，それぞれの長方形の辺に沿って $p\,dx+q\,dy$ を計算すると，x 軸に平行な辺から $-\frac{\partial p}{\partial y}\,dxdy$, y 軸に平行な辺から $\frac{\partial q}{\partial x}\,dxdy$ を得る．この部分に p, q の偏導関数の連続性を必要とする．グリーンの公式を示すには，これらの項をすべての分割について足せばよい．詳細は，微分積分に関する適当な書籍を参照．上記公式の成立には，p, q の偏導関数の連続性が必要であるが，正則性の定義には $f'(z)$ の連続性は入っていないので，条件過剰になってしまう．

8.2 図 4.4 左のような，始点と終点を共有する 2 曲線 C_1, C_2 に対しては，閉曲線 $C_1 - C_2$ を積分路としてコーシーの積分定理を適用し，$\oint_{C_1 - C_2} f(z)\,dx = \int_{C_1} - \int_{C_2}$ となることを使う．同図右のような同じ向きの閉曲線に対しては，C_1 上に始点，C_2 上に終点を持つ曲線 C_3 を考え，積分路 $C_1 + C_3 - C_2 - C_3$ に沿った積分にコーシーの積分定理を適用する．

9.1 任意の $\varepsilon > 0$ に対し，ある $\delta > 0$ が存在し，$|z-a| < \delta$ なる任意の z で $|f(z) - f(a)| < \frac{\varepsilon}{2\pi}$ とすることができる．Γ の半径としてこのような δ を選べば，題意が成り立つ．

10.1 積分路の内部にある分母の零点を探し，それらの付近での閉曲線に沿った積分に分割すればよい．分母の零点の分布と本来の積分路を下図 (a)〜(f) に示す．(a) $f(z) = z^3 + z^2 + z + 1$ とする．$z = 1$ は積分路の内部にあるので，コーシーの積分公式の $n = 2$ の場合を用いると，$\frac{2\pi i}{2!} f''(1) = \pi i(6z+2)|_{z=1} = 8\pi i$.　(b) 分母の零点 $z = 0, \pm i$ はすべて積分路の中にある．これらのうち，$z = 0, i, -i$ のみを内部に含む閉曲線に沿った積分をそれぞれ I_1, I_2, I_3 とすると，与えられた積分は $I_1 + I_2 + I_3$．ここで，$f_1(z) = \frac{\cos \pi z}{z^2+1}$, $f_2(z) = \frac{\cos \pi z}{z(z+i)}$, $f_3(z) = \frac{\cos \pi z}{z(z-i)}$ とすると，$I_1 = 2\pi i f_1(0) = 2\pi i$, $I_2 = 2\pi i f_2(i) = -\pi i \cosh \pi$, $I_3 = 2\pi i f_3(-i) = -\pi i \cosh \pi$ となるので，求めるべき積分は $2\pi i(1 - \cosh \pi)$.　(c) 分母の零点のうち，積分路内部のものは $z = 0, -\frac{1}{2}$．よって，$z = 0, 1, -\frac{1}{2}$ のうち，$z = 0$ のみを含む閉曲線に沿った積分を I_1, $z = -\frac{1}{2}$ のみを含む閉曲線に沿った積分を I_2 とすると，$I_1 = \left.\frac{2\pi i(z+1)}{(2z+1)(z-1)}\right|_{z=0} = -2\pi i$. 同様に，$I_2 = \left.\frac{2\pi i(z+1)}{z(z-1)}\right|_{z=-\frac{1}{2}} = \frac{4\pi i}{3}$. 与えられた積分は，$I_1 + I_2 = -\frac{2\pi i}{3}$　(d) $z = 0, 1$ は，積分路の内部にある．よって，積分の値は $2\pi i \left.\frac{\sin z}{z-1}\right|_{z=0} + 2\pi i \left.\frac{\sin z}{z}\right|_{z=1} = 2\pi i \sin 1$.　(e) $\omega := \frac{-1+\sqrt{3}\,i}{2}$ とすると，分母の零点は $z = \omega, \bar{\omega}$ で，積分路の中にあるものは $z = \omega$ だけである．コーシーの積分公式から，$\int_{|z-i|=1} \frac{e^{2ipz}}{(z-\omega)(z-\bar{\omega})} = \frac{2\pi i e^{2ip\omega}}{\omega - \bar{\omega}} = \frac{2\pi}{\sqrt{3}} e^{-\sqrt{3}p} e^{ip}$　(f) $a = 0$ ならば，$-\int_{|z|=1} \frac{dz}{z} = -2\pi i$. $a \neq 0$ ならば，分母の零点は $z = a, \frac{1}{a}$ で，積分路の中にあるものは $z = a$. よって，積分の値は $2\pi i \cdot \left.\frac{1}{az-1}\right|_{z=a} = \frac{2\pi i}{a^2-1}$. 両者をまとめて，$\frac{2\pi i}{a^2-1}$.

11.1 $\mathbb{C}$ 内の点 z を中心とする半径 r の円を考える．$\mathbb{C}$ 全体で $|f(z)| < M$ となる M が存在するから，円周上でも同様．よって，コーシーの評価式から $|f'(z)| \leqq \frac{M}{r}$. $f(z)$ は $\mathbb{C}$ 全体で正則だ

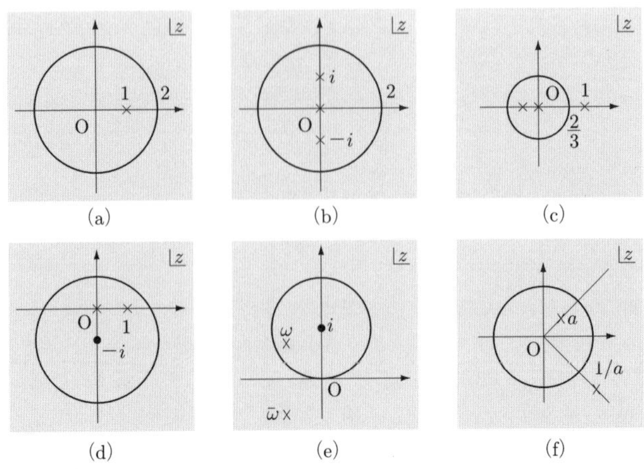

(a) (b) (c) (d) (e) (f)

から，これは任意の $r \in \mathbb{R}$ について成り立ち，$r \to \infty$ とすれば $|f'(z)| \to 0$, すなわち $f'(z)=0$ となる．よって $f(z)$ は定数.

11.2 コーシーの積分公式から $f(z_0)=\frac{1}{2\pi i}\oint_C \frac{f(z)}{z-z_0}\,dz$. C 上の点 z は $z=z_0+re^{i\theta}$ $(0 \leqq \theta \leqq 2\pi)$ となるので，$f(z_0)=\frac{1}{2\pi i}\int_0^{2\pi}\frac{f(z)}{re^{i\theta}}\,ire^{i\theta}d\theta=\frac{1}{2\pi}\int_0^{2\pi}f(z_0+re^{i\theta})\,d\theta$.

第 4 章演習問題

1. (a) 分母の零点で積分路の内部にあるものは，$z=-i$ のみであるから，$2\pi i\frac{1}{(-i)-i}=-\pi$.
(b) $p,q \in \mathbb{N}$ により，分母の零点は $z=0,1$ であるが，これらのうち積分路の内部にあるものは $z=0$ のみである．$f(z)=\frac{1}{(1-z)^q}$ としてコーシーの積分公式を利用すれば，$f^{(p-1)}(0)=\frac{(p-1)!}{2\pi i}\oint_{|z|=\frac{1}{2}}\frac{f(z)}{z^p}\,dz$ となる．よって積分の値は $\frac{2\pi i}{(p-1)!}f^{(p-1)}(0)=2\pi i\frac{q(q+1)\cdots(p+q-2)}{(p-1)!}$.
(c) 分母の零点は $z=e^{\pi i/4}, e^{3\pi i/4}, e^{5\pi i/4}, e^{7\pi i/4}$ の 4 個で，積分路の中にあるのは最初の 2 つである．積分を，これらのうちの $z=e^{\pi i/4}$ のみを内部に含む経路に沿った I_1 と，$z=e^{3\pi i/4}$ のみを内部に含む経路に沿った I_2 に分け，コーシーの積分公式を用いると，$I_1=\frac{\pi i}{2}e^{-\frac{3\pi i}{4}}$, $I_2=\frac{\pi i}{2}e^{-\frac{\pi i}{4}}$. これらを足して $\frac{\pi}{\sqrt{2}}$. (d) (c) と同様であるが，C は負の向きに 1 周する曲線であること，分母の零点で閉曲線の内部にあるものは $z=e^{5\pi i/4}, e^{7\pi i/4}$ の 2 つであることを用いる．前者のみを内部に含む経路に沿った積分は，$-\frac{\pi i}{2}e^{\pi i/4}$, 後者のみを内部に含む経路に沿った積分は $-\frac{\pi i}{2}e^{3\pi i/4}$（これらも負の向きに 1 周していることに注意）であるから，この 2 つを加えて $\frac{\pi}{\sqrt{2}}$ となる． (e) 分母を因数分解し，$(az-1)(z-b)$. よって a,b の値の範囲により異なる結果となる．$0<|a|<1, |b|>1$ の場合は 0. $|a|>1$ かつ $|b|>1$ の場合，$f(z)=\frac{1}{a(z-b)}$ とすれば，与えられた積分は $\oint_{|z|=1}\frac{f(z)}{z-1/a}\,dz$ となり，その値は $2\pi i f(a^{-1})=\frac{2\pi i}{1-ab}$. $0<|a|<1$ かつ $|b|<1$ の場合，$g(z)=\frac{1}{az-1}$ としてコーシーの積分公式を用いると，積分の値は $2\pi i g(b)=\frac{2\pi i}{ab-1}$. $|a|>1$ かつ $|b|<1$ の場合，$2\pi i f(a^{-1})+2\pi i g(b)$ を計算して 0.

2. (a) コーシーの積分公式から，$\frac{2\pi i p^n}{n!}$. (b) (a) の結果で $z=e^{i\theta}$ とすると，左辺の積分は $\int_0^{2\pi}\frac{\exp(pe^{i\theta})}{e^{i(n+1)\theta}}\cdot ie^{i\theta}\,d\theta=i\int_0^{2\pi}e^{p\cos\theta}e^{i(p\sin\theta-n\theta)}\,d\theta$ となる．よって

$$\int_0^{2\pi}e^{p\cos\theta}e^{i(p\sin\theta-n\theta)}\,d\theta=\frac{2\pi p^n}{n!}$$

この式の実部を取り，$I=\frac{2\pi p^n}{n!}$. 虚部を取り，$J=0$.

3. $f(z)\to 0$ により $f(z)$ は有界で，$|f(z)| \leqq M$ となる M が存在する．$z=0$ を中心とする半径 r の円を考えて，コーシーの評価式を用いると，$|f^{(n)}(z)| \leqq \frac{n!M}{r^n} \to 0$ $(r\to\infty)$ を得る．

4. (a) $a,z,z_0 \in D$ とし，不定積分を $F(z)=\int_a^z f(z)\,dz$ と定める．$F(z)-F(z_0)$ を求め，積分路 C を z と z_0 を結ぶ線分に変形する．$\varDelta := z-z_0$ とし，$\int_C d\zeta=z-z_0=\varDelta$ に注意して，

$$\frac{F(z)-F(z_0)}{z-z_0}-f(z)=\frac{1}{\varDelta}\int_C f(\zeta)\,d\zeta-\frac{f(z)}{\varDelta}\int_C d\zeta=\frac{1}{\varDelta}\int_C[f(\zeta)-f(z)]\,d\zeta$$

$|f(\zeta)-f(z)|<\varepsilon$ とすれば，$\left|\frac{F(z)-F(z_0)}{z-z_0}-f(z)\right|<\frac{\varepsilon}{|\varDelta|}\int_c|d\zeta|=\varepsilon$ となるので，$\varDelta\to 0$ $(z\to z_0)$ でこれは 0 に収束する． (b) D 内の任意の閉曲線 C に対して $\oint_C f(z)\,dz=0$ であるから，$a,z\in D$ として a を固定すると，$F(z):=\int_a^z f(z)\,dz$ は z のみの関数となる（不定積分）．よって $F(z)$ は正則で，$F'(z)=f(z)$. $f(z)$ は正則関数の導関数で，これもまた正則となる．

5. (a) $u(x,y)$ を実部とする正則関数 $f(z)$ に対して問題 11.2 を適用し，その実部をとる．
(b) u が D の内部 (α,β) で最大値を取ったとすると，(α,β) を中心とする閉円板で，$u(\alpha,\beta)$ が

4 章

最大値となるようなものが存在する．このような円板の周を経路とする積分を考えると，u が定数でなければ (a) の結論に矛盾する．最小値についても同様．

6. (a) 閉曲線 Γ に対し，コーシーの積分公式を用いると $f(z) = \frac{1}{2\pi i}\oint_\Gamma \frac{f(\zeta)}{\zeta - z}\,d\zeta$，$f(a) = \frac{1}{2\pi i}\oint_\Gamma \frac{f(\zeta)}{\zeta - a}\,d\zeta$ となる．この差を取って整理すればよい． (b) $\left|F(z) - \frac{1}{2\pi i}\oint_\Gamma \frac{f(\zeta)}{(\zeta-a)^2}\,d\zeta\right|$ に (a) の結果を用いて整理すると，

$$\left|F(z) - \frac{1}{2\pi i}\oint_\Gamma \frac{f(\zeta)}{(\zeta-a)^2}\,d\zeta\right| = \left|\frac{1}{2\pi i}\oint_\Gamma \frac{(z-a)f(\zeta)}{(\zeta-z)(\zeta-a)^2}\,d\zeta\right|$$
$$\leqq \frac{|z-a|}{2\pi}\int_0^{2\pi} \frac{|f(\zeta)|\delta\,d\theta}{|\delta e^{i\theta} + a - z)|\delta^2} \leqq \frac{Md}{2\pi\delta}\int_0^{2\pi} \frac{d\theta}{|\delta e^{i\theta} - a + z|}$$

ここで，$|\delta e^{i\theta} - a + z| \geqq \big|\delta - |z-a|\big| = \delta - d$（$a$ は Γ の中心で，z は Γ の内部にあるので，$\delta > d$）となるので，上式の積分は $\frac{2\pi}{\delta - d}$ よりも小さい．以上から，与えられた式が示された．

(c) $z \to a$ のとき $d \to 0$ となり，そのとき $F(z) \to f'(a)$ となる．

7. (a) C 上の点を $z = a + \phi(t)$ $(\alpha \leqq t \leqq \beta)$ とし，$\psi(t) := \int_\alpha^t \frac{\phi'(t)}{\phi(t)}\,dt$ とすると，$\psi'(t) = \frac{\phi'(t)}{\phi(t)}$ が成り立つ．したがって，$\left(\frac{e^\psi}{\phi}\right)' = \frac{e^\psi}{\phi}\left(\psi' - \frac{\phi'}{\phi}\right) = 0$ により，$e^{\psi(t)} = C\phi(t)$ となる．$\phi(\alpha) = 0$ であるから，$1 = C\phi(\alpha)$．よって，$e^{\psi(t)} = \frac{\phi(t)}{\phi(\alpha)}$．ここで，$\phi(\beta) = \phi(\alpha)$（$C$ は閉曲線だから）となるので，$e^{\psi(\beta)} = 1$ となり，$\psi(\beta)$ は $2\pi i$ の整数倍である．$N = \frac{\psi(\beta)}{2\pi i}$ であるから，これは整数． (b) 与えられた z の表式を代入すると，$N = \frac{1}{2\pi i}\int_0^{2n\pi} \frac{ire^{i\theta}}{re^{i\theta}}\,d\theta = \frac{1}{2\pi}\int_0^{2n\pi} d\theta = n$．与えられた曲線は $z = 0$ を中心とする円を n 回まわったものであるから，この結果はそれを反映している．

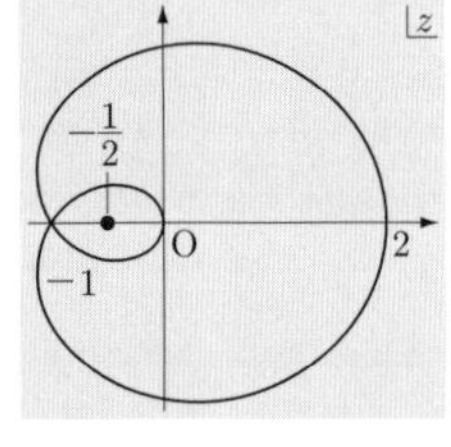

(c) $N = \frac{1}{2\pi i}\int_0^{2\pi} \frac{ie^{i\theta} + 2ie^{2i\theta}}{e^{i\theta} + e^{2i\theta} + 1/2}\,d\theta$ となる．これを実関数に変形して直接計算してもよいが，次のようにすることもできる．$\zeta := e^{i\theta}$ とすると，$d\zeta = ie^{i\theta}\,d\theta$ であるから，この積分は

$$\frac{1}{2\pi i}\oint_{|\zeta|=1} \frac{i(\zeta + 2\zeta^2)}{\zeta + \zeta^2 + 1/2}\frac{d\zeta}{i\zeta} = \frac{1}{2\pi i}\oint_{|\zeta|=1} \frac{(2\zeta + 1)d\zeta}{\zeta^2 + \zeta + 1/2}.$$

この積分にコーシーの積分公式を適用すると，$N = 2$．なお，この曲線の概形は右図のようになり，確かに $z = -\frac{1}{2}$ のまわりで 2 重に巻いている．

第 5 章

1.1 (a) $a = 0$ ならば級数のすべての項は 0 となるので，級数は絶対収束である．$a \neq 0$ のときは，$\sum_{n=1}^\infty |az^n| = \sum_{n=1}^\infty |a||z|^n$ を考えると，これは初項 $|az|$, 公比 $|z|$ の実数の等比級数である．よって $|z| < 1$ ならば収束する．$|z| \geqq 1$ の場合は，$|az^n| \to 0$ ではなく，$n \to \infty$ で級数の項は 0 にならないから，発散する．以上より，$a = 0$ または $|z| < 1$ のとき絶対収束，これ以外で発散． (b) $\left|\frac{ae^{in\theta}}{n^2}\right| = \frac{|a|}{n^2}$ であり，$\sum \frac{1}{n^2}$ は収束するから，$\sum_{n=1}^\infty \left|\frac{ae^{in\theta}}{n^2}\right|$ は収束する．よって与えられた級数は絶対収束する．

1.2 与えられた級数は，初項 $te^{i\theta}$, 公比 $te^{i\theta}$ の等比級数で，$|te^{i\theta}| = |t| < 1$ により，絶対収束する．部分和 S_n は $S_n = \frac{te^{i\theta}(1 - t^n e^{in\theta})}{1 - te^{i\theta}}$ であるから，$n \to \infty$ として和の値は $\frac{te^{i\theta}}{1 - te^{i\theta}}$．次に，$\frac{\sin n\theta}{2^n}$ は $t^n e^{in\theta}$ で $t = \frac{1}{2}$ とし，虚部を取ったものであるから，$\sum_{n=1}^\infty \frac{\sin n\theta}{2^n} = \mathrm{Im}\sum_{n=1}^\infty t^n e^{in\theta}\Big|_{t=\frac{1}{2}} = \mathrm{Im}\,\frac{e^{i\theta}}{2 - e^{i\theta}} = \frac{2\sin\theta}{5 - 4\cos\theta}$

1.3 $S_n := \sum_{k=1}^n z_k$, $T_n := \sum_{k=1}^n x_k$, $R_n := \sum_{k=1}^n y_k$ として，$S_n = T_n + iR_n$ となる．これ

に数列の収束条件を適用する．

2.1 (a) $n>N$ に対し，$|z_n|=\left|\frac{z_n}{z_{n-1}}\right|\left|\frac{z_{n-1}}{z_{n-2}}\right|\cdots\left|\frac{z_{N+1}}{z_N}\right||z_N|\geqq r^{n-N}|z_N|=\frac{|z_N|}{r^N}r^n$ が成り立つ．$0<r<1$ により，$\sum r^n$ は収束するから，$\sum|z_n|$ は収束．よって与えられた級数は絶対収束． (b) $0<r<1$ により，$r<s<1$ となる $s\in\mathbb{R}$ を選べば，$n>M$ で常に $\left|\frac{z_{n+1}}{z_n}\right|<s$ となるような M が存在する．よって (a) により与えられた級数は絶対収束する．

2.2 (a) $a_n=\frac{(1+i)^n}{n!}$ とする．$\left|\frac{a_{n+1}}{a_n}\right|=\frac{|1+i|}{n+1}=\frac{\sqrt{2}}{n+1}\to 0<1$. よって $\sum|a_n|$ は収束し，与えられた級数は絶対収束する． (b) $\sum_{n=0}^{\infty}\frac{(2-i)^n}{n!}$ も (a) と同様にして絶対収束することがわかる．ここでコーシーの積の公式と二項定理を用いて，

$$\left[\sum_{n=0}^{\infty}\frac{(1+i)^n}{n!}\right]\left[\sum_{n=0}^{\infty}\frac{(2-i)^n}{n!}\right]=\sum_{k=0}^{\infty}\sum_{l=0}^{k}\frac{(1+i)^l(2-i)^{k-l}}{l!(k-l)!}$$

$$=\sum_{k=0}^{\infty}\frac{1}{k!}\sum_{l=0}^{k}\binom{k}{l}(1+i)^l(2-i)^{k-l}=\sum_{k=0}^{\infty}\frac{[(1+i)+(2-i)]^k}{k!}=\sum_{k=0}^{\infty}\frac{3^k}{k!}$$

3.1 $z=z_1$ のときに与えられた級数が収束するので，$a_nz_1^n\to 0$ になる．よって，$|a_nz_1^n|$ は有界で，ある正数 R を取れば，$|a_nz^n|<R$ となる．ここで，$|z|<|z_1|$ なる z に対し，$|a_nz^n|=|a_nz_1^n|\left|\frac{z}{z_1}\right|^n<R\left|\frac{z}{z_1}\right|^n$ となるが，級数 $\sum\left|\frac{z}{z_1}\right|^n$ は等比級数で，公比が $0\leqq\left|\frac{z}{z_1}\right|<1$ をみたすので収束する．よって，$\sum|a_nz^n|$ も収束し，与えられた級数は，$|z|<|z_1|$ なる z で絶対収束することが示された．次に，$z=z_2$ で発散する場合，$|z|>|z_2|$ となる z で収束したと仮定すると，前半の結果から $z=z_2$ では絶対収束することになり，矛盾を生じる．よって $|z|>|z_2|$ では発散する．

3.2 求めるべき収束半径を ρ とする．(a) 級数の各項の係数 a_n は，$a_n=1$ である．よって，$\frac{1}{\rho}=\lim_{n\to\infty}\frac{1}{1}=1$ から，$\rho=1$. (b) $a_n:=\frac{(1+n)^{n^2}}{n^{n^2}}$ とする．$\sqrt[n]{|a_n|}=\frac{(1+n)^n}{n^n}=\left(1+\frac{1}{n}\right)^n$ であるから，$\lim_{n\to\infty}\sqrt[n]{|a_n|}=e$. よって $\rho=\frac{1}{e}$. (c) $a_n:=\frac{(n!)^2}{(2n)!}$ とすると，$\left|\frac{a_{n+1}}{a_n}\right|=\frac{(n+1)^2}{(2n+2)(2n+1)}\to\frac{1}{4}$. よってべき級数 $\sum_{n=0}^{\infty}a_nZ^n$ の収束半径は 4. $z^3=Z$ とすることにより，元のべき級数の収束半径は $\sqrt[3]{4}$.

4.1 (a) 級数 $\sum_{n=0}^{\infty}\frac{z^n}{n!}$ の収束半径は ∞ で，任意の z でコーシーの積の公式を用いることができる．よって，$\sum_{n=0}^{\infty}\frac{a^n}{n!}\cdot\sum_{n=0}^{\infty}\frac{b^n}{n!}=\sum_{k=0}^{\infty}\sum_{l=0}^{\infty}\frac{a^k}{k!}\frac{b^l}{l!}$. $n=k+l$ とすれば，右辺の 2 重級数は $\sum_{n=0}^{\infty}\sum_{k=0}^{n}\frac{a^k}{k!}\frac{b^{n-k}}{(n-k)!}=\sum_{n=0}^{\infty}\frac{1}{n!}\left[\sum_{k=0}^{n}\frac{n!}{k!(n-k)!}a^kb^{n-k}\right]=\sum_{n=0}^{\infty}\frac{(a+b)^n}{n!}$ となる．ただし，最後の変形では二項定理を用いた．この関係は，任意の $a,b\in\mathbb{C}$ で成り立つ（問題 2.2(a) を参照）． (b) 級数 $\sum_{n=0}^{\infty}a^n$ の収束半径は 1 である．よって収束円の内部でコーシーの積の公式を用いる．$\left(\sum_{n=0}^{\infty}a^n\right)^2=\sum_{k=0}^{\infty}\sum_{l=0}^{\infty}a^{k+l}$ により，$k+l=n$ として和を書き換えると，$\sum_{n=0}^{\infty}\sum_{k=0}^{n}a^n=\sum_{n=0}^{\infty}a^n\sum_{k=0}^{n}1$. $\sum_{k=0}^{n}1=n+1$ であるから，与えられた積は $\sum_{n=0}^{\infty}(n+1)a^n$ となる．この積の関係が成り立つのは，$|a|<1$. (c) 左辺の級数の収束半径はすべて ∞ であるから，任意の a,b で積の公式を使える．左辺第 1 項は

$$\sum_{n=0}^{\infty}\frac{a^{2n}}{(2n)!}\sum_{n=0}^{\infty}\frac{b^{2n}}{(2n)!}=\sum_{n=0}^{\infty}\sum_{k=0}^{n}\frac{a^{2k}b^{2n-2k}}{(2k)!(2n-2k)!}=\sum_{n=0}^{\infty}\frac{1}{(2n)!}\sum_{k=0}^{n}\binom{2n}{2k}a^{2k}b^{2n-2k}$$

左辺第 2 項については，$\sum_{n=0}^{\infty}\frac{a^{2n+1}}{(2n+1)!}\sum_{n=0}^{\infty}\frac{b^{2n+1}}{(2n+1)!}=\sum_{k=0}^{\infty}\sum_{l=0}^{\infty}\frac{a^{2k+1}}{(2k+1)!}\frac{b^{2l+1}}{(2l+1)!}$ と変形し，

5章

$n=k+l+1$ として

$$\sum_{n=1}^{\infty}\sum_{k=0}^{n-1}\frac{a^{2k+1}b^{2n-(2k+1)}}{(2k+1)!(2n-2k-1)!}=\sum_{n=1}^{\infty}\frac{1}{(2n)!}\sum_{k=0}^{n-1}\binom{2n}{2k+1}a^{2k+1}b^{2n-(2k+1)}$$

となる．以上から，

$$\begin{aligned}\text{左辺}&=1+\sum_{n=1}^{\infty}\frac{1}{(2n)!}\left[\sum_{k=0}^{n}\binom{2n}{2k}a^{2k}b^{2n-2k}-\sum_{k=0}^{n-1}\binom{2n}{2k+1}a^{2k+1}b^{2n-(2k+1)}\right]\\&=1+\sum_{n=1}^{\infty}\frac{1}{(2n)!}\left[\sum_{\substack{k=0\\ \text{偶数}}}^{2n}\binom{2n}{k}a^{k}b^{2n-k}+\sum_{\substack{k=0\\ \text{奇数}}}^{2n-1}\binom{2n}{k}(-1)a^{k}b^{2n-k}\right]\\&=1+\sum_{n=1}^{\infty}\frac{1}{(2n)!}(a-b)^{2n}=\sum_{n=0}^{\infty}\frac{(a-b)^{2n}}{(2n)!}\end{aligned}$$

となり，題意が示された．与えられた関係式は，任意の $a,b\in\mathbb{R}$ で成り立つ．

5.1 収束円の内部に完全に含まれる閉円板 S を取る．$z\in S$ における $\sup|z|$ を R とし，$M_n:=|a_n|R^n$ とすれば，$\sum M_n$ は収束する正項級数で，かつ $|a_nz^n|\leqq M_n$ をみたす．よって与えられたべき級数は S において一様収束する．S を収束円内で任意に取ると，広義一様収束することがわかる．

5章

5.2 $f_n(z)$ が $f(z)$ に一様収束するから，任意の $\alpha>0$ に対してある N が存在し，$n>N$ となるすべての n で $|f_n(z)-f(z)|<\alpha$ となる．また，$f_n(z)$ が $z_0\in D$ で連続であるから，任意の $\beta>0$ に対してある $\delta>0$ が存在し，$|z-z_0|<\delta$ となるすべての z で $|f_n(z)-f_n(z_0)|<\beta$. 以上のような α, β, n, z に対し，

$$\begin{aligned}|f(z)-f(z_0)|&=|f(z)-f_n(z)+f_n(z)-f_n(z_0)+f_n(z_0)-f(z_0)|\\&\leqq|f(z)-f_n(z)|+|f_n(z)-f_n(z_0)|+|f(z_0)-f_n(z_0)|\leqq 2\alpha+\beta\end{aligned}$$

となる．$\varepsilon=2\alpha+\beta$ と置き，上記の δ を取れば，$|z-z_0|<\delta$ に対して $|f(z)-f(z_0)|<\varepsilon$ が成り立つ．よって $f(z)$ は連続である．広義一様収束の場合は，D 内に取った閉円板で上記と同じ議論を行えるので，やはり連続である．

6.1 関数項級数の部分和が一様収束するので，これに例題 5.6 を適用する．

6.2 一様収束性から，任意の $\varepsilon>0$ に対し，ある N が存在し，C 上のすべての点で，$n\geqq N$ で常に $|f_n(z)-f(z)|\leqq\varepsilon$ とできるので，$\left|\int_C f_n(z)\,dz-\int_C f(z)\,dz\right|\leqq\int_C|f_n(z)-f(z)|\,|dz|\leqq\varepsilon L$（$L$ は C の長さ）となるから，題意の式が成り立つ．

7.1 (a) $z=x+iy$ とすると $|e^{inz}|=e^{-ny}$ となる．条件より $y\geqq 0$ であるから，$\left|\frac{e^{inz}}{n^2}\right|\leqq\frac{1}{n^2}$ となる．$\sum\frac{1}{n^2}$ は収束するから，与えられた級数には優級数が存在し，一様に絶対収束する．

(b) z に関する条件により，$\mathrm{Log}[n(1+z)]=\mathrm{Log}\,n+\mathrm{Log}(1+z)$ が成り立つが，$\mathrm{Log}(1+z)$ は与えられた z の範囲において有界であり，$|\mathrm{Log}(1+z)|\leqq M$ となるような正数 M が存在する．よって $|\mathrm{Log}[n(1+z)]|\leqq|\mathrm{Log}\,n|+M$ となるから，$\left|\frac{\mathrm{Log}[n(1+z)]}{n^3}\right|\leqq\frac{n+M}{n^3}$．ただし，$n\geqq\mathrm{Log}\,n$ を用いた．$\sum\frac{n+M}{n^3}$ は収束するので，与えられた級数には優級数が存在する．よって題意が示された．

第 5 章演習問題

1. (a) $1-\cos\frac{z}{n}=2\sin^2\frac{z}{2n}$. $z=0$ ならばすべての項が 0 となり，与えられた級数は 0 に収束する．$z\neq 0$ ならば，$\frac{|\sin^2(z/2n)|}{|z/2n|^2}\to 1$ $(n\to\infty)$ により，$\sum\left|\sin^2\frac{z}{2n}\right|$ と $\sum\frac{|z|^2}{n^2}$ は，収束・発散を共にするが，後者は収束するから，与えられた級数は絶対収束することになる． (b) この級数はべき級数であるから，収束半径 ρ を求める．$a_n:=\frac{(n!)^2}{(2n)!}$ とする．$\frac{|a_{n+1}|}{|a_n|}=\frac{n+1}{2(2n+1)}\to\frac{1}{4}$. よって $\rho=4$ となり，$|z|<4$ で絶対収束，$|z|>4$ で発散する．なお，$|z|=4$ のときは演習問題 6. の (b) を参照． (c) $\sum\frac{1}{n^2}$ と比較する．$\sum\frac{1}{|n(z+n)|}$ は収束するので，与えられた z で絶対収束． (d) 一般項は $\frac{2z}{z^2-n^2}$ となる．これも $\sum\frac{1}{n^2}$ と $\sum\frac{2|z|}{|z^2-n^2|}$ を比較して絶対収束する．

2. (a) $f(z)$ が連続であるから，任意の $\varepsilon>0$ に対してある $\delta>0$ が存在し，$|z-a|<\delta$ となるすべての z で $|f(z)-f(a)|<\varepsilon$ とできる．また，$z_n\to a$ であるから，ある N が存在して，$n>N$ となるすべての n で $|z_n-a|<\delta$ となる．このような ε と N を用いれば，$n>N$ で $|f(z_n)-f(z)|<\varepsilon$ となる． (b) $f(z)$ が連続でないような場合を考えればよい．たとえば，$f(z)=\begin{cases}0 & (z\neq 0)\\ 1 & (z=0)\end{cases}$ とすれば，$z_n\to 0$（ただし $z_n\neq 0$）であるような数列 $\{z_n\}$ に対し，$f(z_n)=0$ であるから $f(z_n)\to 0$ となるが，これは $f(0)$ とは異なる．

3. (a) 与えられた級数はべき級数で，収束半径を求めると無限大である．よって $z\in\mathbb{C}$ で広義一様収束し，項別微分可能．$\sum_{n=0}^{\infty}\frac{(-1)^n z^{2n}}{(2n)!}$. (b) この級数も，収束半径無限大のべき級数．$\sum_{n=0}^{\infty}\frac{(n+1)z^n}{n!}$. これを整形して，$\sum_{n=1}^{\infty}\frac{z^n}{(n-1)!}+\sum_{n=0}^{\infty}\frac{z^n}{n!}=\sum_{n=0}^{\infty}\frac{z^{n+1}}{n!}+\sum_{n=0}^{\infty}\frac{z^n}{n!}=(z+1)\sum_{n=0}^{\infty}\frac{z^n}{n!}$ とすることも可能． (c) 積分中の級数の収束半径は 1 であるから，与式は項別積分できる．よって，$\int_C\left(\sum_{n=1}^{\infty}\frac{z^n}{n}\right)dz=\sum_{n=0}^{\infty}\int_C\frac{z^n}{n}\,dz=\sum_{n=1}^{\infty}\frac{\zeta^{n+1}}{n(n+1)}$.

4. (a) $z=x+iy$ とする．$y\neq 0$ ならば，$|\sin nz|=\sqrt{\sin^2 nx+\sinh^2 ny}\to\infty$ $(n\to\infty)$ であるから，$\mathrm{Im}\,z\neq 0$ ならば，与えられた級数は発散する． (b) $\left|\frac{2\sin nx}{n^p}\right|\leqq\frac{2}{n^p}$ により，$\sum\frac{2}{n^p}$ が優級数となる． (c) 部分和を $S_n(x):=\sum_{k=1}^{n}\frac{2\sin nx}{n^p}$ とすると，これは連続関数である．いま，$S(0)=S_n(0)=0$ であるから，任意の $\varepsilon>0$ に対してある $\delta>0$ が存在し，$|x|<\delta$ で $|S_n(x)|<\varepsilon$ となる．さて，題意の区間に属する $x>0$ に対し，$\varDelta:=|S_n(x)-S(x)|$ を考えよう．前記の ε と δ を用いて微小な ε を取ると，$\varDelta\geqq\big||S_n(x)|-|\pi-x|\big|=\pi-x-\varepsilon>\pi-\varepsilon-\delta$ となる．δ として十分 0 に近い値を選べば $\varDelta$ は十分 0 から離れた値を取る．よって $S_n(x)$ は $x=0$ の付近で一様収束せず，題意が成り立つ．

5. $e^{i\theta}\neq 1$ により，$\sum_{k=0}^{n}e^{ik\theta}=\frac{1-e^{i(n+1)\theta}}{1-e^{i\theta}}$. $\sum_{k=0}^{n}\cos k\theta=\sum_{k=0}^{n}e^{ik\theta}+\sum_{k=0}^{n}e^{ik(-\theta)}$ を用いて整理すれば示すべき式を得る．級数の収束については，右辺第 2 項の分子を通分し，$2\sin\frac{\theta}{2}\sin\left(n+\frac{1}{2}\right)\theta$. $\mathrm{Im}\,\theta\neq 0$ ならば，$n\to\infty$ でこれは発散する．よって，この分子が $n\to\infty$ で収束するには，$\theta\in\mathbb{R}$ でなければならない．このとき，$\sin\left(n+\frac{1}{2}\right)\theta$ が n によらず一定ならば収束するが，$\theta\neq 2m\pi$ により，そのようなことはない．よってこの和は $n\to\infty$ で発散する．

6. (a) $S_n:=\sum_{k=1}^{n}p_k a_k$ とする．$n>m$ として，$|S_n-S_m|=|p_n a_n+p_{n-1}a_{n-1}+\cdots+p_{m+1}a_{m+1}|\leqq|p_n a_n|+|p_{n-1}a_{n-1}|+\cdots+|p_{m+1}a_{m+1}|\leqq p_{m+1}|a_n+a_{n-1}+\cdots+a_{m+1}|$ (p_n は非負の値を取る単調減少列だから)．$\sum a_n$ は有界であるから，任意の n,m に対して，$|a_n+a_{n-1}+\cdots+a_{m+1}|<C$ となる正数 C が存在する．よって $|S_n-S_m|\leqq Cp_{m+1}$ で，

5 章

$p_n \to 0$ であるから，m を十分大きく取れば，任意の $\varepsilon > 0$ に対して $|S_n - S_m| < \varepsilon$ とでき，$\{S_n\}$ はコーシー列となる．なお，(B) については微分積分に関する適当な書籍を参照． (b) i. $a_n := \frac{2^{2n}(n!)^2}{(2n)!}$ として (B) を使う．$\frac{a_n}{a_{n+1}} = \frac{2n+1}{2n+2} = 1 - \frac{1}{2n} - \frac{1}{n^2} + \cdots$ で，$p = -\frac{1}{2} < 1$ であるから発散する．他にも，ウォーリスの公式（微分積分に関する適当な書籍を参照）$\frac{2^{2n}(n!)^2}{\sqrt{n}\,(2n)!} \to \sqrt{\pi}$ により，与えられた級数と $\sum \sqrt{n}$ は収束・発散を共にすることを示す方法などもある． ii. (A) を使う．$z = 4e^{i\theta}$ $(0 < \theta < 2\pi)$ と置いて，$p_n := \frac{2^{2n}(n!)^2}{(2n)!}$ とすれば，これは有界単調列で $p_n \to 0$ となる．また，$S_n := \sum_{k=0}^{n} e^{ik\theta} = \frac{1-e^{in\theta}}{1-e^{i\theta}}$ でこれは有界であるから，与えられた級数は収束する．なお，一般項の絶対値を取った級数は i. の場合で，これは発散するので条件収束になる．

7. $n \to \infty$ で $a_n \to 0$ でないならば，$\mathrm{Log}(1 + a_n) \to 0$ でもなく，逆も成り立つ．よって与えられた 2 つの級数は，一方が発散すれば発散する．$n \to \infty$ で $a_n \to 0$ の場合，$\frac{\mathrm{Log}(1+a_n)}{a_n} \to 1$ となるので，任意の $\varepsilon > 0$ に対し，十分大きい n で $\left|\frac{\mathrm{Log}(1+a_n)}{a_n} - 1\right| < \varepsilon$ となる．これを変形し，$|\mathrm{Log}(1 + a_n) - a_n| < \varepsilon|a_n|$．三角不等式により，左辺は $\big||\mathrm{Log}(1 + a_n)| - |a_n|\big|$ 以上であるから，$-\varepsilon|a_n| < |\mathrm{Log}(1 + a_n)| - |a_n| < \varepsilon|a_n|$ が成り立つ．よって，$(1 - \varepsilon)|a_n| < |\mathrm{Log}(1 + a_n)| < (1 + \varepsilon)|a_n|$ となり，$\sum|\mathrm{Log}(1 + a_n)|$ と $\sum|a_n|$ の収束は同値である．以上をまとめて，与えられた 2 つの級数は収束・発散を共にすることがわかった．

8. (a) $f(z) := \sum_{k=0}^{\infty}(a_k - b_k)z^k$ とすると，これは $|z| < \rho$ で 0 に収束する．$|z| = \rho$ は収束円に一致するか，その内部にあるかのどちらかであるから，この収束は広義一様収束である．いま，$z = 0$ を代入すれば，$f(0) = a_0 - b_0$ となるので，$a_0 - b_0 = 0$. $f(z)$ は項別微分でき，$f'(z)$ と $f(z)$ の収束半径は同じであるので，$f_0'(0) = 0$ を考えることで $a_1 - b_1 = 0$. 以下同様にして，$a_n - b_n = 0$ を得る． (b) $f(z)$ を項別微分し，$f'(z) = \sum_{k=1}^{\infty} ka_k z^{k-1} = \sum_{k=0}^{\infty}(k + 1)a_{k+1}z^k$. $f'(z) = af(z)$ から，$(n + 1)a_{n+1} = aa_n$．よって，$a_{n+1} = \frac{a}{n+1}a_n$ $(n \geqq 0)$．これを解いて，$a_n = \frac{a^n}{n!}$. したがって，$f(z) = \sum_{k=0}^{\infty} \frac{a^n}{n!} z^n$. 収束半径は ∞.

6章

第 6 章

1.1 (a) $\frac{1}{1+z^2} = \frac{1}{1-(-z^2)} = \sum_{n=0}^{\infty}(-z^2)^n = \sum_{n=0}^{\infty}(-1)^n z^{2n}$. $|-z^2| < 1$ すなわち $|z| < 1$ で有効． (b) $\frac{1}{z(z+1)} = \frac{1}{z} - \frac{1}{z+1} = \frac{1}{1+(z-1)} - \frac{1}{2}\frac{1}{1+(z-1)/2} = \sum_{n=0}^{\infty}(-1)^n(z - 1)^n - \frac{1}{2}\sum_{n=0}^{\infty}(-1)^n\left(\frac{z-1}{2}\right)^n = \sum_{n=0}^{\infty}(-1)^n\left(1 - \frac{1}{2^{n+1}}\right)(z - 1)^n$. この展開が有効な範囲は，$|z - 1| < 1$ かつ $\left|\frac{z-1}{2}\right| < 1$. すなわち $|z - 1| < 1$. (c) $e^{-z} = e^{-(z-1)-1} = e^{-1}e^{-(z-1)} = \frac{1}{e}\sum_{n=0}^{\infty} \frac{(-1)^n}{n!}(z - 1)^n = \sum_{n=0}^{\infty} \frac{(-1)^n}{e \cdot n!}(z - 1)^n$. 任意の $z \in \mathbb{C}$ で有効． (d) $\cos z = \cos\left(z + \frac{\pi}{2} - \frac{\pi}{2}\right) = \sin\left(z + \frac{\pi}{2}\right) = \sum_{n=0}^{\infty} \frac{(-1)^n}{(2n+1)!}\left(z + \frac{\pi}{2}\right)^{2n+1}$. これは任意の $z \in \mathbb{C}$ で有効.

2.1 (a) $f(z)$ が正則でないのは $z = 1, 2$ であるから，$|z| < 1$, $1 < |z| < 2$, $|z| > 2$ の 3 つの領域で求める．部分分数に展開し，$\frac{1}{(z-1)(z-2)} = \frac{1}{z-2} - \frac{1}{z-1}$ となる．$|z| < 1$ の場合，$\frac{1}{z-2} - \frac{1}{z-1} = \frac{1}{1-z} - \frac{1}{2}\frac{1}{1-z/2} = \sum_{n=0}^{\infty}\left(1 - \frac{1}{2^{n+1}}\right)z^n$. $1 < |z| < 2$ の場合，$\frac{1}{1-z} = -\frac{1}{z}\frac{1}{1-1/z} = -\sum_{n=1}^{\infty} \frac{1}{z^n}$ で，$\frac{1}{z-2}$ のローラン展開は $|z| < 1$ の場合と同じであるから，求めるべきローラン展開は $-\sum_{n=1}^{\infty} \frac{1}{z^n} - \sum_{n=0}^{\infty} \frac{z^n}{2^{n+1}}$. $|z| > 2$ の場合，$\frac{1}{1-z}$ の展開は $1 < |z| < 2$ と同じ．また，$\frac{1}{z-2} = \frac{1}{z}\frac{1}{1-2/z} = \sum_{n=1}^{\infty} \frac{2^{n-1}}{z^n}$. よって求めるべきローラン展開は，$\sum_{n=2}^{\infty} \frac{1-2^{n-1}}{z^n}$ （$n = 2$ から始まるのは，$n = 1$ の項が 2 つの級数で打ち消しあってなくなるため）． (b) $f(z)$ が正則でないのは $z = 0, -1, 2$. よって $0 < |z| < 1$, $1 < |z| < 2$, $|z| > 2$ の 3 つの領域で求める．与えられた関数

を部分分数に分けると，$-\frac{3}{z}+\frac{2}{1+z}-\frac{1}{2-z}$．これらのうち，$\frac{2}{1+z}$ は，$|z|<1$ では $\sum_{n=0}^{\infty}2(-1)^n z^n$，$|z|>1$ では $\frac{2}{z}\frac{1}{1+1/z}=\sum_{n=1}^{\infty}\frac{2(-1)^{n-1}}{z^n}$．$-\frac{1}{2-z}$ は，$|z|<2$ では $-\frac{1}{2}\frac{1}{1-z/2}=-\sum_{n=0}^{\infty}\frac{z^n}{2^{n+1}}$，$|z|>2$ では $\frac{1}{z}\frac{1}{1-2/z}=\sum_{n=1}^{\infty}\frac{2^{n-1}}{z^n}$ となる．これらを組み合わせ，$-\frac{3}{z}$ を足すと，$0<|z|<1$ では，$-\frac{3}{z}+\sum_{n=0}^{\infty}\left[2(-1)^n-\frac{1}{2^{n+1}}\right]z^n$．$1<|z|<2$ では，$-\frac{1}{z}+\sum_{n=2}^{\infty}\frac{2(-1)^{n-1}}{z^n}-\sum_{n=0}^{\infty}\frac{z^n}{2^{n+1}}$．$|z|>2$ では，$\sum_{n=2}^{\infty}\frac{2(-1)^{n-1}+2^{n-1}}{z^n}$（$n=1$ の項は消える）． (c) $|z|>0$ でローラン展開を求める．e^z のマクローリン展開を用いて $e^{1/z}=\sum_{n=0}^{\infty}\frac{1}{n!}z^{-n}$． (d) (c) と同様，$|z|>0$ でのみ考えればよい．$\sin z=\sum_{n=0}^{\infty}\frac{(-1)^n z^{2n+1}}{(2n+1)!}$ より $\frac{\sin z}{z}=\sum_{n=0}^{\infty}\frac{(-1)^n z^{2n}}{(2n+1)!}$．

3.1 (a) $\frac{1}{z^2}+\frac{1}{z}-1-z$． (b) $1+\frac{z}{2!}+\frac{z^2}{3!}+\frac{z^3}{4!}$． (c) $s=z-\frac{\pi}{2}$ として，$g(s)=f(z)=\frac{s+\pi/2}{\cos(s+\pi/2)}=-\frac{s+\pi/2}{\sin s}$ とすると，$g(s)\sin s=-s-\frac{\pi}{2}$．ここで，$g(s)\sin s$ に負べきはなく，$\sin s=\sum_{n=0}^{\infty}\frac{(-1)^n s^{2n+1}}{(2n+1)!}=s-\frac{s^3}{3!}+\cdots$ であることから，$g(s)=\sum_{n=-1}^{\infty}a_n s^n$ とすると，

$$
\begin{aligned}
g(s)\sin s &= \left(\frac{a_{-1}}{s}+a_0+a_1 s+a_2 s^2+\cdots\right)\left(1-\frac{s^3}{3!}+\cdots\right)\\
&= a_{-1}+a_0 s+\left(a_1-\frac{a_{-1}}{3!}\right)s^2+\left(a_2-\frac{a_0}{3!}\right)s^3+\cdots=-\frac{\pi}{2}-s
\end{aligned}
$$

よって，$a_{-1}=-\frac{\pi}{2}, a_0=-1, a_1=\frac{a_{-1}}{6}, a_2=\frac{a_0}{6}$ となり，$g(s)$ のローラン展開の最初の 4 項は $-\frac{\pi}{2s}-1-\frac{\pi s}{12}-\frac{s^2}{6}$．$f(z)$ については，この式で $s\to z-\frac{\pi}{2}$ とすると得られる．
(d) $\frac{2}{z-1}-1+(z-1)-(z-1)^2$．

4.1 (a) $|z|>2$ における $f(z)$ のローラン展開が求めるべきものである．部分分数展開により，$f(z)=-\frac{z+2}{z^2+1}+\frac{1}{z-2}$ となる．$|z|>2$ においては，$f(z)=\frac{1}{z}\frac{1}{1-2/z}-\left(\frac{1}{z}+\frac{2}{z^2}\right)\frac{1}{1+1/z^2}$ となるので，それぞれの項をローラン展開し，整理するとよい．$f(z)=\sum_{n=1}^{\infty}\frac{2^{2n}-(-1)^n}{z^{2n+1}}+\sum_{n=1}^{\infty}\frac{2[2^{2n}-(-1)^n]}{z^{2n+2}}$ (b) $|z|>1$ における $f(z)$ のローラン展開を行い，$f(z)=\frac{1}{1+1/z}=\sum_{n=0}^{\infty}\frac{(-1)^n}{z^n}$． (c) $|z|>0$ において $f(z)$ をローラン展開すればよい．$\sin z$ のマクローリン展開で $z\to\frac{1}{z}$ を行い，$\sum_{n=0}^{\infty}\frac{(-1)^n}{(2n+1)!\cdot z^{2n+1}}$．

4.2 (a) $f(z)$ が $|z|>R$ で正則であるとき，$f(1/z)$ は正則関数の合成関数であるから $R<\left|\frac{1}{z}\right|<\infty$ すなわち $0<|z|<R^{-1}$ で正則となる．この事実と，$f(z)$ のローラン展開で $z\to\frac{1}{z}$ を行うと，z^n ($n\in\mathbb{Z}$) の項からなる級数を得ることから示される． (b) 計算は読者諸氏にお任せする．結果は対応する問題の箇所を参照．

5.1 (a) $z=0,\pm1$．すべて孤立特異点． (b) $z=0,\infty$．どちらも孤立特異点．
(c) $z=0,\frac{2}{(2n+1)\pi}$ ($n\in\mathbb{Z}$)．$z=0$ は孤立特異点ではない．それ以外は孤立特異点．

6.1 (a) $z=\frac{-1\pm\sqrt{3}\,i}{2}$ (1 位の極)． (b) $z=\pm i$ (1 位の極) および $z=\infty$ (真性特異点)．
(c) $z=0$ (真性特異点)． (d) $z=0$ (1 位の極) および $z=\infty$ (真性特異点)． (e) $z=-1$ (2 位の極)． (f) $z=\infty$ (4 位の極)．

6.2 $z=a$ は $f(z)$ の m 位の極であるから，a でローラン展開すると，$f(z)=\frac{F(z)}{(z-a)^m}$, $F(z):=\sum_{n=0}^{\infty}a_n(z-a)^n$, $a_0\neq0$ のようになる．ここで，$F(z)$ は $z=a$ で正則で，$F(a)\neq0$ である．よって，$\frac{1}{F(z)}$ も $z=a$ で正則になる．$g(z)=\frac{(z-a)^m}{F(z)}$ であるから，$g(a)=0$．以下，積の微分公式を順次用いて，$k=1,2,\ldots,m-1$ で $g^{(k)}(a)=0$．$g^{(m)}(a)=\frac{m!}{F(a)}\neq0$ を得て，題意が成り立つことがわかる．

6章

7.1 べき級数 $f(z)$ は $|z|<1$ で収束し，$f(z)=\frac{1}{1+z^2}$ となることを用いればよい．

7.2 (a) $f(z)$ のテイラー展開を $f(z)=c_0+\sum_{n=1}^{\infty}c_n(z-a)^n$ とすると，これは 0 でない収束半径を持つ．$z=a$ を代入すれば，$f(a)=c_0$ となるが，$f(z)$ は正則であるから連続でもあり，$f(a)=\lim_{n\to\infty}f(z_n)$ が成り立つ．$f(z_n)=0$ であるから，$c_0=0$．次に，$f_1(z)$ を $z\neq a$ で $f_1(z):=\frac{f(z)}{z-a}$, $z=a$ で $f_1(z):=\lim_{z\to a}\frac{f(z)}{z-a}=f'(a)$ と定義すると，$f_1(z)$ は $f(z)$ の収束円の内部で正則な関数となり，$f_1(z)=c_1+\sum_{n=2}^{\infty}c_n(z-a)^{n-1}$．これに対して $z=a$ を代入すれば，$f_1(a)=c_1$．また，f_1 の連続性から，$f_1(a)=\lim_{n\to\infty}f_1(z_k)=\lim_{n\to\infty}\frac{f(z_k)}{z_k-a}=0$ となって，$c_1=0$ を得る．以下同様にして順次係数を 0 とでき，$f(z)$ の収束円内で $f(z)=0$ となる． (b) (a) の収束円外の $b\in D$ において，$f(b)\neq 0$ と仮定する．a を始点，b を終点として D 内にある滑らかな曲線 C: $z=z(t)$ (t: $\alpha\to\beta$) を考えると，$f(z(t))=0$ ($\alpha\leqq t\leqq T$) となるような T の上限 γ があり，$\alpha<\gamma\leqq\beta$ をみたす．$f(z)$ は $z(\gamma)$ を中心としてテイラー展開できるが，C 上に $z(\gamma)$ に収束する数列 $\{w_n\}$ を取れば，このテイラー展開の収束域で $f(z)=0$ となり，$t>\gamma$ で $f(z(t))\neq 0$ という仮定に反する． (c) $f(z):=f_1(z)-f_2(z)$ に一致の定理を適用すればよい．

7.3 $z=a$ を中心とするテイラー展開を行えば，すべての係数が 0 になることから収束円内で $f(z)=0$ となる．収束円外の $z\in D$ に対しては，問題 7.2(b) と同様にする．

第 6 章演習問題

1. (a) 与えられた関数を変形し，$\frac{1}{z(z-2)}=\frac{1}{2}\left(\frac{1}{z-2}-\frac{1}{z}\right)=-\frac{1}{2}\frac{1}{1+(z-1)}-\frac{1}{2}\frac{1}{1-(z-1)}=-\frac{1}{2}\left[\sum_{n=0}^{\infty}(-1)^n(z-1)^n+\sum_{n=0}^{\infty}(z-1)^n\right]=-\sum_{n=0}^{\infty}(z-1)^{2n}$．または，$\frac{1}{z(z-2)}=\frac{1}{(z-1)^2-1}=-\sum_{n=0}^{\infty}(z-1)^{2n}$． (b) $e^z=e\cdot e^{z-1}=\sum_{n=0}^{\infty}\frac{e(z-1)^n}{n!}$ であるから，$ze^z=[(z-1)+1]e^z=(z-1)e^z+e^z=\sum_{n=0}^{\infty}\frac{e(z-1)^{n+1}}{n!}+\sum_{n=0}^{\infty}\frac{e(z-1)^n}{n!}=\sum_{n=1}^{\infty}\frac{e(z-1)^n}{(n-1)!}+\left[e+\sum_{n=1}^{\infty}\frac{e(z-1)^n}{n!}\right]=e+e\sum_{n=1}^{\infty}\frac{n+1}{n!}(z-1)^n=e\sum_{n=0}^{\infty}\frac{n+1}{n!}(z-1)^n$． (c) $e^{(1\pm i)z}=\sum_{n=0}^{\infty}\frac{(1\pm i)^n}{n!}z^n$．ここで，$(1\pm i)^n=(\sqrt{2})^ne^{\pm n\frac{\pi i}{4}}$ より，$(1+i)^n-(1-i)^n=(\sqrt{2})^n(e^{n\frac{\pi i}{4}}-e^{-n\frac{\pi i}{4}})=2i\cdot 2^{n/2}\sin\frac{n\pi}{4}$．以上を用いて，$e^z\sin z=\frac{e^{(1+i)z}-e^{(1-i)z}}{2i}=\sum_{n=0}^{\infty}\frac{2^{n/2}\sin(n\pi/4)}{n!}z^n$．$n=4m$ の項がなくなることに注意．e^z と $\sin z$ のテイラー展開の積を作ってもよいが，計算は煩雑になる． (d) $\tan z$ は奇関数であるから，$\tan z=a_1+a_3z^3+a_5z^5+a_7z^7+\cdots$ とする．$\sin z=\tan z\cdot\cos z$ より，

$$
\begin{aligned}
&z-\frac{z^3}{3!}+\frac{z^5}{5!}-\frac{z^7}{7!}+\cdots\\
&\quad=\left(a_1z+a_3z^3+a_5z^5+a_7z^7+\cdots\right)\left(1-\frac{z^2}{2!}+\frac{z^4}{4!}-\frac{z^6}{6!}+\cdots\right)\\
&\quad=a_1z+\left(a_3-\frac{a_1}{2}\right)z^3+\left(a_5-\frac{a_3}{2}+\frac{a_1}{24}\right)z^5+\left(a_7-\frac{a_5}{2}+\frac{a_3}{24}-\frac{a_1}{144}\right)z^7+\cdots
\end{aligned}
$$

となる．これらより，$a_1=1$, $a_3=-\frac{1}{3!}+\frac{a_1}{2}=\frac{1}{3}$, $a_5=\frac{1}{5!}-\frac{a_1}{24}+\frac{a_3}{2}=\frac{2}{15}$, $a_7=-\frac{1}{7!}+\frac{a_1}{144}-\frac{a_3}{24}+\frac{a_5}{2}=\frac{17}{315}$．よって $\tan z=z+\frac{z^3}{3}+\frac{2}{15}z^5+\frac{17}{315}z^7+\cdots$．

2. (a) $\zeta:=z-e^{\frac{\pi i}{4}}$ として $f(z)$ を部分分数に分けると，$f(z)=\frac{1}{4e^{\frac{\pi i}{4}}}\left(\frac{1}{\zeta+\sqrt{2}}-\frac{1}{\zeta+\sqrt{2}\,i}-\frac{i}{\zeta}+\frac{i}{\zeta+2e^{\frac{\pi i}{4}}}\right)$ となる．それぞれの分数関数を展開し，整理すると，$f(z)=\frac{1}{4e^{\frac{3\pi i}{4}}}\frac{1}{\zeta}+\sum_{n=0}^{\infty}(-1)^nA_n\zeta^n$, $A_n:=\frac{1+(-1)^ni^{n+1}}{(\sqrt{2})^{n+1}}+\frac{e^{\frac{\pi(1-n)i}{4}}}{2^{n+1}}$ となる．なお，これは $0<|z-e^{\pi i/4}|<\sqrt{2}$

で成り立つ． (b) $e^{iz}=e^{i(z-i)-1}=\frac{1}{e}\sum_{n=0}^{\infty}\frac{i^n(z-i)^n}{n!}$． $\frac{1}{z^2+1}=\frac{1}{2i}\left(\frac{1}{z-i}-\frac{1}{z+i}\right)=\frac{1}{2i}\frac{1}{z-i}-\sum_{n=0}^{\infty}\frac{(i-z)^n}{(2i)^{n+1}}$．以下，$\zeta:=z-i$ としてこれらの積を作ると，

$$f(z)=\left[\frac{1}{e}+\frac{1}{e}\sum_{n=0}^{\infty}\frac{i^{n+1}}{(n+1)!}\zeta^n\right]\left[\frac{1}{2i\zeta}+\sum_{n=0}^{\infty}\frac{(-1)^{n+1}\zeta^n}{(2i)^{n+1}}\right]$$
$$=\frac{1}{2ie}\frac{1}{\zeta}+\sum_{n=0}^{\infty}\zeta^n\frac{i^n}{2e}\left[\frac{1}{(n+1)!}+i\sum_{k=0}^{n}\frac{1}{2^k\cdot(n-k)!}\right]$$

となる．この展開は，$0<|z-i|<2$ で成り立つ． (c) e^z は $|z|<\infty$ で正則であるから，マクローリン展開 $\sum_{n=0}^{\infty}\frac{z^n}{n!}$ がそのまま $z=\infty$ のまわりでのローラン展開になる． (d) $\frac{1}{z^3-3z^2+2z}=\frac{1}{2z}+\frac{1}{1-z}+\frac{1}{2(z-2)}$ である．ここで，$\frac{1}{1-z}=\sum_{n=0}^{\infty}z^n$，$\frac{1}{2(z-2)}=-\frac{1}{4}\frac{1}{1-(z/2)}=-\sum_{n=0}^{\infty}\frac{z^n}{2^{n+2}}$ により，$f(z)=\frac{1}{2z}+\sum_{n=0}^{\infty}\left(1-\frac{1}{2^{n+2}}\right)z^n$．これは $0<|z|<1$ で成り立つ． (e) 関数は (d) と同じ．ここで，$\frac{1}{z}=\frac{1}{1+(z-1)}=\sum_{n=0}^{\infty}(-1)^n(z-1)^n$，$\frac{1}{z-2}=-\frac{1}{1-(z-1)}=-\sum_{n=0}^{\infty}(z-1)^n$ となる．よって $f(z)=\frac{1}{1-z}-\sum_{n=0}^{\infty}(z-1)^{2n+1}$．これは，$0<|z-1|<1$ で成り立つ．

3. (a) $z=0$．これは真性特異点． (b) 孤立特異点は，1 位の極である $z=2\pi in$ $(n\in\mathbb{Z})$．孤立特異点ではない特異点は $z=\infty$． (c) 真性特異点 $z=\infty$． (d) 除去可能な特異点として，$z=0$．2 位の極として $z=\pm i$．真性特異点として $z=\infty$．

4. (a) $g(z)$ をテイラー展開すれば $f(z)$ と一致し，その収束半径は 1 となる．よって $g(z)$ は $f(z)$ を収束円外に解析接続したものである． (b) $g(z)$ は，$\varphi(z;a)$ によって決まる $\log z$ の枝である．$0<a<\pi$ の場合，$a\leqq\arg z<\pi$ の z に対して $f(z)=g(z)$ となるから，$g(z)$ は $f(z)$ の解析接続となっている．$a\geqq\pi$ の場合，$-\pi<\arg z<\pi$ と共有部分を持つ z で定義された枝をはじめとして，分枝を次々につないでいけば，共有部分で枝どうしの値が一致して互いに解析接続となる．これを $g(z)$ が定義された z まで続ければよい．$a\leqq 0$ も同様． (c) $z=-x+i\varepsilon$ $(x,\varepsilon>0)$ で考え，$\varepsilon\to 0$ とすると，$f(z)\to e^{\frac{1}{2}\operatorname{Log}x+\frac{\pi i}{2}}=ie^{\frac{1}{2}\operatorname{Log}x}$．また，$z=-x+i\varepsilon$ $(x>0,\varepsilon<0)$ で考え，$\varepsilon\to 0$ とすれば，$g(z)\to -e^{\frac{1}{2}\operatorname{Log}z-\frac{\pi i}{2}}=ie^{\frac{1}{2}\operatorname{Log}x}$．両者は一致し，実軸の負の部分を含む領域を考えれば，その中で $f(z)=g(z)$ が成り立つ．よって両者は互いに解析接続の関係にある（$z=-x+i\varepsilon$ として，$\varepsilon<0$ に対する $f(z)$ と $\varepsilon>0$ に対する $g(z)$ の値の関係を用いてもよい）．

5. 収束円の周上に特異点がない場合，$f(z)$ は収束円上の各点を中心としてテイラー展開でき，その収束半径の下限を ρ_0 とすれば $\rho_0>0$．よって $f(z)$ は円板 $|z-a|<\rho+\rho_0$ に解析接続でき，収束円よりも大きい円の内部で正則となり，収束円が ρ であることに反する．

6. 式 (6.11) の w,z に ζ や z を適宜あてはめる．なお，(6.11) は等比数列の和の公式 $\sum_{k=0}^{n-1}\left(\frac{w-a}{z-a}\right)^k=\frac{1-\left(\frac{w-a}{z-a}\right)^n}{1-\frac{w-a}{z-a}}$ の両辺を $z-a$ で割り，整理することで得られる．

(a) 式 (6.11) で $w\to z$，$z\to\zeta$ とすると，

$$\frac{1}{2\pi i}\oint_C\frac{f(\zeta)}{\zeta-z}\,d\zeta=\frac{1}{2\pi i}\oint_C f(\zeta)\sum_{k=0}^{n-1}\frac{(z-a)^k}{(\zeta-a)^{k+1}}\,d\zeta+\frac{1}{2\pi i}\oint_C\frac{f(\zeta)(z-a)^n}{(\zeta-z)(\zeta-a)^n}\,d\zeta$$
$$=\sum_{k=0}^{n-1}\frac{(z-a)^k}{2\pi i}\oint_C\frac{f(\zeta)\,d\zeta}{(\zeta-a)^{k+1}}+\frac{(z-a)^n}{2\pi i}\oint_C\frac{f(\zeta)\,d\zeta}{(\zeta-z)(\zeta-a)^n}$$
$$=\sum_{k=0}^{n-1}\frac{f^{(k)}(a)}{k!}(z-a)^k+R_n\quad\left(R_n:=\frac{(z-a)^n}{2\pi i}\oint_C\frac{f(\zeta)\,d\zeta}{(\zeta-z)(\zeta-a)^n}\right)$$

6 章

(b)　$f(z)$ は D で正則であるから有界で，C 上における $|f(z)|$ の上限を M として $|R_n|$ を評価する．$l := |z-a|$ とし，$|\zeta - a| = r$, $|\zeta - z| \geqq r - l$ に注意すると（下図左参照），

$$|R_n| \leqq \frac{|z-a|^n}{2\pi} \int_0^{2\pi} \frac{|f(re^{i\theta})\, ire^{i\theta}|\, d\theta}{|\zeta - z||\zeta - a|^n} \leqq \frac{l^n M}{2\pi(r-l)r^{n-1}} \int_0^{2\pi} d\theta = \frac{rM}{r-l}\left(\frac{l}{r}\right)^n$$

C の取り方より $r > l$ であるから，$n \to \infty$ で $R_n \to 0$ となる．また，z として D の任意の点を選べば，$f(z)$ はテイラー展開できることになる．

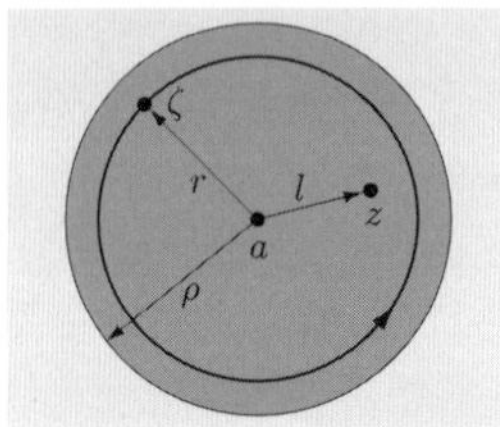

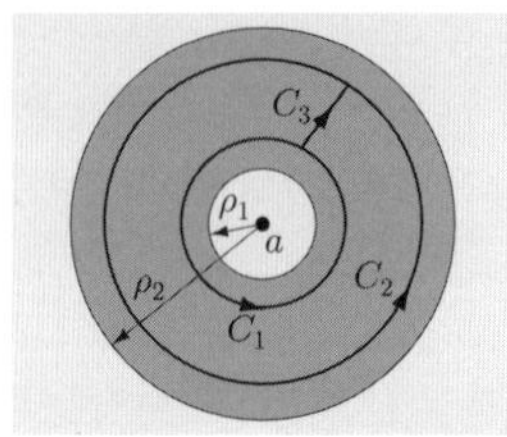

(c)　上図右のように C_1, C_2 をつなぐ C_3 を取り，閉曲線 $C := C_2 - C_3 - C_1 + C_3$ に沿ってコーシーの積分公式を用いると，前半の $f(z)$ の表現を得る．ここで，$\frac{1}{2\pi i}\oint_{C_1} \frac{f(\zeta)\, d\zeta}{\zeta - z}$ については，(6.11) で $w \to \zeta$ としたものを用いると，

$$\frac{1}{2\pi i}\oint_{C_1} \frac{f(\zeta)\, d\zeta}{\zeta - z} = \sum_{k=1}^{n} \frac{c_{-k}}{(z-a)^k} + R'_n$$

$$c_{-k} := \frac{1}{2\pi i}\oint_{C_1} \frac{f(\zeta)\, d\zeta}{(\zeta - a)^{1-k}}, \quad R'_n := \frac{1}{2\pi i(z-a)^n}\oint_{C_1} \frac{f(\zeta)(\zeta - a)^n}{z - \zeta}\, d\zeta$$

となり，C_1 上の $|f(z)|$ の上界の 1 つを M', $l := |z-a|$ とすれば，(b) と同様にして $|R'_n| \leqq \frac{r_1 M'}{l - r_1}\left(\frac{r_1}{l}\right)^n \to 0$ $(n \to \infty)$ となる．ただし，$l > r_1$ を用いた．$\frac{1}{2\pi i}\oint_{C_2} \frac{f(\zeta)\, d\zeta}{\zeta - z}$ については，(a) と全く同様にして，(6.11) で $w \to z$, $z \to \zeta$ としたものを用いて整理し，$\frac{1}{2\pi i}\oint_{C_2} \frac{f(\zeta)}{\zeta - z}\, d\zeta = \sum_{k=0}^{n-1} c_k (z-a)^k + R''_n$, $c_k := \frac{1}{2\pi i}\oint_{C_2} \frac{f(\zeta)\, d\zeta}{(\zeta - a)^{k+1}}$, $R''_n := \frac{(z-a)^n}{2\pi i}\oint_{C_2} \frac{f(\zeta)\, d\zeta}{(\zeta - z)(\zeta - a)^n}$ が得られ，$n \to \infty$ で $R''_n \to 0$ となる．以上の結果で，係数 c_n $(n \in \mathbb{Z})$ を定義する積分の経路は，$\frac{f(z)}{(z-a)^{n+1}}$ が，与えられた領域において正則であることから，この領域内の単一閉曲線に変えることができる．したがって，ローラン展開の式が示された．

7.　(a)　積分路の変形を行い，$\oint_\Gamma \frac{f(\zeta)}{\zeta - z}\, d\zeta = \oint_C \frac{f(\zeta)}{\zeta - z}\, d\zeta + \sum_{k=1}^{N} \oint_{C_k} \frac{f(\zeta)}{\zeta - z}\, d\zeta$. 右辺第 1 項にコーシーの積分公式を用いると，これは $2\pi i f(z) + \sum_{k=1}^{N} \oint_{C_k} \frac{f(\zeta)}{\zeta - z}\, d\zeta$ となる．　(b)　Γ 上, $\zeta = Re^{i\theta}$ $(\theta : 0 \to 2\pi)$ であるから，$\left|\oint_\Gamma \frac{f(\zeta)}{\zeta - z}\, d\zeta\right| \leqq \int_0^{2\pi} \frac{R|f(Re^{i\theta})|}{|Re^{i\theta} - z|}\, d\theta$ となるが，平均値の定理から，右辺の積分 $= \frac{2\pi R|f(Re^{i\varphi})|}{|Re^{i\varphi} - z|}$ となる φ が $0 < \varphi < 2\pi$ に存在する．ここで，$R \to \infty$ とすれば，$f(\zeta)$ の次数の関係からこれは 0 となる．よって $\oint_\Gamma \frac{f(\zeta)}{\zeta - z}\, d\zeta = 0$.　(c)　式 (6.12) で $k \to j$, $n \to l$ と置き換え，$w \to \zeta$, $a \to z_k$ として，ζ 平面の C_k に沿って積分すると，

$$\oint_{C_k} \frac{f(\zeta)}{\zeta - z}\, d\zeta = -\sum_{j=1}^{l} \frac{1}{(z - z_k)^j}\oint_{C_k} \frac{f(\zeta)\, d\zeta}{(\zeta - z_k)^{1-j}} + \frac{1}{(z - z_k)^l}\oint_{C_k} \frac{f(\zeta)(\zeta - z_k)^l}{\zeta - z}\, d\zeta$$

となる．z_k の位数を α, $l = \alpha$ とすれば，右辺第 1 項は $-2\pi i p_k(z)$ に等しい．また，右辺第 2 項については，$f(\zeta)(\zeta - z_k)^\alpha$ が z_k を除去可能な特異点とすること，z が C_k の外にあることから 0 と

なる．よって題意が示された． (d) (a)〜(c) までの結果から，$0=2\pi i f(z)-\sum_{k=1}^{N} 2\pi i p_k(z)$ となる．よって題意が成り立つことがわかった．

第 7 章

1.1 $b_1,\ldots,b_m$ のうち，b_j のみを内部に含み，それ以外を含まない閉曲線（正の向きに 1 周）を C_j $(j=1,\ldots,m)$，また，$b_1,\ldots,b_m$ のすべてを内部に含み，正の向きに 1 周する閉曲線を C' とする．積分路の変形を行い，$\oint_{C'} f(z)\,dz=\sum_{j=1}^{m}\oint_{C_j} f(z)\,dz+\oint_C f(z)\,dz$ となるので，$\oint_C=-\sum_{j=1}^{m}\oint_{C_j}+\oint_{C'}$．ここで，右辺第 1 項は $-2\pi i\sum\mathrm{Res}(b_j)$，第 2 項は $-2\pi i\,\mathrm{Res}(\infty)$ であるから，示すべき式を得る．

2.1 $g(a)=0$ より，$f(z)=\frac{h(z)}{g(z)-g(a)}=\frac{F(z)}{z-a}$．ただし，$F(z):=h(z)\left[\frac{g(z)-g(a)}{z-a}\right]^{-1}$．したがって，$\mathrm{Res}(a;f)=\lim_{z\to a}F(z)=\frac{h(a)}{g'(a)}$．

2.2 $z=e^{\pi i/8}$ は 1 位の極で，求めるべき留数は $\frac{e^{-7\pi i/8}}{8}$．計算には，本文に挙げた方法では (7.3), (7.4), (7.5b), (7.5c) が使える．

2.3 (a) $|z|>R$ で $f(z)$ が正則であるとして，閉曲線 C を $z=re^{i\theta}$ $(r>R)$ とする．$\mathrm{Res}(\infty)=-\frac{1}{2\pi i}\oint_C\sum_{k=-\infty}^{\infty}b_kz^k\,dz=-\frac{1}{2\pi i}\sum_{k=-\infty}^{\infty}b_k\oint_C z^k\,dz=-b_{-1}$． (b) たとえば，$f(z)=\frac{1}{z}$．この関数は $|z|>0$ および $z=\infty$ で正則である．$\frac{1}{z}$ 自身が無限遠点のまわりのローラン展開で，主要部はなく，正則部は単項からなる．$\mathrm{Res}(\infty)=-1$．

3.1 与えられた点は，(a)〜(e) が 1 位の極，(f) が除去可能な特異点である．(a) 式 (7.4) を用いるとよい．$-\frac{1+i}{4\sqrt{2}}$． (b) 式 (7.4) または (7.5b) を用いる．$\frac{e^{-\frac{1}{2}+\frac{\sqrt{3}}{2}i}}{\sqrt{3}\,i}=\frac{1}{\sqrt{3e}}\left(\sin\frac{\sqrt{3}}{2}-i\cos\frac{\sqrt{3}}{2}\right)$． (c) (b) と同様にして，求めるべき留数は $\frac{3}{2}$． (d) 式 (7.4) を用いるのがよい．留数は $\left.\frac{1}{(\cosh z)'}\right|_{z=\pi i/2}=-i$． (e) 式 (7.4) を用いる．$\frac{1}{[\sin(e^z-1)]'}=\frac{1}{e^z\cos(e^z-1)}\to 1$ $(z\to 0)$ により，留数は 1． (f) 与えられた関数を $z=0$ で展開すると，$\frac{\sin z}{z}=1-\frac{z^2}{3!}+\cdots$ となり，これは主要部を持たない．よって，留数は 0．

4.1 (a), (b) は 2 位の極，(d) は真性特異点．(c) は極であるが，z_0 の値によって位数が異なる．(a) $g(z):=\frac{z^2+1}{z+1}$ とすると，$f(z)=\frac{g(z)}{z^2}$，かつ $g(z)$ は $z=0$ で正則．よって (7.5c) より $\mathrm{Res}(0)=g'(0)$．$g'(z)=\frac{z^2+2z-1}{(z+1)^2}$ であるから，これに $z=0$ を代入して $\mathrm{Res}(0)=-1$．
(b) $f(z)=\frac{1}{(z+i)^2(z-i)^2}$ となるので，$-i$ は 2 位の極．したがって，$g(z):=\frac{1}{(z-i)^2}$ として，(7.5c) を使うと，$\mathrm{Res}(-i)=g'(-i)$．$g'(z)=-\frac{2}{(z-i)^3}$ より，$\mathrm{Res}(-i)=\frac{i}{4}$． (c) $z_0\neq 0$ の場合，$f(z)=\frac{\cos(z-z_0)\cot(z+z_0)}{\sin(z-z_0)}$ で，$z_0\neq\pm\pi,\pm 2\pi,\ldots$ より $z=z_0$ は 1 位の極．$\mathrm{Res}(z_0)=\left.\frac{(z-z_0)\cos(z-z_0)\cot(z+z_0)}{\sin(z-z_0)}\right|_{z\to z_0}=\cot 2z_0$．$z_0=0$ の場合，$f(z)=\cot^2 z$ となり，$z=0$ は 2 位の極．$g(z):=z^2\cot^2 z$ として，$\mathrm{Res}(0)=g'(z)=2z\cot z\left.\frac{\cos z\sin z-z}{\sin^2 z}\right|_{z\to 0}=0$． (d) $|z|\geqq 0$ で $\sin z=\sum_{n=0}^{\infty}\frac{(-1)^n z^{2n+1}}{(2n+1)!}=z-\frac{z^3}{3!}+\cdots$ となる．z^{-1} の項はないので，$\mathrm{Res}(\infty)=0$．または，$\sin z$ は $|z|\geqq 0$ で正則であるから，適当な半径を持つ円 C を考え，$\mathrm{Res}(\infty)=-\frac{1}{2\pi i}\oint_C\sin z\,dz=0$ となる．

5.1 $z=e^{i\theta}$ として変換した後の積分も併記する．積分路 C は，いずれも単位円を正の向きに 1 周する閉曲線．(a) $\oint_C\frac{dz}{-2z^2+5iz+2}=2\pi i\,\mathrm{Res}\left(\frac{i}{2}\right)=\frac{2\pi}{3}$． (b) $2i\oint_C\frac{dz}{7z^2-16z+7}=$

$-4\pi\,\mathrm{Res}\left(\frac{8-\sqrt{15}}{7}\right)=\frac{2\pi}{\sqrt{15}}$. (c) $\sin(\pi-\theta)=\sin\theta, \sin(-\pi-\theta)=\sin\theta$ から，与えられた積分は $\frac{1}{2}\int_{-\pi}^{\pi}\frac{d\theta}{2-\sin\theta}$．となる．ここで，$\int_{-\pi}^{\pi}\frac{d\theta}{2-\sin\theta}=-2\oint_C\frac{dz}{z^2-4iz-1}=-4\pi i\,\mathrm{Res}((2-\sqrt{3})i)=\frac{2\pi}{\sqrt{3}}$. よって与えられた積分の値は $\frac{\pi}{\sqrt{3}}$. (d) $-i\oint_C\frac{\cos z}{z}\,dz=2\pi\,\mathrm{Res}(0)=2\pi$.
(e) $\oint_C\frac{i\,dz}{az^2-(a^2+1)z+a}=-2\pi\,\mathrm{Res}(a)=\frac{2\pi}{1-a^2}$.

6.1 与えられた積分をそれぞれ I と書く．(a) $I=2\pi i[\mathrm{Res}(e^{\pi i/8})+\mathrm{Res}(e^{3\pi i/8})+\mathrm{Res}(e^{5\pi i/8})+\mathrm{Res}(e^{7\pi i/8})]=\frac{\pi i}{4}[e^{-7\pi i/8}+e^{-21\pi i/8}+e^{-35\pi i/8}+e^{-49\pi i/8}]$. ここで，等比数列の和の公式を用いると，$I=\frac{\pi i}{4}\frac{e^{-7\pi i/8}(1-e^{-7\pi i})}{1-e^{-7\pi i/4}}=\frac{\pi}{4\sin\frac{7\pi}{8}}=\frac{\pi}{4\sin\frac{\pi}{8}}$. (b) $I=2\pi i\,\mathrm{Res}\left(\frac{1+\sqrt{3}\,i}{2}\right)=\frac{2\pi}{\sqrt{3}}$.
(c) $I=2\pi i[\mathrm{Res}(e^{\pi i/4})+\mathrm{Res}(e^{3\pi i/4})]$. $z=e^{\pi i/4}$, $e^{3\pi i/4}$ はいずれも 2 位の極．式 (7.5c) を使うのがよい．$\mathrm{Res}(e^{\pi i/4})=-\frac{3(1+i)}{16\sqrt{2}}$, $\mathrm{Res}(e^{3\pi i/4})=\frac{3(1-i)}{16\sqrt{2}}$ となって，$I=\frac{3\pi}{4\sqrt{2}}$.
(d) $I=\frac{1}{2}\int_{-\infty}^{\infty}\frac{x^2\,dx}{x^4+1}=\pi i[\mathrm{Res}(e^{\pi i/4})+\mathrm{Res}(e^{3\pi i/4})]$. $z=e^{\pi i/4}, e^{3\pi i/4}$ は 1 位の極で，計算には (7.4) を使うのが簡単である．$\mathrm{Res}(e^{\pi i/4})=\frac{e^{-\pi i/4}}{4}$, $\mathrm{Res}(e^{3\pi i/4})=\frac{e^{-3\pi i/4}}{4}$ から，$I=\frac{\sqrt{2}\pi}{4}$.
(e) $f(z)=\frac{z^2-1}{(z^2+1)^2(z^2-2z+2)}$ の極で上半平面にあるものは，$z=i, 1+i$ の 2 つである．よって，$I=2\pi i[\mathrm{Res}(i)+\mathrm{Res}(1+i)]$. 留数の計算には，(7.5c) を使うのがよい．$\mathrm{Res}(i)=\frac{1+7i}{25}$, $\mathrm{Res}(1+i)=-\frac{2+11i}{50}$ となって，$I=-\frac{3\pi}{25}$.

7.1 求めるべき積分を I で表す．なお，下記では $p=0$ の計算を省略しているが，いずれの結果も $p=0$ の場合を包含する．(a) $p>0$ の場合，$\omega:=\frac{-1+\sqrt{3}\,i}{2}$ とすると，分母の零点は $z=\omega,\bar{\omega}$. よって，$I=2\pi i\,\mathrm{Res}(\omega)=2\pi i\frac{e^{ip\omega}}{\omega-\bar{\omega}}=\frac{2\pi i}{\sqrt{3}\,i}e^{ip(-1+\sqrt{3}\,i)/2}=\frac{2\pi}{\sqrt{3}}e^{-\sqrt{3}\,p/2}e^{-ip/2}$. $p<0$ の場合は，$-2\pi i\,\mathrm{Res}(\bar{\omega})$ を計算するか，$p>0$ の結果に $-p$ を代入して複素共役を取るかして，$I=\frac{2\pi}{\sqrt{3}}e^{\sqrt{3}\,p/2}e^{-ip/2}$. 両者をまとめて，$I=\frac{2\pi}{\sqrt{3}}e^{-\sqrt{3}\,|p|/2}e^{-ip/2}$. (b) $p>0$ の場合は $I=-2\pi i[\mathrm{Res}(e^{-3\pi i/4})+\mathrm{Res}(e^{-\pi i/4})]$ となる．これを計算し，$I=\frac{\pi}{e^{p/\sqrt{2}}}\sin\left(\frac{\pi}{4}+\frac{p}{\sqrt{2}}\right)$. $p<0$ のときも $2\pi i[\mathrm{Res}(e^{\pi i/4})+\mathrm{Res}(e^{3\pi i/4})]$ などによって別途計算し，両者をまとめると $I=\frac{\pi}{e^{|p|/\sqrt{2}}}\sin\left(\frac{\pi}{4}+\frac{|p|}{\sqrt{2}}\right)$. (c) $p>0$ の場合，$J:=\int_{-\infty}^{\infty}\frac{e^{ipx}\,dx}{x^2-2x+2}$ を計算して虚部を取る．$J=2\pi i\,\mathrm{Res}(1+i)=\pi e^{-p}\sin p$ より，求めるべき積分もこの値である．$p<0$ では $\sin$ の対称性から，$p\to -p$ として全体の符号を反転させ，$\pi e^{p}\sin p$. まとめると，$\pi e^{-|p|}\sin p$. (d) $p>0$ の場合，$2\pi i\,\mathrm{Res}(i)$ となる．ここで，$z=i$ は 2 位の極だから，$\mathrm{Res}(i)=\left[\frac{e^{ipz}}{(z+i)^2}\right]'\Bigg|_{z=i}=\frac{1+p}{4i}e^{-p}$ となるから，積分の値は $\frac{\pi(1+p)}{2}e^{-p}$. $p<0$ では，$p\to -p$ として複素共役を取り $\frac{\pi(1-p)}{2}e^{p}$. まとめると，$\frac{\pi(1+|p|)}{2}e^{-|p|}$. (e) $p>0$ のとき，$\int_{-\infty}^{\infty}\frac{e^{ipx}\,dx}{x^2+a^2}=2\pi i\,\mathrm{Res}(ia)=\frac{\pi}{a}e^{-ap}$ の実部を取って，求める積分は $\frac{\pi}{a}e^{-ap}$. $p<0$ では $\cos$ が偶関数であることから，$\frac{\pi}{a}e^{ap}$. これをまとめて，$\frac{\pi}{a}e^{-a|p|}$.

7.2 $f(x)=\pi e^{-|x|/\sqrt{2}}\sin\frac{x}{\sqrt{2}}$ となる．グラフは右図の通り．

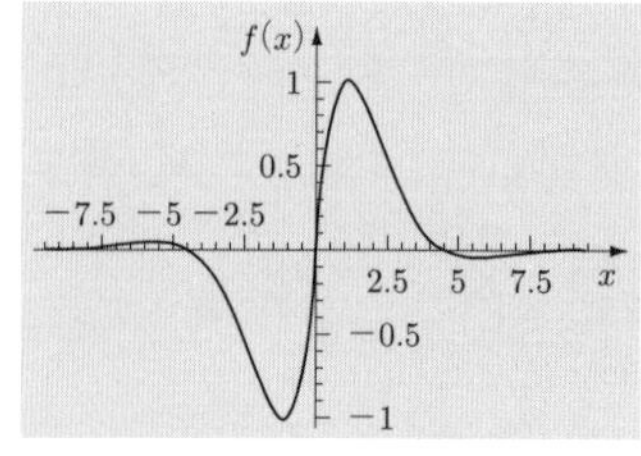

8.1 与えられた枝で計算すると，$\mathrm{Res}(i)=\frac{e^{-3\pi ia/2}}{2i}$, $\mathrm{Res}(-i)=-\frac{e^{-\pi ia/2}}{2i}$ となり，$R=-e^{-\pi ia}\sin\frac{\pi a}{2}$. また，$R\to\infty$ で $\int_{C_1}\to e^{-2\pi ia}J$, $\int_{C_3}\to -J$. したがって，$\int_{C_1+C_3}\to -2ie^{-\pi ia}\sin\pi aJ$. これらを用いると，$J$ は例題と同じ値となる．

8.2 例題 7.8 と同様の積分路を取って，留数定理を用いる．以下，求めるべき積分を I と

7
章

し，$C_1,\ldots,C_4$ で，例題の積分路で対応する箇所にある経路を表す．(a) $R\to\infty$, $\varepsilon\to 0$ で $\int_{C_1+C_3}\to -2\pi i e^{\pi i a}\sin\pi a I$, $\int_{C_2}\to 0$ となる．また，$\left|\int_{C_4}\right|\leqq\int_0^{2\pi}\frac{\varepsilon^a\,d\theta}{|\varepsilon e^{i\theta}+2|}\to 0$ となるので，$-2\pi i e^{\pi i a}\sin\pi a I=2\pi i\,\mathrm{Res}(-2)=-2^a\pi i e^{\pi i a}$．よって $I=\frac{2^{a-1}\pi}{\sin\pi a}$．(b) $\kappa:=\frac{1+\sqrt{3}\,i}{2}$ とすると，積分路の中にある特異点は $z=-1,\kappa,\bar{\kappa}$．例題や (a) と同様に積分を評価すると，$R\to\infty,\varepsilon\to 0$ において $\int_{C_1+C_3}\to -2ie^{\pi i a}\sin\pi a I$, $\int_{C_2}, \int_{C_4}\to 0$ となるので，$-2ie^{\pi i a}\sin\pi a I=2\pi i[\mathrm{Res}(-1)+\mathrm{Res}(\kappa)+\mathrm{Res}(\bar{\kappa})]$ となる．$0\leqq\arg z\leqq 2\pi$ より，$\mathrm{Res}(-1)=\frac{e^{\pi i a}}{3}$, $\mathrm{Res}(\kappa)=-\frac{1}{3}e^{\frac{\pi i}{3}(1+a)}$, $\mathrm{Res}(\bar{\kappa})=-\frac{1}{3}e^{\frac{\pi i}{3}(5a-1)}$．以上から，$I=\frac{\pi\{2\cos[\pi(2a-1)/3]-1\}}{3\sin\pi a}$．なお，3 倍角の公式等を用いると，$I=\frac{\pi}{3\sin[\pi(1+a)/3]}$ と整理できる．(c) $\omega:=\frac{-1+\sqrt{3}\,i}{2}$ として，$-2ie^{\pi i a}\sin\pi a I=2\pi i[\mathrm{Res}(\omega)+\mathrm{Res}(\bar{\omega})]$ となる．これより，$I=\frac{2\pi\sin(\pi a/3)}{\sqrt{3}\,\sin\pi a}$．

9.1 求めるべき主値を $I(p)$ と書く．$p>0$ は例題 7.9 で求めた．$p<0$ は，例題の積分路で C_2 のかわりに下半平面をまわる閉曲線を考えると，$I(p)-\pi i=-2\pi i\,\mathrm{Res}(0)$ となり，$I(p)=-\pi i$．$p=0$ の場合は，$\frac{1}{x}$ が奇関数であるため，$\int_{-R}^{-\delta}\frac{dx}{x}+\int_{\delta}^{R}\frac{dx}{x}=0$. よって $I(p)=0$ となる．これらをまとめると，題意の式が得られる．

第 7 章演習問題

1. (a) $\cos z$ のテイラー展開を用いて，$\frac{\cos z}{z^{2n-1}}=\sum_{k=0}^{\infty}\frac{(-1)^k z^{2(k-n)+1}}{(2k)!}$．$k=n-1$ として z^{-1} の項の係数を求め，$\mathrm{Res}(0)=\frac{(-1)^{n-1}}{(2n-2)!}$．(b) (a) と同様にして，$e^z=\sum_{k=0}^{\infty}\frac{z^k}{k!}$ を用いて z^{-1} の係数を求める．$\mathrm{Res}(0)=\frac{1}{n!}$．(c) $\frac{z^2}{\sinh^2 z}\to 1$ $(z\to 0)$ であるから，$z=0$ は 2 位の極．よって，$\mathrm{Res}(0)=\lim_{z\to 0}\frac{d}{dz}\frac{z^2}{\sinh^2 z}=\lim_{z\to 0}\frac{2z(\sinh z-z\cosh z)}{\sinh^3 z}=0$．または，$\frac{1}{\sinh^2 z}$ が偶関数であることから，z の奇数次の項がないことを用いて 0 としてもよい．
(d) 任意の $z\in\mathbb{C}$ に対して $\sin z$ は正則であるから，無限遠点のまわりでのローラン展開は，z の負べきを持たない．よって $\mathrm{Res}(0)=0$．(e) 与えられた関数は，$|z|>1$ で正則．よって，$r>1$ として $\mathrm{Res}(\infty)=-\frac{1}{2\pi i}\oint_{|z|=r}\frac{dz}{z(z+1)^2}=-[\mathrm{Res}(0)+\mathrm{Res}(-1)]$．ここで，$\mathrm{Res}(0)=1$, $\mathrm{Res}(-1)=(1/z)'|_{z=-1}=-1$ により，$\mathrm{Res}(\infty)=0$．

2. (a) $f(z)g(z)$ は $z=a$ を 1 位の極とするので，$\mathrm{Res}(a;fg)=\lim_{z=a}[g(z)f(z)(z-a)]\to g(a)\,\mathrm{Res}(a;f)$．(b) $f(z)g(z)=\sum_{j=-m}^{\infty}c_j(z-a)^j\cdot\sum_{k=0}^{\infty}a_k(z-a)^k$ の積を行い，$(z-a)^{-1}$ となる項を集めて係数を求める．$\mathrm{Res}(a)=\sum_{j=1}^{m}a_{j-1}c_{-j}$．

3. いずれも $z=e^{i\theta}$ のような変数変換を使える形に変形する．$\sin n\theta=\mathrm{Im}(e^{in\theta})$ となることに注意したい．以下，各問で与えられた積分を I で表す．(a) $I=\oint_{|z|=1}e^{z+\frac{1}{z}}\frac{dz}{iz}=2\pi\,\mathrm{Res}\left(0;\frac{e^{z+\frac{1}{z}}}{z}\right)=2\pi\sum_{n=0}^{\infty}\frac{1}{(n!)^2}$．(b) $z=e^{i\theta}$ として整理すると，$I=\mathrm{Im}\oint_{|z|=1}\frac{z^n\,dz}{(2iz+3)(3iz+2)}$ となる．右辺の積分中の関数の，円 $|z|=1$ の内部にある特異点は $z=\frac{-2}{3i}$ であるから，$I=\mathrm{Im}\left[2\pi i\,\mathrm{Res}\left(-\frac{2}{3i}\right)\right]=\mathrm{Im}\,\frac{2^{n+1}\pi}{5\cdot 3^n}i^n$．$n$ が偶数のとき，これは 0．$n=2k+1$ のとき，$\frac{4\pi}{15}\cdot\frac{(-4)^k}{9^k}$．(c) $\phi=2\theta$ とすれば，$I=\frac{1}{2}\int_0^{2\pi}\frac{d\phi}{5-4\cos\phi}$．$z=e^{i\phi}$ として整理し，$I=\frac{-1}{2i}\oint_{|z|=1}\frac{dz}{(2z-1)(z-2)}=-\pi\,\mathrm{Res}\left(\frac{1}{2}\right)=\frac{\pi}{3}$．
(d) $z=e^{i\theta}$ として，$I=4i\oint_{|z|=1}\frac{z\,dz}{(az^2-2iz-a)^2}$．右辺の積分中の関数は，$|z|=1$ の内部で $\alpha:=\frac{(1-\sqrt{1-a^2})i}{a}$ を極とするので，$I=-8\pi\,\mathrm{Res}(\alpha)=\frac{2\pi}{(\sqrt{1-a^2})^3}$．(e) $z=e^{i\theta}$ とし，$\cos n\theta=\mathrm{Re}\,e^{in\theta}$ に注意して整理すると，$I=\mathrm{Re}\,i\oint_{|z|=1}\frac{z^n\,dz}{(az-1)(z-a)}=-2\pi\,\mathrm{Re}\,\mathrm{Res}\left(\frac{1}{a}\right)=\frac{2\pi}{a^n(a^2-1)}$．

4. 与えられた積分を I とする．(a) $I=2\pi i\,\mathrm{Res}\left(i;\frac{z^2+z}{(z^2+1)^2}\right)=\frac{\pi}{2}$ (b) $I=\frac{1}{2}\int_{-\infty}^{\infty}\frac{x\sin px}{x^2+1}dx$

7章

である．$p>0$ のとき，$I=\frac{1}{2}\operatorname{Im}\left[2\pi i\operatorname{Res}\left(i;\frac{ze^{ipz}}{z^2+1}\right)\right]=\frac{\pi}{2e^p}$．$p<0$ のとき，$I=-\frac{\pi e^p}{2}$．$p=0$ のときは，$I=0$． (c) $J:=\int_{-\infty}^{\infty}\frac{e^{ipx+iq}}{x^2+x+1}\,dx$ として，$I=\operatorname{Re}J$．以下 $\omega:=\frac{-1+\sqrt{3}\,i}{2}$ とする．$p>0$ の場合 $J=2\pi i\operatorname{Res}\left(\omega;\frac{e^{ipz+iq}}{z^2+z+1}\right)=\frac{2\pi}{\sqrt{3}}e^{-\frac{\sqrt{3}}{2}p}e^{i(-\frac{p}{2}+q)}$ より，$I=\frac{2\pi}{\sqrt{3}}e^{-\frac{\sqrt{3}}{2}p}\cos\left(\frac{p}{2}-q\right)$．同様にして $p<0$ の場合も計算してまとめると，$I=\frac{2\pi}{\sqrt{3}}e^{-\frac{\sqrt{3}}{2}|p|}\cos\left(\frac{p}{2}-q\right)$． (d) $0\leqq\arg z<2\pi$ の枝で考えると，$(1-e^{2\pi ia})I=2\pi i\operatorname{Res}\left(-2;\frac{z^{a-1}}{z+2}\right)=-2^a\pi ie^{\pi ia}$．したがって，$I=\frac{2^{a-1}\pi}{\sin\pi a}$．なお，図 7.4 の積分路を用いて直接計算する場合，$z\to0$ で $|z^{a-1}|$ は対数的に発散するが，$z=0$ を中心とする半径 ε の円に沿った積分の絶対値は $\int_0^{2\pi}\left|\frac{\varepsilon^{a-1}e^{i(a-1)\theta}}{\varepsilon e^{i\theta}+1}\right||i\varepsilon e^{i\theta}|\,d\theta\leqq\frac{2\pi\varepsilon}{1-\varepsilon}$ で押さえられ，$\varepsilon\to0$ の極限で 0 になる． (e) (d) と同様にして，$(1-e^{2\pi ia})I=2\pi i[\operatorname{Res}(\omega)+\operatorname{Res}(\bar{\omega})]$ $\left(\omega:=\frac{-1+\sqrt{3}\,i}{2}\right)$．$\operatorname{Res}(\omega)=\frac{1}{\sqrt{3}\,i}e^{\frac{2\pi i}{3}(a-1)}$, $\operatorname{Res}(\bar{\omega})=-\frac{1}{\sqrt{3}\,i}e^{\frac{4\pi i}{3}(a-1)}$ となるので，これらより $I=\frac{2\pi\sin[\pi(a+2)/3]}{\sqrt{3}\sin\pi a}$． (f) C として図 7.4 のものを選び，$\oint_C\frac{z^a\,dz}{z^2+3z+2}$ を計算することにより，$(1-e^{2\pi ia})I=2\pi i[\operatorname{Res}(-1)+\operatorname{Res}(-2)]$ となる．$\operatorname{Res}(-1)=e^{\pi ia}$, $\operatorname{Res}(-2)=-2^ae^{\pi ia}$ により，$I=\frac{\pi(2^a-1)}{\sin\pi a}$．

5. (a) $R\to\infty$ において，$\oint_{C_1}f(z)\,dz$ のうち，実軸に沿った部分が I に，円弧に沿った部分が 0 になる．また C_1 が負の向きに回ることに注意して留数定理を用いると，この積分は $-2\pi i[\operatorname{Res}(e^{5\pi i/4})+\operatorname{Res}(e^{7\pi i/4})]$ に等しい． (b) $\oint_{C_2}f(z)\,dz$ のうち，実軸に沿った部分は $\int_0^R f(x)\,dx$ となる．また，虚軸に沿った部分は $\int_R^0 f(iy)\,idy$ で，$f(iy)=\frac{1}{y^4+1}=f(y)$ となり，これは $-i\int_0^R f(y)\,dy$ と変形され，これらをまとめて $R\to\infty$ とすれば $(1-i)\int_0^\infty f(x)\,dx=\frac{1-i}{2}I$ に近づく．円弧に沿った部分は $R\to\infty$ で 0 となる．留数定理から，$I=\frac{4\pi i}{1-i}\operatorname{Res}(e^{\pi i/4})$ を得る． (c) 求めるべき積分を I とする．$R\to\infty$ において，$\oint_{C_3}\frac{dz}{z^3+1}$ のうちの実軸に沿う部分は，I に収束する．また，$z=0$ を終点とする線分からなる部分は，$\int_R^0\frac{e^{2\pi i/3}\,dr}{r^3+1}\to-e^{2\pi i/3}I$．円弧の部分は 0 に収束する．よって，$I=\frac{2\pi i}{1-e^{2\pi i/3}}\operatorname{Res}\left(e^{\pi i/3};\frac{1}{z^3+1}\right)=\frac{2\pi}{3\sqrt{3}}$．

6. (a) C_1 上で $|zf(z)|$ は有界であるから，C_1 上 $|f(z)|\leqq\frac{M}{r}$ なる正数 M が存在する．$\int_{C_1}f(z)e^{ipz}\,dz=\int_{\theta_1}^{\theta_2}f(a+re^{i\theta})e^{ip(a+re^{i\theta})}ire^{i\theta}\,d\theta$ に注意して，

$$\left|\int_{C_1}\right|\leqq\int_{\theta_1}^{\theta_2}|f(a+re^{i\theta})|e^{-p\operatorname{Im}a-pr\sin\theta}\cdot r\,d\theta\leqq Me^{-p\operatorname{Im}a}\int_{\theta_1}^{\theta_2}e^{-pr\sin\theta}\,d\theta$$

ここで，$\theta_2\leqq\frac{\pi}{2}$ ならば，$e^{-pr\sin\theta}$ の指数部にジョルダンの不等式を適用して積分を行い，$\left|\int_{C_1}\right|\leqq\frac{\pi Me^{-p\operatorname{Im}a}}{2pr}(e^{-2p\theta_1r/\pi}-e^{-2p\theta_2r/\pi})\to0$ $(r\to\infty)$．$\theta_2>\frac{\pi}{2}$ かつ $\theta_1\leqq\frac{\pi}{2}$ のときは，$\theta=\frac{\pi}{2}$ で積分を分け，$\theta_1\leqq\theta\leqq\frac{\pi}{2}$ の積分は前記と同様にする．$\frac{\pi}{2}\leqq\theta\leqq\theta_2$ の積分は，$\pi-\theta\to\theta$ と変数を置換して，前記をあてはめればよい．$\theta_1>\frac{\pi}{2}$ のときは，積分全体で同じ置き換えを行う．いずれの場合も $\int_{C_1}\to0$ $(r\to\infty)$ となる． (b) (a) と全く同様にすればよい．

(c) $\operatorname{Res}(a;f):=B$ とすると，a は 1 位の極であるから $f(z)=\frac{B}{z-a}+g(z)$（$g(z)$ は $z=a$ で正則）となる．よって，

$$\int_{C_2}f(z)\,dz=\int_\alpha^\beta\left[\frac{B}{\varepsilon e^{i\theta}}+g(a+\varepsilon e^{i\theta})\right]\cdot i\varepsilon e^{i\theta}\,d\theta=(\beta-\alpha)iB+i\varepsilon\int_\alpha^\beta g(a+\varepsilon e^{i\theta})e^{i\theta}\,d\theta$$

となる．$g(z)$ の正則性から，右辺第 2 項の積分は $\varepsilon\to0$ で有界な値となり，この極限で第 2 項が消えて，求めるべき積分は $i(\beta-a)B=i(\beta-\alpha)\operatorname{Res}(a)$ に収束する．

7. (a) $f(x)=\frac{1}{2\pi i}\oint_C\frac{f(z)}{z-x}\,dz$ を代入して，$I=\frac{1}{2\pi i}\oint_C f(z)\int_{-R}^R\frac{g_\varepsilon(x)}{z-x}\,dx\,dz$．ここで，$\frac{g_\varepsilon(x)}{z-x}=$

$\frac{\varepsilon/\pi}{(x^2+\varepsilon^2)(z-x)} = g_\varepsilon(z)\left(\frac{x+z}{x^2+\varepsilon^2} + \frac{1}{z-x}\right)$ と部分分数展開して整理すれば題意の式を得る．

(b) $\int_{-R}^{R} \frac{x+z}{x^2+\varepsilon^2}\,dx = \frac{2z}{\varepsilon}\arctan\frac{R}{\varepsilon}$, $\int_{-R}^{R}\frac{dx}{z-x} = \mathrm{Log}\,\frac{z+R}{z-R}$ となるから，これを (a) で示した式に代入すると，

$$I = \frac{1}{\varepsilon\pi i}\arctan\frac{R}{\varepsilon}\oint_C zg_\varepsilon(z)f(z)\,dz + \frac{1}{2\pi i}\oint_C f(z)g_\varepsilon(z)\,\mathrm{Log}\,\frac{z+R}{z-R}\,dz$$

C 上とその内部で f は正則であるから，$\oint_C zg_\varepsilon(z)f(z)\,dz = 2\pi i[\mathrm{Res}(i\varepsilon; zg_\varepsilon(z)f(z)) + \mathrm{Res}(-\varepsilon; zg_\varepsilon(z)f(z))] = i\varepsilon[f(i\varepsilon)+f(-i\varepsilon)]$．また，$I' := \oint_C f(z)g_\varepsilon(z)\,\mathrm{Log}\,\frac{z+R}{z-R}\,dz$ については，$F(z) := f(z)g_\varepsilon(z)\,\mathrm{Log}\,\frac{z+R}{z-R}$ として

$$I' = 2\pi i[\mathrm{Res}(i\varepsilon; F) + \mathrm{Res}(-i\varepsilon; F)] + \oint_{C_+} F(z)\,dz + \oint_{C_-} F(z)\,dz$$

$$C_\pm:\ z = \pm R + \delta e^{i\theta} \quad (\theta: -\pi \to \pi)$$

となる．第 1 項は $[f(i\varepsilon)+f(-i\varepsilon)]\,\mathrm{Log}\,\frac{i\varepsilon+R}{i\varepsilon-R}$ で，これは $\varepsilon\to 0$ で 0 に収束する．また，第 2,3 項は $\delta\,\mathrm{Log}\,\delta \to 0\,(\delta\to 0)$ となる．以上から，$\varepsilon\to 0$, $R\to\infty$ において，$I = \frac{f(i\varepsilon)+f(-i\varepsilon)}{\pi}\arctan\frac{R}{\varepsilon} \to f(0)$ となる．

8. (a) 留数定理により，$\oint_C f(z)\log z\,dz = 2\pi i\sum_{k=1}^{N}\mathrm{Res}(a_k; f(z)\log z)$．

(b) $\oint_C f(z)\log z\,dz$ の計算を行うと，

$$\oint_C f(z)\log z\,dz = \int_\varepsilon^R f(x)\log x\,dx + \int_R^\varepsilon f(x)(\log x + 2\pi i)\,dx$$
$$+ \int_0^{2\pi} f(Re^{i\theta})\log(Re^{i\theta})iRe^{i\theta}\,d\theta + \int_{2\pi}^{0} f(\varepsilon e^{i\theta})\log(\varepsilon e^{i\theta})i\varepsilon e^{i\theta}\,d\theta$$

右辺第 1, 2 項をあわせると，$-2\pi i\int_\varepsilon^R f(x)\,dx \to -2\pi iI$（$R\to\infty$, $\varepsilon\to 0$. 以下同じ）となる．また，右辺第 3 項 $= iR\int_0^{2\pi} e^{i\theta}f(Re^{i\theta})\,\mathrm{Log}\,R\,d\theta - R\int_0^{2\pi}\theta e^{i\theta}f(Re^{i\theta})\,d\theta$ で，$|z|\to\infty$ のとき $|z^2f(z)|\to 0$ となることから，これらは $R\to\infty$ で 0 に収束する．第 4 項も同様に変形し，$\varepsilon\to 0$ とすれば，0 に収束することがわかる．以上から，$I = -\sum_{k=1}^{N}\mathrm{Res}(a_k; f(z)\log z)$.

(c) i. $f(z) = \frac{1}{z^3+1}$ とすると，f の特異点は $z=-1, \alpha, \bar{\alpha}$ $\left(\alpha := \frac{1+\sqrt{3}\,i}{2}\right)$．$0 \leqq \arg z \leqq 2\pi$ で考えているので，$\mathrm{Res}(-1; f(z)\log z) = \frac{\pi i}{3}$, $\mathrm{Res}(\alpha; f(z)\log z) = -\frac{\pi\alpha}{9}i$, $\mathrm{Res}(\bar{\alpha}; f(z)\log z) = -\frac{5\pi\bar{\alpha}}{9}i$ となる．よって求めるべき積分の値は，$-\pi i\left(\frac{1}{3} - \frac{\alpha}{9} - \frac{5\bar{\alpha}}{9}\right) = -\pi i\frac{2\sqrt{3}}{9}i = \frac{2\sqrt{3}}{9}\pi$.　ii. $g(z) := \frac{1}{(z+1)(z^3+1)}$ とすると，$g(z)$ の特異点は i. の $f(z)$ と同じ（ただし，$z=-1$ だけ 2 位になる）．求めるべき積分は，$-[\mathrm{Res}(-1) + \mathrm{Res}(\alpha) + \mathrm{Res}(\bar{\alpha})]$（Res は $g(z)\log z$ の留数）．ここで，$\mathrm{Res}(-1) = \frac{-1+\pi i}{3}$, $\mathrm{Res}(\alpha) = \frac{\pi\bar{\alpha}}{9\sqrt{3}}$, $\mathrm{Res}(\bar{\alpha}) = -\frac{5\pi\alpha}{9\sqrt{3}}$ より，積分の値は $\frac{1}{3} + \frac{2\pi}{9\sqrt{3}}$.

9. (a) 右図のような積分路を取り，$I := \oint_C \frac{dz}{z^3+1}$ を計算する．留数定理から $I = 2\pi i\,\mathrm{Res}\left(\frac{1+\sqrt{3}\,i}{2}\right)$ であり，また実際に計算すると $I = \int_{-R}^{-1-\varepsilon}\frac{dz}{z^3+1} + \int_{-1+\varepsilon}^{R}\frac{dz}{z^3+1} + \int_{C_\varepsilon}\frac{dz}{z^3+1} + \int_0^\pi \frac{iRe^{i\theta}\,d\theta}{R^3e^{3i\theta}+1}$ である．$R\to\infty$, $\varepsilon\to 0$ とすると，第 1, 2 項をあわせて求めるべきコーシー主値となり，第 4 項 $\to 0$ となる．また，$z=-1$ は 1 位の極であるから，第 3 項 $\to -\pi i\,\mathrm{Res}\left(-1; \frac{1}{z^3+1}\right) = -\frac{\pi i}{3}$．一方，$\mathrm{Res}\left(\frac{1+\sqrt{3}\,i}{2}\right) = -\frac{1+\sqrt{3}\,i}{6}$ により，$I = 2\pi i\,\mathrm{Res}\left(\frac{1+\sqrt{3}\,i}{2}\right) = -\frac{\pi i}{3} + \frac{\pi}{\sqrt{3}}$．以上から，$\mathrm{P}\int_{-\infty}^{\infty}\frac{dx}{x^3+1} = \frac{\pi}{\sqrt{3}}$.　(b) 次ページ図の積分路に沿って $\oint_C \frac{dz}{z^2-1}$ を計算する．C の内部で $\frac{1}{z^2-1}$ は正則

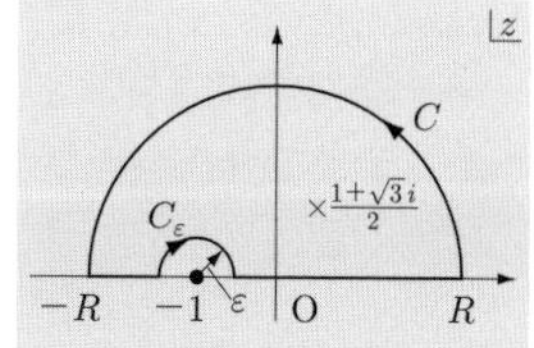

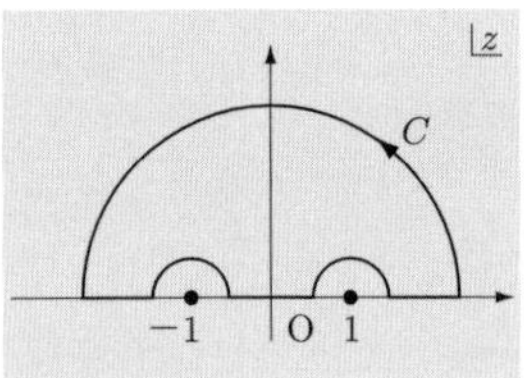

であることに注意し，$R\to\infty,\ \varepsilon\to 0$ の極限を取ると，

$$0=\mathrm{P}\int_{-\infty}^{\infty}\frac{dx}{x^2-1}-\pi i[\mathrm{Res}(-1)+\mathrm{Res}(1)]$$

となる．$\mathrm{Res}(-1)=-\frac{1}{2},\ \mathrm{Res}(1)=\frac{1}{2}$ により，求めるべきコーシー主値は 0.

10. (a) $\mathrm{P}\int_{-\infty}^{\infty}\frac{e^{ipx}}{x}\,dx$ は，問題 9.1 により $\mathrm{sign}(p)\pi i(1-\delta_{p,0})$ である．$\sin x=\mathrm{Im}\,e^{ix}$ により，$\mathrm{P}\int_{-\infty}^{\infty}\frac{\sin x}{x}\,dx=\mathrm{Im}\,[\mathrm{sign}(p)\pi i(1-\delta_{p,0})|_{p\to 1}]=\pi$. (b) $\mathrm{P}\int_{-\infty}^{\infty}\frac{\sin\omega t}{t-T}\,dt=\mathrm{P}\int_{-\infty}^{\infty}\frac{\sin\omega(t+T)}{t}\,dt$ である．(a) と同様にして指数関数を用いると，$\mathrm{P}\int_{-\infty}^{\infty}\frac{e^{i\omega(t+T)}}{t}\,dt=\pi ie^{i\omega T}$ により $\mathrm{P}\int_{-\infty}^{\infty}\frac{\sin\omega t}{t-T}\,dt=\mathrm{Im}(\pi ie^{i\omega T})=\pi\cos\omega T$. (c) C として例題 7.9 で与えられた経路を選ぶ．$\frac{e^{2iz}-1}{z^2}$ は C の内部で正則で，$\oint_C\frac{e^{2iz}-1}{z^2}\,dz=0$ となる．また，$R\to\infty,\ \varepsilon\to 0$ において，

$$\oint_C\frac{e^{2iz}-1}{z^2}\,dz\to\mathrm{P}\int_{-\infty}^{\infty}\frac{e^{2iz}-1}{z^2}\,dz-\pi i\,\mathrm{Res}(0)$$

となるが，e^{2iz} のマクローリン展開を用いて $\mathrm{Res}(0)=2i$ である．一方，$e^{2iz}=(\cos z+i\sin z)^2=\cos^2 z-\sin^2 z+2i\cos z\sin z=1-2\sin^2 z+2i\cos z\sin z$ であるから，

$$\mathrm{P}\int_{-\infty}^{\infty}\frac{e^{2iz}-1}{z^2}\,dz=-2\,\mathrm{P}\int_{-\infty}^{\infty}\frac{\sin^2 z}{z^2}\,dz+2i\,\mathrm{P}\int_{-\infty}^{\infty}\frac{\cos z\sin z}{z^2}\,dz$$

となる．したがって，$\mathrm{P}\int_{-\infty}^{\infty}\frac{\sin^2 z}{z^2}\,dz=\frac{1}{2}\,\mathrm{Re}(-\pi i\,\mathrm{Res}(0))=\pi$.

11. (a) $0<\varepsilon<\frac{\pi}{2},\ R>\varepsilon$ とし，C_1 を分ける $\Gamma_1\sim\Gamma_6$ を，実軸に重なる部分を Γ_1 として，以下 C_1 の向きに順に

$$\Gamma_1\colon z=x\in\mathbb{R},\ x:-\tfrac{\pi}{2}+\varepsilon\to\tfrac{\pi}{2}-\varepsilon,\qquad \Gamma_2\colon z=\tfrac{\pi}{2}+\varepsilon e^{i\theta},\ \theta:\pi\to\tfrac{\pi}{2},$$

$$\Gamma_3\colon \tfrac{\pi}{2}+iy,\ y:\varepsilon\to R,\qquad \Gamma_4\colon z=x+iR,\ x:\tfrac{\pi}{2}\to-\tfrac{\pi}{2},$$

$$\Gamma_5\colon z=-\tfrac{\pi}{2}+iy,\ y:R\to\varepsilon,\qquad \Gamma_6\colon z=-\tfrac{\pi}{2}+\varepsilon e^{i\theta},\ \theta:\tfrac{\pi}{2}\to 0,$$

と定め，積分 $\oint_{C_1}\mathrm{Log}\cos z\,dz$ の評価の後 $\varepsilon\to 0,\ R\to\infty$ とする．$\mathrm{Log}\cos z$ は C_1 の内部で正則であるから，$\oint_{C_1}=\int_{\Gamma_1}+\int_{\Gamma_2}+\cdots+\int_{\Gamma_6}=0$. ここで，$\varepsilon\to 0$ のもとで，

$$\int_{\Gamma_1}=\int_{-\frac{\pi}{2}+\varepsilon}^{\frac{\pi}{2}-\varepsilon}\mathrm{Log}\cos x\,dx=2\int_0^{\frac{\pi}{2}-\varepsilon}\mathrm{Log}\cos x\,dx\to 2I,$$

$$\int_{\Gamma_2}=\int_{\pi}^{\frac{\pi}{2}}\mathrm{Log}\cos\left(\frac{\pi}{2}+\varepsilon e^{i\theta}\right)i\varepsilon e^{i\theta}\,d\theta=i\varepsilon\int_{\pi}^{\frac{\pi}{2}}\mathrm{Log}[-\sin(\varepsilon e^{i\theta})]e^{i\theta}\,d\theta\to 0$$

となる．$\int_{\Gamma_6}$ についても，Γ_2 に沿った積分と同様，0 に収束する．また，

$$\int_{\Gamma_3}=\int_{\varepsilon}^{R}\mathrm{Log}\left[\cos\left(\frac{\pi}{2}+iy\right)\right]i\,dy=i\int_{\varepsilon}^{R}\mathrm{Log}(-i\sinh y)\,dy$$

となるが，$y>0$ で積分を行っているので，$\mathrm{Log}(-i\sinh y)=\mathrm{Log}\sinh y-\frac{\pi}{2}i$ である．よって $\int_{\Gamma_3}=\frac{\pi}{2}(R-\varepsilon)+i\int_{\varepsilon}^{R}\mathrm{Log}\sinh y\,dy$. 同様にして，

$$\int_{\Gamma_5}=i\int_{R}^{\varepsilon}\mathrm{Log}(i\sinh y)\,dy=\frac{\pi}{2}(R-\varepsilon)-i\int_{\varepsilon}^{R}\mathrm{Log}\sinh y\,dy$$

が得られ，$\int_{\Gamma_3}+\int_{\Gamma_5}=\pi(R-\varepsilon)$. さらに，$\Gamma_4$ 上では $z=x+iR$ となるので，$\mathrm{Log}\cos z=$

7章

$\frac{1}{2}\,\mathrm{Log}(\cos^2 x+\sinh^2 R)-i\arctan(\tanh R\tan x)$. ここで，実部は x について偶関数，虚部は奇関数であるから，$\int_{\Gamma_4}=-\int_0^{\frac{\pi}{2}}\mathrm{Log}(\cos^2 x+\sinh^2 R)\,dx$. よって，

$$\begin{aligned}\int_{\Gamma_3+\Gamma_4+\Gamma_5}&=\pi(R-\varepsilon)-\int_0^{\frac{\pi}{2}}\mathrm{Log}(\cos^2 x+\sinh^2 R)\,dx\\&=-\int_0^{\frac{\pi}{2}}[\mathrm{Log}(\cos^2 x+\sinh^2 R)-2R]\,dx-\pi\varepsilon\end{aligned}$$

となる．右辺の積分に平均値の定理を用いると，$-\frac{\pi}{2}\,\mathrm{Log}[(\cos^2\alpha+\sinh^2 R)e^{-2R}]$ が右辺第 1 項に等しく，$0<\alpha<\frac{\pi}{2}$ であるような α が存在する．したがって，この α を用いて $R\to\infty,\ \varepsilon\to 0$ とすれば，

$$\int_{\Gamma_3+\Gamma_4+\Gamma_5}=-\frac{\pi}{2}\,\mathrm{Log}\left[\frac{e^{-4R}+2(2\cos^2\alpha-1)e^{-2R}+1}{4}\right]-\pi\varepsilon\to\pi\,\mathrm{Log}\,2$$

以上より $2I+\pi\,\mathrm{Log}\,2=0$ となり，I が得られる．J を求めるには，I において $\frac{\pi}{2}-x\to x$ と変数変換すれば得られる．

コメント 一見意味のありそうな Γ_2 や Γ_6 に沿った積分が 0 となり，$\Gamma_3+\Gamma_4+\Gamma_5$ に沿った積分が $R\to\infty$ の極限で 0 以外の値を持つことが盲点である．この部分に沿った積分の評価に平均値の定理を用いたが，$R\to\infty$ や $\varepsilon\to 0$ において α が 0 や $\frac{\pi}{2}$ を極限値とする場合でも $\Gamma_3+\Gamma_4+\Gamma_5$ に沿った積分の極限値が $\pi\,\mathrm{Log}\,2$ であることは，計算内容を見れば明らかであろう．

(b) $\oint_{C_2}\frac{\mathrm{Log}(z+i)}{z^2+1}\,dz=\int_{-R}^{R}\frac{\mathrm{Log}(x+i)}{x^2+1}\,dx+\int_0^{\pi}\frac{\mathrm{Log}(Re^{i\theta}+i)}{R^2e^{2i\theta}+1}iRe^{i\theta}\,d\theta$ である．ここで，$R\to\infty$ とすると，右辺第 2 項は 0 になる．また，$\mathrm{Log}(x+i)=\mathrm{Log}(x^2+1)^{\frac{1}{2}}+i\arg(x+i)$ により，右辺第 2 項の実部は K に収束する．よって，$K=\mathrm{Re}\oint_{C_2}\frac{\mathrm{Log}(z+i)}{z^2+1}\,dz$ となる．ここで留数定理から $\oint_{C_2}\frac{\mathrm{Log}(z+i)}{z^2+1}\,dz=2\pi i\,\mathrm{Res}(i)=\pi\,\mathrm{Log}(2i)=\pi\,\mathrm{Log}\,2+i\frac{\pi^2}{2}$ であるから，$K=\pi\,\mathrm{Log}\,2$.

(c) 積分 K に対して $x=\tan\theta$ と変数変換すると，$K=\int_0^{\frac{\pi}{2}}\frac{\mathrm{Log}(1+\tan^2\theta)}{1+\tan^2\theta}\frac{d\theta}{\cos^2\theta}=\int_0^{\frac{\pi}{2}}\mathrm{Log}[(\cos\theta)^{-2}]\,d\theta-2I$. よって，$I=-\frac{\pi}{2}\,\mathrm{Log}\,2$. J は (a) と同様に $\frac{\pi}{2}-x\to x$ と置き直せばよい．

第 8 章

1.1 $f(z)$ を整関数とすると，これは $\mathbb{C}$ 全体でテイラー展開できる．よって，$|z|\geqq 0$ で $f(z)=\sum_{n=0}^{\infty}a_nz^n$. これは，$z=\infty$ のまわりでのローラン展開の主要部でもあるが，無限遠点は極であるから，有限項で終わらなければならない．よって $f(z)$ は多項式である．

1.2 無限遠点は孤立特異点であるから，$\mathbb{C}$ 上の極は有限個である．よって $f(z)$ の極を $\{z_k\}_{k=1,\ldots,N}$，$z=z_k$ におけるローラン展開の主要部を $F(z;z_k)$ とすると，$g(z):=f(z)-\sum_{k=1}^{N}F(z;z_k)$ は $\mathbb{C}$ において正則になる．ここで，無限遠点が正則ならば，リウヴィルの定理から $g(z)$ は定数となる．無限遠点が極ならば，そのまわりでのローラン展開の主要部を $F(z;\infty)$ とすれば，$g(z)-F(z;\infty)$ は $\bar{\mathbb{C}}$ 全体で正則となり，やはり定数である．よって，$f(z)=C+\sum_{k=1}^{N}F(z;z_k)+F(z;\infty)$（$C$ は定数）となって，これは有理関数となる．

2.1 $f(t)$ にラプラス変換を行う演算を $L[f]$ と書く．(a) $F(s)=L[t^n]=\int_0^{\infty}t^ne^{-st}\,dt=\int_0^{\infty}t^n\left(\frac{e^{-st}}{-s}\right)'\,dt=\left[-\frac{t^ne^{-st}}{s}\right]_0^{\infty}+\frac{n}{s}\int_0^{\infty}t^{n-1}e^{-st}\,dt=\frac{n}{s}L[t^{n-1}]$. 以下同様の計算を繰り返し，$L[t^n]=\frac{n}{s}\frac{n-1}{s}\cdots\frac{1}{s}\cdot L[1]$. ここで，$L[1]=\int_0^{\infty}e^{-st}\,dt=\frac{1}{s}$ により，$F(s)=\frac{n!}{s^{n+1}}$.

(b) $p \in \mathbb{R}$ を定数とすると，$L[e^{pt}] = \int_0^\infty e^{-(s-p)t}\,dt = \frac{1}{s-p}$. よって，$L[\cosh\alpha t] = L\left[\frac{e^{-\alpha t}+e^{\alpha t}}{2}\right] = \frac{L[e^{\alpha t}]+L[e^{-\alpha t}]}{2} = \frac{1}{2}\left(\frac{1}{s-\alpha}+\frac{1}{s+\alpha}\right) = \frac{s}{s^2-\alpha^2}$. (c) 例題 8.2 の計算にならって，$e^{(\alpha+i\beta)t}$ のラプラス変換を行い，その実部を取る．$F(s) = \frac{s-\alpha}{(s-\alpha)^2+\beta^2}$.

2.2 例題 8.2 と同様の経路を取って留数定理を用いる．積分路のうち，円弧の部分の寄与の評価は例題に準じる．(a) $f(t) = \mathrm{Res}\left(\alpha; \frac{e^{st}}{s-\alpha}\right) = e^{\alpha t}$. (b) $f(t) = \mathrm{Res}\left(\alpha+i\beta; \frac{se^{st}}{(s-\alpha)^2+\beta^2}\right) + \mathrm{Res}\left(\alpha-i\beta; \frac{se^{st}}{(s-\alpha)^2+\beta^2}\right) = \frac{(\alpha+i\beta)e^{(\alpha+i\beta)t}}{2i\beta} - \frac{(\alpha-i\beta)e^{(\alpha-i\beta)t}}{2i\beta} = \frac{\alpha}{\beta}e^{\alpha t}\sin\beta t + e^{\alpha t}\cos\beta t$.
(c) $f(t) = \mathrm{Res}\left(\alpha; \frac{e^{st}}{(s^2-\alpha^2)^2}\right) + \mathrm{Res}\left(-\alpha; \frac{e^{st}}{(s^2-\alpha^2)^2}\right) = \frac{t}{\alpha}\sinh\alpha t - \frac{1}{2\alpha^2}\cosh\alpha t$.

3.1 (a) $F(p) = \int_{-\infty}^\infty \frac{ae^{-ipx}}{x^2+a^2}\,dx$. $p>0$ の場合は $F(p) = -2\pi i\,\mathrm{Res}(-ia; \frac{ae^{-ipz}}{z^2+a^2}) = \pi e^{-ap}$. $p<0$ の場合は $F(p) = 2\pi i\,\mathrm{Res}(ia; \frac{ae^{-ipz}}{z^2+a^2}) = \pi e^{ap}$. まとめて，$F(p) = \pi e^{-a|p|}$. (b) $\omega := \frac{-1+\sqrt{3}i}{2}$ とすると，$\frac{e^{-ipz}}{z^2+az+a^2}$ の孤立特異点は $z = a\omega, a\bar{\omega}$ の 2 つで，いずれも 1 位の極である．よって，$F(p) = \int_{-\infty}^\infty \frac{e^{-ipx}}{x^2+ax+a^2}\,dx$ は，$p>0$ の場合は $-2\pi i\,\mathrm{Res}(a\bar{\omega}) = \frac{2\pi}{\sqrt{3}\,a}e^{-\frac{\sqrt{3}a}{2}p-\frac{ap}{2}i}$, $p<0$ の場合は $2\pi i\,\mathrm{Res}(a\omega) = \frac{2\pi}{\sqrt{3}\,a}e^{\frac{\sqrt{3}a}{2}p-\frac{ap}{2}i}$. まとめて，$F(p) = \frac{2\pi}{\sqrt{3}\,a}e^{-\frac{\sqrt{3}a}{2}|p|-\frac{ap}{2}i}$

3.2 (a) $F(p) := \int_0^\infty e^{-x}e^{-ipx}\,dx$ とすると，$C(p) = \mathrm{Re}\,F(p)$, $S(p) = -\mathrm{Im}\,F(p)$. ここで，$F(p) = \left[\frac{-e^{-(1+ip)x}}{1+ip}\right]_0^\infty = \frac{1-ip}{1+p^2}$. よって $C(p) = \frac{1}{1+p^2}$, $S(p) = \frac{p}{1+p^2}$. (b) $f(x)$ は偶関数だから，$C(p) = \int_0^\infty f(x)\cos px\,dx = \frac{1}{2}\int_{-\infty}^\infty f(x)\cos px\,dx$. したがって，$C(p)$ は $\frac{1}{x^2+a^2}$ のフーリエ変換の実部の $\frac{1}{2}$ 倍である．問題 3.1(a) の結果を利用し，$C(p) = \frac{\pi}{2a}e^{-a|p|}$. (c) (b) と同様，$f(x)$ の対称性から，$C(p)$ は $f(x)$ のフーリエ変換の実部の $\frac{1}{2}$ 倍．例題 8.3 の結果より，$C(p) = \frac{\pi}{2a\cosh(\pi p/2a)}$.

コメント (b) や (c) で，フーリエ正弦変換を簡単な関数を用いて表すことはできない．

4.1 $\omega>0$ の場合，$\omega<0$ の場合に分け，下図 (a), (b) のような積分路に沿って $I := \oint_C \frac{e^{i\omega z}}{z-y}\,dz$ を計算する．$\omega>0$ の場合は C として (a) を選ぶと，$I=0$. 一方，$\varepsilon\to 0$, $R\to\infty$ で $I \to \pi H(y) - i\pi e^{i\omega y}$ となる．ただし，$z=y$ のまわりを半径 ε の円弧で避ける積分の寄与が $\int_\pi^0 \frac{e^{i\omega(y+\varepsilon e^{i\theta})}}{(y+\varepsilon e^{i\theta})-y}i\varepsilon e^{i\theta}\,d\theta = -ie^{i\omega y}\int_0^\pi e^{i\omega\varepsilon(\cos\theta+i\sin\theta)}\,d\theta \to -\pi i e^{i\omega y}$ $(\varepsilon\to 0)$ となることを用いた．よって $H(y) = ie^{i\omega y}$. $\omega<0$ の場合，C として (b) を選び，$I = -2\pi i\,\mathrm{Res}\left(y; \frac{e^{i\omega z}}{z-y}\right) = -2\pi i e^{i\omega y}$. また，$R\to\infty$, $\varepsilon\to 0$ で $I \to \pi H(y) - i\pi e^{i\omega y}$ となることを用いて，$H(y) = -ie^{i\omega y}$. $\omega = 0$ の場合は，$\int_{-R}^{y-\delta}\frac{dx}{x-y} + \int_{y+\delta}^R \frac{dx}{x-y} = \log\left|\frac{R-y}{R+y}\right| \to 0$ $(R\to\infty)$ により，$H(y) = 0$. これらをまとめ，$H(y) = ie^{i\omega y}\,\mathrm{sign}(\omega)(1-\delta_{\omega,0})$ となる．なお，(a) や (b) 以外にも $z=y$ を (c) のように避ける経路に沿って積分しても同じ結果になる．

8章

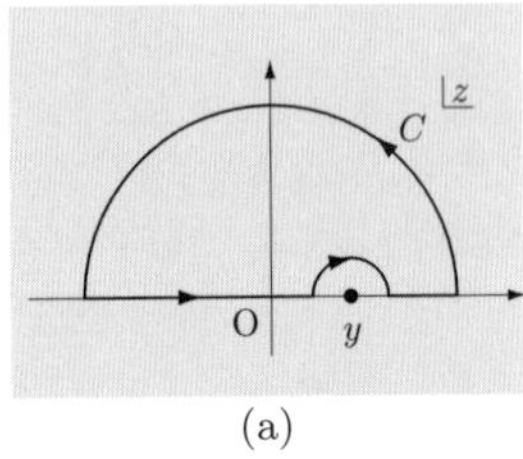

(a)

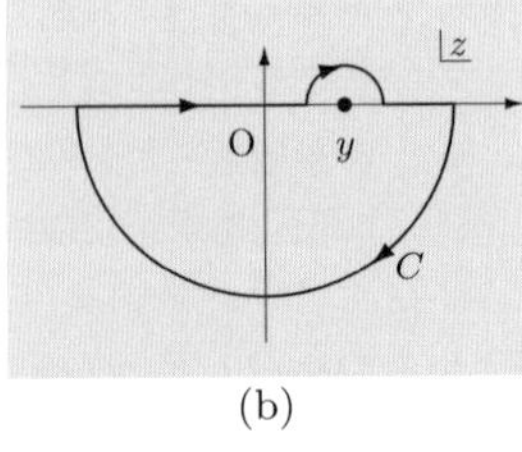

(b)

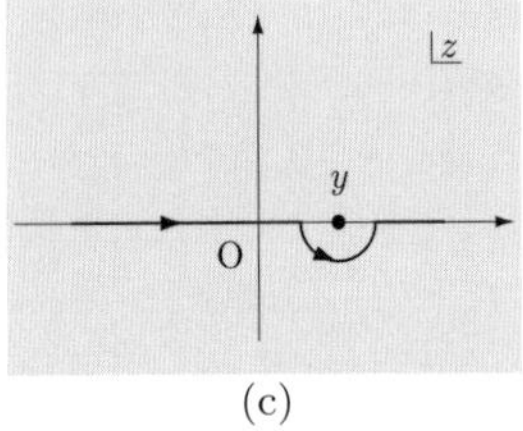

(c)

5.1 $f(z)$ が正則で，$f'(z) \neq 0$ となる z が求めるものである．(a) $\mathbb{C}$ 全体． (b) $z \neq \frac{\pi}{4} + \frac{n\pi}{2}$ $(n \in \mathbb{Z})$． (c) $f(z)$ が正則となるのは，$\mathrm{Im}\, z > 0$ となるときで，その場合 $f(z) = z$ となり，$f'(z) = 1 \neq 0$. 以上より，$\mathrm{Im}\, z > 0$ なる z 全体．

5.2 $\Delta w \doteqdot f'(z_0)\Delta z$ となることを用いる．実際，z 平面上の曲線 $z = F(t)$ で，$\alpha \leqq t \leqq \alpha + \varepsilon$ の部分の長さを L とすると，$L = \int_\alpha^{\alpha+\varepsilon} |F'(t)|\,dt = |F'(\alpha)|\varepsilon + o(\varepsilon)$ である．一方，w 平面上での該当部分は，$w = f(z) = f(F(t))$ $(\alpha \leqq t \leqq \alpha + \varepsilon)$ となる．$\frac{dw}{dt} = f'(z)F'(t)$ であることに注意してその長さ L' を求めると，L と同様に計算して $L' = |f'(z_0)||F'(\alpha)|\varepsilon + o(\varepsilon)$ となる．$f'(z_0) \neq 0$ であるから，$L' = |f'(z_0)|L + o(\varepsilon)$ となり，題意が示された．

6.1 以下，C_1，C_2 を定数とする．(a) 等ポテンシャル線は $\cos\beta x + \sin\beta y = C_1$，力線は $\sin\beta x - \cos\beta y = C_2$．これらは直交する直線群である． (b) 等ポテンシャル線は $\frac{x}{x^2+y^2} = C_1$．これを整理すると，$\left(x - \frac{1}{2C_1}\right)^2 + y^2 = \frac{1}{4C_1^2}$ で，これは $z = 0$ を通り，実軸に中心を持つ円群．力線は $\frac{-y}{x^2+y^2} = C_2$ で，$z = 0$ を通り，虚軸に中心を持つ円群となる． (c) $z = x + iy$ とすると，$f = \frac{(x^2+y^2+1)x}{x^2+y^2} + i\frac{(x^2+y^2-1)y}{x^2+y^2}$ となる．等ポテンシャル線は，$\frac{(x^2+y^2+1)x}{x^2+y^2} = C_1$，力線は $\frac{(x^2+y^2-1)y}{x^2+y^2} = C_2$ である． (d) 等ポテンシャル線は，$\mathrm{Log}\left|\frac{z+1}{z-1}\right|$ が一定となる線，すなわち $\left|\frac{z+1}{z-1}\right| = C_1$ である．これは，$z = 1, -1$ を同じ比で内分・外分する点を直径の両端とする円（アポロニウスの円）である．また，力線は $\arg\frac{z+1}{z-1} = C_2$ である．これは，点 z から 1 と -1 を見たときの角度が常に一定である点の集合を表す（右図）ので，$z = 1, -1$ を通る円の集合である．以上を左から順に図示すると，下の図のようになる．ただし，等ポテンシャル線は破線で，力線は実線で示した．

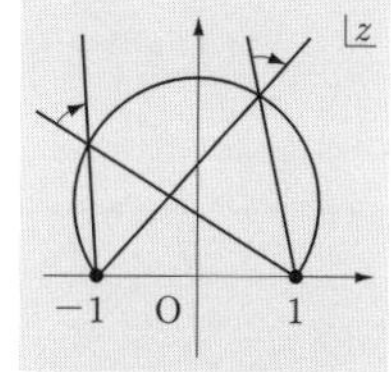

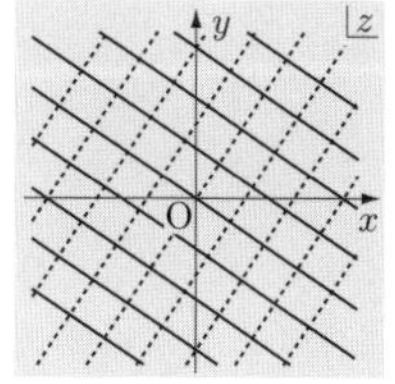

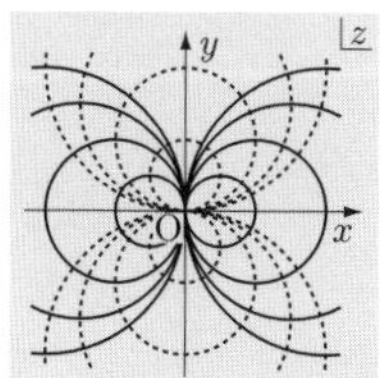

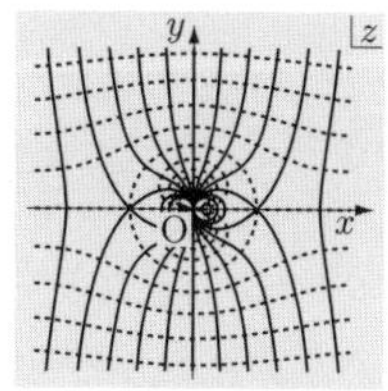

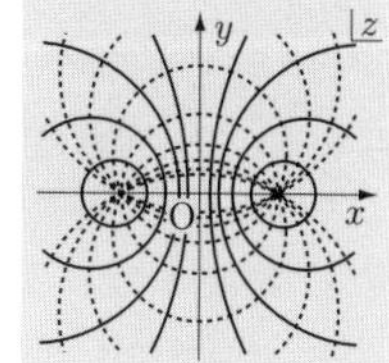

7.1 (a) $\phi_x = \frac{y^2-x^2}{(x^2+y^2)^2} - 1$, $\phi_y = \frac{-2xy}{(x^2+y^2)^2}$, $\phi_{xx} = \frac{2x(x^2-3y^2)}{(x^2+y^2)^3}$, $\phi_{xx} = -\frac{2x(x^2-3y^2)}{(x^2+y^2)^3}$ となるので，$\phi_{yy} + \phi_{yy} = 0$. (b) ϕ に共役な調和関数を ψ とすると，$\psi_x = -\phi_y = \frac{2xy}{(x^2+y^2)^2}$. y で積分して，$\psi = -\frac{y}{x^2+y^2} + g(y)$ となる．これを $\psi_y = \phi_x = \frac{y^2-x^2}{(x^2+y^2)^2} - 1$ に代入して整理すると，$g'(y) = -1$. よって $g = -y + C$（C は定数）となるので，$\psi = -\frac{y}{x^2+y^2} - y + C$. $C = 0$ と置いて，求めるべき複素速度ポテンシャルは，$f = \frac{x-iy}{x^2+y^2} - (x+iy) = \frac{1}{z} - z$ となる．
(c) $f'(z) = -1 - \frac{1}{z^2} = 0$ より，$z = \pm i$.

8.1 実軸上の相異なる 3 点 $\alpha_1, \alpha_2, \alpha_3$ が実軸上の $\beta_1, \beta_2, \beta_3$ に写ったとすると，$(z, \alpha_1, \alpha_2, \alpha_3) = (w, \beta_1, \beta_2, \beta_3)$. すなわち $\frac{\alpha_1-\alpha_3}{\alpha_1-\alpha_2}\frac{z-\alpha_2}{z-\alpha_3} = \frac{\beta_1-\beta_3}{\beta_1-\beta_2}\frac{w-\beta_2}{w-\beta_3}$. ここで，$c := \frac{(\alpha_1-\alpha_3)(\beta_1-\beta_2)}{(\alpha_1-\alpha_2)(\beta_1-\beta_3)} - 1$, $a := (c+1)\alpha_3 - \alpha_2$, $b := \alpha_2\beta_3 - (c+1)\alpha_3\beta_2$, $d := \beta_3 - (c+1)\beta_2$ とすれば，これらはすべて実数で，$w = \frac{az+b}{cz+d}$ となる．逆に，任意に実数 a, b, c, d $(ad - bc \neq 0)$ を与えて，上記の関係をみたす $\alpha_1, \alpha_2, \alpha_3, \beta_1, \beta_2, \beta_3$ を選ぶことができる（これらの文字について解いてみればよい）．以

上より，$w=\frac{az+b}{cz+d}$ $(a,b,c,d\in\mathbb{R},\ ad-bc\neq 0)$.

8.2 複素平面上の円と直線は $\alpha z\bar{z}-\bar{\beta}z-\beta\bar{z}+\gamma=0$ $(\alpha,\gamma\in\mathbb{R},\ \beta\in\mathbb{C},\ |\beta|^2>\alpha\gamma)$ で与えられ，$\alpha=0$ の場合は直線（法線ベクトル β），$\alpha\neq 0$ の場合は円 $\left(\text{中心}\frac{\beta}{\alpha},\ \text{半径}\frac{\sqrt{|\beta|^2-\alpha\gamma}}{|\alpha|}\right)$ を表す（第 1 章演習問題 7.）．この曲線に関する z の鏡像は，$z_*=\frac{\beta\bar{z}-\gamma}{\alpha\bar{z}-\bar{\beta}}$ で与えられる（この問題の解答末尾参照）．題意のメビウス変換により，z は $w:=\frac{1}{z}$ に写り，z_* は $w':=\frac{1}{z_*}=\frac{\alpha\bar{z}-\bar{\beta}}{\beta\bar{z}-\gamma}=\frac{\bar{\beta}\bar{w}-\alpha}{\gamma\bar{w}-\beta}$ に写る．これが $\alpha z\bar{z}-\bar{\beta}z-\beta\bar{z}+\gamma=0$ の像 $\gamma w\bar{w}-\beta w-\bar{\beta}\bar{w}+\alpha=0$ に関して w と鏡像の位置にあることは，z_* の式と比較すればわかる．鏡像の原理については，メビウス変換が平行移動 $w=z+a$，回転拡大 $w=z+b$，反転 $w=\frac{1}{z}$ の合成で表せることを用いる．平行移動と回転拡大については鏡像の原理がみたされることは明らか．反転については上記で示した．よってこれらの合成である一般のメビウス変換においても，鏡像の原理が成り立つ．なお，z_* の導出については，$\alpha=0$ の場合は $z-z_*=k\beta$ $(k\in\mathbb{R})$ とし，$\frac{z+z_*}{2}$ が直線 $\bar{\beta}z+\beta\bar{z}=\gamma$ 上にあるとして z_* を求める．$\alpha\neq 0$ の場合，$z_*-\frac{\beta}{\alpha}=k\left(z-\frac{\beta}{\alpha}\right)$ $(k>0)$ とし，$\left|z_*-\frac{\beta}{\alpha}\right|\left|z-\frac{\beta}{\alpha}\right|=\frac{|\beta|^2-\alpha\gamma}{\alpha^2}$ から k を決めて z_* を求めればよい．

9.1 k は一般に複素数でもよいが，まず $k\in\mathbb{R}$ の場合を考える．円 $|w|=1$, $|w|=3$ 上に端点を持ち，これらに直交する線分（右図上）は，$w=re^{i\theta}$ $(1\leqq r\leqq 3)$ である．$z=x+iy$ として，$re^{i\theta}=\frac{x-9k+iy}{x-k+iy}$ から，$r[(x-k)\cos\theta-y\sin\theta]=x-9k$, $r[(x-k)\sin\theta+y\cos\theta]=y$ を得る．これらより r を消去して，$(x-5k)^2+(y-4k\cot\theta)^2=\left(\frac{4k}{\sin\theta}\right)^2$ を得る．これは，$(5k,4k\cot\theta)$ を中心とし，半径 $\frac{4k}{\sin\theta}$ の円で，円 $|w|=1$ を与える z（2 点 $z=k,9k$ を結ぶ線分の垂直 2 等分線）と円 $|w|=3$ を与える z（2 点 $z=-3k,3k$ を直径の両端とする円の上に端点を持ち，これらに直交する（右図下）．$k\in\mathbb{C}$ の場合，$z=k,9k$ は同一半直線上にあるので，これらを結ぶ直線が実軸に相当するように $z=0$ を中心として回転して考えればよい．

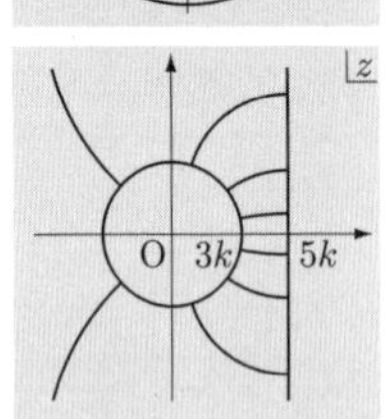

9.2 (a) 単位円 $|z|=1$ が単位円 $|w|=1$ になるメビウス変換は，$w=e^{i\theta}\frac{z-a}{\bar{a}z-1}$ $(\theta\in\mathbb{R},\ a\in\mathbb{C},\ |a|\neq 1)$ であり，$z=a$ が $w=0$, $z=\frac{1}{\bar{a}}$ が $w=\infty$ に写る．ここで，$w=0,\infty$ は，$|z-\alpha|=r$ の像に関しても互いに鏡像の位置にあるから，$z=a$, $z=\frac{1}{\bar{a}}$ は円 $|z-\alpha|=r$ についても鏡像の位置にある．一般に，z_1,z_2 が円 $|z-z_0|=R^2$ について鏡像の位置にあるとき，$z_2-z_0=k(z_1-z_0)$ と $|z_2-z_0||z_1-z_0|=R^2$ から $z_2=\frac{R^2}{\bar{z}_1-\bar{z}_0}+z_0$ となるので，$\frac{1}{\bar{a}}=\frac{r^2}{\bar{a}-\alpha}+\alpha$. これを解いて，$a=\frac{1+\alpha^2-r^2\pm\sqrt{(1+\alpha^2-r^2)^2-4\alpha^2}}{2\alpha}=\frac{1+\alpha^2-r^2\pm\sqrt{[(\alpha+r)^2-1][(\alpha-r)^2-1]}}{2\alpha}\in\mathbb{R}$. この a のもとでの $w=e^{i\theta}\frac{z-a}{az-1}$ が求めるべきメビウス変換である． (b) $z=a$ が $w=0$ に写るから，$z=a$ が単位円の内部にあればよい．すなわち，$|a|<1$ となるものを選べばよいので，$a=\frac{1+\alpha^2-r^2-\sqrt{[(\alpha+r)^2-1][(\alpha-r)^2-1]}}{2\alpha}$.

10.1 (a) $p_n=1-\frac{1}{n}$ とすると，$p_1=0$, $p_n\neq 0$ $(n\neq 1)$ である．よって p_1 を除いた部分積 $P_n:=\prod_{k=2}^n p_k$ を調べる．$P_n=\frac{1}{2}\cdot\frac{2}{3}\cdot\frac{3}{4}\cdots\frac{n-1}{n}=\frac{1}{n}\to 0$ である．よって，P_n は 0 に発散し，元の無限乗積も 0 に発散する． (b) $n\geqq 2$ で $1-\frac{1}{n^2}\neq 0$ である．部分積 $P_n:=\prod_{k=2}^n\left(1-\frac{1}{k^2}\right)=\prod_{k=2}^n\frac{(k-1)(k+1)}{k^2}$ を考えると，

$$P_n = \frac{1\cdot 3}{2^2}\cdot\frac{2\cdot 4}{3^2}\cdots\frac{(k-2)k}{(k-1)^2}\cdot\frac{(k-1)(k+1)}{k^2}\cdot\frac{k(k+2)}{(k+1)^2}\cdots\frac{(n-1)(n+1)}{n^2}$$
$$= \frac{n+1}{2n}\to\frac{1}{2}$$

となる．よって，与えられた無限乗積は，$\frac{1}{2}$ に収束する．　(c)　$|z|<1$ より，$1+z^{2^n}\neq 0$ である．ここで，$P_n := \prod_{k=1}^n(1+z^{2^n})$ とすると，$P_1 = 1+z^2$, $P_2 = 1+z^2+z^4+z^6$, $P_3 = 1+z^2+z^4+\cdots+z^{14}$ で，一般に $P_n = 1+z^2+z^4+\cdots+z^{2(2^n-1)}$ となり，これは初項 1, 公比 z^2 の等比級数の，第 $2(2^n-1)$ 項までの部分和である．$|z|<1$ によりこれは収束し，その値は $\frac{1}{1-z^2}$．よって与えられた無限乗積もこの値に収束する．

10.2　$S_n := \sum_{k=1}^n \mathrm{Log}(1+z_n)$, $P_n := \prod_{k=1}^n(1+z_n)$ とすると，

$$P_n = \prod_{k=1}^n \exp\left[\mathrm{Log}(1+z_k)\right] = \exp\left[\sum_{k=1}^n \mathrm{Log}(1+z_k)\right] = e^{S_n}$$

となる．よって，$S_n\to S$ ならば，P_n も $P_n = e^{S_k}\to e^S$ となって e^S に収束する．逆に，$P_n\to P$ であるとする．このとき，$\frac{P_{n+1}}{P_n} = 1+z_{n+1}\to 1$ により，$z_n\to 0$ となるので，$n\to\infty$ において，$S_{n+1}-S_n = \mathrm{Log}(1+z_{n+1})\to 0$ である．ここで，$S_n = \mathrm{Log}\,P_n + 2\pi i N_n$ $(N_n\in\mathbb{Z})$ となるが，$S_{n+1}-S_n = \mathrm{Log}\,P_{n+1} - \mathrm{Log}\,P_n + 2\pi i(N_{n+1}-N_n)\to 0$ により，十分大きい n では N_n は常に一定の整数 M となる．よって，$S_n\to\mathrm{Log}\,P + 2\pi i M$. 以上から，$\prod(1+z_n)$ の収束と $\sum\mathrm{Log}(1+z_n)$ の収束が同値であることがわかった．

11.1　(a)　$\sum_{n=1}^\infty\left|\frac{e^{in\theta}}{n^2}\right| = \sum_{n=1}^\infty\frac{1}{n^2}$　は収束するので絶対収束．　(b)　$\sum_{n=1}^\infty\left|\frac{1}{n^p}\right| = \sum_{n=1}^\infty\frac{1}{n^p}$ は，$p>1$ で収束し，$p\leqq 1$ で発散する．よって $p>1$ で絶対収束，$p\leqq 1$ ならば絶対収束ではない．　(c)　$\sum_{n=1}^\infty\left|\frac{a^n}{n^3}\right| = \sum_{n=1}^\infty\frac{|a|^n}{n^3}$. $|a|\leqq 1$ ならば，$\frac{|a|^n}{n^3}\leqq\frac{1}{n^3}$ で，$\sum_{n=1}^\infty\frac{1}{n^3}$ は収束するから，$\sum_{n=1}^\infty\left|\frac{a^n}{n^3}\right|$ は収束．よって与えられた無限乗積は絶対収束である．$|a|>1$ ならば，$\frac{|a|^n}{n^3}\to\infty$ により，$\sum_{n=1}^\infty\left|\frac{a^n}{n^3}\right|$ は発散し，与えられた無限乗積は絶対収束ではない．

11.2　問題 10.2 により，与えられた無限乗積の絶対収束は，$\sum_{n=1}^\infty\mathrm{Log}(1+|a_n|)$ の収束と同値．また，第 5 章演習問題 7. により，$\sum_{n=1}^\infty|\mathrm{Log}(1+a_n)|$ の収束と $\sum_{n=1}^\infty|a_n|$ の収束は同値．よって，$\sum_{n=1}^\infty\mathrm{Log}(1+|a_n|)$ と $\sum_{n=1}^\infty|a_n|$ が収束・発散を共にすることをいえばよいが，これは先の演習問題（第 5 章 7.）と全く同様に，$|a_n|\to 0$ のとき $\frac{\mathrm{Log}(1+|a_n|)}{|a_n|}\to 1$ となることを利用して示すことが出来る．

11.3　問題 11.2 により，$\prod(1+|a_n|)$ の収束と $\sum|\mathrm{Log}(1+a_n)|$ の収束は同値である．このとき，級数 $\sum\mathrm{Log}(1+a_n)$ は絶対収束となって収束する．よって問題 10.2 から，無限乗積 $\prod(1+a_n)$ も収束する．

8 章

12.1　(a)　例題 8.12 の結果に $z=x$ を代入し，$\cot x = \frac{1}{x}+\sum_{n=1}^\infty\left(\frac{1}{x-n\pi}+\frac{1}{x+n\pi}\right) = \frac{1}{x}+\frac{2x}{x^2-\pi^2}+\sum_{n=2}^\infty\frac{2x}{x^2-n^2\pi^2}$．$0<x<\pi$ で考えると，右辺の級数の一般項に対して $\frac{2x}{n^2\pi^2-x}\leqq\frac{2\pi}{(n^2-1)\pi^2}$ が成り立つ．$\sum\frac{2}{(n^2-1)\pi}$ は収束するので，$\sum_{n=2}^\infty\frac{2x}{n^2\pi^2-x^2}$ は一様収束し，項別積分可能である．したがって，

$$\cot x - \frac{1}{x} = \frac{(\sin x)'}{\sin x} - \frac{1}{x} = \frac{d}{dx}\log\left|\frac{\sin x}{x}\right| = \frac{1}{x^2-\pi^2}+\sum_{n=2}^\infty\frac{1}{x^2-n^2\pi^2}$$

となる．最後の等号の両辺を $[\alpha, x]$ $(0<\alpha<x<\pi)$ で積分し，$\alpha\to 0$ の値を比べて $\log\frac{\sin x}{x} = \sum_{n=1}^\infty\log\left(1-\frac{x^2}{n^2\pi^2}\right) = \log\prod_{n=1}^\infty\left(1-\frac{x^2}{n^2\pi^2}\right)$. この対数を外して両辺に x をかければ題意の

式を得る． (b) $z\prod_{n=1}^{\infty}\left(1-\frac{z^2}{n^2\pi^2}\right)$ は $x\prod_{n=1}^{\infty}\left(1-\frac{x^2}{n^2\pi^2}\right)$ の，$\sin z$ は $\sin x$ の $\mathbb{C}$ への解析接続であるから，$\sin z = z\prod_{n=1}^{\infty}\left(1-\frac{z^2}{n^2\pi^2}\right)$ が成り立つ． (c) $\sin z$ の零点は $z=n\pi$ で，いずれも 1 位の極である．ここで，級数 $\sum_{k=1}^{\infty}\left|\frac{z}{k\pi}\right|^{p_k+1}$ $(p_k\in\mathbb{N})$ の収束性を考えると，任意の z に対し，$p_k\in\mathbb{N}$ ならば収束する．よって $p_k=1$ と選び，$g_k(z)=\frac{z}{k\pi}$ として式 (8.18) を適用すると，積記号内部は $\left(1-\frac{z}{n\pi}\right)e^{z/n\pi}$（$n$ は 0 以外の整数）のタイプの項をかけたもので，これは (b) の結果で積記号内部を因数分解し，指数関数因子をかけたものに一致する．また，$z=0$ は 1 位の極で，式 (8.18) の z^m の項は z となり，$g(z)=0$ としたものになっている．

13.1 部分積を $p_n(z):=\prod_{k=0}^{n}[1+f_k(z)]$ とする．$p_n(z)$ は D で $f(z)$ に広義一様収束するので，$p_n'(z)\to f'(z)$．よって $\frac{p_n'(z)}{p_n(z)}\to\frac{f'(z)}{f(z)}$．ところで，$\frac{p_n'(z)}{p_n(z)}=\sum_{k=0}^{n}\frac{f_k'(z)}{1+f_k(z)}$ であるから，与えられた式が成り立つ．

13.2 (a) $z=0$ では明らかに $g(z)$ は絶対収束．よって $z\in\mathbb{C}$（ただし整数は除く）に対して $\sum_{n=1}^{\infty}\frac{1}{n^2}$ と $\sum_{n=1}^{\infty}\left|\frac{2z}{z^2-n^2}\right|$ を比べる．$\lim_{n\to\infty}\frac{2z/(z^2-n^2)}{1/n^2}=\lim_{n\to\infty}\frac{2zn^2}{z^2-n^2}=-2z\neq 0$ により，両者は収束・発散を共にする．いま，$\sum_{n=1}^{\infty}\frac{1}{n^2}$ は収束するので，$g(z)$ は絶対収束．

(b) D 内の閉円板 S における $|z|$ の最大値を M とし，十分大きい n を考えると，$|z^2-n^2|\geqq n^2-|z|^2\geqq n^2-M^2$．よって，$\left|\frac{2z}{z^2-n^2}\right|\leqq\frac{2M}{n^2-M^2}$．ここで (a) と同様にして，$\sum_{n=1}^{\infty}\frac{2M}{n^2-M^2}$ は収束することが確かめられるから，与えられた級数は S において一様収束する．よって，$g(z)$ は D で広義一様収束する．

14.1 $v(x,y)$ も調和関数で，$v(x,0)=\psi(t)$ であるから，ϕ を ψ で置き換えた $v(x,y)=\frac{y}{\pi}\int_{-\infty}^{\infty}\frac{\psi(t)\,dt}{(t-x)^2+y^2}$ が得られるはずである．実際，例題 8.14 の (a) 式の虚部から $v(x,y)=\frac{1}{2\pi}\int_{-\infty}^{\infty}\frac{y\psi(t)-(t-x)\phi(t)}{(t-x)^2+y^2}\,dt$． ヒルベルト変換の関係 $u(x,0)=\frac{1}{\pi}\,\mathrm{P}\int_{-\infty}^{\infty}\frac{v(t,0)}{t-x}\,dt$ を用いて $\int_{-\infty}^{\infty}\frac{y\psi(t)\,dt}{(t-x)^2+y^2}=\int_{-\infty}^{\infty}\frac{(x-t)\phi(t)\,dt}{(t-x)^2+y^2}$ が得られ，上記の $v(x,y)$ が導かれる．

14.2 ディリクレ問題の解の公式から，$u(x,y)=\frac{y}{\pi}\int_{-\infty}^{\infty}\frac{1}{(t-x)^2+y^2}\frac{A}{t^2+a^2}\,dt$ となる．$f(z):=\frac{1}{[(z-x)^2+y^2](z^2+a^2)}$ とすれば，この式の積分は $2\pi iA[\mathrm{Res}(x+iy;f)+\mathrm{Res}(ia;f)]=\frac{A\pi(a+y)}{ay(x^2+y^2+2ay+a^2)}$ となるので，$u=\frac{A(a+y)}{a(x^2+y^2+2ay+a^2)}$．

14.3 円板 $|z|<R$ を $\mathrm{Im}\,w>0$ に写すメビウス変換は，$z=Re^{i\alpha}\frac{w-a}{w-\bar{a}}$ すなわち $w=\frac{\bar{a}z-aRe^{i\alpha}}{z-Re^{i\alpha}}$（ただし $\alpha\in\mathbb{R}$, $\mathrm{Im}\,a>0$）で与えられる．円周上の点 $z=Re^{it}$ が $w=s\in\mathbb{R}$ に，円板内の点 $z=re^{i\theta}$ が $w=\xi+i\eta$ になったとすると，$s=\frac{\bar{a}e^{i(t-\alpha)}-a}{e^{i(t-\alpha)}-1}$, $\xi+i\eta=\frac{\bar{a}re^{i(\theta-\alpha)}-aR}{re^{i(\theta-\alpha)}-R}$．ここで，$a=i$, $\alpha=\theta$ と選び，$\varphi:=t-\alpha$ とすれば，$s=-i\frac{e^{i\varphi}+1}{e^{i\varphi}-1}$, $\xi=0$, $\eta=\frac{r+R}{r-R}$ となる．さて，この変換で $\phi(e^{it})$ が $\Phi(s)$ に，$f(re^{i\theta})$ が $F(\xi,\eta)$ に写ったとすると，ポアソンの積分公式から，$F(\xi,\eta)=\frac{\eta}{\pi}\int_{-\infty}^{\infty}\frac{\Phi(s)}{(s-\xi)^2+\eta^2}\,ds$ となる．$f(re^{i\theta})=F(0,\eta)$, $s^2+\eta^2=\frac{-4e^{i\varphi}}{(e^{i\varphi}-1)^2}\frac{R^2+2Rr\cos\varphi+r^2}{(R-r)^2}$, $ds=\frac{-2e^{i\varphi}}{(e^{i\varphi}-1)^2}d\varphi$ および，逆変換により $\Phi(s)\to\phi(e^{it})$ となることを用いると，

$$
\begin{aligned}
f(re^{i\varphi}) &= \frac{1}{\pi}\frac{R+r}{R-r}\int_{-\infty}^{\infty}\frac{(R-r)^2(e^{i\varphi}-1)^2\phi(e^{it})}{-4e^{i\varphi}(R^2+2Rr\cos\varphi+r^2)}\frac{-2e^{i\varphi}}{(e^{i\varphi}-1)^2}\,d\varphi \\
&= \frac{R^2-r^2}{2\pi}\int_{-\infty}^{\infty}\frac{\phi(e^{it})}{R^2+2Rr\cos(t-\theta)+r^2}\,dt
\end{aligned}
$$

が得られる．ただし，積分の変数を $\varphi=t-\theta$ によって t に戻した．

8章

第 8 章演習問題

1. 単位円 $|z|=1$ が単位円 $|w|=1$ になるとき，鏡像の原理から $z=a$ が $w=0$ に写るとすると，$z=\frac{1}{\bar{a}}$ は無限遠点に写る．よって，$w=b\frac{z-a}{\bar{a}z-1}$．また，円周上の点 $z=1$ は $|w|=1$ なる点に写ることから，$|b|=1$ となり，$w=e^{i\theta}\frac{z-a}{\bar{a}z-1}$．

2. (a) 考えている枝で $\alpha^{\frac{1}{k}}=e^{\frac{1}{k}\operatorname{Log}|\alpha|}e^{\frac{i}{k}\operatorname{Arg}|\alpha|}$ となるので，部分積 P_n は $P_n=e^{A_n\operatorname{Log}|\alpha|}e^{iA_n\operatorname{Arg}\alpha}$，$A_n:=1+\frac{1}{2}+\frac{1}{3}+\cdots+\frac{1}{n}$ となる．$A_n\to+\infty$ に注意し，$|\alpha|<1$ ならば $P_n\to 0$ により，0 に発散する．$|\alpha|>1$ ならば $|P_n|\to+\infty$ から，発散する．$|\alpha|=1$ の場合は，$\operatorname{Arg}\alpha\neq 0$ ならば P_n は一定値に収束せず発散し，$\operatorname{Arg}\alpha=0$ ならば $P_n=1$ で収束する（この場合は，一般項が常に 1 になり，絶対収束する）． (b) 級数 $\sum_{n=1}^{\infty}\frac{1}{|n^2-\alpha|}$ が収束することから，与えられた無限乗積は絶対収束する． (c) 級数 $\sum_{n=1}^{\infty}\frac{|z|^2}{n^2}$ が収束するので，与えられた無限乗積は（任意の z で）絶対収束． (d) 無限級数 $|-z|+|z|+\left|-\frac{z}{2}\right|+\left|\frac{z}{2}\right|+\cdots$ を考えると，$\sum\frac{1}{n}$ と比べ，これは発散する．よって絶対収束ではない． (e) $f(z)$ の広義一様収束が示されれば，対数微分により $\frac{f'(z)}{f(z)}=\sum_{n=1}^{\infty}\frac{[(1+z/n)e^{-z/n}]'}{(1+z/n)e^{-z/n}}=\sum_{n=1}^{\infty}\frac{-z}{n(z+n)}$． $\frac{d}{dz}\frac{f'(z)}{f(z)}=-\sum_{n=1}^{\infty}\frac{1}{(z+n)^2}$．$f(z)$ の広義一様収束は，$\sum_{n=1}^{\infty}\left|\operatorname{Log}\left[\left(1+\frac{z}{n}\right)e^{-z/n}\right]\right|=\sum_{n=1}^{\infty}\left|\operatorname{Log}\left(1+\frac{z}{n}\right)-\frac{z}{n}\right|$ と $\sum\frac{1}{n^2}$ の比較により示す．級数 $\frac{f'(z)}{f(z)}$ の広義一様収束も，$\sum\frac{|z|}{n|z+n|}$ と $\sum\frac{1}{n^2}$ を比較すればよい．

3. 積分路 C を変形して，$s=0$ のまわりの半径 δ の円を負の向きに 1 周する経路 C_1，実軸のすぐ下側を，$\operatorname{Re}s$ が $\infty\to\delta$ と変化する C_2，実軸のすぐ上側を，$\operatorname{Re}s$ が $\delta\to\infty$ と変化する C_3 からなる経路を取ると，$H(z)=\int_{C_1}+\int_{C_2}+\int_{C_3}$ となる．ここで，$\int_{C_1}=\int_{2\pi}^{0}(\delta e^{i\theta})^{z-1}e^{\delta e^{i\theta}}i\delta e^{i\theta}\,d\theta=-ie^{z\operatorname{Log}\delta}\int_0^{2\pi}e^{i\theta z+\delta e^{i\theta}}\,d\theta$ で，$\operatorname{Re}z>0$ ならばこれは $\delta\to 0$ で 0 に収束する．また，$\int_{C_2}=-e^{2\pi i(z-1)}\Gamma(z)$，$\int_{C_3}=\Gamma(z)$ となるので，整理すると $H(z)=2ie^{\pi iz}\sin\pi z\Gamma(z)$ が得られ，題意が示される．

4. $n\to\infty$ で $I(z;n)\to\Gamma(z)$ である．また，$s:=\frac{t}{n}$ とすれば，

$$I(z;n)=n^z\int_0^1(1-s)^n s^{z-1}\,ds=n^z\frac{\Gamma(n+1)\Gamma(z)}{\Gamma(z+n+1)}$$

よって，$\frac{1}{I(z;n)}=n^{-z}z\prod_{k=1}^{n}\left(1+\frac{z}{k}\right)=e^{\gamma_n z}z\prod_{k=1}^{n}\left[\left(1+\frac{z}{k}\right)e^{-z/k}\right]$（ただし，$\gamma_n:=1+\frac{1}{2}+\cdots+\frac{1}{n}-\log n$）となる．この式で $n\to\infty$ とすれば示すべき式を得る．

5. (a) $s=u^2$ から，$\exp(-as^{\frac{1}{2}}+ts)=\exp(tu^2-au)$, $ds=2u\,du$. よって $f(t)=\frac{1}{\pi i}\int_C e^{tu^2-au}u\,du$ となる．s 平面での積分路では $s=\sigma+iy$ $(y:-\infty\to\infty)$ であり，$-\pi<\arg s\leqq\pi$ を考えると，$u=p+iq$ として $p^2-q^2=\sigma$. よって，積分路は実軸と $u=\sqrt{\sigma}$ で交わり，$q=\pm p$ を漸近線とする双曲線．向きは $\operatorname{Im}u=q$ が増加する向き． (b) 右図のような閉曲線 Γ に沿って，$\int_\Gamma e^{tu^2-au}u\,du=0$ である．ここで，$e^{-a^2/4t}\int_\Gamma e^{t(u-a/2t)^2}u\,du=0$ となるが，図の円弧上の $u=p+iq$ に対して積分中の指数を平方完成すると，$t\left[\left(p-\frac{a}{2t}\right)^2-q^2\right]+2itq\left(p-\frac{a}{2t}\right)$ となる．積分路 C は漸近線 $q=\pm p$ を持つので，十分大きい R でこの実部は負となり，

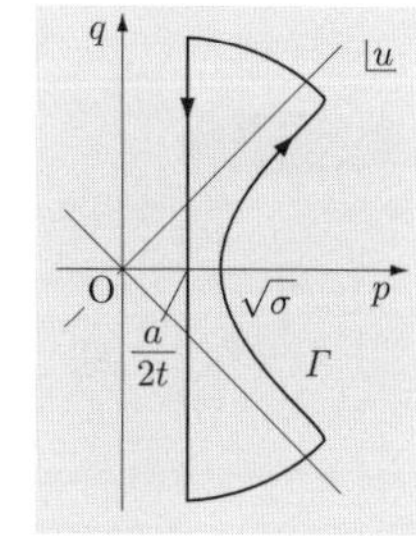

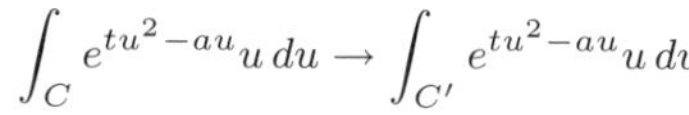

$$\int_C e^{tu^2-au}u\,du\to\int_{C'}e^{tu^2-au}u\,du$$

が得られる． (c) C' 上で $u=\frac{a}{2t}+iy$ $(y:-\infty\to\infty)$ となる．よって，$\int_{C'} e^{tu^2-au}u\,du = e^{-a^2/4t}\int_{-\infty}^{\infty} e^{-ty^2}\left(\frac{a}{2t}+iy\right)i\,dy$. 積分中の括弧内で y に比例する項は奇関数となって積分すると 0 であるから，$\int_{C'}=\frac{ia}{2t}e^{-4a^2/4t}\int_{-\infty}^{\infty} e^{-ty^2}\,dy=\frac{ia\sqrt{\pi}}{2t\sqrt{t}}e^{-4a^2/4t}$. これに $\frac{1}{\pi i}$ をかけて題意を得る．

6. (a) 定義に基づいて計算する．積分中に現れる $f'(x)$ は部分積分を用いて処理する．$\int_{-\infty}^{\infty} f'(x)e^{-ipx}\,dx=\left[f(x)e^{-ipx}\right]_{-\infty}^{\infty}-\int_{-\infty}^{\infty} f(x)(e^{-ipx})'\,dx=ip\int_{-\infty}^{\infty} f(x)e^{-ipx}\,dx = ip\widetilde{f}(p)$. 表面項は，$f(x)$ の積分可能性から 0 になる． (b) $\int_{-\infty}^{\infty} f*g\,e^{-ipx}\,dx=\int_{-\infty}^{\infty}dx\int_{-\infty}^{\infty} f(x-y)g(y)e^{-ipx}\,dy$. 積分の順序を入れ換え，$x$ に関する積分で $x-y\to x$ と変数をずらせばよい．

7. (a) x に関する微分を，1 回につき ip に置き換えるとよい．$\widetilde{u}_t+(p^2+m^2)\widetilde{u}=-\widetilde{\phi}$.
(b) 未知関数を $\widetilde{u}$, 独立変数を t, 非同次項を $\widetilde{\phi}$ とする, 定数係数の 1 階線形微分方程式である．一般解を求めると，$\widetilde{u}=Ce^{-(p^2+m^2)t}+\int_0^t \widetilde{\phi}(p,t)e^{(p^2+m^2)(\tau-t)}\,d\tau$. 初期条件から，$C=0$ とすればよい． (c) $G(x,t)=\frac{e^{-m^2t}}{2\pi}\int_{-\infty}^{\infty} e^{-p^2t+ixp}\,dp$. この積分の計算は，第 4 章問題 6.1 で取り上げた．それを用いると，$G(x,t)=\frac{1}{2\sqrt{\pi t}}\exp\left(-\frac{x^2}{4t}-m^2t\right)$ となる．また u については，(b) の結果から $\int_0^t G(x,t-\tau)*\phi(x,\tau)\,d\tau$ となるので，$G*\phi$ を積分で書けば与えられた式を得る．

8. (a) フーリエ逆変換を 2 回行い，$G(x,t)=\frac{1}{4\pi^2}\int_{-\infty}^{\infty} dp\,e^{ixp}\int_{-\infty}^{\infty}\frac{e^{-i\omega t}}{\omega^2-p^2-m^2}\,d\omega$ となる．ここで，内側の ω に関する積分を I としてこれを求める．$t>0$ の場合は複素 ω 平面で，実軸上 $\omega=R$ から下半平面を通って $\omega=-R$ に戻る経路を付け加えて閉曲線 C を取れば，ジョルダンの補題から $I=\oint_C \frac{e^{-i\omega t}}{\omega^2-p^2-m^2}\,d\omega$ となる．ところで，C 内で積分内の関数は $\omega=\pm\sqrt{p^2+m^2}$ に極を持つから，$I=-2\pi i[\mathrm{Res}(\sqrt{p^2+m^2})+\mathrm{Res}(-\sqrt{p^2+m^2})]=-2\pi\frac{\sin t\sqrt{p^2+m^2}}{\sqrt{p^2+m^2}}$. また，$t<0$ では，上半平面を回る経路を付加して同様に考えて，$I=0$. よって，

$$G(x,t)=\begin{cases}0 & (t<0)\\ \dfrac{-1}{2\pi}\displaystyle\int_{-\infty}^{\infty}\frac{\sin t\sqrt{p^2+m^2}}{\sqrt{p^2+m^2}}e^{ixp}\,dp & (t>0)\end{cases}$$

が得られる． (b) $\widetilde{u}(p,\omega)=\widetilde{g}(p,\omega)\widetilde{\phi}(p,\omega)$ により，$u(x,t)$ は，$G(x,t)$ と $\phi(x,t)$ の合成積で表される．ただし，フーリエ変換を 2 回行っているので，合成積を 2 回行わなければならない．$u(x,t)=\int_{-\infty}^{\infty} d\tau\int_{-\infty}^{\infty} G(x-\xi,t-\tau)\phi(\xi,\tau)\,d\xi$.

8章

コメント $G(x,t)$ は初等関数では表せない．$t>0$ の場合，$|x|>t$ で 0，$|x|<t$ で $\pi J_0(m\sqrt{t^2-x^2})$ (J_0 は 0 次のベッセル関数) となる．

9. (a) $y^{(n)}=\frac{d^n}{dx^n}\int_C Z(s)e^{xs}\,ds=\int_C Z(s)\frac{\partial^n e^{xs}}{\partial x^n}\,ds=\int_C s^nZ(s)e^{xs}\,ds$. $xy^{(n)}$ については，同様に計算して $xy^{(n)}=\int_C s^nZ(s)xe^{xs}\,ds=\int_C s^nZ(s)(e^{xs})'\,ds$ となる．これを s について部分積分すれば示すべき式を得る． (b) (a) で求めた式を (8.25a) の左辺に代入して整理すると，$\int_C\{P(s)Z(s)-[Q(s)Z(s)]_s\}e^{xs}\,ds+\int_C[Q(s)Z(s)e^{xs}]_s\,ds$ となる．ここで，第 2 項の積分中は $W(s)$ の導関数であるから，$W(s_1)-W(s_0)$ となるので，与えられた条件が成り立てば，計算した量は 0 になる．よって，y は (8.25b) の解である． (c) $Z(s)$ に関する式は 1 階の線形微分方程式であるからこれを解いて，$Z(s)=\frac{1}{Q(s)}\exp\int^s\frac{P(s')}{Q(s')}\,ds'$. y を求めるには，方程式の係数から P,Q を作り，それに基づいて $Z(s)$ を求めて (8.25b) に代入して y を計算する．ただ

し，積分路 C としては，$W(s)$ が始点と終点で同じ値を取り，(8.25b) の積分が 0 にならないように選ぶ．

10. (a) $P=s^2+2n,\ Q=-2s$ であり，Z を求めると $Z=-\frac{1}{2s^{n+1}}e^{-s^2/4}$ となる．n が非負整数の場合，$W=s^{-n}e^{xs-s^2/4}$ となるので，$y(x)=\int_C Z(s)e^{xs}\,ds$ における積分路 C としては，$s=0$ を中心とする円を選べばよい．このとき，$y(x)=-\frac{1}{2}\int_C \frac{1}{s^{n+1}}e^{xs-s^2/4}\,ds=-\pi i\,\mathrm{Res}(0;s^{-(n+1)}e^{xs-s^2/4})$ となる．これを計算して，y の係数が整数かつ最高次の係数が正で最小になるように定数倍すると，$n=1$ のとき，$y=x$. $n=2$ のとき，$y=2x^2-1$. $n=3$ のとき，$y=2x^3-3x$. (b) $P=s+n,\ Q=s^2-s$. よって，$Z(s)=\frac{(s-1)^n}{s^{n+1}}$. $W=\frac{(s-1)^{n+1}}{s^n}e^{xs}$ により，非負整数の n に対しては (a) と同様に積分路 C を選べばよい．$n=1$ のとき，$y=x-1$. $n=2$ のとき，$y=x^2-4x+2$. $n=3$ のとき，$y=x^3-9x^2+18x-6$.

11. (a) $x=u+e^u\cos v,\ y=v+e^u\sin v$ に $v=\pm\pi$ を代入すると，$y=\pm\pi,\ x=u-e^u$. x は $u=0$ のとき最大値 -1 を取る．以上から，D は $\{(x,\pm\pi)\,|\,x\leqq -1\}$ となる．また，B'.
(b) $u=a$ に対応する曲線は，パラメータ表示して $x=a+e^a\cos v,\ y=v+e^a\sin v\ (-\pi\leqq v\leqq\pi)$. $v=b$ に対応する曲線は，$x=u+e^u\cos b,\ y=b+e^u\sin b\ (u\in\mathbb{R})$. w 平面上，$v=b$ は平行板の間を流れる流体の流線を表す．これを z 平面に写すと，破線が開口端から流出する流体の流線となる．この場合，実線は波面を表す．また，コンデンサーの場合は，w 平面上では $u=a$ が極板間の電気力線となるので，z 平面上，実線が電気力線にあたる．破線は等電位線である．
(c) $x=v^2-u^2+\mathrm{Log}(u^2+v^2)^{\frac{1}{2}},\ y=\mathrm{Arg}(u+iv)-2uv$ である．$v=0$ により，$u>0$ ならば $\arg z=0$, $u<0$ ならば $\arg z=\pi$ で，$y=0,\pi$. また，u の正負によらず $x=\mathrm{Log}\,|u|-u^2$. これは $u=\pm1/\sqrt{2}$ のときに最大値 $-(1+\mathrm{Log}\,2)/2$ を取る．よって，z 平面上平行な 2 つの半直線に写る． (d) $x\to-\infty$ は $u\pm\infty$ にあたる．y_u を求めて $u\to\pm\infty$ とすれば，これは $-2v$ に近づき，一定値となる．これらの曲線が開口端を回り込む流れの流線となるのは，(b) と同様に考えればよい．

12. ポアソンの積分公式を用いる．(a) $u(x,y)=\frac{ay}{\pi}\int_{-\infty}^{\infty}\frac{dt}{(x-t)^2+y^2}$. $z_0:=x+iy$ と書くと，留数定理から右辺の積分は $2\pi i\,\mathrm{Res}\left(z_0;\frac{1}{(z-z_0)(z-\bar{z}_0)}\right)=\frac{\pi}{y}$ となるので，$u=a$.
(b) $u(x,y)=\frac{y}{\pi}\int_{-\infty}^{\infty}\frac{\cos pt\,dt}{(x-t)^2+y^2}$. 右辺の積分は，$\int_{-\infty}^{\infty}\frac{e^{ipt}\,dt}{(x-t)^2+y^2}$ を求め，実部を取ればよい．$p>0$ から，留数定理とジョルダンの補題を用いて $2\pi i\,\mathrm{Res}\left(z_0;\frac{e^{ipz}}{(z-z_0)(z-\bar{z}_0)}\right)=\frac{\pi}{y}e^{ipz_0}$ となるので，この実部を取ってポアソンの公式に代入し，$u(x,y)=e^{-py}\cos px$ となる．

13. (a) $w=z^4$. (b) $U=v$. (c) U に共役な調和関数 V を求めると，$V=-u$. よって，$w=U+iV=v-iu=z^4$ により，$u=4xy(y^2-x^2)$ が求める関数の 1 つである．

コメント 実は，与えられた条件だけでは u を 1 通りに決めることはできない（たとえば，上記の解の定数倍は，与えられた条件とラプラスの方程式をみたすことが確かめられる）．これは，ディリクレ問題の特性によるもので，ある種の曲線上で条件を与えるディリクレ問題は条件不足になるためである．詳細は偏微分方程式に関する適当な書籍を参照して頂きたい．

索　引

さ　行

た　行

著者略歴

矢嶋　　徹（やじま　てつ）

1990年　東京大学大学院理学系研究科博士課程
　　　　中途退学
現　在　宇都宮大学工学部教授
　　　　博士（理学）

及川正行（おいかわ　まさゆき）

1974年　京都大学大学院工学研究科博士課程修了
現　在　九州大学名誉教授
　　　　工学博士

Key Point & Seminar-4

Key Point & Seminar
工学基礎　複素関数論

2007年7月10日 ©　　初　版　発　行
2023年3月10日　　初版第6刷発行

著　者　矢嶋　　徹　　発行者　森平敏孝
　　　　及川正行　　　印刷者　小宮山恒敏

発行所　株式会社　サイエンス社

〒151–0051　東京都渋谷区千駄ヶ谷1丁目3番25号
営業　☎ (03)5474–8500(代)　振替 00170–7–2387
編集　☎ (03)5474–8600(代)
FAX　☎ (03)5474–8900

印刷・製本　小宮山印刷工業（株）

ISBN 978-4-7819-1171-7

PRINTED IN JAPAN

サイエンス社のホームページのご案内
https://www.saiensu.co.jp
ご意見・ご要望は
rikei@saiensu.co.jp　まで．